# 计算机科学与技术专业核心教材体系建设——建议使用时间

| 课程系列 | 基础系列 | 电类系列 | 程序系列 | 系统系列 | 应用系列 | 选修系列 |
| --- | --- | --- | --- | --- | --- | --- |
| 四年级下 | | | | | | |
| 四年级上 | | | 软件工程综合实践 | 计算机体系结构 | 计算机图形学 | 机器学习<br>物联网导论<br>大数据分析技术<br>数字图像技术 |
| 三年级下 | | | 软件工程<br>编译原理 | | 人工智能导论<br>数据库原理与技术<br>嵌入式系统 | |
| 三年级上 | | | 算法设计与分析 | 计算机网络 | | |
| 二年级下 | | | 数据结构 | 计算机系统综合实践 | | |
| 二年级上 | 离散数学(下) | 数字逻辑设计<br>数字逻辑设计实验 | 面向对象程序设计<br>程序设计实践 | 操作系统 | | |
| 一年级下 | 离散数学(上)<br>信息安全导论 | 电子技术基础 | 计算机程序设计 | 计算机原理 | | |
| 一年级上 | 大学计算机基础 | | | | | |

面向新工科专业建设计算机系列教材

# 数据库原理及应用

## （MySQL版·微课版）

李　颖◎主编
黄宏博　尤建清◎副主编
周淑一　李　媛◎参编

清華大學出版社
北京

## 内容简介

随着信息技术的快速发展，数据库类课程在通识教育中的地位也愈加重要。本书本着简明易学、循序渐进、学以致用的理念，通过网络购物系统等数据库案例，详细阐述了关系数据库相关理论基础和MySQL数据库基本技术，内容涵盖关系数据库理论，数据库设计方法，数据库的增、删、改、查等基本操作，索引、视图和存储过程的常见用法，以及事务和安全管理的基本概念。全书理论和实践并重，案例丰富，代码翔实，有完备的实验和教学文档等相关配套资源。

本书适合作为高等院校数据库类课程的教学用书，也可以作为对相关内容感兴趣的读者的自学参考书。



**图书在版编目（CIP）数据**

数据库原理及应用：MySQL版：微课版/李颖主编. —北京：清华大学出版社，2022.6（2025.3重印）
面向新工科专业建设计算机系列教材
ISBN 978-7-302-60443-3

Ⅰ.①数… Ⅱ.①李… Ⅲ.①SQL语言－程序设计－高等学校－教材 Ⅳ.①TP311.132.3

中国版本图书馆CIP数据核字（2022）第052830号

**责任编辑**：白立军
**封面设计**：刘　乾
**责任校对**：焦丽丽
**责任印制**：沈　露

**出版发行**：清华大学出版社
**网　　址**：https://www.tup.com.cn，https://www.wqxuetang.com
**地　　址**：北京清华大学学研大厦A座　　**邮　　编**：100084
**社 总 机**：010-83470000　　**邮　　购**：010-62786544
**投稿与读者服务**：010-62776969，c-service@tup.tsinghua.edu.cn
**质量反馈**：010-62772015，zhiliang@tup.tsinghua.edu.cn
**课件下载**：https://www.tup.com.cn，010-83470236
**印 装 者**：三河市龙大印装有限公司
**经　　销**：全国新华书店
**开　　本**：185mm×260mm　　**印　张**：22.5　　**插　页**：1　　**字　　数**：525千字
**版　　次**：2022年6月第1版　　**印　　次**：2025年3月第4次印刷
**定　　价**：69.00元

---

产品编号：091960-01

# 出版说明

## 一、系列教材背景

人类已经进入智能时代，云计算、大数据、物联网、人工智能、机器人、量子计算等是这个时代最重要的技术热点。为了适应和满足时代发展对人才培养的需要，2017 年 2 月以来，教育部积极推进新工科建设，先后形成了“复旦共识”“天大行动”“北京指南”，并发布了《教育部高等教育司关于开展新工科研究与实践的通知》《教育部办公厅关于推荐新工科研究与实践项目的通知》，全力探索形成领跑全球工程教育的中国模式、中国经验，助力高等教育强国建设。新工科有两个内涵：一是新的工科专业；二是传统工科专业的新需求。新工科建设将促进一批新专业的发展，这批新专业有的是依托于现有计算机类专业派生、扩展而成的，有的是多个专业有机整合而成的。由计算机类专业派生、扩展形成的新工科专业有计算机科学与技术、软件工程、网络工程、物联网工程、信息管理与信息系统、数据科学与大数据技术等。由计算机类学科交叉融合形成的新工科专业有网络空间安全、人工智能、机器人工程、数字媒体技术、智能科学与技术等。

在新工科建设的“九个一批”中，明确提出“建设一批体现产业和技术最新发展的新课程”“建设一批产业急需的新兴工科专业”。新课程和新专业的持续建设，都需要以适应新工科教育的教材作为支撑。由于各个专业之间的课程相互交叉，但是又不能相互包含，所以在选题方向上，既考虑由计算机类专业派生、扩展形成的新工科专业的选题，又考虑由计算机类专业交叉融合形成的新工科专业的选题，特别是网络空间安全专业、智能科学与技术专业的选题。基于此，清华大学出版社计划出版“面向新工科专业建设计算机系列教材”。

## 二、教材定位

教材使用对象为“211 工程”高校或同等水平及以上高校计算机类专业及相关专业学生。

## 三、教材编写原则

(1) 借鉴 *Computer Science Curricula* 2013(以下简称CS2013)。CS2013的核心知识领域包括算法与复杂度、体系结构与组织、计算科学、离散结构、图形学与可视化、人机交互、信息保障与安全、信息管理、智能系统、网络与通信、操作系统、基于平台的开发、并行与分布式计算、程序设计语言、软件开发基础、软件工程、系统基础、社会问题与专业实践等内容。

(2) 处理好理论与技能培养的关系,注重理论与实践相结合,加强对学生思维方式的训练和计算思维的培养。计算机专业学生能力的培养特别强调理论学习、计算思维培养和实践训练。本系列教材以"重视理论,加强计算思维培养,突出案例和实践应用"为主要目标。

(3) 为便于教学,在纸质教材的基础上,融合多种形式的教学辅助材料。每本教材可以有主教材、教师用书、习题解答、实验指导等。特别是在数字资源建设方面,可以结合当前出版融合的趋势,做好立体化教材建设,可考虑加上微课、微视频、二维码、MOOC等扩展资源。

## 四、教材特点

### 1. 满足新工科专业建设的需要

系列教材涵盖计算机科学与技术、软件工程、物联网工程、数据科学与大数据技术、网络空间安全、人工智能等专业的课程。

### 2. 案例体现传统工科专业的新需求

编写时,以案例驱动,任务引导,特别是有一些新应用场景的案例。

### 3. 循序渐进,内容全面

讲解基础知识和实用案例时,由简单到复杂,循序渐进,系统讲解。

### 4. 资源丰富,立体化建设

除了教学课件外,还可以提供教学大纲、教学计划、微视频等扩展资源,以方便教学。

## 五、优先出版

### 1. 精品课程配套教材

主要包括国家级或省级的精品课程和精品资源共享课的配套教材。

### 2. 传统优秀改版教材

对于已经出版、得到市场认可的优秀教材,由于新技术的发展,计划给图书配上新的教学形式、教学资源的改版教材。

### 3. 前沿技术与热点教材

反映计算机前沿和当前热点的相关教材，例如云计算、大数据、人工智能、物联网、网络空间安全等方面的教材。

## 六、联系方式

联系人：白立军
联系电话：010-83470179
联系和投稿邮箱：bailj@tup.tsinghua.edu.cn

“面向新工科专业建设计算机系列教材”编委会
2019 年 6 月

# 面向新工科专业建设计算机系列教材编委会

FOREWORD

# 前言

初秋的北京，溽热消退，碧空万里，凉风习习。在忙碌了几个月之后，我们的书稿趋于完成。在如释重负的心境里，虽有一丝丝的忐忑，但更充满早日付梓的期盼。

本书编写的初衷是编写一本非常简洁实用的数据库教材。编者在教学过程中深感没有一本合适的教材会对学生的学习带来很大影响，不论是在课前预习阶段还是复习阶段，绝大部分学生对教材的依赖性都非常强。因此，一本适用性强的教材，不仅直接影响学生的学习效果，甚至可能改变学生的学习态度和兴趣。鉴于此，编者决心从多年教学实践的亲身体验和经验积累出发，致力编写出一本适合学生学习和教师教学的新式教材。

本教材主要面向非计算机类专业的学生，如经济类、管理类、财会类、金融类等专业的学生。这些专业的学生在接触本课程前一般只具备一些基础性的计算机知识，对于很多深层的计算机原理和数学理论都没有储备。如果直接使用计算机类专业的数据库教材，其中很多专业的知识和理论会让初学者如入云里雾里，迷茫难懂。因此，本书编写中尽可能少用过于专业的知识和理论，尝试用易于理解的实例和常识引导读者把握数据库技术的主干。但是部分章节由于知识体系本身所限，难免涉及一些数学公式和理论。对此，我们也尽可能用直观的方式加以解释和阐述。

编者曾在许多场合遇到经管类从业者，交流中非常惊讶于他们对于计算机知识掌握的深度和广度。深入接触后得知这些行业在实际应用中对于计算机的相关知识非常依赖。尤其是对于数据库技术的相关内容，在实际工作中会大量应用，而且研究和学习得越深入，对这些计算机基础的依赖就越突出。如果具备良好的数据库技术基础，对于后续学习和工作都将大有裨益。这给了我们极大信心和鼓舞，促使我们在计算机基础教学工作中，以更加开阔的视野和永无止境的创新意识，不断进行教学改革探索与实践，大力践行新时代立德树人、教书育人的思想和要求，为提升学生的计算机及信息技术的素养和能力不懈努力。

本书的主要内容包括三大部分，第一部分介绍数据库的基本概念和原理，包括第1～3章，从数据库和数据库管理系统的概念，到数据模型的相关理论，并从数据库设计的角度说明需求分析、概念模型、逻辑模型和物理模型等数据库设计各阶段的主要工作。第二部分介绍 MySQL 数据库的具体操作方法,包括第 4~10 章。这部分内容很多,是本书的重点,内容涵盖 MySQL 数据库的安装、创建、更新、查询等基本操作,以及索引、视图、存储过程等相对高阶的内容,及事务、并发控制和数据库安全性与安全管理等内容。第三部分为第 11 章,介绍通过 Python 语言编写程序来操作 MySQL 数据库的基本方法。

本书的编写力求简明实用、重点突出、详略适宜。对原理部分的介绍主要是辅助于对后面具体操作部分的理解,不求面面俱到、系统深入,只要能对后续章节的学习和理解有帮助即可。后面关于数据库高级操作的内容也只介绍日常工作中经常遇到的基本操作和基本思想。本书不想编写成为一本百科全书式的应用手册,而是更倾向于成为非计算机类专业学习数据库课程的入门教材,强调实际操作和具体应用。特别在课时有限时,注重帮助学生掌握数据库中最基本、最实用的部分,使学生通过该课程的学习基本掌握数据管理的首要工具。

为了便于读者理解和掌握,本书在编写过程中还尝试使用案例驱动的方式。书中多用实例来解释很多数据库的基本概念,并且用网络购物系统和工资管理系统两个实例贯穿全书。从基本的数据库设计到数据库和表的创建、查询、更新,乃至最后的使用 Python 程序操作数据库部分,都以这两个典型案例为主来展开。学生可以在学习中尽快了解数据库系统构建和应用的具体过程,进而通过不断强化来加深记忆和理解。

在每章的最后,我们都对各章节的知识点进行了小结,以便于读者梳理各章的重点内容。每章还配备了丰富的习题,可以用来复习和检查学习的效果。

本书还有配套的教学资源,可以在教学过程中根据实际来选择,包括教学大纲、教学课件、实验指导、书中涉及的实例源代码等。教学资源可以通过清华大学出版社网站 www.tup.com.cn 下载。

本书由李颖担任主编,第 1 章和第 11 章由黄宏博编写,第 2 章和第 3 章由周淑一编写,第 4 章和第 9 章由尤建清编写,第 5~8 章由李颖编写,第 10 章由李媛编写,第 12 章由李颖、黄宏博、尤建清、周淑一、李媛共同编写,全书由李颖统稿。

在本书的编写过程中,得到了郑小博、李文杰、崇美英、张冬慧、刘梅彦、徐英慧、方炜炜、王图宏等老师的大力支持和帮助。清华大学出版社为本书的出版付出了很大努力,在此也对相关人员的付出致以深深的感谢。

尽管在本书的编写过程中进行了反复的修订与审校,但囿于水平和经验,错误和疏漏之处在所难免,如果读者在使用过程中发现任何问题,我们诚挚地欢迎大家提出宝贵意见,以使本书发挥更好的作用。

编　者

2022 年 1 月

# 教学建议

| 教学章节 | 教学内容 | 课时 |
| --- | --- | --- |
| 第1章<br>数据库系统概述 | 掌握数据库的基本概念 | 2 |
| | 了解数据管理技术的产生和发展 | |
| | 理解数据库的体系结构 | |
| 第2章<br>数据模型 | 掌握概念数据模型，理解组织数据模型 | 4 |
| | 掌握关系模型中的基本术语，理解关系代数运算 | |
| 第3章<br>数据库的设计 | 了解关系数据库的设计步骤和方法 | 2 |
| | 理解关系模型的规范化理论 | |
| 第4章<br>MySQL 简介 | 了解 MySQL 的产生和发展，了解 MySQL 的功能和特点 | 自学 |
| | 了解 MySQL 的安装和简单使用 | |
| 第5章<br>数据库的创建与管理 | 掌握数据库的创建和管理方法 | 6 |
| | 了解 MySQL 提供的数据类型及其使用 | |
| | 掌握运算符的使用方法 | |
| | 掌握表结构的创建，约束条件的设置 | |
| | 掌握表结构的修改方法 | |
| | 掌握数据表内容的插入、修改和删除 | |
| | 掌握数据表的复制和删除 | |
| 第6章<br>MySQL 基础查询 | 理解查询的概念 | 4 |
| | 掌握单表无条件和条件查询 | |
| | 掌握单表使用处理函数的查询 | |
| | 掌握单表的汇总查询 | |
| 第7章<br>MySQL 进阶查询 | 理解连接查询、嵌套查询、集合查询、派生查询 | 4 |
| | 掌握等值连接查询 | |
| | 了解嵌套查询、集合查询、派生查询 | |
| 第8章<br>MySQL 索引和视图 | 理解索引和视图的概念 | 4 |
| | 了解索引的作用和创建原则 | |
| | 掌握创建和索引的方法 | |
| | 掌握视图的创建、应用和管理 | |

续表

| 教学章节 | 教学内容 | 课时 |
|---|---|---|
| 第 9 章<br>存储过程 | 理解存储过程的定义 | 4 |
| | 掌握存储过程的创建和调用方法 | |
| | 了解游标在存储过程中的应用 | |
| 第 10 章<br>事务与数据库安全 | 理解事务的定义及特性 | 2 |
| | 了解并发控制的实现机制 | |
| | 了解数据库安全控制策略以及数据库的权限设置 | |
| 第 11 章<br>Python 操作 MySQL 数据库 | 了解 Python 操作 MySQL 数据库的环境搭建方法 | 自学 |
| | 了解 Python 连接数据库的方法 | |
| | 了解在 Python 中对数据库中数据的查询和修改 | |

# 实验教学建议

<table>
<tr><th>章节</th><th>实验题目</th><th>实验目的</th><th>课时</th></tr>
<tr><td rowspan="17">第12章 数据库课程实验</td><td rowspan="4">实验一<br>数据库和表的创建与管理</td><td>学会使用 MySQL 语句创建、修改、显示、使用和删除数据库</td><td rowspan="4">4</td></tr>
<tr><td>学会使用 MySQL 语句创建、修改和删除表的结构</td></tr>
<tr><td>学会使用 MySQL 语句对表进行插入、修改和删除数据的操作</td></tr>
<tr><td>了解 MySQL 的常用数据类型</td></tr>
<tr><td rowspan="5">实验二<br>数据的基础查询</td><td>理解查询的概念</td><td rowspan="5">4</td></tr>
<tr><td>掌握使用 MySQL 的 SELECT 语句进行单表基本查询的方法</td></tr>
<tr><td>掌握使用 MySQL 的 SELECT 语句进行条件查询的方法</td></tr>
<tr><td>掌握在查询中正确使用数据处理函数</td></tr>
<tr><td>掌握 SELECT 语句的 GROUP BY、ORDER BY 子句的作用和使用</td></tr>
<tr><td rowspan="4">实验三<br>数据的进阶查询</td><td>理解连接查询、嵌套查询和集合查询的概念</td><td rowspan="4">4</td></tr>
<tr><td>掌握嵌套查询的方法</td></tr>
<tr><td>掌握多表连接查询的方法</td></tr>
<tr><td>掌握集合查询的方法</td></tr>
<tr><td rowspan="5">实验四<br>索引、视图和存储过程</td><td>掌握使用 MySQL 语句的 CREATE INDEX 创建索引、DROP INDEX 删除索引</td><td rowspan="5">4</td></tr>
<tr><td>掌握使用 CREATE VIEW 创建视图、ALTER VIEW 修改视图、DROP VIEW 删除视图</td></tr>
<tr><td>掌握使用 CREATE PROCEDURE 创建存储过程的方法</td></tr>
<tr><td>掌握使用 CALL 调用存储过程的方法</td></tr>
<tr><td>掌握使用 ALTER PROCEDURE 修改存储过程、DROP PROCEDURE 删除存储过程的方法</td></tr>
</table>

说明：

(1)建议课堂教学全部在多媒体机房内实施，实现“讲”与“练”结合。

(2)建议理论课课时为 32 学时，不同学校或专业可以根据各自的教学要求和计划学时对第 7～11 章做适当调整。

CONTENTS

# 目录

## 第5章 数据库的创建与管理 ······ 71

第1章

# 数据库系统概述

总能在各种场合听到“信息”“数据”这些词，它们具体指的是什么？要管理各种各样的数据，有什么高效的方法吗？解决这些问题，就是学习数据库技术的主要目的。数据库技术是计算机应用系统的核心技术之一，在计算机信息管理系统中起着举足轻重的作用。在现代的日常生活中，到处都有数据库支撑的应用系统——在线购物、网络即时通信、出游时订购机票和火车票、预订宾馆酒店、用打车App叫出租车、点外卖等，无不需要数据库技术的支持。从本章开始，本书就从基本概念和基本原理出发来介绍数据库的相关技术和应用，让我们一起进入这个缤纷多彩的世界吧。

## 1.1 数据库的基本概念

数据库的基本概念

大千世界，万事万物变化繁复。要理解世界、改造世界，需要认知和把握世界运行的根本规律。在认知和运用世界运行规律的过程中，对事物及其变化规律化繁为简、抽象建模是常用的一种途径。因此，描述事物的基本特征、掌握其相互关系及其变化的根本规律，是认识和改造这个纷繁世界的主要方法。这主要涉及两个层次：一个是描述世界中各个事物个体的属性和特征；另一个是建模它们之间的相互关系和变化规律。在信息化时代，这两个层次的建模都可以应用基于现代计算机的数据库技术来辅助进行。要了解数据库技术的基本原理和应用，需要先从最基本的概念说起。本节就主要介绍什么是信息，什么是数据，以及数据处理的相关概念，并进一步引申出数据库、数据库管理系统和数据库应用系统等概念，以初步建立认识数据库技术的基础，并从较高层次了解其概貌。

### 1.1.1 信息与数据

世界是由物质组成的，物质的变化或转换可以携带信息。例如，红日西坠、明月东升说明白天黑夜的交替；秋风吹起、黄叶飘落提醒季节的更易；金榜题名让人欢喜、与友人别离让人忧愁。所有这些都说明物质世界状态的变化带来了新的认知，信息就包含在这些认知当中。美国的科学家、信息论创始人克劳德·香农(Claude Shannon)认为：信息就是对不确定性的消除。换句话说，信息可以让我们对事物有更清晰的认识。例如,清晨起床,要判断一下今天的天气。当对天气一无所知时,只能靠猜测。这时对于当天的天气认识是模糊的,不确定性很大。但当打开窗户,看到天上有厚厚的乌云时,会更为确信:今天可能要下雨。通过观测天空发现有乌云这个事件,消除了对天气判断的部分不确定性,使我们认为今天下雨的可能性很大,这就是说我们通过观测获得了信息。因此,总体来说,随着观测、感知或分析一些事件的发生,对事物的状态或性质有了更清晰、确定的认识。这些事件携带的关于事物认识的内容和含义就是信息(Information)。

为了进一步理解信息的概念,辨析一下几个有关的概念是有帮助的。第一个是信号(Signal)的概念。信号是携带信息的物理量,通过光、声、力、电、磁等物理形式传播,可以被感知和测量。因此,信号是信息的载体,信息内含于信号之中。例如,生活中听到美妙的歌声时,歌声本身是声音信号,而它所表现的内容和情感就是内含在声音信号中的信息。再如,通过电视或网络直播观看球赛,被传输和播放的实际上就是电信号和光信号,而我们通过转播了解到的比分、激烈程度、哪些球员表现好等,就是信息。第二个是消息(Message)的概念。消息往往是指信号的复合体,是一系列的信号组合在一起形成的更为复杂的组织形式。例如,阅读时看到的文字实际上是光信号,把一系列的文字组合在一起形成的一句话或一段话,就成为一段消息。因此,信号是信息传递的物理形式,是信息的物理载体;消息是信号的复合形式,是信息传递的组织方式;信息是消息要表达的内涵,是可以消除对事物认知不确定性的内容。

信息具有可用性和主观性的特点。信息的可用性是指它可以用来消除对事物认知的不确定性。例如,通过电视看到了一段新闻,可以更了解关于某个新发生的事件。如果电视屏幕上是雪花点般的噪声信号,则无法消除对事物认知的不确定性。信息的主观性则是指不同的接受者对于信息的理解可能有差异。一个经验丰富的侦探可以通过现场侦察发现蛛丝马迹,进而对事情的发展进行准确推断;而同样的痕迹对于观察力不足的人来说可能无法引起其关注。学习的目的之一也是不断地锻炼我们观察、理解和认知事物的能力,更能够通过对信号的观测来获取其中隐含的信息。

对事物的观测往往是需要记录的,有记录才能永久存储,才能便于传播。这种对于事物属性、状态及关系的符号化记录,就是数据(Data)。不同数据所用的符号体系可能不同,例如,数据可以是文字的记录,像各种图书典籍;可以是数字形式的记录,像金融证券类的交易记录;也可以是音频形式的记录,像各种音乐会的录音、唱片;还可以是图像视频形式的记录,像电影和电视片等。数据可以是基于各种介质的,如纸质的财务报表可以记录数据,石刻的壁画可以记录数据,磁带可以记录数据,光盘可以记录数据,等等。

数据的记录需要加以分析处理才能够提取到其中内含的信息,有时同样的数据记录放在不同的语义环境中可能有不同的含义。像"2876190"这样一个数值记录,可能表达的是编号,也可能是距离,还可能是某类物品的数量。因此,数据需要解析才能提取出其中隐含的语义。

数据本身是事物性质的客观记录,其中包含了有用的信息,但往往也包含了大量的冗余数据和噪声。对于同一个事物的描述,可能有多种角度的数据记录,不同角度的记录可能有很多是重叠的、冗余的。例如,对一个人年龄的描述,既记录年龄的数值,又记录出生日期，还记录了其与别的已知出生日期的人的年龄差，这些记录就存在冗余。人们日常遇到的数据往往需要分析、加工、处理，才能挖掘出其中包含的信息。对信息进行结构化的组织，就可以形成知识。知识是对事物认知的更高层次的抽象表示，可以帮助我们对新事物进行推理和判断，获得更清晰明确的认知。

综上所述，数据是事物性质的符号化记录，是信息的载体和表现形式，信息需要通过符号化为数据才能存储和传输。数据和信息的关系如图 1.1 所示。数据是客观的，其本身并没有意义；信息是主观的，数据经过加工处理和解释可以提取出其中包含的信息。

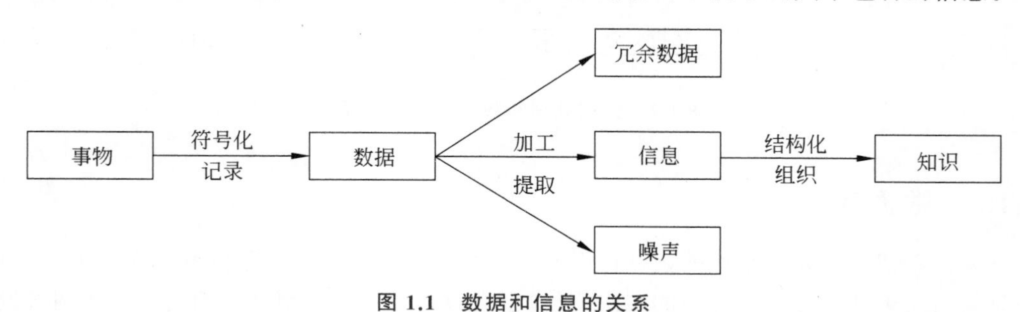


图 1.1　数据和信息的关系

## 1.1.2　数据处理与数据管理

原始记录的数据可能是杂乱无章的、无组织的，为了更方便地进行存储和加工，需要对这些原始数据进行数据处理。广义的数据处理可以指对数据进行的所有操作，包括采集、加工、变换以及提取其包含信息的各种步骤。本书把数据处理的概念限定在从采集到存储之间的各个阶段的相关操作，主要包括对数据的采集、转换、编码、整理、清洗、分类、排序、统计、存储等。

在现代的信息化社会中，数据采集类设备大量存在，每个人都利用各种设备自觉不自觉地采集着数据。即时通信类软件发送的文字、浏览网站的记录、手机拍摄的照片、卫星导航定位的位置，林林总总，比比皆是，因此也产生了海量的原始数据。这些海量数据如果用人工方式进行处理几乎是不可能的，现在的数据处理绝大部分都是利用计算机技术自动或半自动实现的。

大部分数据采集类设备是以模拟方式工作的，采集到的数据是以模拟信号的方式存在的。我们知道，计算机是以数字方式工作，计算机中所有的数据都被编码为 0 和 1 组成的二进制模式进行存储和处理。模拟信号方式存在的数据要利用计算机技术进行加工处理，就必须转换为数字形式，这就是模数转换（模拟信号到数字信号的转换）。经过计算机数据处理之后的数据，在应用时，可能需要再进行数模转换（数字信号到模拟信号的转换）。本文中所说的数据处理，主要是指利用计算机进行的数据处理。

原始数据在采集后，经过模数转换和编码，变换成计算机可以处理的形式，再经过整理、清洗、分类、统计等操作，最后以结构化的形式存储在计算机中，这一过程就是数据处理。

存储在计算机中的数据，在之后的应用中，可能需要进行查询、检索、修改、重组、合并、备份、还原、传输等操作。这些为了更好地发挥数据价值的而进行的操作，称为数据管理。数据管理一般与具体应用关系密切,不同数据和不同应用的操作可能不尽相同,但是它们有个共同的目的,就是把数据更方便、更高效、更安全地组织起来,来实现对数据更好的应用。

数据处理和数据管理是紧密相关的,也是相互作用、相互影响的,其关系如图 1.2 所示。总的来说,数据需要先进行数据处理才能利用计算机技术存储起来,然后再利用计算机进行数据管理。数据处理的好坏将直接影响数据管理的效率,数据管理的操作类型也会影响数据处理的形式和步骤。在实际应用中,它们往往是需要通盘考虑的。

图 1.2 数据处理和数据管理的关系图

## 1.1.3 数据库

人们希望经过处理之后的数据可以永久存储起来,以实现重复利用。这种重复利用不只是指对于某一个特定应用的多次使用,也指数据在不同应用之间的共享。举例来说,像日常使用的交通卡,不但可以供出行乘坐公共交通工具刷卡计费,而且还可以用来在超市等商业场合刷卡消费。在学校里办理的校园一卡通,可以同时满足学校食堂、图书馆、校园超市、洗衣房等多个不同部门的刷卡缴费。由此可见,数据的持久存储和共享可以带来许多便利。要实现高效安全的数据存储与共享就需要引入数据库的概念。

数据库是计算机中对数据进行有效组织和存储的一种方式。经过数据库整合的数据,具有结构化、持久化、共享性、一致性、安全性、稳定性和高效性等特点。

数据库的结构化是指存储在其中的数据是经过整理的、有组织的。每项数据都是符合特定规则的、可解释的。前面提到过,数据需要经过解析,才能够提取到其中包含的语义。为便于解析,需要对数据进行定义和描述。用于描述数据的数据,称为元数据(Metadata)。元数据用于描述数据的定义、结构、类型、应用规则和使用限制等相关属性。表 1.1 描述了一个网站注册账号数据的元数据信息。通过元数据的描述,如果提取到一条数据记录"'101','薛为民','男','2012-01-09','16800001111'"就能够理解其表达的含义,每条数据记录也就可以用结构化的方式清晰、高效地存储起来。

表 1.1 元数据描述实例

| 数据名称 | 数据类型 | 数据长度 | 数据限制 | 数据描述 |
| --- | --- | --- | --- | --- |
| 客户 ID | 字符型 | 3 | 字母或数字 | 客户的登录账号 |
| 姓名 | 字符型 | 20 | 中文 | 客户的真实姓名 |
| 性别 | 枚举型 | 1 | "男"或"女" | 客户的性别 |
| 注册日期 | 日期型 | 8 | yyyy-mm-dd | 客户在网站的注册日期 |
| 手机 | 字符型 | 11 | 数字字符 | 用户的联系手机 |

数据库的持久化是指其存储管理的数据可以长久地存放,供反复使用,也可以用以备

份、存档等。如前所述,数据的共享性是数据库的一个典型特征。数据可以在不同应用之间共享,也使得数据可以脱离特定应用的限制,成为一种独立的资源。安全性是指数据只能供经过授权的用户使用,这对于很多私有的、敏感的数据来说尤其重要。特别是对数据安全和隐私保护越来越重视的今天,确保没有经过授权的用户无法访问特定数据是数据库的一项重要的功能。数据的一致性是指数据库中的数据应该是一致的、相容的、相互没有冲突的。例如存放在银行中的账户金额,个人查询和银行查询应该是一样的;消费一定金额后的账户余额和消费额应该是平衡的。稳定性和高效性是指数据库应该提供高效、快速、稳定的数据管理和数据访问功能。

数据库是信息化时代存储和管理数据最方便有效的工具,在现代社会中具有举足轻重的地位。几乎所有的信息化系统背后,都有数据库的支持。随着技术的发展与进步,数据库的功能越来越丰富、应用越来越广泛,为生活带来了越来越多的便利。

### 1.1.4　数据库管理系统

要了解事物的性质与事物间的关系,需要用数据去描述。数据库是组织、存储、管理数据的方式。那么,具体应该如何来进行数据的这些操作和管理呢?如果在这些数据操作管理的各个步骤中可以借助计算机来进行,将带来极大的便利。这就是马上要介绍的数据库管理系统(DataBase Management System,DBMS)。

数据库管理系统是一套计算机软件,可以帮助人们进行数据库创建、存取、更新、授权和运行维护等一系列工作。数据库管理系统运行在计算机操作系统之上,可以为用户和应用软件提供接口和服务。数据库管理系统在计算机系统中的地位层次如图 1.3 所示。可见,操作系统工作在计算机硬件之,数据库管理系统工作在操作系统之上,协助用户进行数据库的管理。

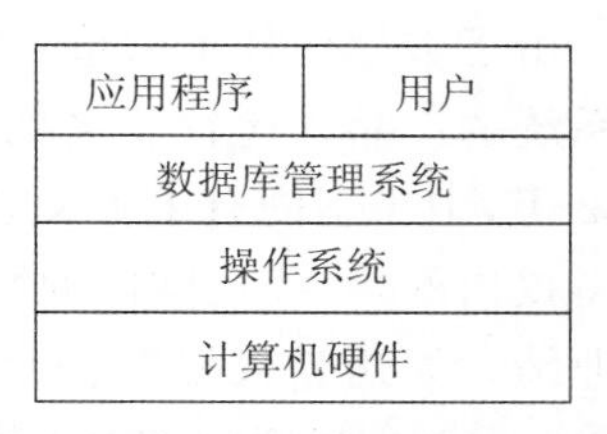


**图 1.3　数据库管理系统在计算机系统中的地位层次**

数据库管理系统提供的主要功能如下。

#### 1. 数据定义

如前所述,数据需要定义和描述才能够准确地表达语义,也就是需要元数据对其进行说明。DBMS 实现了元数据的功能,通过数据定义语言(Data Definition Language,DDL)对所有数据进行明确的定义。

#### 2. 数据操作

数据库中的数据经常需要进行插入、查询、修改、删除等操作。对于这些操作,DBMS 通过数据操作语言(Data Manipulation Language,DML)来实现。

#### 3. 数据库的创建与维护

DBMS 还提供从数据库创建到备份、还原、性能监控与分析、与其他数据库之间的转换与转储、数据库的重组重构等一系列的功能。

**4. 数据库的运行与管理**

数据库构建完成后,为了更好发挥数据的效用,对数据库进行运行管理是非常必要的。像数据的安全性管理、一致性管理、完整性检查、运行日志的记录和管理等,都会对数据库的使用带来很大便利。

就数据库管理系统对用户和应用软件的接口来说,绝大部分都同时提供命令行式接口和图形化界面接口两种。命令行式接口调用效率高,应用软件和熟练的数据库用户主要用这种模式来管理数据库。图形化界面接口调用方式直观方便,还可以方便地查看数据库运行的性能等可视化信息,也是经常使用的操作模式。在实际的数据库管理和应用中,两种模式也经常混合使用。

数据库管理系统的命令行式接口调用有统一的国际标准,即结构化查询语言SQL(Structured Query Language)。SQL的功能包括数据的插入、查询、更新和删除,以及数据库的创建、修改和维护,还有数据访问控制等安全性相关的内容,范围非常广泛,命令也非常细致。几乎所有的数据库操作都可以使用SQL命令来实现。不同的数据库管理系统软件所支持的SQL在细节上可能稍有差异,不过它们都是在基本的SQL命令集上进行扩展的,绝大部分的SQL命令可以在不同数据库管理系统软件间共用,因而具有良好的通用性。

由于数据库技术的重要性,数据库发展的历史比较久远,市场上有非常多的数据库管理系统的产品。比较著名的大型数据库管理系统有甲骨文公司的Oracle、IBM公司的DB2等,中小型的有甲骨文公司的MySQL、微软公司的SQL Server和Access等。特别值得提出的是,我们国内的数据库管理系统近年来也发展迅速,很多数据库都取得了很好的业绩。如达梦数据库、人大金仓、阿里的OceanBase和PolarDB、腾讯的TDSQL、华为的GaussDB、开源的TiDB等。相信随着我国在信息技术领域的迅速发展,还会有更多、更优秀的国产数据库将取得更好的成绩。

### 1.1.5 数据库应用系统

创建数据库的主要目的是为了利用这些数据为应用系统服务。在计算机应用系统中加入数据库系统,就构成了数据库应用系统。一个典型的数据库应用系统主要包括这样一些组成部分:硬件平台、软件平台、数据库、数据库管理系统、数据库管理员、计算机应用系统和用户等,各组成部分的依赖和调用关系如图1.4所示。

**1. 硬件平台**

数据库应用系统的硬件平台指的是整个系统搭建所需的物理设备,包括计算机设备、存储设备和网络通信设备等。

**2. 软件平台**

软件平台主要指运行在硬件平台上的系统软件,包括操作系统、相关的计算机和网络通信管理系统及工具等。

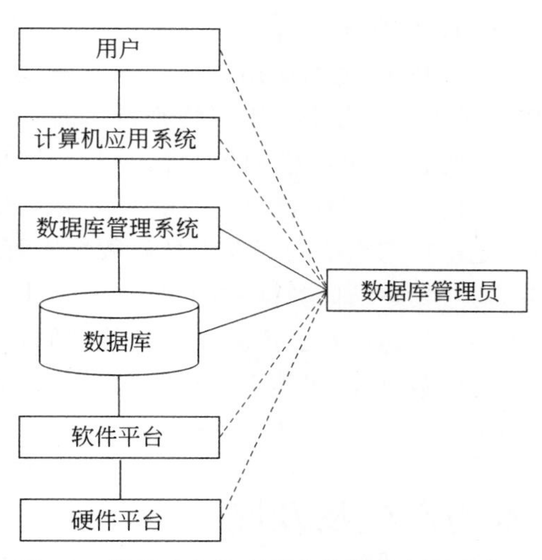


图 1.4　数据库各组成部分的依赖和调用关系

### 3. 数据库

这里的数据库是指本系统中所有存储在存储设备中的所有数据的集合，是系统中所有数据的来源和数据操作的对象。

### 4. 数据库管理系统

DBMS 是数据库应用系统的核心软件，负责数据组织、维护等管理的具体操作，具有承上启下的重要作用。对下层要管理数据库的各个细节，对上层要给用户和应用系统提供服务的具体接口。

### 5. 数据库管理员

数据库系统创建和维护的工作特别烦琐，也非常重要，需要有专门的人员来完成，这些人员称为数据库管理员（DataBase Administrator，DBA）。DBA 通常需要由对系统非常熟悉且有经验的人来担任，参与从数据库的构建到数据库的运行维护等整个数据库生命周期的管理，设计数据库的组织和存储结构以及存储策略，负责数据库安全性管理和数据访问授权，监控数据库运行的性能和效率，决定数据库的性能改进、重组和重构等重要事项。

### 6. 计算机应用系统

计算机应用系统是指建立在数据库系统上的具有特定功能的应用软件系统。这些系统直接面向不同的应用领域，种类多样，为用户提供各种功能的应用。如计算机财务管理系统、计算机销售管理系统、计算机医疗管理系统等。

### 7. 用户

用户主要指计算机应用系统的开发人员和终端用户。应用系统开发人员具有较为全面的数据库访问权限,和数据库管理员一起决定应用系统中不同终端用户的具体权限。应用系统开发完成后所有系统的管理就由应用系统管理员来负责,不同的终端用户的数据访问权限由应用系统管理员来具体分配。需要特别指出的是,这里说的应用系统管理员不是数据库管理员,应用系统管理员是用户的一种,是具有最高管理权限的用户,负责应用系统运行维护的相关工作,而数据库管理员一般只负责与数据库相关的管理工作。通常来说,不同用户的权限是由应用系统的开发人员和数据库管理员在应用开发时就定义好的。还需要说明的是,对于用户访问数据库,大部分终端用户都是通过应用系统来和数据库系统进行交互的,不能直接访问数据库系统。直接访问数据库需要较强的专业知识,如果允许普通用户直接访问数据库,可能会导致数据库安全性和稳定性等方面的很多问题,甚至带来不必要的损失。

## 1.2 数据管理技术的产生及发展

数据管理技术的发展阶段

数据管理技术的出现和发展是伴随着计算机技术的发展而产生的。从计算机诞生以来,数据就是计算机计算和处理的对象,也是计算机信息存储的具体形式。计算机应用领域从诞生早期的科学和工程计算,到办公自动化的文档处理,再到多媒体技术的综合应用,以致融合于社会生活的方方面面,它所面对的数据形式也越来越多、数据量越来越大、数据复杂度越来越高。相应地,数据管理的技术也随之不断地发展进步。总体上看,数据管理技术大致经历了人工管理阶段、文件管理阶段、数据库系统管理阶段等几个主要发展阶段。

### 1.2.1 人工管理阶段

从现代电子计算机诞生起到 20 世纪 50 年代,计算机技术处于发展历史的早期,像人类的原始社会一样。这时候计算机的功能比较简单,主要用于辅助科学和工程的计算。计算所需的数据基本都是通过打孔的纸带或卡片等原始方式输入输出的。数据在计算机中不存储,计算结果只能通过输出的纸带等方式由专门的人员进行分析后才能得到。因此,数据管理处于人工管理阶段,没有专门的数据管理软件。虽然人们逐渐认识到数据管理的必要性,但还没有真正的数据管理理论和工具。

这一时期的数据在应用中主要有如下一些特点。

(1) 数据以纸带的方式进行输入输出,计算的中间数据不便保存。

(2) 数据依赖于具体的应用,缺乏独立性。

(3) 数据的组织较为散乱,缺乏结构化、规范化的组织。

(4) 数据的解析需要靠人工来完成,没有计算机存储的元数据描述。

(5) 数据难以共享,特定的应用需要特定的数据来输入。因此,不同应用的数据不仅格式差异很大,而且存在大量冗余,无法在不同应用间直接使用。

随着人们逐渐意识到直接由人工管理数据的不便性,尤其是随着计算机技术在商业领域的推广应用,更好的数据管理技术需求越来越迫切。20 世纪 50 年代逐渐出现并发展出了由文件系统来组织管理数据的技术。

### 1.2.2 文件系统阶段

早期计算机使用纸带或卡片来记录数据，读写非常不方便，而且难以存储大量数据。磁性存储方式的出现革命性地改变了这种窘况，直到现在仍然是计算机存储数据的主要方式。磁带、磁鼓和磁盘的出现不但使得数据的读取更为迅速，而且存储容量和存储密度都有了指数级别的提升。伴随着大容量存储技术的出现，如何有效管理这些存储空间就自然出现在人们的需求中，文件系统就是在这样的条件下出现的。

计算机文件系统就是以系统化、层次化和结构化的方式组织和管理磁盘空间，以高效地实现存储信息的定位、读写和检索等操作的存储空间管理方式。每种文件都包含文件描述和文件存储的具体信息等两部分内容，其中文件描述表明了文件的格式和具体信息的编码和组织方式。自从文件出现后，数据就可以有组织地大量存储在文件中，使得数据不仅可以持久存储，而且可以高效访问和修改，大幅度改进了数据管理的能力和效率。但是，对于数据管理来说，使用文件系统来管理数据仍有许多不足，主要体现在以下 5 个方面。

#### 1. 数据独立性差

应用程序与数据文件的耦合性强，特定格式的数据文件只能由特定的程序操作。数据文件往往附属于特定的应用程序，难以独立使用。

#### 2. 数据文件的冗余性高

由于数据文件是面向应用的，每个不同的应用程序需要的信息在数据文件中都要保存一份，造成数据有很高的冗余度。举个例子来说，学生在校园中生活可能需要使用校园一卡通系统、图书管理系统、教务管理系统等。每个系统都要存储学生个人信息的数据，使得数据文件不可避免地有大量重复，造成存储资源的浪费。

#### 3. 数据共享性弱

数据文件是面向应用程序的，在组织数据文件格式时仅会考虑自身访问数据的便利性，对数据共享考虑很少。另外，数据格式是应用程序定义的，缺乏统一标准，使得难以在不同应用程序之间传输和共享。

#### 4. 数据的安全性低

文件系统的组织方式本身的不足就是难以对不同身份的用户分配不同的权限。数据难以实现按授权分别访问的需求，在安全性方面有很大的缺陷。

#### 5. 维护成本高

数据文件和应用程序的强耦合性给系统的维护带来了极大不便。数据文件的少量变动就需要修改应用程序来重新适应文件的读写。这可能意味着系统开发人员需要重新改写程序代码、重新部署，自然会推高系统维护的成本。据统计，早期的信息管理系统在后期运营维护上的成本占整个项目成本的比例高达 80%以上。

了解上述文件系统管理数据的不足是必要的,因为这些数据管理方面的需求在后来管理数据的过程中会一直遇到。即使是在后来的数据库管理的阶段,在设计和运行数据库系统时意识到这些问题,仍然有助于改善数据管理的效率。

### 1.2.3 数据库系统阶段

数据库的概念最早出现于 20 世纪 60 年代,然后得以迅速发展。使用数据库的方式进行数据管理更强调数据的集成性和共享性,可以很好地解决使用文件系统管理数据时遇到的很多问题,降低应用系统的开发周期和维护成本,直到现在仍然是数据管理的主流方法。

在数据库理论的研究和应用实践中,很多组织数据的数据模型相继出现,如层次模型、网状模型等。其中,具有里程碑意义的是关系数据模型。1970 年,IBM 公司的研究人员 Edgar F. Codd 发表了关于关系数据模型的论文,提出了数据库的关系模型。关系模型的数据组织非常简单直观,把现实世界中的事物建模为实体,实体由各个属性来表示。一类实体用一张有行有列的二维关系表来表达,列代表实体的属性,行代表每个具体实体的记录。图 1.5 就是本书中经常用到的一个关系表的实例。除了实体之外,实体间的关联也可以使用关系表来表达,这样就把实体和关联的表达统一了起来。从用户的角度看,关系模型中数据的逻辑结构是一个个的关系,即一张张二维数据表,其操作简单直观方便,表达形式统一,应用非常方便。而且,关系数据模型背后有完整的关系代数理论支撑,可以说,在理论上和应用上都是非常漂亮的。Codd 也因为在数据库管理系统和实践领域的贡献被授予了 1981 年度的 ACM 图灵奖。

| customer_id | name | gender | registration_date | phone |
|---|---|---|---|---|
| 101 | 薛为民 | 男 | 2012-01-09 | 16800001111 |
| 102 | 刘丽梅 | 女 | 2016-01-09 | 16811112222 |
| 103 | Grace | 女 | 2016-01-09 | 16822225555 |
| 104 | 赵文博 | 男 | 2017-06-08 | 16855556666 |
| 105 | Adrian | 男 | 2017-11-10 | 16866667777 |
| 106 | 孙丽娜 | 女 | 2017-11-10 | 16877778888 |
| 107 | 林琳 | 女 | 2020-05-17 | 16888889999 |

图 1.5 关系表实例

相比于过去的数据管理方式,数据库系统有许多优点,主要体现在以下 6 个方面。

#### 1. 数据独立性强

数据库的出现使数据管理可以独立完成,不需要再依赖应用程序来直接管理数据。定义数据含义的元数据从应用程序中剥离出来,成为数据库的一部分。这使得数据可以独立于应用程序而存在。发展到现在,数据已经成为一种重要的资源。尤其是在大数据时代,很多商业模式都依赖于数据资源。在商业领域中,经常听到“数据为王”“得数据者得天下”等说法,这都说明了数据库系统的出现使得数据的独立性和重要性得以真正体现和发掘。

### 2. 数据冗余度低

从整体上组织和设计数据的逻辑模式和存储模式，使得数据中的各个实体与属性可以独立存在，而且只需要存储在一个地方，不用像文件系统管理时那样在每个应用程序中都存储一份。这样可以大大降低数据存储的冗余度，节省存储空间，减少应用系统的运行和维护成本。

### 3. 数据一致性高

随着数据冗余性的降低，数据一致性也得到了提高。在数据冗余度大的情况下，同一个数据有多个不同的存储位置，在修改时必须同步修改每一个位置，有一处遗漏便会造成数据不一致，增加数据管理的成本和复杂性。使用数据库系统统一管理数据，可以有效解决这一问题，保证数据在数据库中的一致性。

### 4. 数据共享性好

在使用数据库系统进行数据管理时，数据是不依赖于应用程序而独立存在的。只要了解数据组织和存储的结构，获得了访问权限，所有应用程序都可以使用数据。数据不再是仅对某一个应用程序服务，而是面向所有外部调用，因而数据的共享得以真正实现。

### 5. 数据安全性强

使用数据库统一管理数据，可以对不同的用户或不同分组的用户授予不同的权限，没有经过授权的数据访问是不被接受的。强安全性是数据库管理系统的主要特征之一。

### 6. 数据管理效率高

使用数据库系统管理数据可以把数据管理任务从应用系统中分离出来，由专门的数据库管理员来进行数据管理，节省了应用系统开发运行和维护的精力。数据库管理数据可以更好地保证数据的一致性、完整性和共享性，从整体上提升数据管理的效率。

除了上述列出的一些优点外，数据库系统管理数据还有很多其他优点，例如更好的数据质量、统一的数据访问标准、高并发的数据访问、较为完备的数据备份和恢复技术、更短的开发周期和更低的数据维护成本，等等。数据库技术发展到现在，已经成了信息系统不可或缺的重要技术基础，渗透到了国家经济的各个领域和社会生活的方方面面，对日常生活也有着全方位的影响。虽然数据库系统已经有了数十年的研究和发展，理论和技术都趋于成熟，但也有很多新的方向和新的发展。尤其是大数据技术的出现，对传统的数据库技术既有促进，又有挑战，相信数据管理的新需求和新变革仍会进一步推动相关技术的发展和进步。

## 1.3　数据库的体系结构

数据库的体系结构

数据库系统的核心是数据库管理系统，它决定着数据组织、存储和管理等方方面面的细节。设计和使用数据库管理系统，首先要了解它的体系结构,包括它由哪些部分组成、各部分相互关系如何、各部分间的层次关系和依赖关系等。本节将介绍数据库管理系统中模式的基本概念和体系结构中的外模式、模式、内模式 3 个重要模式,以及各种模式之间的映射关系。

### 1.3.1 模式的概念

关于数据库的数据需要先理解两个概念:一个是“型”;另一个是“值”。型属于元数据的范畴,即用来描述数据的数据。在数据库中,型主要指的是对各种数据的属性和结构的定义与描述。它是各种具体数据的抽象与提炼,描述出具体数据共有的特征。值则是具体数据实例的描述,是刻画事物各方面属性的定性或定量的具体值。以网络购物系统中的客户描述为例,客户(编号,姓名,性别,注册日期,电话)就是对“客户”这一事物的型的表示,描述了网络购物系统客户的数据的相关属性和结构。而('101','薛为民','男','2012-01-09','16800001111')就是某一客户对应的具体的值。

相对来说,数据库中型的定义一般比较稳定,变动不大,而值的信息则往往根据实际情况会有一定的变动。一方面这是因为数据的属性和结构本身就更为稳定;另一方面,在设计数据库时,往往要求数据的型的定义不宜有大的变动,因为一旦数据录入完成后再对型进行调整,就会涉及大量的值的修改,必然带来大量额外的数据维护更新工作。

在数据库理论中,一个数据库的所有型的集合,称为该数据库的模式(Schema)。因此,模式是数据库中全体数据结构和特征的描述。这里有两层含义:一个说明模式概念对应的是数据的型;另一个说明模式是全体型的集合,是数据库全体逻辑概念的总结。模式是数据库中非常重要的概念,因为模式的设计影响数据的描述能力、存储方式,也涉及数据管理的效率,在数据库构造时应该精心设计、反复推敲。

### 1.3.2 数据库的三级模式

在使用数据库进行数据建模和数据管理的过程中,经常遇到的一个问题是如何应对各种变化对数据库的影响。数据库系统从使用的角度来说,要为各种应用系统和用户提供服务。从存储的角度来说,要面对各种不同的操作系统、不同设备和不同的存储方式。在数据管理过程中,也可能遇到调整数据的结构和属性等需求。我们希望数据库能够处理各种不同的应用需求,消弭不同物理存储细节的差异。即使在有变化的情况下,数据库系统也只需少量的修改就可以满足新的需求。换句话说,在数据库运行的过程中,我们要做到再次开发成本的最小化。那么,如何能够做到这一目标呢?一种普遍采用的方式是把数据库进行层次化、模块化分解。目前的大多数数据库在进行层次化分解时采用的是三级模式方案,即外模式、模式和内模式,如图 1.6 所示。

外模式(External Schema)又称为用户模式或子模式,是从用户的角度看到的数据模式,与具体的应用密切相关。不同的用户关注的数据也不同,外模式是数据的局部逻辑表示。我们以学生信息管理系统为例来说,教务部门更关注学生选课和考核相关数据,后勤部门更关注学生住宿和餐饮相关数据,学工部门更关注学生院系班级等相关数据。每个部门看到的都是数据的一个局部,是数据某个侧面、某个视角的情形。特定的外模式只能被特定用户访问和使用,对其他用户是不可见的,这也是数据安全性的一种保证。

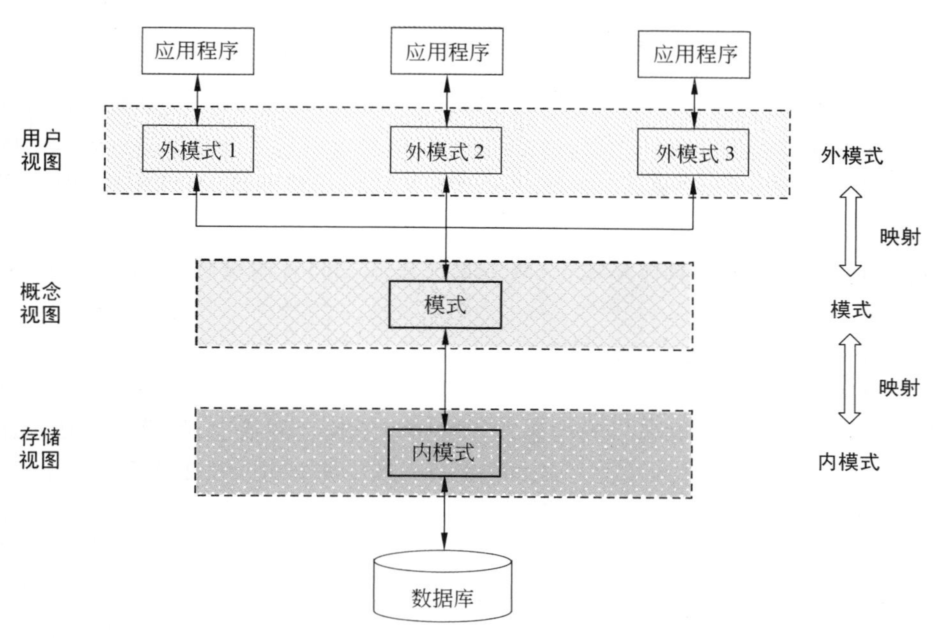


图 1.6　数据库的三级模式和二级映射

模式(Schema)又叫逻辑模式，是所有外模式的集合。也就是说，把数据库的全体外模式集成起来，就构成了数据库的模式。因此，模式是数据库中全体数据的逻辑结构描述，是所有应用系统和用户定义的外模式聚合起来的全局公共视图，一个数据库只有一个模式。当然，模式不是把所有外模式简单地集合到一起，在设计数据库模式时，需要对不一致的外模式进行规范化，协调出一个统一规范的逻辑描述。

内模式(Internal Schema)又叫存储模式或物理模式，它描述的是数据库中全体数据如何存储到计算机物理设备上。内模式对数据库的外部用户来说是透明的。也就是说，外部用户只需要关注数据的访问，具体每个数据存放在什么位置、以什么方式存储、如何查找等存储细节都是看不到的，数据库管理系统的内模式会为用户解决这些细节问题。内模式会综合处理不同操作系统、不同存储设备之间的差异，为数据访问提供合理高效的组织方式。

为什么通常把数据库的体系分为三级模式呢？实际上这是和数据库是对现实世界事物及其关系的描述相联系的。前面提到过，构建数据库的目的就是为了更好地建模现实世界。有了计算机的帮助，可以构建出一个现实世界在计算机中的映像，这个映像称为信息世界。信息世界中包含了所有现实世界中事物及其关系的逻辑描述，是现实世界信息的逻辑形式的全集。信息世界的所有逻辑数据，最终还是要存储到计算机的存储设备中，这就对应了一个机器世界。可以看到，三级模式实际上分别对应了三个不同的世界：外模式对应现实世界，是对现实世界的直接抽象；模式对应了信息世界，是所有现实世界逻辑抽象的全体；内模式对应了机器世界，是信息世界在计算机等机器中具体存储方式的描述。

### 1.3.3 数据库模式的二级映射

外模式、模式和内模式分别对应了数据库数据建模的三个级别,也是数据抽象的三种层次。把数据建模进行分级的主要目的是减少数据和应用程序以及存储方式之间的依赖关系,从而降低开发和维护成本。分级后各层次的数据功能明确、结构清晰,但是同时也引入了另一个问题:如何在不同层级的数据之间建立一一对应的关系,这个问题称为各级模式之间的映射问题。具体来说,三级数据库模式之间有两级映射,即外模式-模式映射和模式-内模式映射。

外模式-模式映射解决的是数据库系统的外模式与模式之间的映射对应关系。数据库外模式描述的是现实世界各个方面的直接抽象,相对来说,更为丰富和多样,也难免在不同外模式之间会有冲突和不一致的地方。例如对于长度的描述,外模式1使用厘米为单位,外模式2则使用英寸为单位。又如在工资系统中需要记录员工入职年限的情况,而在销售业绩系统中则不关心其入职年限,等等。如前所述,模式是全局的,整个数据库只有一个模式,所有的外模式都必须映射到一个统一的模式之中。因此,全体外模式首先要集成起来,映射为一个完整统一的模式;其次,相互冲突的、不一致的各外模式之间需要进行规范化,通过规范的协调来构造成为全局的模式。经过外模式-模式映射之后,所有的外模式到模式之间就有了确定的对应关系,应用程序或用户对外模式的访问,将被映射到全局统一的模式之中。

模式-内模式映射解决的是数据库模式存储到不同存储系统上的问题。数据库内模式指的是数据存储的具体方式。例如,不同数据类型的具体存储方式的定义、数据文件的组织方式、索引的定义和实现方式等。模式-内模式映射把数据库系统的全局模式映射到物理存储介质上,把对数据的访问转换为对物理存储设备的访问。同一个数据库模式,可能在存储时基于的物理设备不同,导致其模式-内模式映射也不同。对于用户来说,DBMS可以实现多种不同的模式-内模式映射。因此,这种差异对一般用户来说是透明的,使用时仅需关注数据的访问即可,至于访问不同数据需要如何映射到何种物理设备则不需过问。

三级数据库模式之间的两级映射不仅把各层数据模式之间建立了关联关系,而且提供了更好的数据独立性。这个数据独立性体现在两个方面:一个是数据的逻辑独立性;另一个是数据的物理独立性。

数据的逻辑独立性是指当数据库模式发生改变时,数据库外模式不需要随之调整,只需要修改外模式-模式之间的映射关系即可。修改外模式-模式之间的映射关系可以在DBMS帮助下进行,成本比较低,影响范围小。而应用程序都是建立在数据库外模式之上的,如果外模式需要修改,必然会影响整个应用程序的修改,导致大范围的重新开发,增加开发和维护成本。因此,数据的逻辑独立性相当于把数据和应用程序分离开来,通过映射来保证它们之间的联系。数据的逻辑独立性扩大了数据的应用范围、提高了适应性、降低了开发维护成本,具有显著的优点。

数据的物理独立性是指当数据库的物理存储方式发生改变时,也不需要一一修改数据库的模式,仅靠调整模式-内模式映射就可以消除物理存储方式改变带来的差异。由于数据库模式不需要变化，外模式当然也不需要变化，从而应用程序也不用修改。数据的物理独立性进一步提高了数据的适应性和应用范围。数据的逻辑独立性和物理独立性合称数据独立性，这种独立性也是数据库系统最显著的特点之一。

## 知识点小结

通过获取信息来认知和改造世界是实践的基本目的，数据处理和数据管理是这一进程中的主要手段之一。本章先从什么是信息、什么是数据等基本概念入手，介绍了数据处理和数据管理的含义和必要性，并从历史发展的时间线上总结了主要数据处理阶段的特点，并由此引入了数据库、数据库管理系统、数据库系统等概念。1.3 节剖析了数据库系统的体系结构，从模式的概念、数据库系统的三级模式分层以及外模式-模式映射、模式-内模式映射的含义等角度解释了为什么要对数据库系统进行这样的层次化设计，并通过引入数据独立性的方式来降低开发维护数据库应用系统的成本，提高适应性和应用范围。

## 习　　题

### 一、选择题

1. 下面关于信息、信号和数据的说法中，错误的是（　　）。
   A. 信息可以用来消除对事物认知的不确定性
   B. 信号是信息的物理载体
   C. 数据是信息的符号化表示
   D. 信息是数据的载体和表现形式
2. 下面对数据库方式管理数据的说法中，错误的是（　　）。
   A. 数据库管理数据具有结构化和持久化的特点
   B. 数据库管理的数据具有一致性和共享性的特点
   C. 数据库方式管理数据可以使数据和应用程序有更高的耦合性
   D. 数据库方式管理数据具有更高的安全性和稳定性
3. 下面不属于数据库管理系统功能的是（　　）。
   A. 数据采集　　B. 数据定义　　C. 数据更新　　D. 数据删除
4. 下面关于数据库模式的说法中，错误的是（　　）。
   A. 数据库只有一个模式
   B. 一个数据库系统可以有多个外模式
   C. 一个数据库系统可以有多个内模式
   D. 外模式是模式的一个子集
5. 下面关于用户使用数据库模式的说法中，正确的是（　　）。
   A. 在应用程序中，用户使用的是数据库的外模式
   B. 在应用程序中，用户使用的是数据库的模式

C. 在应用程序中，用户使用的是数据库的内模式

D. 在应用程序中，用户可以任意选择使用数据库的内模式和外模式

6. 下面对数据库模式映射的说法中，错误的是(　　)。

A. 外模式-模式映射，为数据库提供了逻辑独立性

B. 模式-内模式映射，为数据库提供了物理独立性

C. 当内模式发生改变时，可以通过调整模式-内模式映射，避免应用程序受到影响

D. 外模式-模式映射和模式-内模式映射一旦完成，以后就不能再发生改变

## 二、填空题

1. 数据管理技术从历史上的发展阶段看，主要有人工管理阶段、________和________。

2. 一个典型的数据库应用系统一般由硬件平台、软件平台、数据库、________、________、计算机应用系统和用户等部分组成。

3. 数据库系统的三级模式包括________、模式和________。

## 三、简答题

1. 什么是信息？什么是数据？

2. 数据管理的主要操作有哪些？

3. 数据管理技术在发展历程上主要经历了哪些阶段？各个阶段的数据管理技术各有什么优缺点？

4. 典型数据库应用系统的主要组成部分有哪些？

5. 什么是数据库的数据独立性？数据库应用系统为什么需要数据独立性？

# 第2章 数据模型

在当今信息化时代，数据已然成为一种重要的资源，对大量数据进行高效处理成为各行各业所面临的重要需求，而数据库是目前存储和管理数据最有效的工具。因此，如何用数据的形式描述和抽象现实生活中的事物，并将数据按照某种组织结构存储在计算机中，供数据库管理系统进行处理则显得尤为重要。这就需要人们能够真实、客观地表达事物的属性和基本特征，并建模事物之间的相互关系和变化规律。本章介绍如何基于现实世界进行抽象建模，以及建模过程中涉及的相应数学理论知识。

## 2.1 数据模型概述

数据模型概述

模型，在生活中处处可见。一个建筑设计沙盘、一张地图、一个精致的汽车模型等，它们都是具体的模型，看到这些模型就会联想到现实生活中的相关事物。模型是对现实世界事物特征的模拟和抽象。例如，一个汽车模型可以模拟生活中真实的汽车前进、转弯和后退，同时也抽象了汽车的物理结构，有车身、发动机和电源等。

数据模型也是一种模型，它是对现实生活中数据特征的抽象。数据模型的主要功能就是描述数据和组织数据。计算机是处理数据的主要工具，但是计算机不能对现实世界事物进行直接处理。因此，需要首先使用数据模型来模拟和抽象现实世界，把现实世界中的事物转换为计算机能够处理的结构数据。但是，目前没有一个数据模型能够直接完成这个转换，需要分步实现。每步面向不同的对象和应用，需要使用不同的数据模型。

将现实世界转换成计算机世界可以分两步实现：首先将现实世界抽象为信息世界；然后再将信息世界转换为机器世界。这两个过程中可以分别使用以下两种数据模型：概念模型和组织模型，如图 2.1 所示，首先使用概念模型将现实世界抽象到信息世界，形成逻辑结构数据，然后再使用组织模型将逻辑结构数据转换为某具体数据库管理系统支持的物理结构数据。

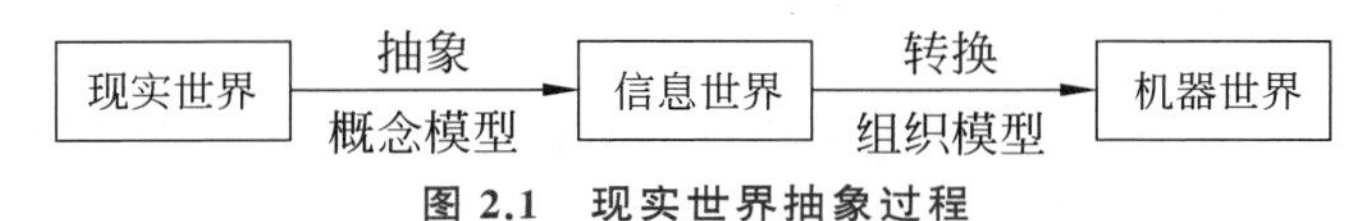


图 2.1 现实世界抽象过程

### 2.1.1 概念模型

概念模型又称为信息模型,它通过对现实世界中的事物及事物之间的联系进行模拟和抽象,将现实世界转换到信息世界。概念模型按照用户的观点对数据建模,它是数据库开发人员与用户进行交流之后对现实世界认识结果的体现,也是数据库开发人员与用户进行交流的工具。因此,一方面概念模型应该具有很强的语义性,应方便、真实地表达现实世界事物的语义知识;另一方面它应该简洁、清晰,易于用户理解。

概念模型的表示方法有很多,其中最常用的是实体-联系(Entity-Relationship)方法,用这种方法创建的概念模型称为 E-R 模型。E-R 模型将现实世界抽象为实体与实体之间的联系,共包含 3 部分内容:实体(Entity)、属性(Attribute)和联系(Relationship)。E-R 模型的图形化表示方法称为 E-R 图。

概念模型所表达的信息世界中的基本概念如下。

(1) 实体:客观世界中存在的可互相区分的客观对象或抽象概念。实体可以是具体的人、事或者物,也可以是抽象的概念或联系,如一位客户、一名学生、一种商品、学生的一次选课、客户的一次订单等都可以用实体表达。

(2) 实体集:同一类型实体的集合称为实体集。例如,全体客户和全体的商品都是实体集。

(3) 属性:实体特征的抽象称为属性。实体需要使用属性进行刻画。例如,可以通过“客户编号”“姓名”“联系电话”和“注册日期”等属性刻画客户实体。

(4) 码:能够唯一标识实体的一个(组)属性,称为实体集的码。例如,每位客户都有一个客户编号,如果客户编号不同则客户也不相同,因此客户编号能够在客户实体集中唯一标识一个客户,是客户实体集的码。

(5) 实体型:用实体名及描述实体的属性的集合来抽象和描述同类实体称为实体型。如客户(客户编号,姓名,性别,注册日期,联系电话)就是一个实体型。

(6) 联系:实体之间的相互关联称为联系。现实世界事物之间是有关联的,这些关联在信息世界中反映为实体集(型)之间的联系。联系的类型可分为一对一的联系(如班长和班级之间的联系)、一对多的联系(如客户和订单之间的联系)、多对多的联系(如订单和商品之间的联系)。

### 2.1.2 组织模型

概念模型是基于现实世界的第一次抽象,将现实世界转换到了信息世界。接下来,可以通过组织模型实现从信息世界到机器世界的转换。组织模型是按计算机系统的观点对数据建模,是基于信息世界的第二次抽象。在数据库理论研究和应用实践中,先后出现的组织模型主要有层次模型、网状模型、关系模型等。

#### 1. 层次模型

层次模型是数据库系统中最早出现的数据模型。它采用树形结构来表达实体集及实体集之间的联系。这种结构方式在现实世界中普遍存在,如单位组织结构、家族结构等。

图 2.2 是某个大学学院组织结构的层次模型图。

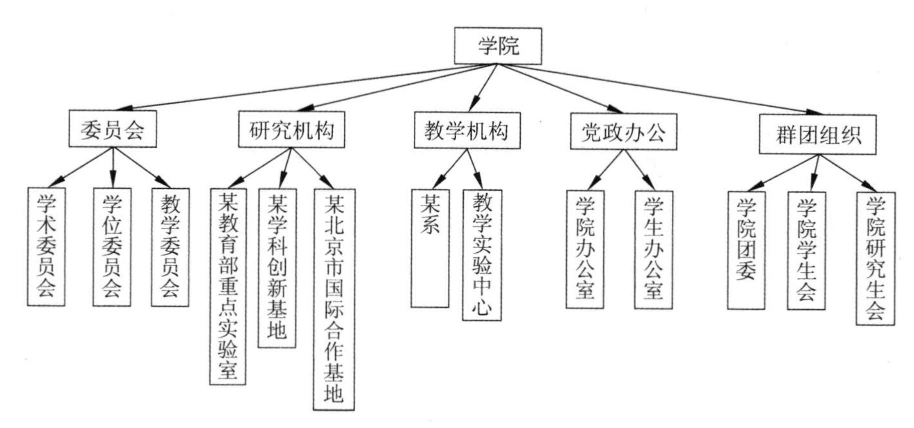


**图 2.2　某大学学院组织结构的层次模型**

层次模型特点如下。

(1) 整个模型中有且仅有一个节点没有父节点,这个节点称为树的根节点。

(2) 其余的节点必须有且仅有一个父节点。

层次模型的数据结构简单、清晰,基于层次模型的数据库查询效率也很高。但是现实世界中,有很多联系是非层次性的。例如,当节点之间是多对多的联系时,就不适合用层次模型来表达,层次模型只适合表达一对一或者一对多的联系。

**2. 网状模型**

对于现实世界事物间非层次性的联系,用层次模型很难表达,但是网状模型可以克服这个缺点。用图的结构表示实体集和实体集之间联系的组织模型称为网状模型。网状模型中的节点允许脱离父节点而存在,同时也允许一个节点存在一个或者多个父节点,表现为一种网状的图,因此节点之间的对应联系不再是一对一或者一对多,而是多对多的联系。例如,图 2.2 某大学学院的层次模型中,某系教师可能是某个委员会的成员;教学实验中心也可能是某个研究机构;委员会下设的各个子结构可能存在人员交叉;研究机构下设的各个子机构也可能有业务交叉。对于这种复杂的联系,层次模型很难描述,而网状模型则很容易表达,图 2.3 是使用网状模型描述的某大学学院组织结构图。

网状模型可以表达复杂关系,它可以更为直接地描述现实世界,是一种更普遍性的结构。但是网状模型本身结构复杂,用计算机实现具有一定的难度,随着应用环境的不断扩大,数据结构也会变得越来越复杂,数据的增加、删除、更新等操作涉及的相关数据也会更多,不利于数据库的维护。

**3. 关系模型**

所有的组织模型中,最具里程碑意义的是关系模型。在关系模型中,实体集以及实体集之间的联系用二维表来表达,列代表实体的属性,行代表每一个实体具体的数据。关系模型结构清晰,易于理解,解决了层次模型和网状模型的弊病。例如网络购物系统中,客

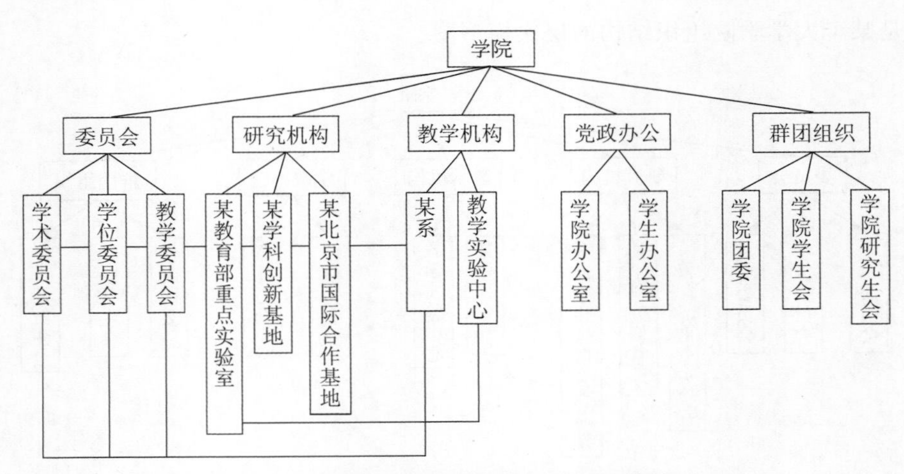


图 2.3　某大学学院组织结构的网状模型

户和商品这两个实体集就可以分别用表 2.1 和表 2.2 表示,客户购买商品产生的订单用表 2.3 表示。

表 2.1　客户表 customers

| customer_id | name | gender | registration_date | phone |
|---|---|---|---|---|
| 101 | 薛为民 | 男 | 2012-01-09 | 16800001111 |
| 102 | 刘丽梅 | 女 | 2016-01-09 | 16811112222 |

表 2.2　商品表 items

| item_id | item_name | category | cost | price | inventory | is_online |
|---|---|---|---|---|---|---|
| b001 | 墨盒 | 办公类 | 169.00 | 229.00 | 500 | 1 |
| b002 | 硒鼓 | 办公类 | 610.00 | 699.00 | 600 | 1 |
| f001 | 休闲装 | 服饰类 | 199.00 | 268.00 | 800 | 1 |

表 2.3　订单表 orders

| oder_id | customer_id | address | city | order_date | shipping_date |
|---|---|---|---|---|---|
| 1 | 105 | 海淀区西三旗幸福小区 60 号楼 6 单元 606 | 北京市 | 2018-5-6 12:10:20 | 2018-5-7 10:29:35 |
| 5 | 103 | 市北区幸福北里 88 号院 | 青岛市 | 2019-2-1 17:51:01 | 2019/2/2 16:10:20 |
| 6 | 104 | 海淀区清河小营东路 12 号学 9 公寓 | 北京市 | 2019-6-18 19:01:32 | NULL |

关系模型是目前最常见的一种组织模型。现在使用的数据库系统几乎都支持关系模型,非关系数据库管理系统也大都加上了关系接口。

# 2.2　关系模型

1970年，美国IBM公司San Jose研究室的研究员Codd首次提出了数据库系统的关系模型，开创了数据库关系方法和关系数据理论的研究。关系模型有相应的数学理论支撑，它以二维表的形式来表达数据的逻辑结构。建立在关系模型基础上的数据库管理系统称为关系数据库管理系统，著名的关系数据库管理系统有Oracle、MySQL、SQL Server、PostgreSQL等。

关系模型由关系数据结构、关系操作和关系完整性约束3部分组成。

## 2.2.1　关系数据结构

关系数据结构是指关系模型的逻辑结构。关系模型由一组关系组成，每个关系的数据结构是一张二维表。下面以网络购物系统为例，介绍关系模型的一些术语。

（1）关系：关系是具有相同属性集的数据的集合。一个关系对应一张二维表，如表2.1 customers就是一个关系。

（2）关系模式：对关系的逻辑结构和特征的描述称为关系模式。设某关系名为$R$，其属性分别为$A_1$、$A_2$、…、$A_n$，则关系可以描述为$R(A_1,A_2,\cdots,A_n)$，如表2.1所示customers(customer_id，name，gender，registration_date，phone)就是一个关系模式。

关系实际上就是关系模式在某一时刻的状态或内容。关系模式是稳定的，而关系是动态的、随时间不断变化的。但在实际应用中，常常把关系模式和关系统称为关系，读者可以从上下文中加以区别。

（3）元组：表中的一行称为一个元组，也称为一条记录，它描述的是实体集中的一个实体。例如表2.1中('101','薛为民','男','2012-01-09','16800001111')就是一个元组，它描述的是薛为民这个实体。

（4）属性：二维表中的一列即为一个属性，也称为一个字段。如表2.1所示，关系customers共有5个属性，即customer_id、name、gender、registration_date、phone。属性的个数称为关系的元或度。

（5）域：一组具有相同数据类型的值的集合。例如，整数、日期、{男，女}、大于或等于0且小于或等于100的整数等都是域。

（6）候选键：一个关系中，能够唯一标识一个元组的属性(集)称为候选键，又称为候选码。一个关系中可以有多个候选键。例如，表2.3订单表orders中的order_id值不同，对应的购买记录也就不同，它能够唯一标识一条购买记录，所以它是该关系的一个候选键。同时，如果知道了客户编号和订单时间，也能够确定一条订单记录。因此，属性组(customer_id，order_date)也能够唯一标识orders的一个元组，它也是该关系的一个候选键。

（7）主键：被选为元组标识的一个候选键称为主键，也称为主码。每个表只能有一个主键，且主键不能为空。例如表2.3中，可以指定order_id为主键，也可以根据情况指定(customer_id，order_date)作为该关系的一个主键，但不可以同时指定多个主键。

### 2.2.2 关系操作

关系模型使用二维表表达数据的逻辑结构,我们可以根据需求从一张二维表中获取某些元组和列的内容,也可以利用二维表之间的联系,从两张或多张二维表中获取相关元组和列的内容,也可以在表中增加、修改、删除一些内容,这些操作都是基于关系模型的关系操作。

关系操作整体上可分为查询操作和更新操作两类。查询操作是关系操作最重要的部分,可以细分为选择、投影、连接、并、交、差、笛卡儿积等。更新操作包括插入、删除、修改等。

关系操作的对象是一张张二维表,操作之后的结果也是以二维表的形式进行表达。因此,关系的操作对象和操作结果都是关系的集合。集合操作方式是关系操作的特点。

早期的关系操作通过关系代数和关系演算实现,关系代数和关系演算都是抽象的查询语言。这种抽象的查询语言与具体数据库管理系统实现的实际查询语言并不完全一样,实际的查询语言还有一些其他的附加功能。关系演算是以数理逻辑中的谓词演算为基础的。把谓词演算用于关系数据库(即关系演算的概念)是 Codd 提出来的。关系代数用对关系的运算来表达查询,关系代数包括传统的集合运算和专门的关系运算。

关系代数与关系演算之间,还有一种结构化查询语言(Structured Query Language, SQL)。SQL 是一种高级的非过程化语言。它不要求用户指定对数据的存放方法,也不需要用户了解具体的数据存放方式,这些都由数据库管理系统优化机制来完成。

### 2.2.3 完整性约束

为了防止不符合规范的数据进入数据库,确保数据库中存储的数据正确、有效、相容,关系模型必须满足关系的完整性约束条件。完整性约束条件主要包括实体完整性、参照完整性和用户定义完整性。

#### 1. 实体完整性

实体完整性规定关系数据库中所有的表都必须有主键,并且主键值不允许为空,也不能存在重复值。这样可以保证关系中每一个元组都能够唯一标识。如表 2.4,第 3 个元组记录的是一种墨盒的信息,该元组的主键 item_id 就没有值,不符合实体完整性约束。表中该元组其他属性的值与第一个元组相同,而第一个元组记录的也是一种墨盒,这两种墨盒到底是不是同一种商品,系统无法识别。如果添加如表 2.5 所示主键值则变成了有重复主键值的关系,也就是说,在同一个关系中出现了两个完全相同的实体,造成了数据的重复存储,这种有重复主键值的记录也不符合实体完整性约束,应该从表中删除。表 2.6 则是具备实体完整性的关系。

表 2.4 没有主键值的商品表

| item_id | item_name | category | cost | price | inventory | is_online |
|---|---|---|---|---|---|---|
| b001 | 墨盒 | 办公类 | 169.00 | 229.50 | 500 | 1 |
| b002 | 硒鼓 | 办公类 | 610.00 | 699.50 | 600 | 1 |

续表

| item_id | item_name | category | cost | price | inventory | is_online |
|---|---|---|---|---|---|---|
| | 墨盒 | 办公类 | 169.00 | 229.50 | 500 | 1 |
| f001 | 休闲装 | 服饰类 | 199.00 | 268.00 | 800 | 1 |

表 2.5 有重复主键值的商品表

| item_id | item_name | category | cost | price | inventory | is_online |
|---|---|---|---|---|---|---|
| b001 | 墨盒 | 办公类 | 169.00 | 229.50 | 500 | 1 |
| b002 | 硒鼓 | 办公类 | 610.00 | 699.50 | 600 | 1 |
| b001 | 墨盒 | 办公类 | 169.00 | 229.50 | 500 | 1 |
| f001 | 休闲装 | 服饰类 | 199.00 | 268.00 | 800 | 1 |

表 2.6 主键值均不同的商品表

| item_id | item_name | category | cost | price | inventory | is_online |
|---|---|---|---|---|---|---|
| b001 | 墨盒 | 办公类 | 149.00 | 223.50 | 500 | 1 |
| b002 | 硒鼓 | 办公类 | 610.00 | 699.50 | 600 | 1 |
| f001 | 休闲装 | 服饰类 | 199.00 | 268.00 | 800 | 1 |

### 2. 参照完整性

参照完整性也称为引用完整性。关系模型通过一个个关系表来表达实体及实体之间的联系，由于实体之间存在一定的联系，因此关系模型中自然就存在着关系表之间数据的参照和引用。参照完整性对关系数据表之间数据的参照和引用进行了约束，保证了关系表之间引用数据的一致性。

例如，customers 和 orders 关系可以用以下关系模式表示：

customers(customer_id，name，gender，registration_date，phone)

orders(order_id，customer_id，address，city，order_date，shipping_date)

这两个关系模式之间存在着属性的引用。其中，orders 通过引用 customers 中的 customer_id 属性描述了相应客户的订单情况。因此，关系 orders 中 customer_id 的值要么为空，要么必须是在 customers 表 customer_id 属性中确实存在的值。这种限制一个关系中某属性取值受另外一个关系中某属性取值范围约束的情况就称为参照完整性。参照完整性可以通过定义外键来实现。

外键：设 $P$ 是关系 $R$ 的一个或一组属性，如果 $P$ 与关系 $S$ 的主键相对应，则称 $P$ 是关系 $R$ 的外键，并称 $R$ 为参照关系，$S$ 为被参照关系(关系中的主键用下画线进行了标注)。

$$R(O,P,\cdots) \qquad S(\underline{K},\cdots)$$

参照关系　　被参照关系

显然，外键 $P$ 的值要么为空，要么是在主键 $K$ 当中确实存在的值，二者值域相同。因此，外键应该满足如下条件。

(1) 或者值为空。

(2) 或者值与被参照关系中的对应的主键值相同。

外键不一定要与对应的主键名称相同,但是实际应用中,为了方便识别,往往给二者取相同的名称。主键要求不为空且唯一,而外键的值是可以为空或者重复的。例如,表 2.3 orders 的主键是 order_id,属性 customer_id 与 customers 的主键 customer_id 相对应。因此,customer_id 是 orders 的外键。根据参照完整性,在值不为空的情况下,orders 中的 customer_id 与 customers 中的 customer_id 的值应保持一致。

**3. 用户定义完整性**

不同的关系数据库应用系统根据其应用环境的不同,往往还需要一些特殊的约束条件。用户定义的完整性即是针对某个关系数据库的特定约束条件,它反映某一具体应用所涉及的数据必须满足的语义要求。例如,商品实体中,库存的数据类型应为整型,商品购买折扣取值范围介于 0~1,客户注册时间为当前日期,客户的性别取值应为“男”或者“女”等。

关系模型数据完整性约束条件中,实体完整性定义了数据库中每一个基本关系的主键应满足的条件,能够保证元组的唯一性;参照完整性定义了表之间的引用关系,保证了表之间的正常引用;用户定义完整性是针对具体的应用环境制定的数据规则,反映了某一具体应用所涉及的数据必须满足的语义要求。

## 2.3 关系代数

关系代数

关系模型是以关系代数为基础构造的数据模型。关系代数通过对关系的运算表达查询,是一种抽象的查询语言。运算对象、运算符和运算结果是运算的 3 大要素。关系运算的运算对象是一个个关系,运算的结果也是以关系的形式呈现。根据运算符的不同,关系代数可以分为传统的集合运算和专门的关系运算两类。

### 2.3.1 传统的集合运算

传统的集合运算包括并、交、差、笛卡儿积 4 种运算。

设关系 $R$ 和关系 $S$ 具有相同的目 $n$(即两个关系都有 $n$ 个属性),且相应的属性取自同一个域,$t$ 是元组变量,$t \in R$ 表示 $t$ 是 $R$ 的一个元组。

下面以表 2.7 和表 2.8 所示的两个关系为例解释传统集合运算。

表 2.7 customer_a

| customer_id | name | gender | registration_date | phone |
|---|---|---|---|---|
| 101 | 薛为民 | 男 | 2012-01-09 | 16800001111 |
| 102 | 刘丽梅 | 女 | 2016-01-09 | 16811112222 |
| 103 | Grace_Brown | 女 | 2016-01-09 | 16822225555 |

表 2.8 customer_b

| customer_id | name | gender | registration_date | phone |
| --- | --- | --- | --- | --- |
| 103 | Grace_Brown | 女 | 2016-01-09 | 16822225555 |
| 104 | 赵文博 | 男 | 2017-12-31 | 16811112222 |
| 105 | Adrian_Smith | 男 | 2017-11-10 | 16866667777 |

### 1. 并

关系 $R$ 与关系 $S$ 的并记作：

$$R \cup S = \{t \mid t \in R \vee t \in S\}$$

$\vee$ 为析取符，表示逻辑“或”。并运算的结果仍是 $n$ 目关系，由属于 $R$ 或者 $S$ 的元组组成。表 2.9 显示了 customers_a 与 customers_b 两个关系的并运算结果。

表 2.9　customer_a∪customer_b

| customer_id | name | gender | registration_date | phone |
| --- | --- | --- | --- | --- |
| 101 | 薛为民 | 男 | 2012-01-09 | 16800001111 |
| 102 | 刘丽梅 | 女 | 2016-01-09 | 16811112222 |
| 103 | Grace_Brown | 女 | 2016-01-09 | 16822225555 |
| 104 | 赵文博 | 男 | 2017-12-31 | 16811112222 |
| 105 | Adrian_Smith | 男 | 2017-11-10 | 16866667777 |

### 2. 差

关系 $R$ 与关系 $S$ 的差记作：

$$R - S = \{t \mid t \in R \wedge t \notin S\}$$

$\wedge$ 为合取符，表示逻辑“与”。差运算的结果仍为 $n$ 目关系，由属于 $R$ 而不属于 $S$ 的元组组成。表 2.10 显示了 customers_a 与表 customers_b 两个关系的差运算的结果。

表 2.10　customer_a－customer_b

| customer_id | name | gender | registration_date | phone |
| --- | --- | --- | --- | --- |
| 101 | 薛为民 | 男 | 2012-01-09 | 16800001111 |
| 102 | 刘丽梅 | 女 | 2016-01-09 | 16811112222 |

### 3. 交

关系 $R$ 与关系 $S$ 的交记作：

$$R \cap S = \{t \mid t \in R \wedge t \in S\}$$

其结果关系仍为 $n$ 目关系，由既属于 $R$ 又属于 $S$ 的元组组成。

表2.11 显示了 customers_a 与 customers_b 两个关系的交运算结果。

表 2.11　customer_a∩customer_b

| customer_id | name | gender | registration_date | phone |
|---|---|---|---|---|
| 103 | Grace_Brown | 女 | 2016-01-09 | 16822225555 |

**4. 笛卡儿积**

两个分别为 $m$ 目和 $n$ 目的关系 $R$ 和 $S$ 的笛卡儿积是一个 $(m+n)$ 列的元组集合。元组的前 $n$ 列是关系 $R$ 的一个元组，后 $m$ 列是关系 $S$ 的一个元组。若 $R$ 有 $k_1$ 个元组，$S$ 有 $k_2$ 个元组，则关系 $R$ 和关系 $S$ 的笛卡儿积有 $k_1 \times k_2$ 个元组，记作：

$$R \times S = \{\widehat{t_r t_s} \mid t_r \in R \wedge t_s \in S\}$$

$\widehat{t_r t_s}$：元组 $t_r$ 与 $t_s$ 的连接，详见 2.3.2 节。图 2.4 为笛卡儿积的操作示意图。

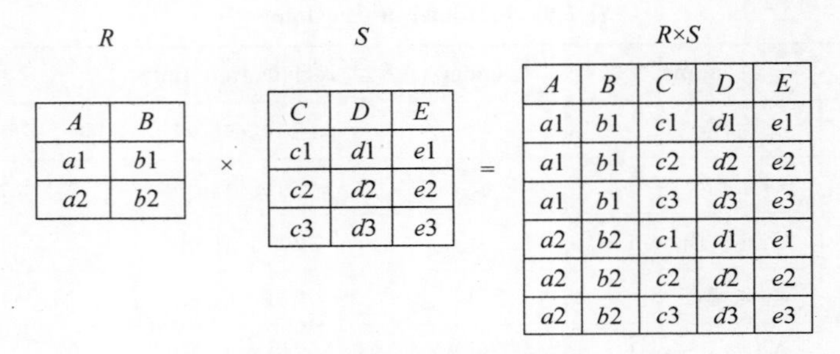

图 2.4　笛卡儿积操作示意图

## 2.3.2　专门的关系运算

专门的关系运算包括选择、投影、连接等。其中，选择和投影为一元操作，而连接为二元操作。为了叙述方便先介绍几个符号。

(1) 设关系模式 $R(A_1, A_2, \cdots, A_n)$，它的一个关系为 $R$，$t \in R$ 表示 $t$ 是 $R$ 的一个元组。$t[A_i]$ 表示元组 $t$ 中相应于属性 $A_i$ 的一个分量。

(2) $R$ 和 $S$ 分别为 $n$ 目和 $m$ 目关系，$t_r \in R$，$t_s \in S$，$\widehat{t_r t_s}$ 称为元组的连接或元组的串接。它是一个 $n+m$ 列的元组，前 $n$ 个分量为 $R$ 的一个 $n$ 元组，后 $m$ 个分量为 $S$ 中的一个 $m$ 元组。

下面以表 2.12～表 2.14 所示的 3 个关系为例，介绍专门的关系运算。

表 2.12　customers

| customer_id | name | gender | registration_date | phone |
|---|---|---|---|---|
| 103 | Grace_Brown | 女 | 2016-01-09 | 16822225555 |
| 104 | 赵文博 | 男 | 2017-12-31 | 16811112222 |

续表

| customer_id | name | gender | registration_date | phone |
| --- | --- | --- | --- | --- |
| 105 | Adrian_Smith | 男 | 2017-11-10 | 16866667777 |
| 106 | 孙丽娜 | 女 | 2017-11-10 | 16877778888 |
| 107 | 林琳 | 女 | 2020-05-17 | 16888889999 |

表 2.13　items

| item_id | item_name | category | cost | price | inventory | is_online |
| --- | --- | --- | --- | --- | --- | --- |
| b001 | 墨盒 | 办公类 | 149.00 | 223.50 | 500 | 1 |
| b002 | 硒鼓 | 办公类 | 610.00 | 699.50 | 600 | 1 |
| f001 | 休闲装 | 服饰类 | 199.00 | 268.00 | 800 | 1 |

表 2.14　orders

| order_id | customer_id | city | order_date | shipping_date |
| --- | --- | --- | --- | --- |
| 1 | 105 | 北京市 | 2018-5-6 12:10:20 | 2018-5-7 10:29:35 |
| 2 | 105 | 北京市 | 2018-05-09 08:12:23 | NULL |
| 3 | 107 | 天津市 | 2018-6-18 18:00:02 | 2018-6-19 16:40:26 |

### 1. 选择

选择又称为限制，它是在关系 $R$ 中选出满足给定条件的某些元组，形成一个新的关系。选择运算记作：

$$\sigma_F(R)=\{t \mid t \in R \land F(t)='\text{真}'\}$$

其中，$F$ 表示选择条件，它是一个条件表达式，取逻辑值为“真”或“假”。选择运算实际上是从 $R$ 中选取使条件表达式 $F$ 值为真的元组，它是从行的角度进行的运算。

**【例 2.1】** 查询姓名为“赵文博”的客户信息。

$$\sigma_{\text{name}='\text{赵文博}'}(\text{customers})$$

即从 customers 中选择满足 name 为“赵文博”条件的元组。结果如表 2.15 所示。

表 2.15　例 2.1 的结果

| customer_id | name | gender | registration_date | phone |
| --- | --- | --- | --- | --- |
| 104 | 赵文博 | 男 | 2017-12-31 | 16811112222 |

### 2. 投影

投影是在关系 $R$ 上选择某些列，形成一个新的关系。投影运算记作：

$$\Pi_A(R)=\{t[A] \mid t \in R\}$$

其中,Π 是投影运算符;$A$ 为 $R$ 中的属性列,它是被投影的属性或属性组,$t[A]$表示 $t$ 这个元组中对应属性(集)$A$ 的分量。投影实际上是从 $R$ 中选取属性列 $A$ 组成新的关系,它从列的角度进行运算。

**【例 2.2】** 查询表 2.14 orders 中客户的编号和城市。

$$\Pi_{customer\_id, city}(orders)$$

即对 orders 中的 customer_id 列和 city 列进行投影运算。投影运算从列的角度进行运算。它选取了原关系中的 customer_id 列和 city 列如表 2.16(a)所示,这些列可能会出现重复的元组,投影运算会自动取消重复的元组,结果如表 2.16(b)所示。通过投影运算后,原来的 3 个元组去掉了重复的元组,变成了 2 个元组。

**表 2.16 例 2.2 投影运算**

| (a) | | (b) | |
|---|---|---|---|
| **customer_id** | **city** | **customer_id** | **city** |
| 105 | 北京市 | 105 | 北京市 |
| 105 | 北京市 | 107 | 天津市 |
| 107 | 天津市 | | |

### 3. 连接

连接也称为 $\theta$ 连接,它是从两个关系的笛卡儿积中选取属性间满足一定条件的元组。记作:

$$R \underset{A\theta B}{\bowtie} S = \{\widehat{t_r t_s} \mid t_r \in R \land t_s \in S \land t_r[A]\theta t_s[B]\}$$

其中,$A$ 和 $B$ 分别为 $R$ 和 $S$ 上列数相等且可比的属性组;$\theta$ 是比较运算符。连接运算是从 $R$ 和 $S$ 的笛卡儿积 $R \times S$ 中选取 $R$ 关系在 $A$ 属性组上的值与 $S$ 关系在 $B$ 属性组上的值满足比较关系 $\theta$ 的元组。连接运算中有两种最为重要也最为常用的连接:等值连接和自然连接。

当 $\theta$ 为"="时的连接称为等值连接,它是从关系 $R$ 与 $S$ 的笛卡儿积中选取 $A$ 和 $B$ 属性值相等的那些元组,等值连接记作:

$$R \underset{A=B}{\bowtie} S = \{\widehat{t_r t_s} \mid t_r \in R \land t_s \in S \land t_r[A] = t_s[B]\}$$

自然连接是一种特殊的等值连接,它要求两个关系中进行比较的分量必须是同名的属性组,并且在结果中把重复的属性列去掉,即若 $R$ 和 $S$ 具有相同的属性组 $B$,则自然连接可记作:

$$R \bowtie S = \{\widehat{t_r t_s} \mid t_r \in R \land t_s \in S \land t_r[A] = t_s[B]\}$$

**【例 2.3】** 对表 2.12 customers 和表 2.14 orders,分别进行等值连接和自然连接运算。

从运算结果可以看出与等值连接相比，自然连接中将重复的 customer_id 属性列去掉了。等值连接结果如表 2.17 所示，自然连接结果如表 2.18 所示。

**表 2.17 等值连接结果**

| customer_id | name | gender | registration_date | phone | order_id | customer_id | city | order_date | shipping_date |
|---|---|---|---|---|---|---|---|---|---|
| 105 | Adrian_Smith | 男 | 2017-11-10 | 16866667777 | 1 | 105 | 北京市 | 2018-5-6 12:10:20 | 2018-5-7 10:29:35 |
| 105 | Adrian_Smith | 男 | 2017-11-10 | 16866667777 | 2 | 105 | 北京市 | 2018-05-09 08:12:23 | NULL |
| 107 | 林琳 | 女 | 2020-05-17 | 16888889999 | 3 | 107 | 天津市 | 2018-06-18 18:00:02 | 2018-06-19 16:40:26 |

**表 2.18 自然连接结果**

| customer_id | name | gender | registration_date | phone | order_id | city | order_date | shipping_date |
|---|---|---|---|---|---|---|---|---|
| 105 | Adrian_Smith | 男 | 2017-11-10 | 16866667777 | 1 | 北京市 | 2018-5-6 12:10:20 | 2018-5-7 10:29:35 |
| 105 | Adrian_Smith | 男 | 2017-11-10 | 16866667777 | 2 | 北京市 | 2018-05-09 08:12:23 | NULL |
| 107 | 林琳 | 女 | 2020-05-17 | 16888889999 | 3 | 天津市 | 2018-6-18 18:00:02 | 2018-6-19 16:40:26 |

以上介绍的连接运算，两个表中只有连接字段值相匹配的行才能出现在结果集中。此外，还有一种特殊的连接，称为外连接，在外连接中可以只限制一个表，而对另外一个表不加限制(所有的行都出现在结果集中)。外连接分为左外连接、右外连接。

(1) 左外连接是对连接条件中左边的表不加限制，即在结果集中保留连接表达式左表中的所有记录。右表中与左表不匹配的字段值为 NULL。

(2) 右外连接是对连接条件中右边的表不加限制，即在结果集中保留连接表达式右表中的所有记录。左表中与右表不匹配的字段值为 NULL。

**【例 2.4】** 查询所有客户购物情况。

可以通过表 2.12 customers 与表 2.14 orders 进行左外连接实现，结果如表 2.19 所示。

**表 2.19 customers 与 orders 左外连接结果**

| customer_id | name | gender | registration_date | phone | order_id | city | order_date | shipping_date |
|---|---|---|---|---|---|---|---|---|
| 103 | Grace_Brown | 女 | 2016-01-09 | 16822225555 | NULL | NULL | NULL | NULL |
| 104 | 赵文博 | 男 | 2017-12-31 | 16811112222 | NULL | NULL | NULL | NULL |

续表

| customer_id | name | gender | registration_date | phone | order_id | city | order_date | shipping_date |
|---|---|---|---|---|---|---|---|---|
| 105 | Adrian_Smith | 男 | 2017-11-10 | 16866667777 | 1 | 北京市 | 2018-05-09 08:12:23 | NULL |
| 105 | Adrian_Smith | 男 | 2017-11-10 | 16866667777 | 2 | 北京市 | 2018-5-6 12:10:20 | 2018-5-7 10:29:35 |
| 106 | 孙丽娜 | 女 | 2017-11-10 | 16877778888 | NULL | NULL | NULL | NULL |
| 107 | 林琳 | 女 | 2020-05-17 | 16888889999 | 3 | 天津市 | 2018-06-18 18:00:02 | 2018-06-19 16:40:26 |

customers 与 orders 进行左外连接运算的过程中，对于 customers 中的某条记录，如果在 orders 表中没有满足连接条件的记录，则相应的字段属性值记为 NULL。

同时表 2.19 也是 orders 与 customers 进行右外连接后的结果。

【例 2.5】 查询 Adrian_Smith 的购物日期。

$$\Pi_{\text{order\_date}}(\sigma_{\text{name='Adrian\_Smith'}}(\text{customers} \bowtie \text{orders}))$$

即先将表 2.12 与表 2.14 进行自然连接，在连接结果中进行条件为“name＝'Adrian_Smith'”的选择运算，然后再针对 order_date 属性列进行投影运算。查询结果如表 2.20 所示。

表 2.20 Adrian_Smith 的购物日期

| order_date |
|---|
| 2018-5-6 12:10:20 |
| 2018-05-09 08:12:23 |

## 知识点小结

数据模型是数据库系统的核心和基础。数据模型包括概念模型和组织模型，组织模型主要有层次模型、网状模型和关系模型等。关系模型结构简单，操作方便，以关系代数为支撑。关系代数分为传统的集合运算和专门的关系运算两类。传统的集合运算包括并、交、差、笛卡儿积等运算，专门的关系运算包括选择、投影、连接等。

## 习　题

### 一、选择题

1. 采用二维表格结构表达实体类型及实体间联系的数据模型是(　　)。

   A. 层次模型　　　　B. 网状模型

   C. 关系模型　　　　D. 实体-联系模型

2. 下列实体类型的联系中，(　　)属于一对一的联系。

   A. 教研室对教师的所属联系　　　　B. 母亲对孩子的亲生联系

   C. 省对省会的所属联系　　　　D. 供应商与工程项目的供货联系

3. 现实世界中客观存在并能相互区别的事物称为(　　)。

A. 实体　　B. 实体集　　C. 字段　　D. 记录

4. 在关系代数中,(　　)操作称为从两个关系的笛卡儿积中选取它们属性间满足一定条件的元组。

A. 投影　　B. 选择　　C. 自然连接　　D. $\theta$ 连接

5. 设关系 $R$ 和 $S$ 的元组个数分别为 100 和 300,关系 $T$ 是 $R$ 和 $S$ 的笛卡儿积,则 $T$ 元组的个数是(　　)。

A. 400　　B. 10 000　　C. 30 000　　D. 90 000

6. 在关系代数的连接操作中,(　　)连接操作需要取消重复列。

A. 自然连接　　B. 笛卡儿积　　C. 等值连接　　D. $\theta$ 连接

7. 一个关系中,只能有一个(　　)。

A. 候选键　　B. 主键　　C. 外键　　D. 超键

8. 下面对"关系模型"的叙述中,不正确的说法是(　　)。

A. 关系模型是一种数据模型

B. 关系是一个属性数目相同的元组集合

C. 关系模型允许在关系中出现两条完全相同的元组

D. 关系模型具有三类完整性约束

9. 下面对"关系"的叙述中,不正确的说法是(　　)。

A. 关系中元组顺序的改变不影响关系结果

B. 关系中每个属性都不能再分割

C. 关系中允许出现两条完全相同的元组

D. 关系中属性顺序的改变不影响关系结果

## 二、简答题

1. 大学生在学校期间需要学习多门课程,学习课程会获取相应的成绩,请你指出学生选课系统 E-R 模型中的实体集、实体的属性及实体间的联系。

2. 举出现实生活中关系模型实例,结合实例回答关系模型的优点有哪些?

3. 设有关系 $R$ 和 $S$ 分别如下:

**R**

| A | B | C |
|---|---|---|
| 2 | 6 | 9 |
| 3 | 7 | 9 |
| 5 | 5 | 5 |

*S*

| A | B | C |
|---|---|---|
| 3 | 7 | 9 |
| 2 | 3 | 5 |

求 $R\cap S$、$R\cup S$、$R-S$、$R\times S$。

# 第3章 数据库的设计

当今信息化时代几乎所有的信息系统都需要有数据库的支撑,如何针对具体应用环境,利用数据库管理系统构造最适合的数据库模式,建立数据库及其应用系统,对数据进行科学高效的管理,就是数据库设计的主要内容。数据库设计是将数据库系统与现实世界进行密切、有机和协调一致地结合的过程。因此,数据库设计者需要同时具备数据库管理系统及其实际应用对象两个方面的知识。

近年来,随着互联网普及率的提高,我国的电子商务产业得到快速发展。随着越来越多的电子商务平台的出现,网络购物也逐渐成为大众主流的购物方式。网络购物平台会涉及大量的客户与商品数据的处理,这些平台是如何对这些数据进行高效管理的呢?它又是如何对广大客户的消费情况进行分类统计的呢?本章我们将以网络购物系统为例,帮助读者了解数据库的设计方法,并在接下来的章节中逐步创建一个简易的网络购物系统,最终解开网络购物系统的神秘面纱。

## 3.1 关系数据库设计概述

关系数据库设计概述

人们通常把使用数据库的各类信息系统都称为数据库应用系统,如网络购物系统、工资管理系统、票务系统、银行系统、人脸识别系统等。

数据库设计从广义上来说,是数据库及其应用系统的设计,即设计整个数据库应用系统。从狭义上来说,是设计数据库本身,即设计数据库的各级模式并建立数据库,是数据库应用系统设计的一部分。本书讲解侧重广义的数据库设计,以网络购物系统为例讲解数据库及应用系统的设计。

数据库设计是构建数据库系统的重要环节。一个良好的数据库设计,可以为用户和系统管理人员提供清晰的数据逻辑关系和高效的数据管理效率。低劣的数据库设计,则会在数据的存储和管理过程中造成数据访问率低,存储空间浪费以及数据的插入、删除异常等问题。

良好的数据库设计表现在以下几个方面。

(1) 访问效率高,使用方便,维护简单。

(2) 数据冗余度低,存储空间小,便于进一步扩展。

(3) 应用程序易于开发。

(4) 基于有效安全机制的数据安全可以得到保障。

(5) 数据的备份和恢复容易实现。

低劣的数据库设计往往表现在以下几个方面。

(1) 数据的访问效率低下。

(2) 大量的数据冗余造成存储空间浪费。

(3) 数据的插入和删除出现异常等问题。

### 3.1.1　数据库设计方法和步骤

如果我们现在就开始设计一个网络购物数据库系统,应该从哪儿入手?按照什么样的方法进行设计?早期的数据库设计工作,都是依赖于设计人员的自身经验,缺乏成熟的科学理论和工程方法的支持,因此设计质量难以保证,数据库常常运行一段时间后又会发现不同程度的问题,需要不断修改甚至重新设计,大大增加了系统维护成本。

为此,人们多年来不断地探索,提出了各种数据库设计方法。其中,新奥尔良(New Orleans)方法是一种比较著名的数据库设计方法,它通过分步设计,遵循自顶向下、逐步求精的原则,将数据库设计过程分解为若干相互独立又相互依存的阶段,每一阶段采用不同的辅助工具,解决不同的问题,从而将问题局部化,减少局部问题对整体设计的影响。新奥尔良方法将数据库设计分为需求分析、概念结构设计、逻辑结构设计和物理结构设计4 个阶段,如图 3.1 所示。

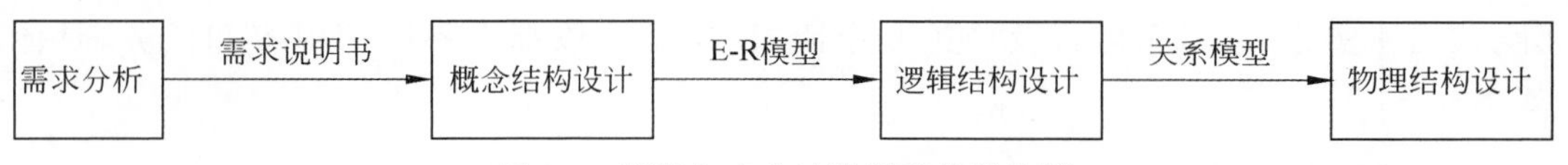


图 3.1　新奥尔良方法数据库设计步骤

其后,经过研究人员的不断改进,目前公认的比较权威的方法是将数据库系统设计分为 6 个阶段进行,分别是需求分析、概念结构设计、逻辑结构设计、物理结构设计、数据库实施和数据库运行及维护。

另外,我们在相关的文献或者资料中也会看到其他一些数据库设计方法,例如,基于E-R 模型的设计方法、基于 3NF(第三范式)的设计方法、基于抽象语法规范的设计方法等,这些都是针对不同数据库设计阶段使用的具体技术和方法。

### 3.1.2　数据库设计过程

考虑到数据库开发的全过程,按照结构化设计的方法,将数据库设计分为 6 个阶段。

#### 1. 需求分析

收集和分析用户需求,包括数据与处理。

#### 2. 概念结构设计

对用户需求进行归纳和抽象,形成概念模型(例如 E-R 模型)。

**3. 逻辑结构设计**

将概念模型转换为某个数据库管理系统所支持的数据模型(例如关系模型),并对其进行优化。

**4. 物理结构设计**

为数据模型选取一个最适合应用环境的物理结构(包括存储结构和存取方法)。

**5. 数据库实施**

根据逻辑设计和物理设计的结果建立数据库,组织数据入库并进行试运行。

**6. 数据库运行及维护**

在数据库系统运行过程中不断对其进行调整、评价与修改。

设计一个完善的数据库系统不可能一蹴而就,它往往是上述 6 个阶段不断反复、逐步求精的过程。

## 3.2 关系数据库的设计

关系数据库的设计主要包括需求分析、概念结构设计、逻辑结构设计、物理结构设计、数据库实施、数据库运行及维护 6 个阶段,每个阶段都有不同的内容和任务,具体如下。

### 3.2.1 需求分析

需求分析是设计数据库的起点。需求分析是设计人员通过与用户交流和调查等,分析并逐步明确用户对系统的需求,包括数据需求、业务处理需求、安全性及完整性要求等。需求分析的结果是否准确将直接影响后面各个阶段的设计,并影响设计结果是否合理和实用。因此,需求分析是整个设计工作最基础、是最耗时的部分。

需求分析的重点是“数据”和“处理”,通过调查、收集与分析,获得用户对数据库的如下要求。

(1) 数据要求。即用户对需要处理的数据内容及性质的要求。

(2) 处理要求。指用户要求数据库需要具备的数据处理功能,以及用户对处理性能的要求。

(3) 安全性与完整性要求。

调查用户需求的具体步骤如下。

(1) 调查组织机构情况和各部门的业务活动情况。

(2) 在熟悉业务活动的基础上,协助用户明确对新系统的各种要求,包括数据要求、处理要求、安全性与完整性要求。

(3) 确定新系统的边界。基于前面的调查和分析,明确哪些功能由计算机完成或将来准备让计算机完成,哪些活动由人工完成。由计算机完成的功能就是新系统应该实现的功能。

常用调查方法如下。

(1) 跟班作业和业务咨询。通过亲身参加业务工作、与客户进行座谈、请专人介绍等来了解业务活动的情况。

(2) 组织用户填写问卷调查。

(3) 查阅记录。查阅与原系统有关的数据记录。

**【例 3.1】** 对网络购物系统进行需求分析。

(1) 数据要求。

系统存储客户和商品的基本信息,详细记录客户的订单信息。

(2) 处理要求。

① 客户可以查看自己的信息;可以查看不同商品的信息;能够下单购买商品;可以查询订单情况。

② 系统能够对商品的情况进行统计;能够对订单情况进行统计。

③ 系统可以加入新的客户信息;加入新的商品信息。

④ 系统可以删除过期商品信息。

⑤ 系统可以更新订单情况。

⑥ 系统可以查询客户及商品信息;可以查询订单情况;可以对商品和客户的购买情况进行分类统计。

(3) 数据库安全性与完整性需求。

为保证数据库的安全,需要给不同用户设置不同的权限。客户对自己所购买商品有选择和查询的权限,可以查看自己的订单,但是对其他客户的订单无查看权限,也没有修改权限。

为了防止不符合规范的数据进入数据库,确保数据库中存储的数据正确、有效、相容,关系数据库必须满足关系的完整性约束条件。精确的需求分析,可以帮助我们在接下来的概念结构和逻辑结构设计阶段,准确设定关系表的主键、外键以及各个属性值的类型和取值范围,从而在实体完整性、参照完整性和用户定义完整性 3 方面满足数据库的完整性需求。

### 3.2.2 概念结构设计

明确用户的需求之后,就要对用户需要处理的数据以及操作进行归纳和抽象,形成概念模型,这个过程就是概念结构设计。概念结构设计是设计人员从用户的视角,对信息进行抽象和描述。因此,概念模型应该具备真实、客观反映现实世界和易于理解的特点。目前最常使用的概念模型是 E-R 模型。在 2.1.1 节,我们介绍了概念模型的相关概念:实体、实体型、实体集、属性、联系,大家对概念模型有了初步的了解,下面来深入了解实体之间的联系。

实体之间的联系通常指不同实体集之间的联系。实体集之间的联系类型有如下 3 种。

（1）一对一（1∶1）：如果实体集 $A$ 中的每个实体，在实体集 $B$ 中至多有一个（也可以没有）实体与之关联，反之亦然，则实体集 $A$ 与实体集 $B$ 为一对一联系，记为 1∶1。例如，班长与班级之间的联系：一个班长管理一个班级，每一个班级有一个班长，因此班长与班级之间的联系类型为 1∶1，实体集之间的联系可以用图表示，如图 3.2(a)所示。

（2）一对多（1∶$m$）：实体集 $A$ 中的每个实体在实体集 $B$ 中有 $m$ 个（$m \geqslant 1$）实体与之关联，而实体集 $B$ 中的每个实体在实体集 $A$ 中最多只有一个实体与之关联，则实体集 $A$ 与实体集 $B$ 为一对多联系，记为 1∶$m$。例如，客户与订单之间的联系：一个客户可以下单多次，而每个订单只涉及一个客户，所以客户与订单之间的联系类型为 1∶$m$，如图 3.2(b)所示。

（3）多对多（$m$∶$n$）：实体集 $A$ 中的每个实体在实体集 $B$ 中有 $n$ 个（$n \geqslant 1$）实体与之关联，实体集 $B$ 中的每个实体在实体集 $A$ 中有 $m$ 个（$m \geqslant 1$）实体与之关联，则实体集 $A$ 与实体集 $B$ 为多对多联系，记为 $m$∶$n$。例如，订单与商品之间的联系：一个订单会涉及多个商品，而每种商品会被多个订单包含，因此订单与商品之间的联系类型就是 $m$∶$n$，如图 3.2(c)所示。

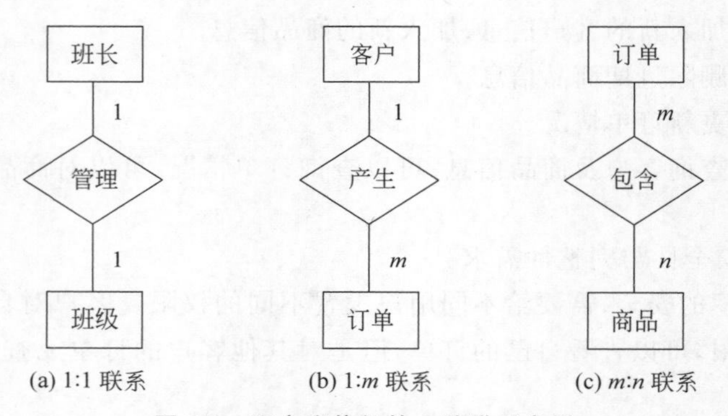


**图 3.2　两个实体间的 3 种联系类型**

E-R 图是 E-R 模型图形化表示方法，它提供了实体集、属性和实体集之间联系的表示方法。

（1）用矩形表示实体集，矩形框内标注实体集名称。

（2）用椭圆形表示属性，椭圆形框内标注属性的名称，并用无向边将其与相应的实体连接起来。

（3）用菱形表示实体集之间的联系，菱形框内标注联系的名称，并用无向边将其与所联系的实体集连接起来。

**【例 3.2】** 用 E-R 图来表示网络购物系统的概念模型。

（1）实体集。

网络购物系统所涉及的实体集有客户、商品和订单。

（2）属性。

① 客户实体的属性有客户编号、姓名、性别、注册日期、联系电话等。

② 商品实体的属性有商品编号、商品名称、类别、库存、是否上架、成本价格、销售价

格等。

③ 订单实体的属性有订单编号、客户编号、商品编号、订单时间、发货时间、配送地址和城市等。

(3) 联系。

① 每个客户会下多个订单，而每个订单只能对应一个客户，因此客户和订单之间是 $1:m$ 的联系。

② 每个订单可以涉及多种商品，而每种商品也可以包含在多个订单中，因此订单与商品之间是 $m:n$ 的联系。

通过初步分析，可以创建如图 3.3 所示的网络购物系统 E-R 图，受篇幅影响，这里只画出实体集部分属性。

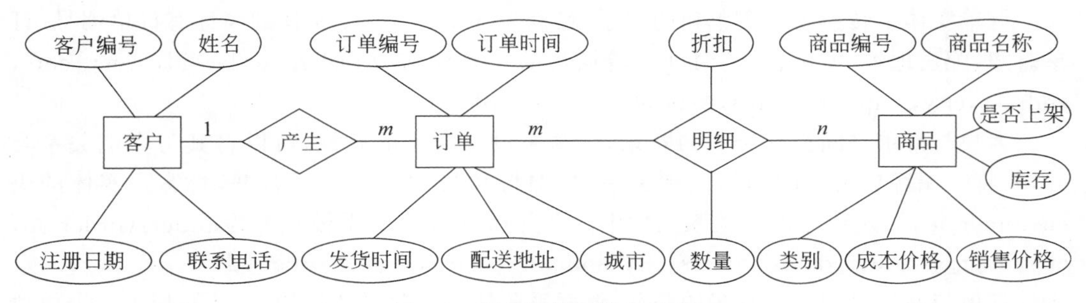


图 3.3　网络购物系统 E-R 图

## 3.2.3　逻辑结构设计

逻辑结构设计

逻辑结构设计是将概念结构设计阶段完成的 E-R 模型，转换成被选定的数据库管理系统支持的数据模型。由于目前的数据库应用系统大多采用支持关系模型的关系数据库管理系统，因此，这里主要讲 E-R 模型转换为关系模型的方法。关系模型通过关系(即二维表)表示实体集以及实体集之间的联系。E-R 模型包含实体集、属性、实体集之间的联系 3 部分内容。因此，将 E-R 模型转换成关系模型，实际上就是将实体集以及实体集之间的联系转换为一个个关系。转换规则如下。

(1) 实体集的转换：一个实体集转换成一个关系，实体的属性即为关系的属性，实体的码即为关系的码。

(2) 联系的转换：根据不同的联系类型进行不同的处理。

① 一对一的联系，可以转换为一个独立的关系，也可以与任意一端的关系合并。如果转换为一个独立的关系，则与该联系相连的各个实体的码以及该联系本身的属性作为关系的属性；如果与任意一端的关系合并，则需要加入另外一个实体的码和联系本身的属性作为此关系的属性。

② 一对多的联系，可以转换为一个独立的关系，也可以与多端的关系合并。如果转化为一个独立的关系，则与该联系相连的各实体的码以及联系本身的属性作为此关系的属性。若与多端的关系合并，需加入一端实体的码和联系的属性作为此关系的属性。

③ 多对多的联系，转换为一个独立的关系，其属性为多端实体的码加上联系本身的

属性。

3 个或 3 个以上的实体集间的一个多元联系,不管是何种联系类型,总是将多元联系类型转换成一个关系,其属性为与该联系相连的各实体的码及联系本身的属性。

**【例 3.3】** 将图 3.3 网络购物系统 E-R 图转化为关系模型。

客户实体集转换为一个单独的关系,名称为 customers。客户实体的属性有客户编号、姓名、性别、注册日期、联系电话,所以转换后的关系模式为 customers(customer_id,name,gender,registration_date,phone),主键为客户编号 customer_id。

商品实体集转换为一个单独的关系,名称为 items。商品实体的属性有商品编号、商品名称、类别、成本价格、销售价格、库存、是否上架。转换后的关系模式为 items(item_id,item_name,category,cost,price,inventory,is_online),主键为商品编号 item_id。

订单实体集转换为一个单独的关系,名称为 orders。订单实体的属性有订单编号、订单时间、配送地址、城市、发货时间。转换后的关系模式为 orders(order_id,order_date,address,city,shipping_date),主键为订单编号 order_id。

客户与订单之间为一对多的联系,该联系没有自己的属性,可以将其与多端关系合并,并将一端客户实体的码加入到关系中,即将其与 orders 关系合并,将客户实体的码 customer_id,加入到 orders 关系属性中。合并后 orders 关系模式变为 orders(order_id,customer_id,order_date,address,city,shipping_date),主键为 order_id。

订单与商品之间为多对多的联系,该联系的属性有数量和折扣,需要转换为一个单独的关系。其属性为多端实体的码加上本身的属性,即订单编号、商品编号、数量、折扣。转换后的关系模式为 order_details(order_id,item_id,discount,quantity),主键为(order_id,item_id)。

转换后,网络购物系统共包含 customers、orders、order_details、items 4 个关系表。

### 3.2.4 物理结构设计

数据库在物理设备上的存储结构与存取方法称为数据库的物理结构。针对已经确定的数据库的逻辑结构,选取一个最适合应用需求的物理结构的过程,就是数据库的物理结构设计,它依赖于选定的数据库管理系统。系统会根据数据的具体情况确定存储结构和存取方法。

物理结构设计过程中要对时间效率、空间效率、维护代价和各种用户要求进行权衡,其结果可以产生多种方案,数据库设计者必须对这些方案进行细致的评价,从中选择一个较优的方案作为数据库的物理结构。如果评价结构满足原设计要求,则可进入到物理实施阶段,否则,就需要重新设计或修改物理结构,有时甚至要返回逻辑设计阶段修改数据模型。

### 3.2.5 数据库实施

数据库实施阶段包括数据的载入与应用程序的编码和调试。

完成了数据库的逻辑结构设计和物理结构设计后,开发人员使用具体的 DBS 提供的数据定义语言(DDL)来描述和定义数据库结构。完成数据库定义后,还须装入各种实际数据，具体的步骤包括：筛选数据、转换数据格式、输入数据和校验数据等。

在组织数据入库的同时还要调试应用程序，可使用模拟数据进行程序的调试。

### 3.2.6　数据库运行及维护

试运行阶段要重视数据库的校验工作。试运行过程中要测试各个功能是否满足设计的要求，对数据库的性能指标进行测试，分析其是否达到设计目标，未达到目标时需要针对数据库设计的各个阶段进行修改和调整，以满足用户的需求。

数据库系统经过试运行后，即可投入正式运行，在数据库系统运行过程中必须不断地对其进行评价、调整、修改。为了保证良好的应用效果，需要在运行过程中不断地对数据库进行优化和维护。

## 3.3　关系模型规范化设计

数据库设计的逻辑结构设计过程中，针对一个具体的应用，怎样才能构造一个合适的数据库模式，即应该构造几个关系模式，每个关系模式应该包含哪些属性等，这需要一定的衡量标准。关系模型的规范化理论就是一个数据库设计指导理论和衡量标准，它可以帮助我们设计出良好的关系模式并避免后续数据库操作过程中可能出现的问题。这里涉及范式的概念，不同的范式表示关系模式需要遵守的不同规则，在学习范式之前需要先了解函数依赖和关系模式中的键。

### 3.3.1　函数依赖

设关系模式 a_schema(customer_id，name，gender，address，item_id，order_date，shipping_date)，(customer_id，item_id)为主键，表3.1是关系模式某一时刻的数据表。

表3.1　a_schema关系模式的部分数据示例

| customer_id | name | gender | address | item_id | order_date | shipping_date |
|---|---|---|---|---|---|---|
| 107 | 林琳 | 女 | 武清区流星花园6-6-66 | b001 | 2018-6-18 18:00:02 | 2018-6-19 16:40:26 |
| 107 | 林琳 | 女 | 武清区流星花园6-6-66 | b002 | 2018-6-18 18:00:02 | 2018-6-19 16:40:26 |
| 107 | 林琳 | 女 | 武清区流星花园6-6-66 | sm01 | 2018-6-18 18:00:02 | 2018-6-19 16:40:26 |
| 106 | 孙丽娜 | 女 | 道里区和谐家园66-66-666 | f001 | 2018-11-11 17:10:21 | 2018-11-13 16:20:20 |
| 106 | 孙丽娜 | 女 | 道里区和谐家园66-66-666 | sm01 | 2018-11-11 17:10:21 | 2018-11-13 16:20:20 |
| 104 | 赵文博 | 男 | 海淀区清河小营东路12号学9公寓 | s002 | 2019-6-18 19:01:32 | 2019-6-19 08:50:20 |

观察表3.1的数据可以发现这个关系模式存在如下问题。

(1) 数据冗余问题：客户的基本信息(包括客户姓名、性别)以及配送地址和订单时间有冗余。一个客户一次订单购买多少种不同的商品，这个客户对应的姓名、性别、配送地址、订单时间、发货时间信息就会重复多少次。

(2) 数据更新问题：如果一个客户的某个基本信息发生了变化，那么该客户购买了几种商品我们就需要更改多少次该客户基本信息，从而使修改变得烦琐，也很容易在修改过程遗漏部分信息，这样还会造成信息不一致的后果。

(3) 数据插入问题：如果购物平台有了新的客户加入，即已经有了客户基本信息，但是我们也不能把该客户加入到这个表中，因为客户没有购物，他的item_id是空的，而作为主键的item_id，是不允许为空的。

(4) 数据删除问题：如果一个客户只购买过一种商品，后来又退货了，在删掉该客户的购买记录的同时，这个客户的基本信息也被删除掉了。

基于以上种种问题，我们可以看出，该关系模式不是一个好的关系模式，究其原因则是因为这个关系模式中某些属性存在“不良”的函数依赖关系，下面来介绍函数依赖的概念。

函数依赖的定义：设$R(U)$是属性集$U$上的关系模式，$X$、$Y$是$U$的子集。若对于$R(U)$的任意一个可能的关系$r$，如果$r$中两个元组在$X$上的属性值相等，在$Y$上的属性值也一定相等，则称$X$函数确定$Y$或$Y$函数依赖于$X$，记作$X \rightarrow Y$。其中，$X$叫作决定因素，$Y$叫作依赖因素。

跟函数依赖相关的一些术语和记号如下。

(1) $X \rightarrow Y$，但$Y \nsubseteq X$($Y$不包含于$X$)，则称$X \rightarrow Y$是非平凡的函数依赖。

(2) $X \rightarrow Y$，但$Y \subseteq X$($Y$包含于$X$)，则称$X \rightarrow Y$是平凡的函数依赖。因为平凡的函数依赖总是成立的，所以若不特别声明，本书后面提到的函数依赖，都指非平凡的函数依赖。

(3) 若$X \rightarrow Y$，$Y \rightarrow X$，则记作$X \leftrightarrow Y$。

(4) 若$Y$不函数依赖于$X$，则记作$X \nrightarrow Y$。

(5) 如果$X \rightarrow Y$，且对于$X$的任何一个真子集$X'$，都有$X' \nrightarrow Y$，则称$Y$对$X$完全函数依赖，记作$X \xrightarrow{F} Y$。

(6) 若$X \rightarrow Y$，如果存在$X$的某一真子集$X'$，使$X' \rightarrow Y$，则称$Y$对$X$部分函数依赖，记作$X \xrightarrow{P} Y$。

(7) 如果$X \rightarrow Y$(非平凡函数依赖，且$Y \nrightarrow X$)，$Y \rightarrow Z$，则称$Z$传递函数依赖于$X$，记作$X \xrightarrow{\text{传递}} Z$。

**【例3.4】** 关系模式a_schema(customer_id, item_id, name, quantity)，主键为(customer_id, item_id)，存在以下函数依赖关系：

customer_id → name(姓名函数依赖于客户编号)

所以存在以下部分函数依赖：

(customer_id, item_id) $\xrightarrow{P}$ name(姓名部分函数依赖于客户编号和商品编号)

【例 3.5】 关系模式 order_details(order_id,item_id,discount,quantity),主键为(order_id,item_id),存在以下函数依赖关系:

$$(order\_id,item\_id) \xrightarrow{F} discount$$(折扣完全函数依赖于订单编号和商品编号)

【例 3.6】 设关系模式 b_schema(customer_id,city,province),主键为 customer_id,存在以下函数依赖关系:

customer_id → city(城市函数依赖于客户编号)

city → province(省份函数依赖于城市)

所以有:

customer_id $\xrightarrow{传递}$ province(省份通过城市传递函数依赖于客户编号)

### 3.3.2 关系模式中的键

键(码)是关系模式中一个很重要的概念,第 2 章已经给出了键的若干定义,这里用函数依赖的概念来定义键。

设 $U$ 表示关系模式 $R$ 的属性全集,即 $U=R\{A_1,A_2,\cdots,A_n\}$,$F$ 表示关系模式 $R$ 上的函数依赖集,则关系模式可以表示为 $R(U,F)$。

#### 1. 候选键

设 $K$ 为关系模式 $R(U,F)$ 的属性或属性组,若 $K \rightarrow U$,则 $K$ 为 $R$ 的候选键。

#### 2. 主键

如果关系模式 $R(U,F)$ 中有多个候选键,选其中的一个作为主键。

#### 3. 全键

如果候选键为整个属性组则称为全键。

#### 4. 外键

一个关系模式 $R(U,F)$ 中的某个属性(组)不是 $R$ 的主键,但它是另外一个关系的主键,则该属性(组)称为关系 $R$ 的外键。

#### 5. 主属性

关系模式 $R(U,F)$ 中,包含在任一候选键中的属性称为主属性。

#### 6. 非主属性

关系模式 $R(U,F)$ 中,不包含在任一候选键中的属性称为非主属性。

例如,关系模式 order_details(order_id,item_id,discount,quantity)中,order_id 不是主键,但它是关系模式 orders(order_id,customer_id,order_date,address,city,shipping_date)的主键。因此,order_id 是 order_details 的外键,同理,item_id 也是 order_details 的

外键。

【例 3.7】 关系模式 customers(customer_id,name,gender,phone),设不同的客户联系电话不同,则该关系模式中,有

候选键:customer_id,phone。

主键:customer_id 或者 phone。

主属性:customer_id,phone。

非主属性:name,gender。

【例 3.8】 关系模式 order_details(order_id,item_id,discount,quantity),则该关系模式中,有

候选键:(order_id,item_id)。

主键:(order_id,item_id)。

主属性:order_id,item_id。

非主属性:discount,quantity。

外键:order_id,item_id。

【例 3.9】 设有关系模式 c_schema(customer_id,item_id,order_date),如果规定每一个客户同一种商品可以多次购买,则该关系模式中,有

候选键:(customer_id,item_id,order_date)。

主键:也是该候选键。

主属性:customer_id,item_id,order_date。

非主属性:无。

外键:customer_id,item_id。

这种候选键为全部属性的表称为全键表。

### 3.3.3 范式

范式

关系数据库中的关系模式需要满足一定的要求,不同的要求对应不同的范式。关系模式按其规范化程度从低到高可分为 5 级范式。满足最低要求的关系模式称为第一范式,简称 1NF。在第一范式中又满足一些要求的称为第二范式,简称 2NF,以此类推,还有 3NF、BCNF、4NF、5NF。

所有范式中,只要关系模式满足第一范式,它就是合法的、允许的。后来,人们发现某些关系模式存在插入、删除异常,以及冗余度高、修改复杂等问题,因此开始研究关系模式的规范化问题。Codd 在 1971 年到 1972 年提出 1NF、2NF、3NF 的概念,1974 年 Codd 和 Boyce 共同提出了新的范式 BCNF,后来又有研究人员相继提出了 4NF、5NF。规范化程度较高者必是较低者的子集。各种范式之间的关系如下:

$$5NF \subset 4NF \subset BCNF \subset 3NF \subset 2NF \subset 1NF$$

数据库设计中,关系模式应该规范到第几范式需要根据实际情况确定,以高效、便捷和数据库操作出现错误概率小为标准,一般情况下规范到第三范式即可,BCNF、4NF、5NF 本书不做详细介绍。

### 1. 第一范式

定义：每个属性均不能再分解的关系模式。它是关系模式最基本的规范形式。如果关系模式 $R$ 为第一范式则记作 $R \in 1NF$。

第一范式要求每个属性必须是不可分的数据项。图 3.4 中“订单情况”不是基本数据项，它是由两个基本数据项“订单时间”和“发货时间”组成的一个复合数据项。因此，这个关系模式不符合第一范式。非第一范式的关系转换成第一范式关系只需要将所有数据项都表示为不可分的最小数据项即可，如图 3.5 所示。

| 客户编号 | 订单情况 | |
|---|---|---|
| | 订单时间 | 发货时间 |
| 105 | 2018-5-6 12:10:20 | 2018-5-7 10:29:35 |
| 106 | 2018-11-11 17:10:21 | 2018-11-13 16:20:20 |
| 107 | 2018-6-18 18:00:02 | 2018-6-19 16:40:26 |

图 3.4　不符合第一范式的关系

| 客户编号 | 订单时间 | 发货时间 |
|---|---|---|
| 105 | 2018-5-6 12:10:20 | 2018-5-7 10:29:35 |
| 106 | 2018-11-11 17:10:21 | 2018-11-13 16:20:20 |
| 107 | 2018-6-18 18:00:02 | 2018-6-19 16:40:26 |

图 3.5　符合第一范式的关系

### 2. 第二范式

定义：如果关系模式 $R(U,F) \in 1NF$，且 $R$ 中的每个非主属性完全函数依赖于 $R$ 的候选键，则 $R$ 为第二范式，记作 $R \in 2NF$。

例如，关系模式 d_schema(order_id，item_id，order_date，quantity)，候选键为(order_id，item_id)。该关系模式存在以下函数依赖关系：

order_id → order_date(订单时间函数依赖于订单编号)

所以存在部分函数依赖关系：

(order_id，item_id) $\xrightarrow{P}$ order_date(订单时间部分函数依赖于候选键)

因此，该关系模式不符合 2NF。关系模式不符合 2NF 就会产生插入和删除异常以及修改复杂的问题。

可以通过模式分解将低一级范式的关系模式转换为高一级范式的关系模式集合。我们可以将关系模式 d_schema 分解为 d_schema(order_id，item_id，quantity)和 e_schema(order_id，order_date)两个关系模式。分解后的这两个关系模式都符合 2NF。

### 3. 第三范式

定义：如果关系模式 $R(U,F) \in 2NF$，且每个非主属性都不传递函数依赖于候选键，

则 $R$ 满足第三范式,记作 $R \in 3NF$。

例如,关系模式 f_schema(order_id,city,province),候选键为 order_id,存在如下函数依赖关系:

order_id → city(城市函数依赖于订单编号)

city → province(省份函数依赖于城市)

所以有以下传递函数依赖关系:

order_id $\xrightarrow{传递}$ province(省份通过城市传递函数依赖于订单编号)

因此,该关系模式不满足 3NF,从而也会导致数据插入、删除操作异常,以及修改复杂的问题。可以将此关系模式分解为 f_schema(order_id,city)和 g_schema(city,province),分解后的两个关系均不存在非主属性对候选键的传递函数依赖,符合第三范式。

### 3.3.4 关系模式的规范化

对于规范化程度低的关系模式,可以将其分解为若干个规范化程度高的关系模式,以此提高关系模式的规范化程度。分解后的关系模式从语义上来说,每个关系只能描述一个主题,如果描述了多个主题,这个关系还要进行进一步分解。分解后的模式应该与原来的模式等价,不能在规范化过程中消除一个问题的同时又产生其他问题,因此模式分解必须遵守以下两个原则。

(1) 模式分解具有无损连接性。

(2) 模式分解保持函数依赖。

无损连接是指分解后的关系模式通过自然连接能够恢复到原来的关系,恢复后既不会增加信息也不会减少信息。

保持函数依赖是指分解过程中原来关系模式中的函数依赖不能丢失,也就是分解前后关系模式的语义应该保持一致。

【例 3.10】 关系模式 h_schema(order_id,item_id,customer_id,name,discount,address,city,order_date),某个时刻数据表如表 3.2 所示,对其进行规范化处理。

表 3.2 关系模式 h_schema 某时刻数据表

| order_id | item_id | customer_id | name | discount | address | city | order_date |
|---|---|---|---|---|---|---|---|
| 1 | sm01 | 105 | Adrian_Smith | 0.85 | 海淀区西三旗幸福小区 60 号楼 6 单元 606 | 北京市 | 2018-5-6 12:10:20 |
| 3 | b001 | 107 | 林琳 | 0.80 | 武清区流星花园 6-6-66 | 天津市 | 2018-6-18 18:00:02 |
| 3 | b002 | 107 | 林琳 | 0.85 | 武清区流星花园 6-6-66 | 天津市 | 2018-6-18 18:00:02 |
| 3 | sm01 | 107 | 林琳 | 0.90 | 武清区流星花园 6-6-66 | 天津市 | 2018-6-18 18:00:02 |

续表

| order_id | item_id | customer_id | name | discount | address | city | order_date |
| --- | --- | --- | --- | --- | --- | --- | --- |
| 4 | f001 | 106 | 孙丽娜 | 0.80 | 道里区和谐家园66-66-666 | 哈尔滨市 | 2018-11-11 17:10:21 |
| 4 | sm01 | 106 | 孙丽娜 | 0.90 | 道里区和谐家园66-66-666 | 哈尔滨市 | 2018-11-11 17:10:21 |
| 4 | sm02 | 106 | 孙丽娜 | 0.90 | 道里区和谐家园66-66-666 | 哈尔滨市 | 2018-11-11 17:10:21 |
| 5 | m001 | 103 | Grace_Brown | 0.90 | 市北区幸福北里88号院 | 青岛市 | 2019-2-1 17:51:01 |
| 5 | sm01 | 103 | Grace_Brown | 0.90 | 市北区幸福北里88号院 | 青岛市 | 2019-2-1 17:51:01 |
| 6 | s002 | 104 | 赵文博 | 0.90 | 海淀区清河小营东路12号学9公寓 | 北京市 | 2019-6-18 19:01:32 |

从关系模式的各个属性来看，它们都是最小的数据项，不可以再分解，因此该关系模式符合1NF。关系模式的候选键有order_id和(customer_id，item_id，order_date)，由于客户编号不同，姓名也不会相同，因此存在以下函数依赖关系：

$$customer\_id \rightarrow name$$

所以存在以下部分函数依赖关系：

$$(customer\_id, item\_id, order\_date) \xrightarrow{P} name$$

因此，该关系模式不符合2NF。从表中的数据就可以看出有大量冗余信息。例如name、address、city等属性值中就存在大量冗余。可以通过模式分解对其进行规范化处理。

通过分析，可以看出该关系模式既包含了对客户的描述(customer_id，name)，也包含了对订单的描述(order_id，customer_id，address，city，item_id，quantity，order_date)，根据每个关系模式尽量描述一个实体或实体之间的联系的原则，对其进行模式分解。可以分解为以下两个关系模式：

customers(customer_id，name)

orders(order_id，customer_id，order_date，item_id，discount，address，city)

分解后的customers关系模式候选键为customers_id，不存在部分函数依赖关系，符合2NF。而在orders关系模式中，(customer_id，item_id，order_date)是其中的一个候选键，由于折扣取决于商品编号和订单编号，因此该关系模式存在部分函数依赖关系：

$$(customer\_id, item\_id, order\_date) \rightarrow discount$$

所以需要将orders关系模式继续分解。可以将其中涉及的每个订单的详细信息分离出来，形成order_details关系模式。因此，orders关系模式分解为以下两个关系模式：

orders(order_id，customer_id，order_date，address，city)

order_details(order_id，item_id，discount)

分解之后的两个关系模式不再存在部分函数依赖关系。

如表 3.2 所示,分解之后的 3 个关系表某时刻数据如表 3.3～表 3.5 所示。将分解前后的数据进行对比可以看出,分解之后的关系模式大大降低了数据冗余度,数据表也变得简洁、清晰了。

表 3.3 customers 某个时刻数据表

| customer_id | name | customer_id | name |
|---|---|---|---|
| 105 | Adrian_Smith | 103 | Grace_Brown |
| 107 | 林琳 | 104 | 赵文博 |
| 106 | 孙丽娜 | | |

表 3.4 orders 某个时刻数据表

| order_id | customer_id | address | city | order_date |
|---|---|---|---|---|
| 1 | 105 | 海淀区西三旗幸福小区 60 号楼 6 单元 606 | 北京市 | 2018-5-6 12:10:20 |
| 3 | 107 | 武清区流星花园 6-6-66 | 天津市 | 2018-6-18 18:00:02 |
| 4 | 106 | 道里区和谐家园 66-66-666 | 哈尔滨市 | 2018-11-11 17:10:21 |
| 5 | 103 | 市北区幸福北里 88 号院 | 青岛市 | 2019-2-1 17:51:01 |
| 6 | 104 | 海淀区清河小营东路 12 号学 9 公寓 | 北京市 | 2019-6-18 19:01:32 |

表 3.5 orders_details 某个时刻数据表

| order_id | item_id | discount | order_id | item_id | discount |
|---|---|---|---|---|---|
| 1 | sm01 | 0.85 | 4 | sm01 | 0.90 |
| 3 | b001 | 0.80 | 4 | sm02 | 0.90 |
| 3 | b002 | 0.85 | 5 | m001 | 0.90 |
| 3 | sm01 | 0.90 | 5 | sm01 | 0.90 |
| 4 | f001 | 0.80 | 6 | s002 | 0.90 |

分解之后的 customers、order_details 两个关系模式中不存在传递函数依赖,因此,都符合 3NF。而关系模式 order_details 中,由于城市取决于配送地址,即:

address → city(城市函数依赖于配送地址)

因此,orders 关系模式存在以下传递依赖关系:

$$\text{order\_id} \xrightarrow{\text{传递}} \text{city}$$(城市通过配送地址传递函数依赖于订单编号)

所以,orders 不符合 3NF。

但是考虑到实际需求,购买商品后续处理过程中需要同时兼顾地址和城市,因此,关系模式不需要再接着进行分解,可以通过设置用户自定义完整性来解决传递函数依赖带来的问题。

如果将分解后的表 3.3 与表 3.4、表 3.5 进行自然连接，会发现连接后得到的结果与表 3.2 中的数据一致，没有信息的增加或者丢失。因此，自然连接后的关系模式又恢复成了原来的关系模式，此模式分解满足无损连接的要求。将未分解前的关系模式 orders 的主键定为 order_id，通过分析可以看出，分解前后的函数依赖关系一致，说明分解后保持了原有的函数依赖关系。因此，此模式分解既满足了无损连接性又保持了原有函数依赖关系，符合要求，是一个有效的分解。

一般情况下，在进行模式分解时，我们应将有直接依赖关系的属性放置在一个关系模式中，这样得到的结果既能保持无损连接性，又能保持原有函数依赖关系不变。

## 知识点小结

关系数据库设计内容主要包括需求分析、概念结构设计、逻辑结构设计、物理结构设计、数据库实施和数据库运行及维护。关系模型的规范化理论是数据库设计指导理论和衡量标准，有助于设计出良好的关系模式，并避免后续数据库操作过程中可能出现的问题。不同的范式表示关系模式需要遵守的不同规则，具体数据库设计需要满足第几范式应该根据实际情况确定，以高效、便捷和错误概率低作为标准。

## 习　题

### 一、选择题

1. 设 $R(U)$ 是属性集 $U$ 上的关系模式，$X$、$Y$ 是 $U$ 的子集。若对于 $R(U)$ 的任意一个可能的关系 $r$，如果 $r$ 中两个元组在 $X$ 上的属性值相等，在 $Y$ 上的属性值也一定相等，则称（　　）。

A. $Y$ 函数决定 $X$　　B. $X$ 函数决定 $Y$
C. $X$ 函数依赖于 $Y$　　D. 以上说法都不对

2. 生成 DBMS 支持的关系模型是在（　　）阶段完成的。

A. 数据库概念结构设计　　B. 数据库逻辑结构设计
C. 数据库物理设计　　D. 数据库运行及维护

3. 在关系模式 $R(U)$ 中，$X$、$Y$、$Z$ 是 $R$ 的 3 个不同的属性或属性组，如果 $X \rightarrow Y$（$Y$ 不是 $X$ 的子集），且 $Y \rightarrow Z$，则称 $Z$ 对 $X$（　　）。

A. 传递函数依赖　　B. 部分函数依赖
C. 完全函数依赖　　D. 直接函数依赖

4. 在数据库设计中，创建 E-R 图的过程属于（　　）阶段。

A. 概念结构设计　　B. 逻辑结构设计
C. 物理结构设计　　D. 程序结构设计

5. 如果在一个关系 $R$ 中，每个数据项都是不可分割的，那么它一定符合（　　）。

A. 1NF　　B. 2NF　　C. 3NF　　D. 4NF

6. 任何一个满足2NF但不满足3NF的关系模式都存在(　　)。

A. 主属性对候选键的部分依赖　　B. 非主属性对候选键的部分依赖

C. 主属性对候选键的传递依赖　　D. 非主属性对候选键的传递依赖

7. 关系数据库规范化是为解决关系数据库中(　　)问题而引入的。

A. 插入、删除和数据冗余　　B. 提高查询速度

C. 减少数据操作的复杂性　　D. 保证数据的安全性和完整性

8. 关系模型中的关系模式至少符合(　　)。

A. 1NF　　B. 2NF　　C. 3NF　　D. BCNF

9. 在数据库设计中,将E-R图转换成关系模型的过程称为(　　)。

A. 概念结构设计　　B. 逻辑结构设计

C. 物理结构设计　　D. 程序结构设计

## 二、简答题

1. 有关系模式:职工项目(部门编号,部门名称,员工编号,员工姓名,项目编号,项目名称,加入项目的日期),请解答以下问题。

(1) 确定该关系模式的关键字、范式等级。

(2) 若不满足3NF,则将其化为3NF。

**【注】** 其中,每个职工属于不同的部门,每个职工可以加入不同的项目。

2. 某关系表如表3.6所示,该关系是否满足1NF?若不满足请将其化为符合1NF的关系。

表3.6　考生关系模式

| 考生编号 | 姓名 | 性别 | 考生学校 | 考场号 | 考场地点 | 成绩 | |
|---|---|---|---|---|---|---|---|
| | | | | | | 考试成绩 | 平时成绩 |
| | | | | | | | |

3. 图3.6为一个学生选课系统E-R图,其中涉及学生和课程两个实体,实体属性以及联系如图3.6所示。

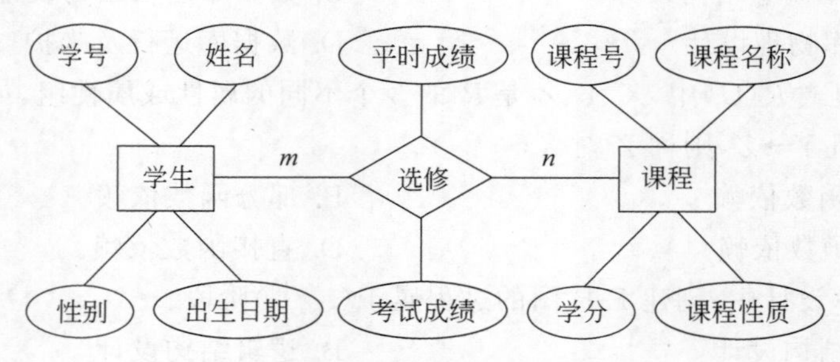


图3.6　学生选课E-R图

请将该E-R图转换为关系模式。

# 第4章 MySQL 简介

作为关系数据库管理系统(Relational DataBase Management System,RDBMS)的典型代表,MySQL 近 20 年来在数据库领域一直表现得非常出色。特别是 MySQL 的开源性,深受用户们的青睐,为 MySQL 带来全球范围内的一大批忠实拥护者。在 DB-Engines 数据库流行趋势排行榜[①]上,MySQL 与 Oracle、Microsoft SQL Server 长期占据榜单前三名,说明了 MySQL 的受欢迎程度。

MySQL 一词的发音没有统一的标准。MySQL 官方[②]给出的发音是 My Ess Que Ell,但也允许用户仁者见仁、智者见智,解读成 my sequel 或其他一些本地化的发音也可以。例如在中国,很多人将其读作类似 my sequel 或 my circle 的发音。

## 4.1 MySQL 概述

### 4.1.1 MySQL 的历史与版本

1995 年,33 岁的"MySQL 之父"Michael Widenius 和他的两个好友 David Axmark、Allan Larsson 担任共同创始人[③],在瑞典创办了 MySQL AB(MySQL Aktiebolag,即瑞典语的 MySQL 有限公司),开始了 MySQL 数据库的研发。同年,MySQL AB 推出了第一个内部版本[④],即 MySQL 1.0,从此翻开了 MySQL 数据库的"扉页"。

1996 年,MySQL 3.x 系列版本对外正式发布,并随后移植到各个平台,成为跨平台的数据库管理系统。MySQL 正式发布时,其官方宣布了一条影响深远的使用许可策略:普通用户可以免费使用,若用于商业用途需要购买特殊许可。MySQL 的这条免费策略,以及 MySQL AB 一直坚持的开放源代码理念,给 MySQL 的推广和传播带来了极大的便利。

---

① https://db-engines.com/en/ranking_trend。

② https://dev.mysql.com/doc/refman/8.0/en/what-is-mysql.html。

③ https://en.wikipedia.org/wiki/MySQL_AB。

④ https://en.wikipedia.org/wiki/MySQL。

在之后的几年里,互联网如火如荼迅速发展,当时的雅虎、谷歌等大型互联网公司不约而同地选用了 MySQL 作为数据管理的平台,更是促进了 MySQL 实际功能的不断完善,其应用性能也不断得到优化和提高。于是,MySQL 逐渐成为当时数据库应用市场最重要的选择之一,这也带来了更多的用户和不菲的收益。据官方数据[①]显示,在 2002 年,MySQL 的活跃用户达到 300 万,当年年底 MySQL AB 的收入达到 650 万美元。

2005 年,MySQL 5.0 正式推出,成为 MySQL 历史的一个里程碑。与之前的版本相比,该版本包含了很多新的功能,如存储过程、视图、分布式事务等,这些功能极大地提高了 MySQL 数据库管理系统的可用性和适用性。之后的 MySQL 5.x 系列版本中,MySQL 的整体框架变化较少,功能逐渐趋于完善,版本的更新主要集中于功能的改进和加强,从而进一步提升和优化 MySQL 的性能。时至今日,MySQL 5.x 的系列版本(尤其是 MySQL 5.7) 依旧活跃在数据库应用领域。

2008 年,MySQL AB 被当时的互联网巨头 Sun 公司(Sun Microsystems)以约 10 亿美元的金额收购。在收购案后不久,MySQL AB 的两位创始人 Michael Widenius 和 David Axmark 从 Sun 公司离职,Michael Widenius 更是带着一部分研发成员另起炉灶,推出了另一个开源数据库管理系统 MariaDB(MySQL 的一个开源分支)。

2009 年,著名的数据库软件公司 Oracle(即甲骨文公司)收购了 Sun 公司。MySQL 也因此成为 Oracle 体系的一员,但 Oracle 公司仍旧保留了 MySQL 的域名,同时也保留了 MySQL 的开源理念和免费使用许可策略。

期间,MySQL 官方也曾推出过 MySQL 6.0。但当时很多的实际应用场景更倾向于选择性能相对比较稳定的 MySQL 5.x 版本,且版本升级需要对数据进行备份和迁移,有可能带来不可预估的额外成本和难以预料的意外情况。另外官方还在不断更新 MySQL 5.x 系列版本,因此 MySQL 6.0 在市场上反应平平,昙花一现后逐渐销声匿迹。

2016 年 9 月,MySQL 跳过 7.0 而直接推出了 MySQL 8.0,其后不断更新至今。MySQL 8.x 版本对 MySQL 进行了不少改进,例如允许使用 C++ 11 的新特性来编译 MySQL 的源代码从而提高 MySQL 的跨平台支持性,还对 MySQL 的 InnoDB 存储引擎进行了许多优化,使其性能进一步提升,具体可以查阅 MySQL 的官方说明[②]。

根据数据库管理系统实际应用场景的不同,MySQL 官方将 MySQL 的版本划分为 MySQL 企业版(MySQL Enterprise Edition)、MySQL 集群版(MySQL Cluster)、MySQL 社区版(MySQL Community)。其中,企业版主要针对企业用户,需要付费;集群版主要应用于同时管理多个 MySQL 服务器的集群场景;社区版其实就是日常提到的 MySQL 开源免费版本,任何用户都可以使用它,但要遵循开源软件的通用公共许可证(General Public License,GPL)协议,即凡是基于 MySQL 的引用、修改或衍生的版本都要开源。特别说明的是,本书后续提到的所有 MySQL 版本都是指 MySQL 社区版。

截至本章完稿,适用于 Windows 环境的 MySQL 社区版的最新版本为 MySQL 8.0.

---

① https://planet.mysql.com/entry/? id=23788。

② https://dev.mysql.com/doc/relnotes/mysql/8.0/en/news-8-0-0.html。

25[①]。其中,数字 8 代表 MySQL 的主版本号,数字 0 代表主版本中的发行级别,数字 25 代表发行级别中的版本号。一般来说,计算机软件的主版本号在相当长的一段时间内保持不变,发行级别在短期内保持不变,而发行级别对应的发行版本号则会随着功能的完善和性能的优化,经常进行版本升级。例如,尽管 2005 年就发布了 MySQL 5.0,但到目前 MySQL 5.7 仍应用得非常广泛,MySQL 官方网站也仍然提供适用于 Windows 环境的 MySQL 5.7.x 的下载[②]。

### 4.1.2 MySQL 的功能与特点

结构化查询语言(Structured Query Language,SQL)于 1974 年由 Boyce 和 Chamberlin 提出,并在 1986 年被美国国家标准局批准为关系型数据库的标准(即 ANSI SQL),随后在 1987 年被国际标准化组织接受为国际标准。SQL 是一种基于关系代数和演算的查询语言[③],由数据定义语言(Data Definition Language,DDL)、数据操纵语言(Data Manipulation Language,DML)、数据查询语言(Data Query Language,DQL)、数据控制语言(Data Control Language,DCL)组成。

SQL 的初衷是对数据库语言进行规范,方便对关系数据库进行数据管理,后来也形成了相应的国际标准。但不同公司推出的数据库软件在实施细节上有各自的扩展,导致数据库市场上存在 SQL 的很多不同版本。因此,SQL 后来逐渐演变成为依照标准 SQL 实施的、能够对关系数据库进行管理的数据库查询语言的统称。值得一提的是,近些年来,非关系数据库(即 NoSQL)的队伍正不断壮大,NoSQL 关于数据管理的语法和标准 SQL 大相径庭,但 NoSQL 很多语法在用法上依稀有着标准 SQL 的影子。

MySQL 遵循 ANSI SQL 标准,支持并实现标准 SQL 中各种语句的功能。同时,MySQL 也有自己的扩展,在一些使用细节上与标准 SQL 存在区别[④],例如 MySQL 在外键约束、注释写法等方面有自己的约定。此外,MySQL 还为开发者提供了很多实际的应用功能。例如,MySQL 8.0 在 SQL 窗口函数(SQL Window functions)、Json 功能、GIS(Geographic Information System)支持等方面做了大量工作,同时也在可靠性(Reliability)、可观察性(Observability)、可管理性(Manageability)以及安全(Security)等方面[⑤]加强了保障。

MySQL 从最早 3 个人的小公司到如今数据库领域的“巨人”,一方面机缘巧合得益于差不多同时诞生的互联网时代,另一方面也源于 MySQL 各方面的优越性能和突出特点。从本书的角度来说,MySQL 8.x 版本具备以下 3 个非常明显的特点。

(1) MySQL 8.x 是开源软件,用户可以免费学习和使用。MySQL 源代码是使用 C/C++ 语言编写的,且 MySQL 8.x 支持了 C++ 11 的特性。只要用户遵守 GPL 协议,就可以在各个平台上使用 C++ 11 的标准对 MySQL 的源代码进行开放式修改和编译,用户

① https://dev.mysql.com/downloads/installer/。

② https://dev.mysql.com/downloads/windows/installer/5.7.html。

③ https://www.termonline.cn/word/74749/1。

④ https://dev.mysql.com/doc/refman/8.0/en/differences-from-ansi.html。

⑤ https://mysqlserverteam.com/whats-new-in-mysql-8-0-generally-available/。

可以免费使用、学习和研究 MySQL。可以说,开放和共享的特性是开源软件一直以来最大的魅力,也造就了一大批开源软件的辉煌,MySQL 就是数据库领域开源软件最突出同时也是最成功的案例。

(2) MySQL 8.x 采用 UTF8MB4 作为默认的字符编码集。之前的 MySQL 5.x 版本,默认的字符编码集是 latin1,经常出现存储中文数据的数据库产生乱码的情况。UTF-8 字符编码集包含了世界上大部分语言所使用的字符,在如今 Web 流行的时代,UTF-8 更是成为 Web 页面的通用字符编码集。MySQL 8.x 将 UTF8MB4 作为默认的字符编码集,为 MySQL 用户在语言支持方面提供了很大便利,使得数据的存储和管理变得更加轻松。

(3) MySQL 8.x 将 InnoDB 作为创建表的默认存储引擎。在维基百科上,存储引擎(Storage Engine)是指数据库管理系统对数据进行增、删、改、查等操作的软件组件[①]。在 MySQL 中,存储引擎是指用于处理不同表类型的 SQL 操作的 MySQL 组件[②]。从以上说法可以看出,存储引擎就是数据库管理系统中为了方便数据管理、实现 SQL 操作(如数据查询、数据更新、建立索引等)的组件。MySQL 早期版本默认的存储引擎是 MyISAM,不支持数据库的事务处理、数据表的外键等功能。MySQL 5.5 版本开始采用 InnoDB 作为默认的存储引擎,MySQL 8.x 更是对 InnoDB 的性能进行了大幅优化,在事务支持、读/写工作负载等方面有着明显的提升。MySQL 8.x 目前支持了 MyISAM、InnoDB、Memory 等 9 种存储引擎,每一种存储引擎都有其特殊之处,也都有各自的应用场合。

## 4.2 MySQL 的安装

### 4.2.1 MySQL 的下载

MySQL 的安装

MySQL 是一种跨平台的数据库管理系统,能够实现对不同操作系统环境下的数据进行管理和操作,用户可以免费下载使用。考虑到本书的内容主要是介绍 Windows 环境下 MySQL 的基本用法,面向的是不太熟悉或刚刚接触 MySQL 的读者,因此本节将详细介绍 Windows 环境下 MySQL 社区版的安装过程。

目前,MySQL 的主流版本是 5.7 和 8.0,官方网站分别提供了 Windows、Linux 系列、Mac 等不同环境的安装包,网址为 https://dev.mysql.com/downloads/installer/,打开后如图 4.1 所示。该页面能够自动检测本地计算机的操作系统,并将 MySQL 的最新版本推荐给用户,图中显示的推荐版本为 MySQL 8.0.25。如果用户想下载其他历史版本,可以在图 4.1 的 Archives(即历史版本存档)页面进行选择。

在图 4.1 中,官方网站提供了两种安装方式:网络安装和本地安装。网络安装是指用户下载一个很小的安装客户端,然后通过网络连接的方式进行在线安装,这种安装方式需要持续一定的时间,具体视不同网络环境而定。建议选择本地安装的方式,将安装文件

---

① https://en.wikipedia.org/wiki/Database_engine。

② https://dev.mysql.com/doc/refman/8.0/en/storage-engines.html。

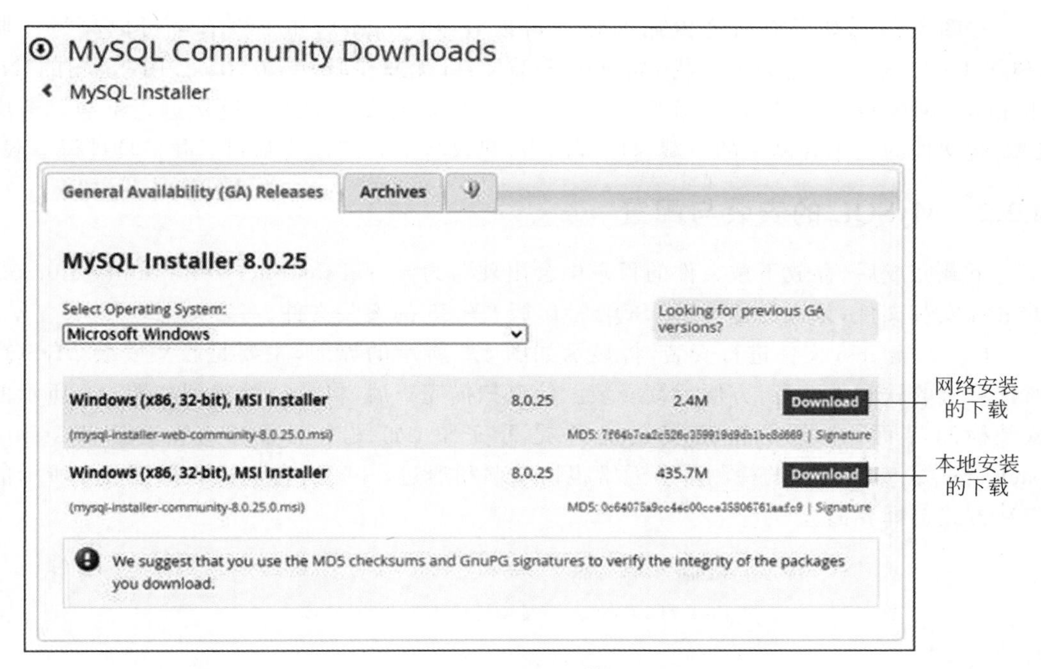


图 4.1　MySQL 下载页面

下载到本地再进行安装，单击 Download 按钮，跳转到下载安装文件的注册登录页面，如图 4.2 所示。

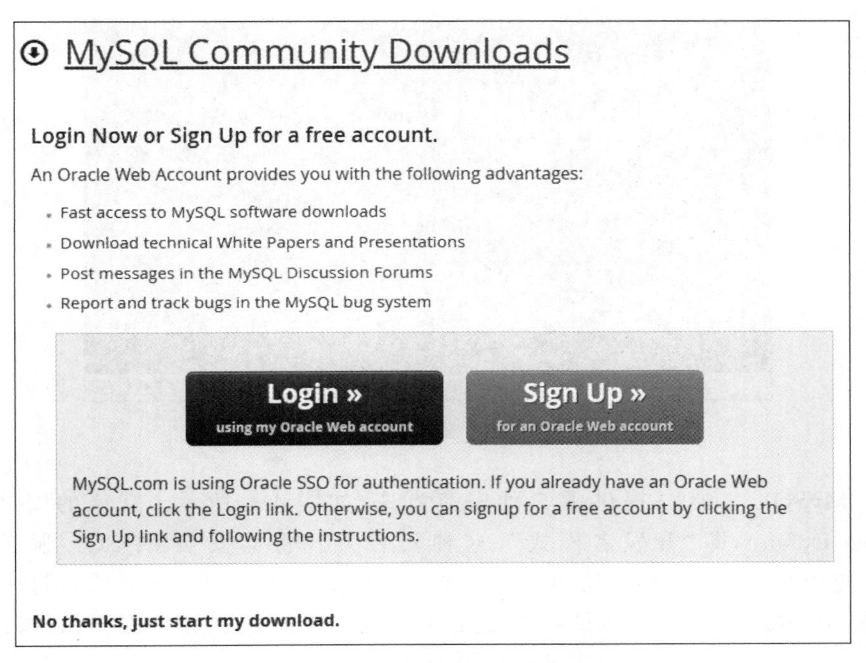


图 4.2　MySQL 注册登录界面

在图 4.2 中,如果有官方网站的账号可以登录(Login),如果没有也可以自行注册(Sign Up)。这里只是为了下载 MySQL 安装文件,无须注册,单击图 4.2 中左下角的"No thanks,just start my download.",跳转到 MySQL 安装文件的下载链接进行下载。考虑到安装文件的大小和网络的下载速度等因素,建议将下载链接复制到下载工具进行下载。

### 4.2.2 MySQL 的安装与配置

下载完成后,存放下载文件的目录中会出现名为 mysql-installer-community-8.0.25.0 的 msi 安装文件,该文件即为 MySQL 社区版 8.0.25 的安装文件。

(1) 双击 msi 文件进行安装,将显示如图 4.3 所示的界面,主要是收集安装 MySQL 时计算机的软硬件信息,方便后续安装。信息扫描完毕后,将自动跳转到如图 4.4 所示的安装检测界面,主要是检测安装文件是否完整(如图中显示 Finding all installed packages)。安装文件的检测环节通常很快就顺利通过,并随后自动进入如图 4.5 所示的安装方式选择界面。

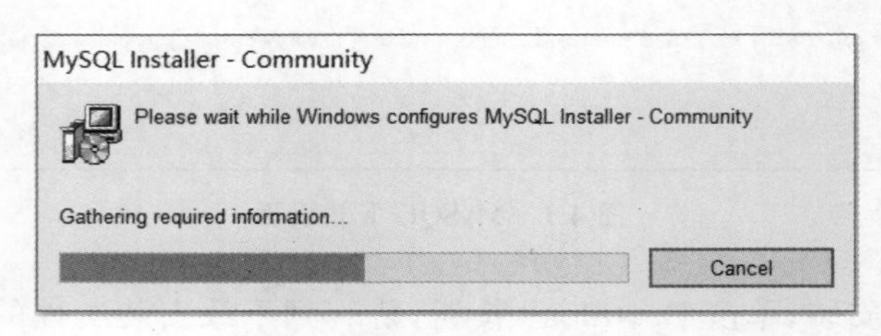


图 4.3 收集信息

图 4.4 安装检测界面

(2) MySQL 8.0.25 提供了 5 种安装方式,如图 4.5 所示。默认的安装方式为 Developer Default,即"开发者模式",这种安装方式将会安装 MySQL 服务器以及 MySQL 应用开发的一系列产品和组件。这里,推荐使用自定义安装方式,用户可以自行决定安装 MySQL 的哪些产品和组件,选择 Custom 单选按钮,再单击 Next 按钮进入下一步。

(3) 在自定义安装的界面中,如图 4.6 所示,MySQL 安装包提供的产品和组件包括

MySQL 服务器(MySQL Servers)、MySQL 应用(Applications)、MySQL 连接器(MySQL Connectors)、MySQL 文档(Documentation),用户可以根据自己的需要选择安装。

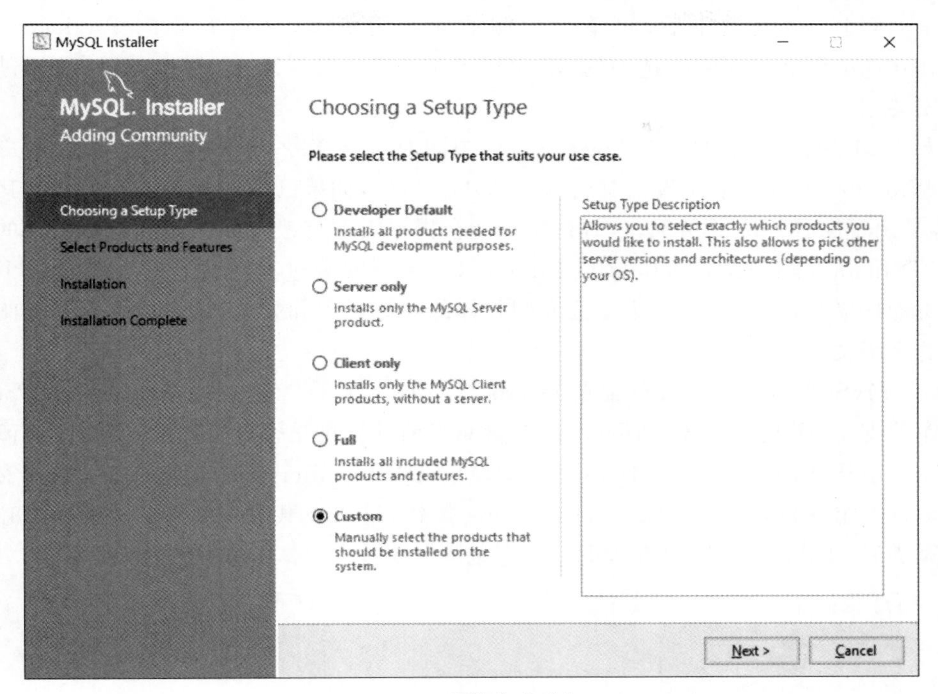


图 4.5　安装方式选择

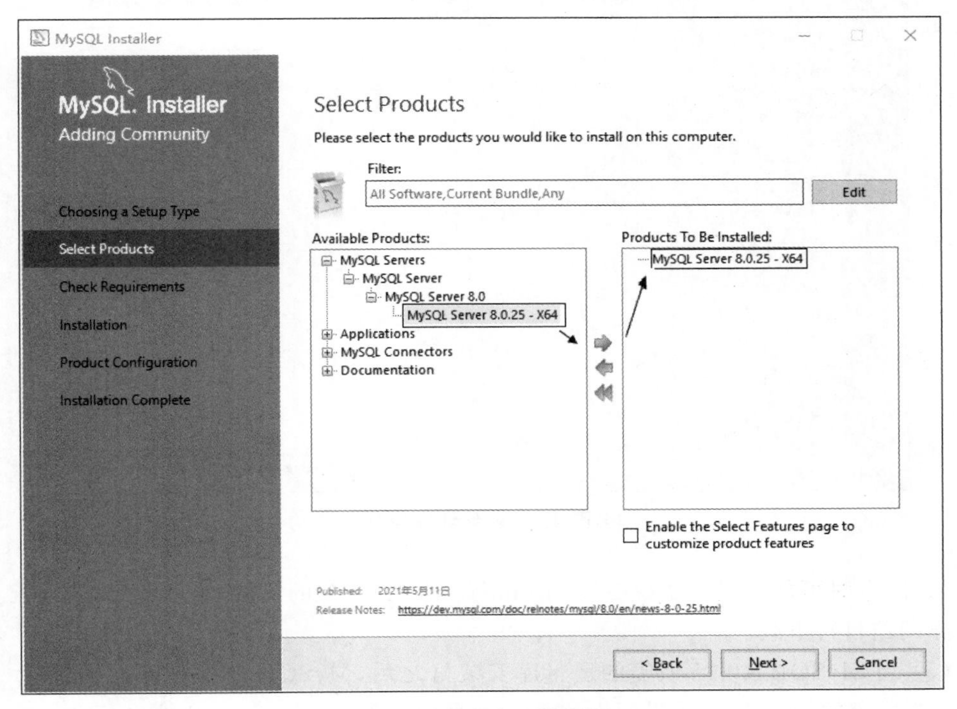


图 4.6　自定义安装界面

这里只安装MySQL服务器,在Available Products选项框中点开MySQL Servers前面的"+"并向下逐级点开,一直到想要安装的具体版本(如图4.6中的MySQL Server 8.0.25 - X64),将其选中后,再单击右侧的向右箭头,这时候右侧的Products to Be Installed选项框会出现刚刚选中的MySQL Server 8.0.25 - X64。单击Next按钮进入下一步安装。

有些MySQL版本的Windows安装包中同时包含X32和X64两个产品,用户需要根据Windows操作系统情况选择对应的版本。另外,如果已经安装过MySQL的其他版本,容易出现路径冲突的情况,这时系统可能会提示需要修改安装文件和数据文件的存放目录(即Installer Directory和Data Directory),否则安装过程无法继续进行。由于不同计算机的环境与情况不同,这里无法介绍具体的修改过程和方法,读者可以自行查阅网上相关的介绍文档。

(4) MySQL Server 8.0.25需要Microsoft Visual C++ 2019 Redistributable Package运行库的支持,因此,MySQL Installer会检测当前计算机是否具备相应的软件运行环境。如果缺少前述Visual C++ 2019运行环境,MySQL Installer会自动帮用户下载并安装相应的运行库组件包,单击图4.7中的Execute按钮,进入下载和安装界面(见图4.8)。等安装完毕后,单击Next按钮进入下一步安装。

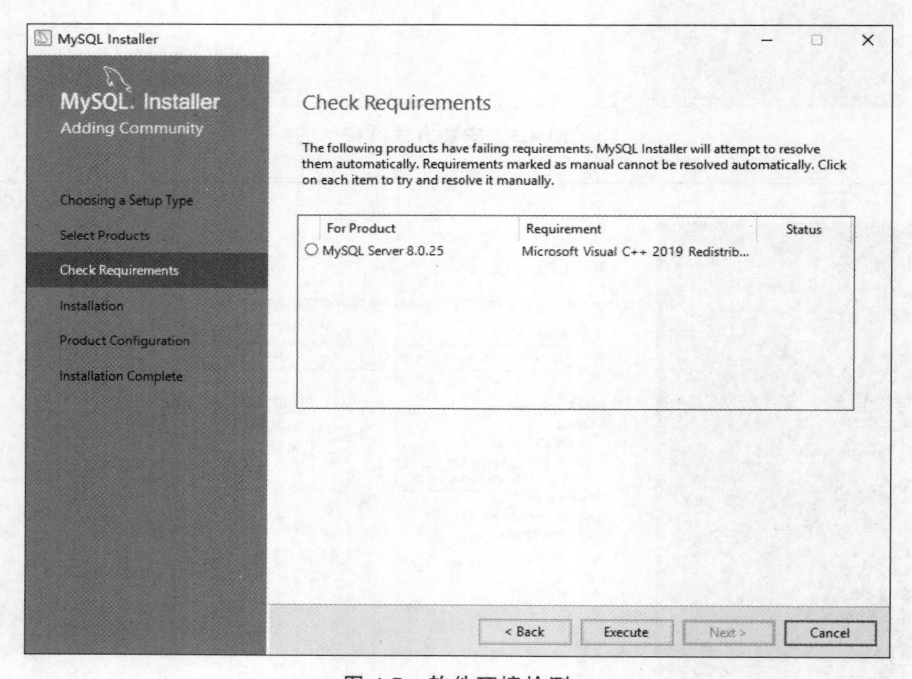


图4.7 软件环境检测

另外,有时可能会提示缺少.NET Framework 4.5.2包的支持,可以到Microsoft公司的官方网站自行下载。

(5) 当MySQL 8.0.25所需的运行库安装好之后,MySQL的安装就到了最后一步,如图4.9所示的Installation界面中的Status显示为Ready to install,单击Execute按钮

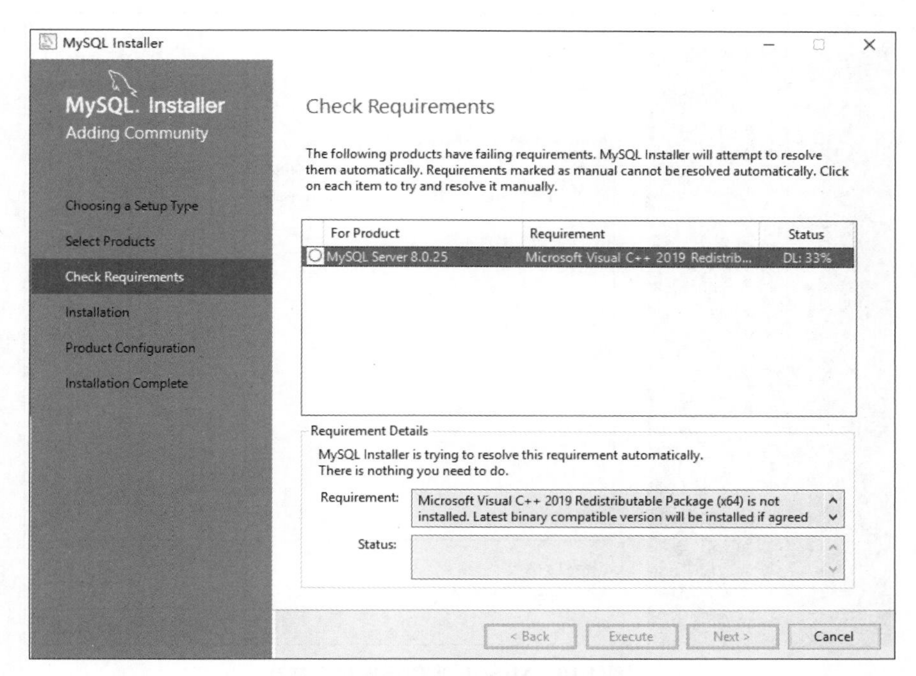


图 4.8　安装 Microsoft Visual C++ 2019 运行库

进行安装，很快 Status 显示为 Complete，如图 4.10 所示，说明 MySQL 服务器的安装已经完成。单击 Next 按钮进入下一步。

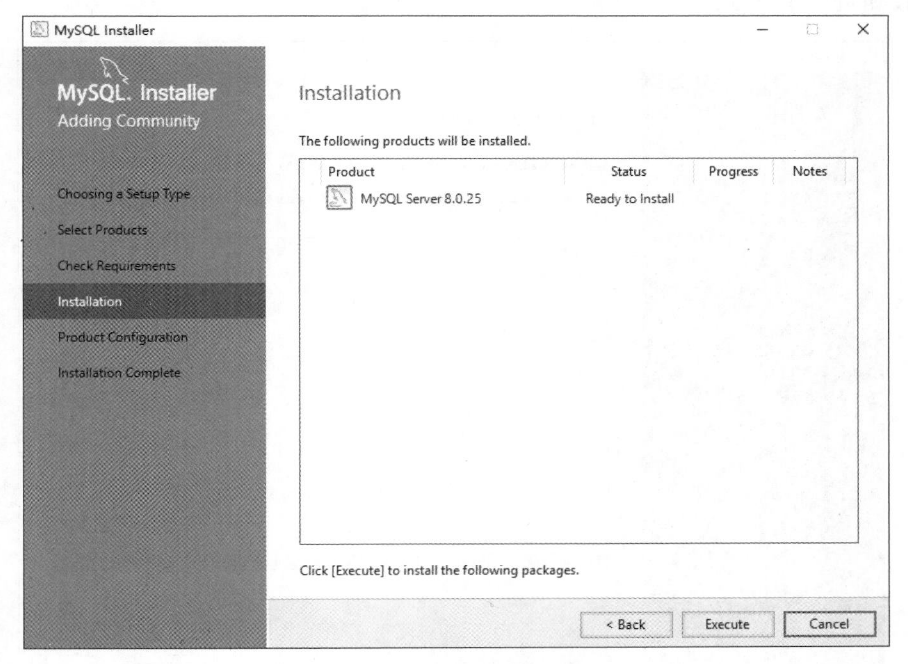


图 4.9　MySQL 安装界面

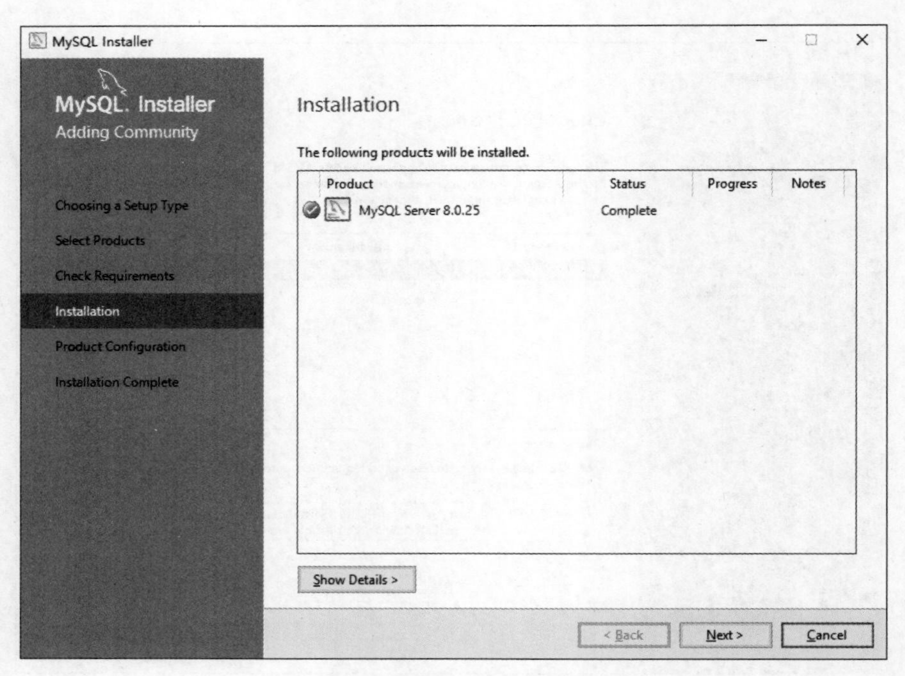


图 4.10 MySQL 服务器安装完成

(6) 接下来需要对所安装的 MySQL 产品进行配置,如图 4.11 所示。由于整个过程只安装了 MySQL 服务器,因此配置界面上只显示可以对 MySQL 服务器进行设置,单击 Next 按钮进入下一步。

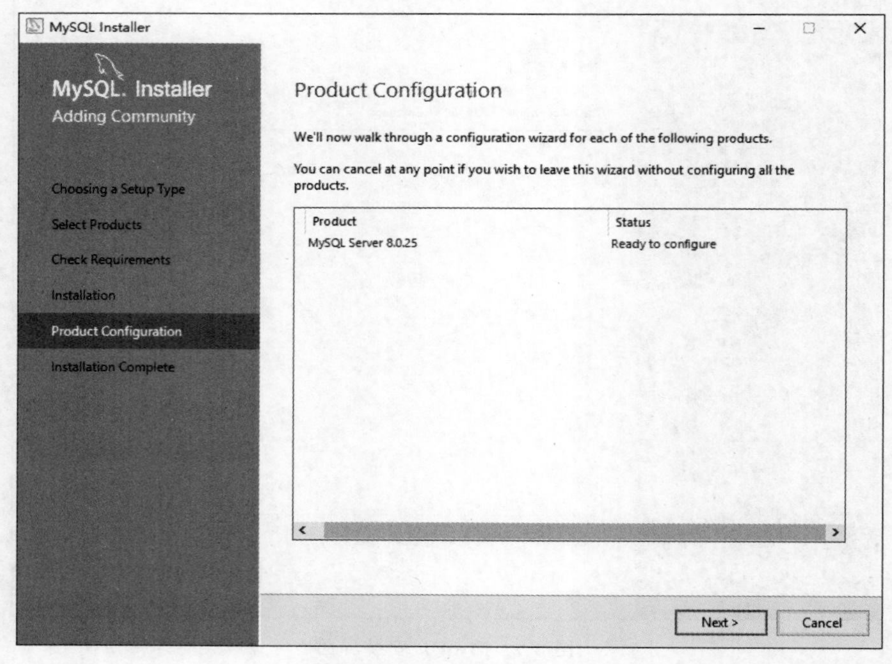


图 4.11 配置 MySQL 产品

（7）在设置MySQL服务器时，如图4.12所示，首先要根据MySQL占用系统资源的情况来选择MySQL服务器的类型。

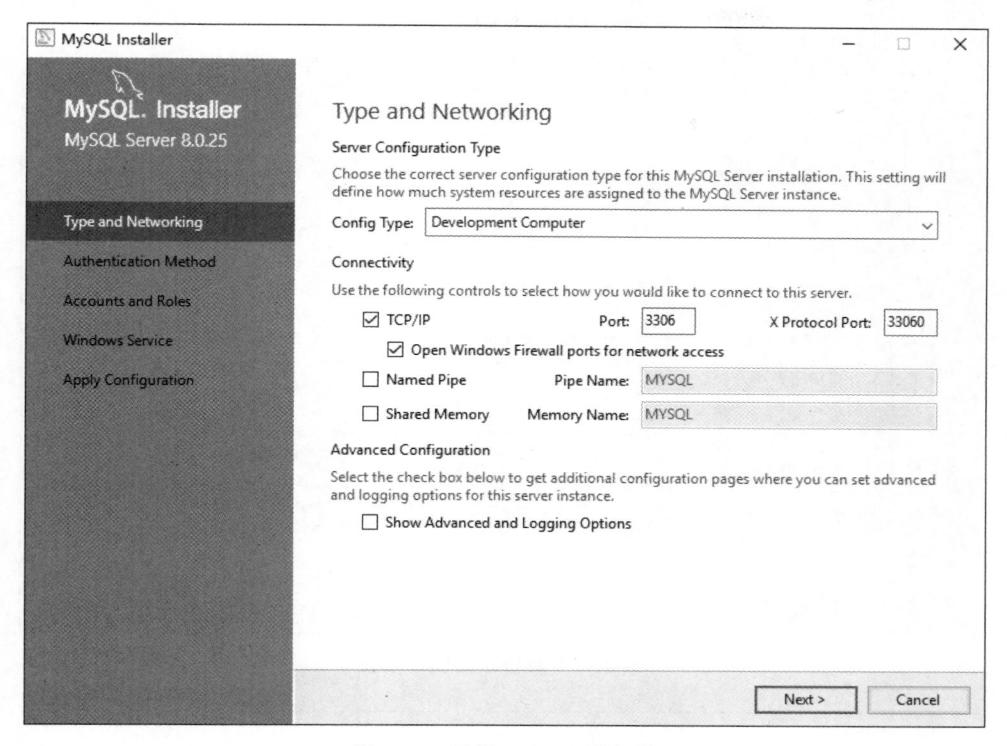


图4.12　设置MySQL服务器

Development Computer：用于各种应用开发的服务器，MySQL以最小数量的内存运行。这种类型的服务器比较适合个人使用，且安装MySQL时默认选择。

Server Computer：多个服务和应用的服务器，MySQL以中等大小的内存运行。

Dedicated Computer：专用于MySQL的服务器，MySQL占用最大可能的内存资源。

这里选择默认的Development Computer，用来作为学习MySQL的服务器类型。

同时，需要设置如何连接上述已选择的MySQL服务器。通常情况下，采用基于TCP/IP的3306端口连接MySQL服务器，同时MySQL自带的X协议端口号为33060，如果这两个端口被其他服务占用了，需要在图4.12中自行设置新的端口。这里不做改动，单击Next按钮进入下一步。

（8）接下来要设置用户登录MySQL时的身份认证方式，如图4.13所示。MySQL 8.0推荐使用强密码加密（Strong Password Encryption）的认证方式，但这种加密认证的方式对系统要求较高。因此，推荐选择图4.13中的Legacy Authentication Method认证方式，该方式与MySQL 5.x低版本兼容，可以避免一些应用程序因为无法升级或其他条件不满足而达不到MySQL 8.0系列所需要的安全认证级别。单击Next按钮进入下一步。

（9）在图4.14中，需要设置MySQL服务器超级管理员root用户的密码。root用户的安全关系到整个数据库的安全，建议合理设置密码使密码达到一定强度。此外，如果有

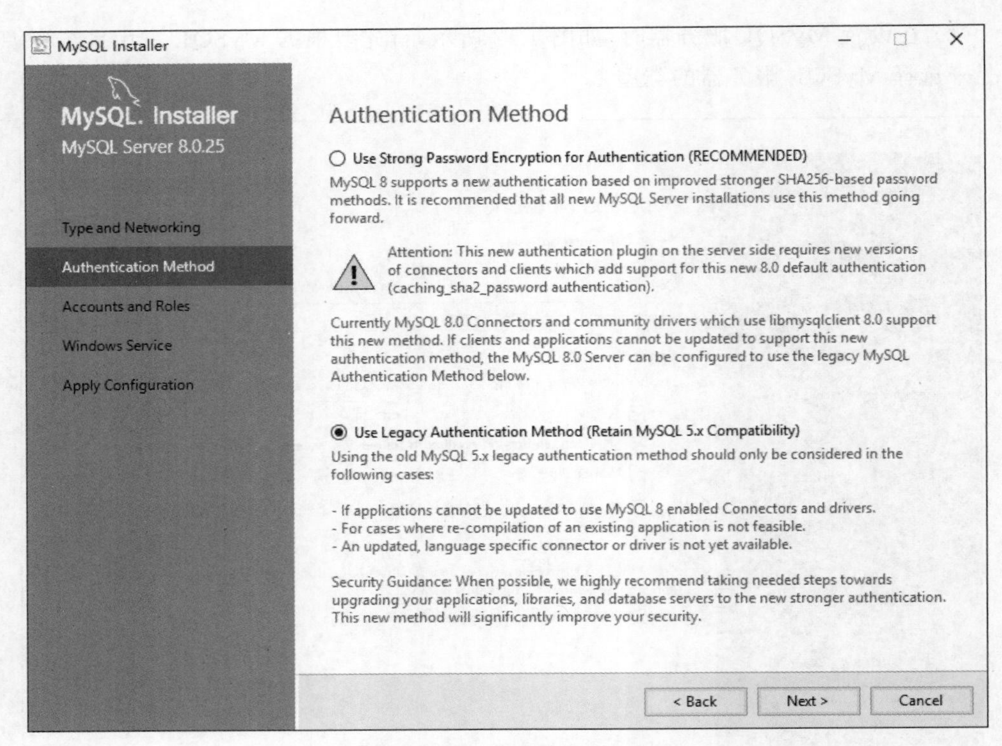


图 4.13 身份认证验证设置

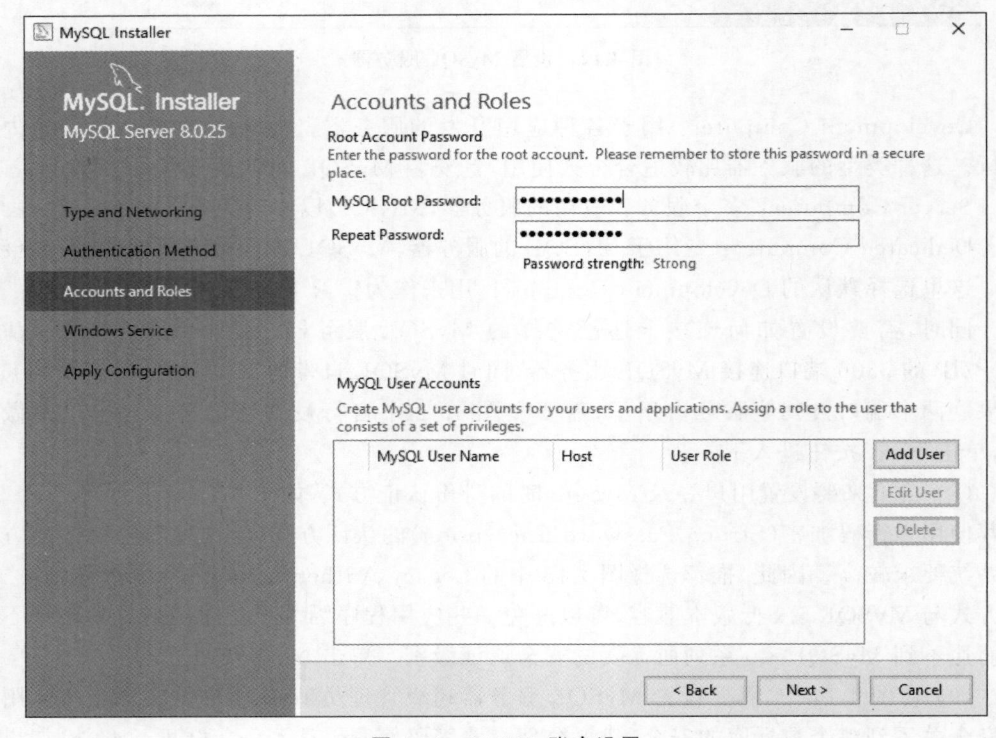


图 4.14 MySQL 账户设置

多个用户访问连接 MySQL 服务器，可以在图 4.14 中单击 Add User 添加并设置其他权限级别的 MySQL 用户，该功能也可以在安装结束后另行设置。单击 Next 按钮进入下一步。

（10）在图 4.15 中，设置 Windows 环境下的 MySQL 服务，包括是否随 Windows 系统启动而启动、默认的 MySQL 服务名称（如图中的 MYSQL80），这里采用默认设置即可。如果之前安装过 MySQL，要注意 MySQL 服务名称冲突的问题，可以把之前旧的 MySQL 服务停止或者为新的 MySQL 服务改名。单击 Next 按钮进入下一步。

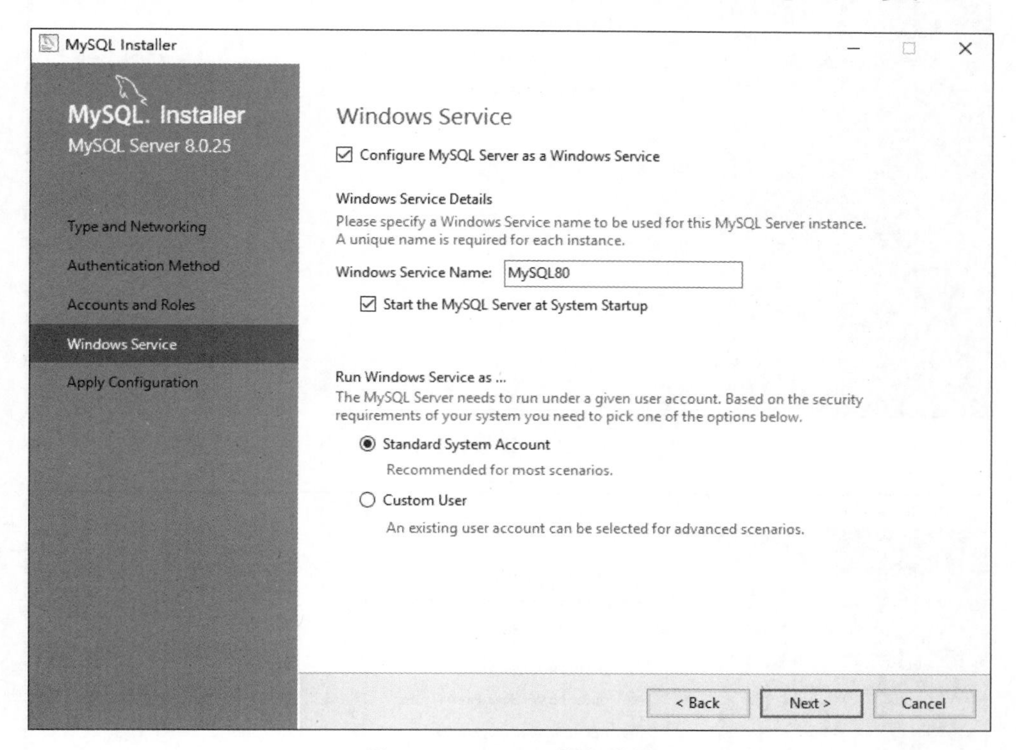


**图 4.15　Windows 服务设置**

（11）对前述关于 MySQL 服务器的一系列设置完成后，需要使这些设置生效，单击图 4.16 中的 Execute 按钮进入下一步，这时 MySQL Installer 会将前面步骤关于服务器的设置逐一实质性地应用，使其生效。当所有步骤完成后，将显示如图 4.17 所示的完成界面。单击 Finish 按钮进入下一步。

至此，如图 4.18 所示，MySQL 服务器配置完成，单击 Next 按钮，进入如图 4.19 所示界面，单击 Finish 按钮完成所有安装工作。

特别说明的是，上述介绍的是 Windows 环境下 MySQL 8.0.25 的安装过程，其他不同版本的 MySQL 其安装过程和界面显示可能略有差异，只要按照 MySQL Installer 的提示逐步完成即可。

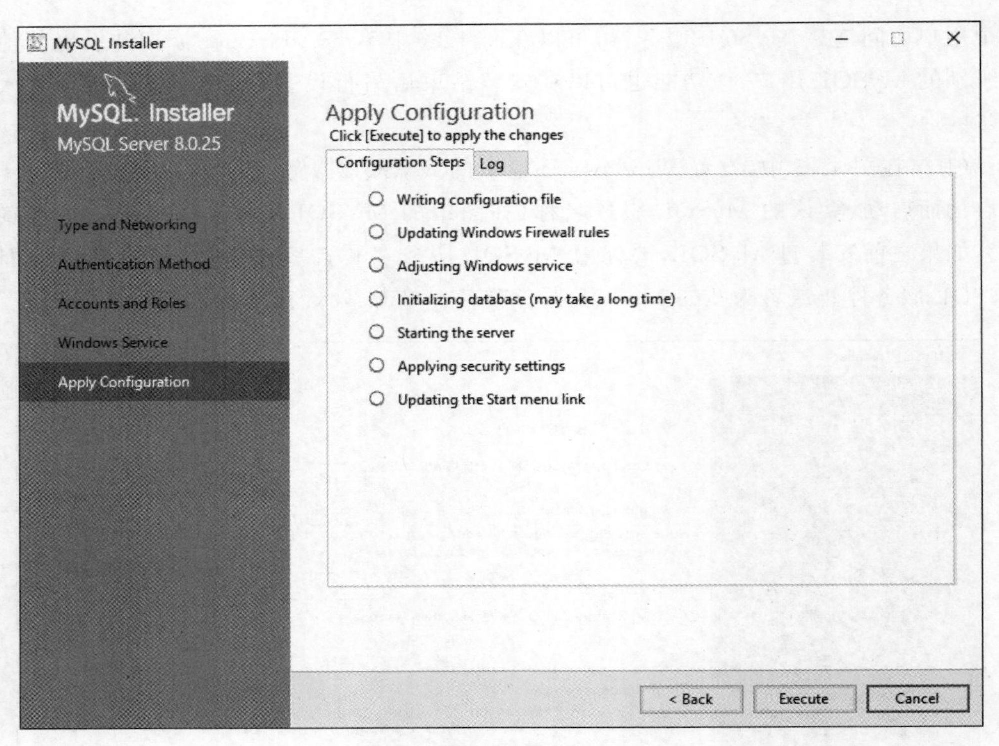


图 4.16 配置的应用

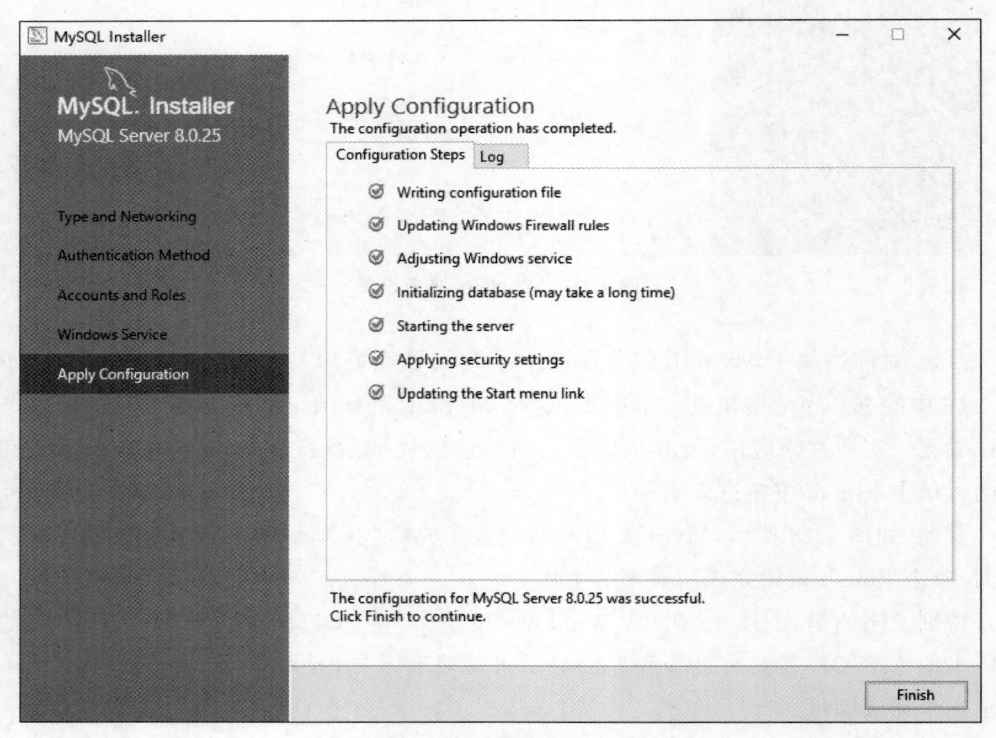


图 4.17 配置操作完成

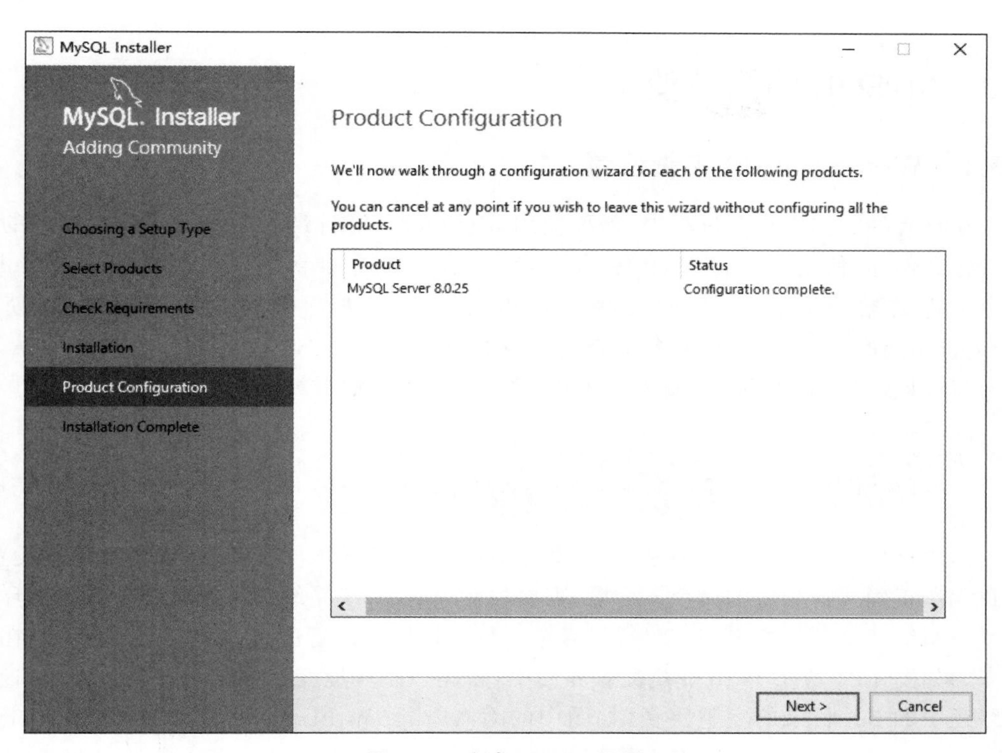


图 4.18　完成 MySQL 配置

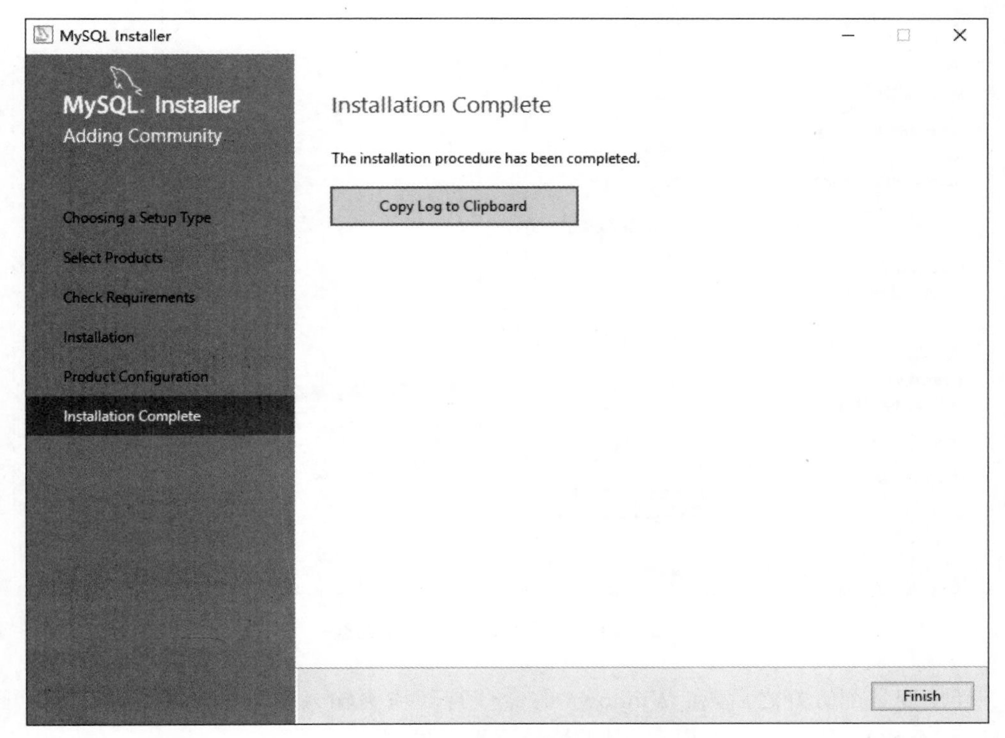


图 4.19　完成 MySQL 安装

# 4.3 MySQL 的简单使用

## 4.3.1 Windows 环境变量设置

在日常的数据库管理过程中,需要使用 MySQL 系统自带的命令来执行数据库的相关操作。例如,使用 mysql --help 命令查看 MySQL 的命令帮助说明,使用 mysqlbinlog 命令进行数据库的日志管理,使用 mysqldump 命令进行数据库的备份导出,使用 mysqlshow 命令进行数据库对象的查询。但如果安装好 MySQL 后,直接在 Windows 的命令行环境(即 cmd 环境)下输入上述几个命令,会出现如下类似提示。

```
C:\> mysql --help
'mysql'不是内部或外部命令,也不是可运行的程序或批处理文件。
```

出现这种提示的主要原因是,执行命令前没有对 MySQL 的系统环境变量进行设置,导致无法正确执行相应的命令。所以,需要先在 Windows 系统的系统属性→高级→环境变量→系统变量下选择 Path 变量,然后单击"编辑"按钮进行配置,如图 4.20 所示。在弹出来的如图 4.21 所示 Path 变量配置界面中,新建一条环境变量的记录,并将 MySQL 安装路径中的 bin 目录的完整路径(如图中的 C:\Program Files\MySQL\MySQL Server 8.0\bin),添加到新建的环境变量记录中,最后单击"确定"按钮完成系统环境变量的配置。

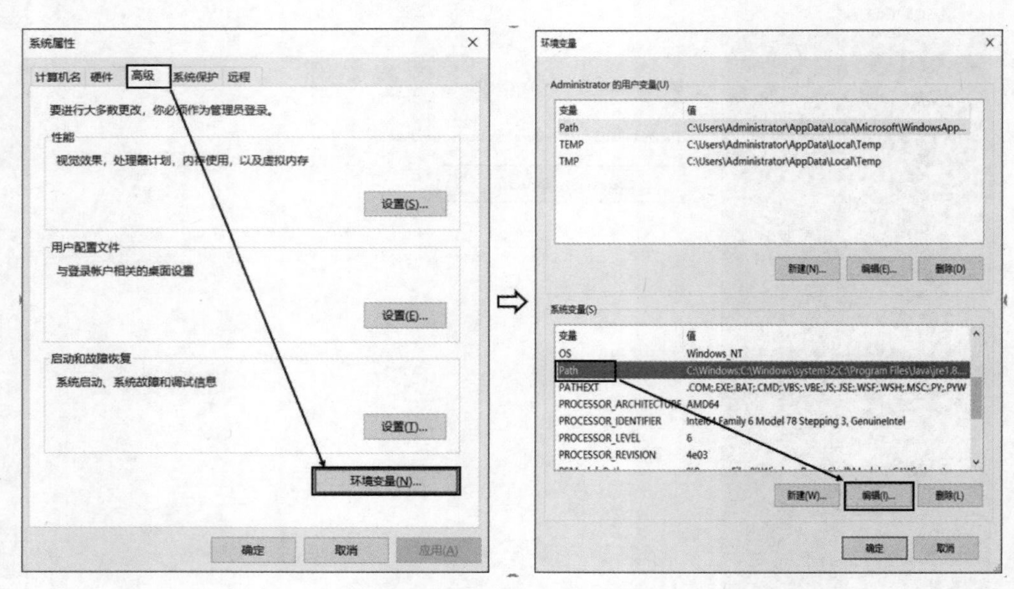


图 4.20 配置 Windows 环境变量

环境变量配置好之后,在 Windows 的命令行环境下输入 mysql --help 命令,即可正确显示 MySQL 的命令帮助说明,限于篇幅这里不做展示。

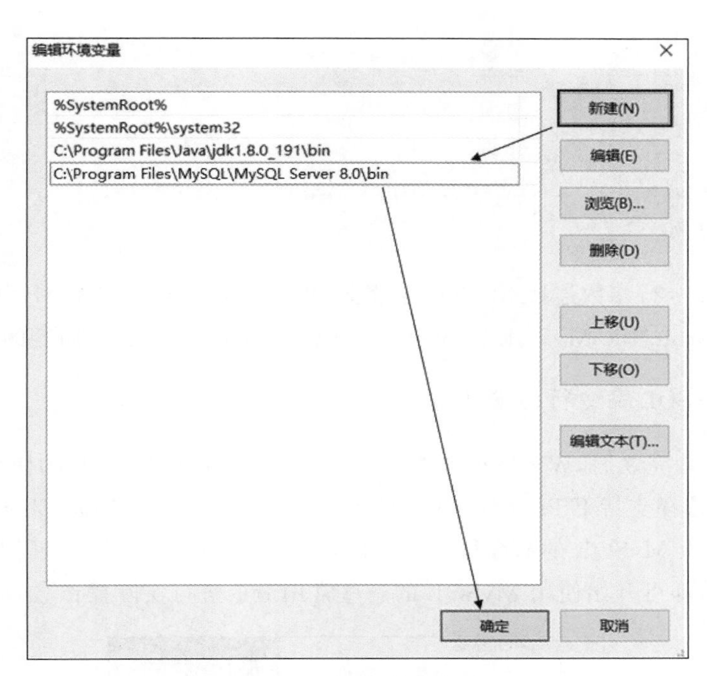


图 4.21　添加环境变量

## 4.3.2　连接 MySQL 服务器

在 Windows 环境下，连接 MySQL 服务器的方式主要有以下两种：使用 cmd 命令行参数连接和使用 MySQL 命令行终端连接。下面分别介绍这两种连接方式。

### 1. 使用 cmd 命令行参数连接

在 Windows 环境下，进入 cmd 命令行界面，使用 MySQL 提供的连接命令就可以连接到服务器。连接命令为：

```
mysql -h localhost -u myname -ppassword
```

说明如下。

(1) mysql 是连接 MySQL 服务器的命令。

(2) -h localhost 参数表示以 h 的方式连接到名为 localhost 的服务器，当通过命令行参数连接到本地服务器(-h 127.0.0.1) 时，该参数省略。

(3) -u myname 参数表示名为 myname 的账户连接到 MySQL 服务器，-u 和 myname 之间的空格可以省略，例如 root 用户连接时，可以书写为-u root 或-uroot 的形式。

(4) -ppassword 参数表示账户 myname 的密码是 password，-p 与 password 之间不带空格，为了安全起见，建议不要在-p 后面直接带密码，而是在连接服务器后再单独输入密码。

下面是具体的连接例子。

```
C:\Users\Administrator>mysql -u root -p
Enter password: ******
Welcome to the MySQL monitor. Commands end with; or \g.
Your MySQL connection id is 14
Server version: 8.0.25 MySQL Community Server -GPL
(后续部分省略)
```

更多关于命令行参数连接 MySQL 服务器的细节,可以自行查阅 MySQL 8.0 官方文档中"Connecting to the MySQL Server Using Command Options"内容的详细介绍。

**2. 使用 MySQL 命令行终端连接**

MySQL 安装完之后,Windows 的"开始"菜单就会出现 MySQL 的快捷访问方式,如图 4.22 所示。选择支持 UTF-8 模式的"MySQL 8.0 Command Line Client - Unicode"命令行终端,进入 MySQL 的命令行界面(即 MySQL 控制台),经过密码验证登录之后,如图 4.23 所示,即可开始使用 MySQL 的一些常用命令进行实际操作。

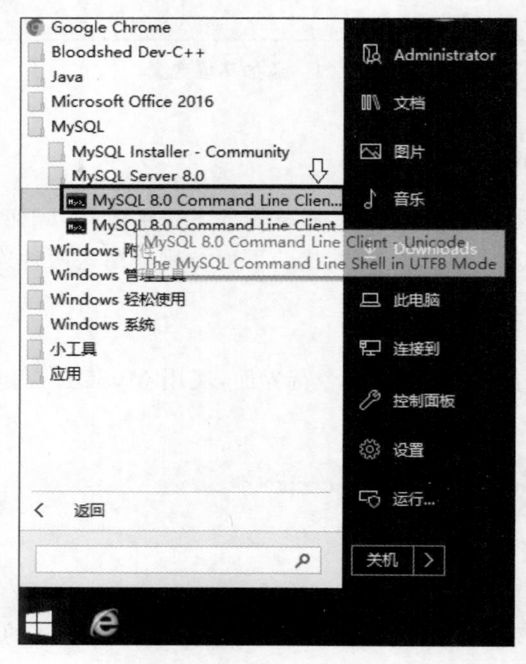


图 4.22 MySQL 快捷访问方式

上述两种连接方式只是连接 MySQL 服务器的方式有所不同,实际上殊途同归,其后续关于 MySQL 的使用完全一样。有时,命令行参数连接服务器的方式会因为密码安全认证的问题,出现连接服务器被拒绝的情况。因此,推荐使用 MySQL 命令行终端连接服务器的方式,既安全又快捷。

```
MySQL 8.0 Command Line Client - Unicode
Enter password: ******        输入密码
Welcome to the MySQL monitor.  Commands end with ; or \g.
Your MySQL connection id is 8
Server version: 8.0.25 MySQL Community Server - GPL

Copyright (c) 2000, 2021, Oracle and/or its affiliates.

Oracle is a registered trademark of Oracle Corporation and/or its
affiliates. Other names may be trademarks of their respective
owners.

Type 'help;' or '\h' for help. Type '\c' to clear the current input statement.

mysql> _        输入MySQL命令
```

图 4.23　MySQL 命令行界面

## 4.3.3　MySQL 常用命令

在 Windows 环境下，MySQL 的命令不区分大小写。在书写方面，本书采用数据库领域书籍通用的约定：在 MySQL 命令行界面下，MySQL 的命令和保留字以大写英文字母的形式书写，其他内容按照小写英文字母或实际情况书写。并且，MySQL 命令行界面下，除非另行说明，所有的 MySQL 命令后面都默认以英文分号作为命令的结束标志。下面对 MySQL 的一些常用命令的用法进行简单说明。

### 1. SELECT VERSION()

SELECT VERSION()用于查询当前 MySQL 的版本。例如，下面显示的是当前使用的 MySQL 版本。运行结果的最后显示“1 row in set (0.00sec)”，这表示查询结果中包含 1 条记录，花费 0.00 秒(实际上是因为该查询时间太短，所以时间显示为 0.00 秒，下同)。

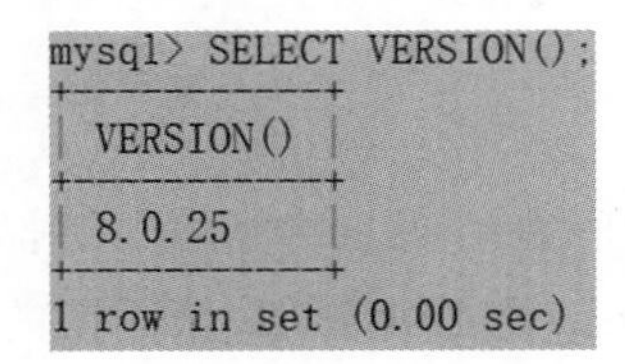

```
mysql> SELECT VERSION();
+-----------+
| VERSION() |
+-----------+
| 8.0.25    |
+-----------+
1 row in set (0.00 sec)
```

### 2. SHOW DATABASES

SHOW DATABASES 用于显示当前 MySQL 用户权限下所有可见的数据库。例如，下面显示的是 MySQL 8.0 版本 root 用户登录后可见的 4 个初始数据库。

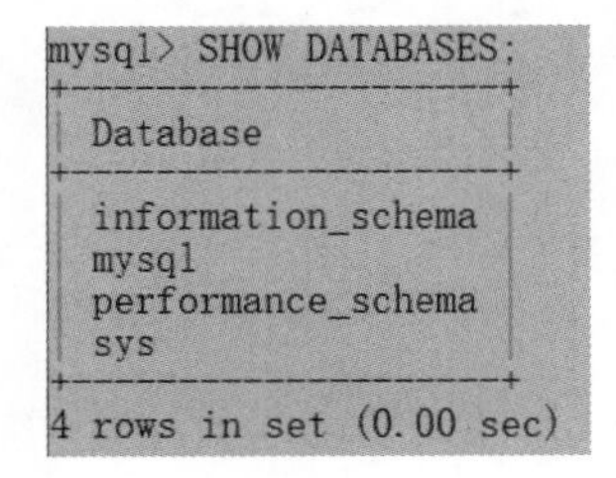

```
mysql> SHOW DATABASES;
+--------------------+
| Database           |
+--------------------+
| information_schema |
| mysql              |
| performance_schema |
| sys                |
+--------------------+
4 rows in set (0.00 sec)
```

### 3. CREATE DATABASE 数据库名

"CREATE DATABASE 数据库名"用于创建指定的数据库。例如,下面执行"CREATE DATABASE test;"语句后,显示"Query OK,1 row affected(0.00 sec)",说明创建 test 数据库成功。

```
mysql> CREATE DATABASE test;
Query OK,1 row affected(0.00 sec)
```

### 4. DROP DATABASE 数据库名

"DROP DATABASE 数据库名"用于删除指定的数据库。例如,下面执行"DROP DATABASE test;"语句后,显示"Query OK,1 row affected(0.00 sec)",说明删除 test 数据库成功。

```
mysql> DROP DATABASE test;
Query OK,1 row affected(0.00 sec)
```

### 5. USE 数据库名

"USE 数据库名"用于进入指定的数据库,实现数据库之间的切换。例如,下面显示的 Database changed,说明用户已经切换到指定的 MySQL 数据库。

```
mysql> USE mysql;
Database changed
```

### 6. SHOW TABLES

SHOW TABLES 用于显示当前用户在当前数据库中所有可见的数据表。例如,下面显示的是 root 用户在 MySQL 8.0 服务器自带的 mysql 数据库中所有可见的数据表。

```
mysql> SHOW TABLES;
+--------------------------------------------------+
| Tables_in_mysql                                  |
+--------------------------------------------------+
| columns_priv                                     |
| component                                        |
...
| user                                             |
+--------------------------------------------------+
35 rows in set (0.07 sec)
```

### 7. DESC 数据表名

"DESC 数据表名"用于查看指定数据表的表结构，包括数据表中的字段名、数据类型、是否空值、是否主键、默认值等。该命令中，DESC 是 DESCRIBE 的简写，因此书写成"DESCRIBE 数据表名"也可以。例如，下面显示的是 MySQL 8.0 服务器自带的 mysql 数据库中 user 数据表的表结构。

```
mysql> DESC user;
+-----------------+-----------+------+-----+---------+-------+
| Field           | Type      | Null | Key | Default | Extra |
+-----------------+-----------+------+-----+---------+-------+
| Host            | char(255) | NO   | PRI |         |       |
| User            | char(32)  | NO   | PRI |         |       |
...
| User_attributes | json      | YES  |     | NULL    |       |
+-----------------+-----------+------+-----+---------+-------+
51 rows in set (0.00 sec)
```

## 4.3.4　MySQL 的备份与导入

在如今"数据就是财富"的时代，数据的备份和导入工作就显得非常必要。这里简单介绍 MySQL 的备份与导入。

### 1. mysqldump 备份

在 Windows 的 cmd 环境下，MySQL 的备份命令为

```
mysqldump [arguments]>file_name
```

说明如下。

(1) mysqldump 是 MySQL 自带的数据库备份命令。

(2) [arguments]表示备份参数，通常包含连接信息和备份目标，连接信息类似前述的连接 MySQL 服务器的-uroot -p 信息，备份目标指的是即将备份的数据库。

(3) >是目标指向符，其用途是将待备份的数据库输出到">"符号右边的文件中。

(4) file_name 表示数据备份文件的名称，通常是备份文件的具体路径及文件名。

例如，下面显示的是在 Windows 的 cmd 环境下备份 MySQL 自带的 sys 数据库，并将数据备份到磁盘 D 分区的 sysbak.sql 文件中。

```
C:\Users\Administrator>mysqldump -uroot -p sys> d:sysbak.sql
Enter password: ******
(没有错误提示,就可以到对应的文件路径下检查是否存在备份的数据库文件)
```

### 2. source 导入

source 命令的功能是在 MySQL 命令行环境下将已有的数据库文件(通常是 sql 文件)导入到目标数据库中。使用 source 命令前，需要确认目标数据库是否已经存在，如果

不存在必须先创建数据库,否则导入过程将会失败。导入时,需要使用 USE 命令切换到目标数据库中,再使用 source 命令导入对应的文件,其命令为:

```
source 导入的文件名
```

例如,下面的过程是创建了 sysbak 数据库,然后切换到数据库中,并使用 source 命令将上文中备份的 sysbak.sql 文件导入到 sysbak 数据库中。

```
mysql>CREATE DATABASE sysbak;
Query OK,1 row affected(0.01 sec)

mysql>USE sysbak;
Database changed

mysql>SOURCE d:sysbak.sql;
Query OK,0 rows affected(0.00 sec)
Query OK,0 rows affected(0.00 sec)
(限于篇幅,后续的导入内容省略)
```

数据库备份工作的重要性不言而喻。在数据库管理过程中,通常都会定期进行数据备份,当需要时可以将备份好的数据库导入到数据库中,提高数据库的安全保障。当然,上述内容只是简要介绍了 MySQL 的备份与导入,其操作还需要相应的权限才能完成。更多细节,可以查阅官方文档中 Backup and Recovery 一节的详细内容。

此外,也可以使用如 MySQL WorkBench、Navicat、phpMyAdmin 等其他一些数据库管理工具,来完成数据库的备份和导入工作。

## 知识点小结

本章首先介绍了 MySQL 的历史和特点,然后详细介绍了 Windows 环境下 MySQL 的安装过程,最后简要介绍了 MySQL 的一些常用命令,希望有助于初步了解 MySQL,能够使用 MySQL 的常用命令进行基本的数据库操作,为后续章节的学习奠定基础。

## 习　题

1. 在自己使用的计算机上安装 MySQL 8.0。
2. 查阅相关文档,谈谈 MySQL 8.0 的新特性。

# 第5章 数据库的创建与管理

如果要使用数据库管理系统对数据进行管理，首先需要创建数据库。创建数据库主要包括确定数据库的名称、为数据库设置相关属性信息等。然后以数据库为起点，根据应用需求创建数据表的结构并录入数据，之后才能对表中数据进行查询、更新、统计等操作。在数据库系统中，数据表是数据存储、管理和查询过程中最重要而又最基本的操作对象，是查询操作的数据基础，是视图、索引、存储过程的处理对象。

## 5.1 数据库的创建

数据库的创建

### 5.1.1 创建数据库

创建数据库就是确定数据库名称、使用的字符集、校验规则以及相关属性，操作系统为该数据库分配一定的存储空间，用于存储数据库的对象，包括数据表、索引、视图及存储过程等。在 MySQL 中，创建数据库是通过 SQL 语句 CREATE DATABASE（或 CREATE SCHEMA 语句）来实现。语法格式如下：

```
CREATE DATABASE [IF NOT EXISTS] 数据库名称
[CHARSET 字符集 ]
[COLLATE 校验规则];
```

说明如下。

（1）数据库名称：在 MySQL 系统中，数据库及其包含的对象是以目录或文件的方式进行管理的，因此，数据库名称必须符合操作系统的文件命名规则。

（2）IF NOT EXISTS：可选项，如果使用该选项，则会在创建数据库之前，首先判断该数据库是否存在，若存在则不再创建，也不会报错；如果不存在则会创建该数据库。如果没有使用该选项，则创建数据库时若数据库已经存在，系统就会报错。

（3）CHARSET：可选项，用来设置数据库采用的字符集。字符集是一套字符内容与编码方式的集合。MySQL 使用字符集和校验规则来处理字符数据。省略表示采用默认字符集 utf8mb4。

(4) COLLATE:可选项,用来设置数据库使用的校验规则。校验规则(COLLATION)是指在特定字符集中用于比较字符大小的一套规则,是字符串的排序规则。省略表示采用默认值 utf8mb4_0900_ai_ci。

MySQL 支持多种字符集,每种字符集对应多种校验规则,且都有一种默认的校验规则。每种校验规则只对应一种字符集,与其他的字符集无关。例如,字符集 utf8mb4 的默认校验规则是 utf8mb4_0900_ai_ci,字符集 gbk 的默认校验规则是 gbk_chinese_ci。因此,在设置字符集和校验规则时要注意匹配使用,不能交叉使用。

**说明**:本书中创建数据库和数据表时,字符集和校验规则都采用系统默认值。

**【例 5.1】** 创建网络购物系统数据库,数据库名称为 online_sales_system,字符集和校验规则采用默认值。

SQL 语句如下:

```
CREATE DATABASE IF NOT EXISTS online_sales_system;
```

运行结果如图 5.1 所示。

```
mysql> CREATE DATABASE IF NOT EXISTS online_sales_system;
Query OK, 1 row affected (0.00 sec)
```

图 5.1 创建数据库

运行结果中"Query OK,1 row affected(0.00 sec)"表示语句成功运行,有一行受到影响,用时 0.00s。SQL 语句运行速度很快,由于显示精度的原因,不到 0.01s,显示为 0.00s。读者的运行结果中的运行时间可能和上图有所不同,那是因为运行时间的长短与使用的计算机的配置有关。图 5.1 显示结果表明数据库 online_sales_system 已成功被创建。

### 5.1.2 管理数据库

#### 1. 显示数据库

使用 SHOW DATABASES 语句可以显示当前可用的所有数据库,包括 MySQL 系统提供的数据库和用户自己创建的数据库。语法格式如下:

```
SHOW DATABASES;
```

**【例 5.2】** 使用 SHOW DATABASES 语句显示当前可用的数据库。

SQL 语句如下:

```
SHOW DATABASES;
```

运行结果如图 5.2 所示。

由运行结果可以看出,SHOW DATABASES 语句正常运行,显示当前目录中共有

5 个不同的数据库，分别是 information_schema、mysql、online_sales_system、performance_schema 和 sys，其中只有 online_sales_system 是用户定义的数据库，其他 4 个是系统自带的数据库。

```
mysql> SHOW DATABASES;
+--------------------+
| Database           |
+--------------------+
| information_schema |
| mysql              |
| online_sales_system|
| performance_schema |
| sys                |
+--------------------+
5 rows in set (0.25 sec)
```

**图 5.2　显示当前可用的数据库**

(1) information_schema 数据库：存储了数据库的元数据(Database Metadata)，元数据是关于 MySQL 服务器的信息，例如数据库或表的名称、列的数据类型或访问权限等，有时也称为数据字典(Data Dictionary )或系统目录(System Catalog)。

(2) mysql 数据库：提供了 MySQL 服务器运行时所需信息的表，包括用于存储数据库对象元数据(Database Object Metadata)的数据字典表，以及诸如日志系统表、时区系统表等一系列系统表。

(3) performance_schema 数据库：用于监控服务器的运行性能，并提供执行时的有用信息的访问。

(4) sys 数据库：此数据库主要是利用 performance_schema 数据库提供的信息，生成一系列的视图、存储过程和存储函数，帮助数据库管理人员和开发者了解系统的性能。

**注意**：读者的数据库列表可能和这里的不一样，因为显示的数据库与读者自己定义的数据库有关。

#### 2. 打开数据库

连接到 MySQL 时，使用 SHOW DATABASES 语句查看到的都是不同数据库的名称，即不同的数据库是并列存在的。此时没有指定特定数据库。用户使用 CREATE DATABASE 语句创建数据库时，不能将其设置为当前数据库。如果要指定某个数据库为当前数据库，需要使用 USE 命令打开该数据库，使之成为当前数据库。打开数据库的语法格式如下：

```
USE 数据库名称;
```

**【例 5.3】**　打开网络购物数据库 online_sales_system。

SQL 语句如下：

```
USE online_sales_system;
```

运行结果如图 5.3 所示。

执行结果“Database changed”说明 USE 语句执行成功，当前数据库已经切换为 online_sales_system 数据库。之后的命令如果不做特别说明(使用数据库名来限定表名)，都是针对该数据库中的对象进行操作。如果需要在不同数据库之间切换，也要使用 USE 语句打开对应的数据库。因此，打开数据库也称为切换数据库。

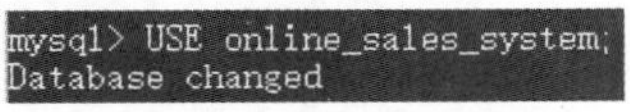

```
mysql> USE online_sales_system;
Database changed
```

**图 5.3　打开数据库**

### 3. 查看数据库信息

数据库信息主要包括数据库中包含的数据表、视图、存储函数、存储过程等对象，以及数据库使用的字符集和校验规则等，在 MySQL 中提供了相应的语句查看这些信息。

方法一：分别查看数据库中包含的表、使用的字符集和校验规则。

使用 SHOW TABLES 语句查看数据库中包含的表、视图等对象，语法格式如下：

```
SHOW TABLES;
```

使用 SHOW VARIABLES LIKE 语句查看当前数据库使用的字符集，语法格式如下：

```
SHOW VARIABLES LIKE'character_set_database';
```

使用 SHOW VARIABLES LIKE 语句查看当前数据库使用的校验规则，语法格式如下：

```
SHOW VARIABLES LIKE'collation_database';
```

其中，VARIABLES 是指系统变量，在 MySQL 中提供了很多系统变量，用于存储定义数据库时用到的元数据以及系统环境信息。character_set_database 和 collation_database 都属于系统变量。而 LIKE 是一个比较运算符，使用规则为 LIKE ＜表达式＞，用于检索和＜表达式＞相匹配的变量，其中＜表达式＞中可以使用通配符(%可以匹配多个字符，"_"可以匹配一个字符)。

**【例 5.4】** 查看网络购物数据库 online_sales_system 中包含的数据表等对象。

SQL 语句如下：

```
SHOW TABLES;
```

```
mysql> SHOW TABLES;
Empty set (0.09 sec)
```

图 5.4 数据库 online_sales_system 中的数据表

运行结果如图 5.4 所示。

运行结果 Empty set(0.09 sec)的含义是 SHOW TABLES 语句运行成功，但在当前数据库中没有数据库对象，因此显示为 Empty set，(0.09 sec)表示运行该语句用时 0.09s。

**【例 5.5】** 查看网络购物数据库 online_sales_system 使用的字符集。

SQL 语句如下

```
SHOW VARIABLES LIKE 'character_set_database';
```

运行结果如图 5.5 所示。

由运行结果可以看出，当前数据库 online_sales_system 使用的字符集为 utf8mb4，与

| Variable_name | Value |
|---|---|
| character_set_database | utf8mb4 |

1 row in set, 1 warning (0.02 sec)

图 5.5　显示数据库 online_sales_system 使用的字符集

创建该数据库时使用的默认字符集一致。

**【例 5.6】**　查看网络购物数据库 online_sales_system 使用的校验规则。

SQL 语句如下：

```
SHOW VARIABLES LIKE'collation_database';
```

运行结果如图 5.6 所示。

```
+--------------------+--------------------+
| Variable_name      | Value              |
+--------------------+--------------------+
| collation_database | utf8mb4_0900_ai_ci |
+--------------------+--------------------+
1 row in set, 1 warning (0.00 sec)
```

图 5.6　显示数据库 online_sales_system 使用的校验规则

由运行结果可以看出，当前数据库 online_sales_system 使用的校验规则为 utf8mb4_0900_ai_ci，与创建该数据库时使用的默认校验规则一致。

方法二：使用 SHOW CREATE DATABASE 语句查看数据库定义的详细信息，包括创建该数据库的 SQL 语句、数据库使用的字符集和校验规则等。语法格式如下：

```
SHOW CREATE DATABASE <数据库名称>;
```

**【例 5.7】**　使用 SHOW CREATE DATABASE 语句查看 online_sales_system 数据库定义的详细信息。

SQL 语句如下：

```
SHOW CREATE DATABASE online_sales_system;
```

运行结果如图 5.7 所示。

```
mysql> SHOW CREATE DATABASE online_sales_system;
+---------------------+---------------------------------------------------------------------------------------------------------------------------------------+
| Database            | Create Database                                                                                                                       |
+---------------------+---------------------------------------------------------------------------------------------------------------------------------------+
| online_sales_system | CREATE DATABASE `online_sales_system` /*!40100 DEFAULT CHARACTER SET utf8mb4 COLLATE utf8mb4_0900_ai_ci */ /*!80016 DEFAULT ENCRYPTION='N' */ |
+---------------------+---------------------------------------------------------------------------------------------------------------------------------------+
1 row in set (0.00 sec)
```

图 5.7　使用 SHOW CREATE DATABASE 显示 online_sales_system 数据库的详细信息

此运行结果中除了显示创建数据库的语句、数据库的字符集和校验规则外，还显示了数据库是否加密的信息，“DEFAULT ENCRYPTION='N'”显示加密的值为'N'，表示没加密。如果加密的值是'Y'，表示已加密。

#### 4. 删除数据库

删除数据库是指删除数据库以及数据库中所有的表、索引、视图等对象,并清除操作系统分配给该数据库的存储空间。删除数据库后,所有数据库存储的数据都将被删除,而且删除操作不可恢复。因此,删除数据库时需要特别谨慎,应遵循非必要不删除的原则。即使遇到必须删除的情况,也建议先将数据库进行备份,之后再进行删除。删除数据库的语句的语法规则如下:

```
DROP DATABASE [IF EXISTS]数据库名;
```

【例 5.8】 使用 DROP DATABASE 语句删除刚创建的网络购物数据库。

SQL 语句如下:

```
DROP DATABASE online_sales_system;
```

运行结果如图 5.8 所示。

```
mysql> DROP DATABASE online_sales_system;
Query OK, 0 rows affected (0.00 sec)
```

图 5.8 删除数据库 online_sales_system

【例 5.9】 使用 DROP DATABASE 语句删除数据库时,直接删除和使用 IF EXISTS 可选项再删除一次数据库 online_sales_system。运行结果如图 5.9 所示。

```
mysql> DROP DATABASE online_sales_system;
ERROR 1008 (HY000): Can't drop database 'online_sales_system'; database doesn't exist
```

(a) 直接删除数据库

```
mysql> DROP DATABASE IF EXISTS online_sales_system;
Query OK, 0 rows affected, 1 warning (0.00 sec)
```

(b) 使用IF EXISTS删除数据库

图 5.9 删除数据库

由运行结果可以看出可选项 IF EXISTS 的作用:在执行删除操作之前首先判断数据库是否存在,只有数据库存在才执行删除操作,否则不执行删除操作,也不给出错误信息。而不使用可选项 IF EXISTS,则不做判断直接删除,若被删的数据库不存在,系统就会给出错误提示信息"database doesn't exist"。在实际应用中,建议大家使用 IF EXISTS 选项。

## 5.2 认识数据表

认识数据表

在 MySQL 中,不同的数据库是以目录的形式进行管理的,使用 USE 语句可以设置当前数据库,也相当于设置一个当前目录。在该目录中包含该数据库的所有对象,包括数据表、视图、索引、存储过程或存储函数等对象。其中,数据表是存储原始数据的主要对象。它由行和列组成,每列为一个字段,描述实体集的一个属性;每行为一条记录,描述一个具体的实体。在一个数据库中可以包含多个数据表,每个数据表保存一个实体集或一个联系的相关数据。

在 MySQL 中为数据库、数据表、视图、索引、存储过程、存储函数等对象命名的有效字符序列统称为标识符。标识符实际上就是一个名称,但标识符必须符合一定规则或约定,在 MySQL 中标识符的命名规则如下。

(1) 标识符可以由当前字符集中的任何字母、中文、数字字符组成,另外,还可以包括下画线(_)和美元符号($)。但一般不建议使用中文作为标识符,因为中文字符在计算机中存储时涉及字符集的选择,不同的字符集对中文字符的编码不同,如果字符集不匹配会出现乱码。如果使用中文字符作为标识符,那么代码的可移植性就会很差。

(2) 标识符最长为 64 个字符。但标识符的长度受限于所用操作系统限定的长度。

(3) 标识符应尽可能做到"见名知意"。换句话说,通过数据表的名称就可以知道数据表表示的实体集,通过字段名称就可以知道字段表示的属性值的含义,从而增强可读性。通常可以选择能表示数据含义的英文单词或缩写、汉语拼音等作为标识符。如用 customers 作为客户表的名称、用 price 作为销售价格的字段名称。

(4) 用户自己定义的标识符可以直接使用,如果标识符名与系统保留字(关键字)重名,应该用反引号括起来(注意,不是单引号)。但建议在给对象命名时,避免和系统的保留字重名。系统提供的语句命令和语句中的关键字都属于保留字,例如 CREATE、DROP、USE、SELECT、FROM 等。

(5) 操作系统中的文件系统是否大小写敏感,会影响如何命名和引用数据库对象。如果文件系统对大小写敏感(如 UNIX),名字 tbl_items、TBL_items 和 tbl_ITEMS 是 3 个不同的标识符。如果文件系统对大小写不敏感(如 Windows),那么这 3 个名字指的是一个标识符,也就是对应一个对象。

**注意:** 各个 DBMS 的约定不完全相同,使用前需要查看相关的系统资料。在 Windows 环境中的 MySQL 系统默认对标识符不区分大小写,在 Linux 环境中默认区分大小写。

### 1. 表的名称

完整的数据表名称由数据库名和表名两部分构成,其格式如下:

```
数据库名.表名
```

在当前数据库中操作数据表等对象时,数据表名之前的数据库名可以省略,只有在处理属于两个不同数据库中的数据表时,才需要用完整的数据表名。

表名和数据库名的命名需要遵循 MySQL 的标识符命名规则。例如,网络购物数据库的名称为 online_sales_system,包含的 4 个表的名称,分别为客户表 customers、商品表 items、订单表 orders、订单明细表 order_details,它们均符合标识符的命名规则。

**2. 数据表**

在 MySQL 中,数据表是一张满足关系模型的二维表,二维表的第一行是各列标题,每列称为一个字段,所有的字段构成一张数据表的表结构,其余每行代表一条记录,记录中每列的值代表该记录对应字段的值。所有的记录构成表的内容。数据表实质上就是行列的集合。

【例 5.10】 显示客户表 customers 的数据,了解表的构成。

SQL 语句如下:

```
SELECT * FROM customers;
```

运行结果如图 5.10 所示。

```
mysql> SELECT * FROM customers;
+-------------+--------------+--------+-------------------+-------------+
| customer_id | name         | gender | registration_date | phone       |
+-------------+--------------+--------+-------------------+-------------+
| 101         | 薛为民       | 男     | 2012-01-09        | 16800001111 |
| 102         | 刘丽梅       | 女     | 2016-01-09        | 16811112222 |
| 103         | Grace_Brown  | 女     | 2016-01-09        | 16822225555 |
| 104         | 赵文博       | 男     | 2017-12-31        | 16811112222 |
| 105         | Adrian_Smith | 男     | 2017-11-10        | 16866667777 |
| 106         | 孙丽娜       | 女     | 2017-11-10        | 16877778888 |
| 107         | 林琳         | 女     | 2020-05-17        | 16888889999 |
+-------------+--------------+--------+-------------------+-------------+
7 rows in set (0.00 sec)
```

图 5.10 显示客户表 customers 的数据

由运行结果可以看出,客户表 customers 包含 5 个字段,分别是 customer_id、name、gender、registration_date 和 phone;customers 包含 7 条记录。第一条记录的含义是 customer_id 的值为字符串'101',name 的值为'薛为民',gender 的值为'男',registration_date 的值为'2012-01-09',phone 的值为'16800001111';第二条记录表示的数据和第一条记录不同,尤其是 customer_id 一定不同,从这里也可以发现,对于不同的记录,字段值是不完全相同的。

**3. 表结构**

表结构描述的是表的框架,表结构决定数据表拥有哪些字段以及这些字段的特性。字段特性主要包括字段的名称、数据类型、长度、精度、小数位数、是否允许空值(NULL)、是否需要设置默认值、是否为主键、是否为外键、是否有索引等。其中,每个字段的数据类型是必须定义的,数据类型决定该字段的取值范围和可以参与的运算。例如,客户表中的联系电话 phone 字段虽然都是由数字组成,但联系电话不会参与数学运算,有可能会参与字符串连接运算,因此定义为字符类型,又根据目前电话号码最长是 11 位,因此确定 phone 字段最多只能取 11 位字符;注册日期 registration_date 字段只能取合法的日期值,即必须符合现实生活中的日期,月份不能小于 1 或大于 12,日期不能小于 1 或大于 31 等。

【例 5.11】 使用 DESC 语句查看客户表 customers 的表结构。

SQL 语句如下:

```
DESC customers;
```

运行结果如图 5.11 所示。

| Field | Type | Null | Key | Default | Extra |
| --- | --- | --- | --- | --- | --- |
| customer_id | char(3) | NO | PRI | NULL | |
| name | varchar(20) | NO | | NULL | |
| gender | enum('男','女') | YES | | 男 | |
| registration_date | date | YES | | NULL | |
| phone | char(11) | YES | | NULL | |

5 rows in set (0.14 sec)

图 5.11　使用 DESC 查看 customers 的表结构

由运行结果可以看出，客户表 customers 的表结构由 customer_id、name、gender、registration_date 和 phone 一共 5 个字段构成，其中字段 customer_id 的数据类型为 char(3)，且为 customers 表的主键(Key 列的值为 PRI 表示该字段为主键)；字段 name 的数据类型为 varchar(20)；字段 gender 为枚举类型，即只能从"男"和"女"两个值中选择一个，且默认值为"男"；字段 registration_date 的数据类型为 date；字段 phone 的数据类型为 char(11)。

**4. 字段名**

每个数据表可以拥有多个字段，每个字段分别用来存储不同类型、不同性质的数据。字段名除了必须符合 MySQL 的标识符命名规则之外，还要满足以下要求。

(1) 字段名可由中文、英文字母、数字、下画线(_)、# 符号及 $ 符号组合而成。在实际应用中，不建议使用中文作为字段名。

(2) 同一个数据表中，不能出现重名字段。但不同数据表中的字段名可以重名。

(3) 字段名应尽可能做到"见名知意"。通过字段名称就可以知道字段表示的属性值的含义，从而增强可读性。例如 name 表示姓名、gender 表示性别。

(4) 字段名不能使用 MySQL 语言中的关键字。如 DROP、ALTER、INSERT、CREATE、ONLINE、FROM 等。

**5. 表间关系**

在关系数据库中，一个数据库系统一般包含多个数据表，数据表之间也会存在关系。表间关系是通过外键(外码)来实现的，也体现了关系之间的参照完整性。如果表 A 外键字段的数据取值要么是 NULL，要么是来自于表 B 主键字段的值，那么将表 A 称为表 B 的从表(子表)，表 B 称为表 A 的主表(父表)。也就是说，对于两个具有关联关系的表而言，相关联字段中主键所在的表就是主表(父表)，外键所在的表就是从表(子表)。网络购物数据库中 4 个表之间的关系如图 5.12 所示。

从图 5.12 可以看出，客户表 customers 的主键为客户编号 customer_id，商品表 items 的主键为商品编号 item_id，订单表 orders 的主键为订单编号 order_id。订单表的外键为客户编号 customer_id，与客户表构成从-主表关系，订单明细表 order_details 的主键为订

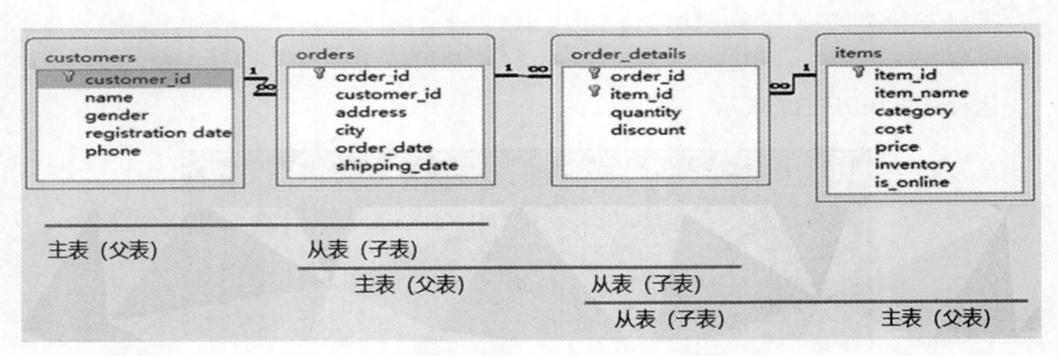


图 5.12 网络购物数据库中的表间关系

单编号 order_id 和商品编号 item_id,一个外键为订单编号 order_id,与订单表构成从-主关系;另一个外键为商品编号 item_id,与商品表 items 构成从-主表关系。

## 5.3 数据类型

在我们认知的世界中,存在着五花八门的数据,如果要将数据存储到计算机中,就需要按数据类型将这些数据进行分类,不同类型的数据在计算机中占用的字节数、编码方式、取值范围以及能参与的运算各不相同。在创建数据表的结构时,必须首先确定每个字段的数据类型。字段的数据类型是数据完整性的一部分,它限制了字段的取值范围、存储方式和使用方法。MySQL 提供了多种数据类型。在创建表时根据实际需求(字段值的范围、大小、精度、参与的运算等)为每个字段选择合适的数据类型,不但能节省整个数据库占用的存储空间,而且能提高数据库的运行效率。

### 5.3.1 数值类型

MySQL 支持所有的 ANSI/ISO SQL 92 数值类型(ANSI,American National Standards Institute,美国国家标准局),数值分为整数和小数。其中整数用整数类型表示,小数用浮点数类型或定点数类型表示。

**1. 整数类型**

整数就是由正负符号和 0~9 构成的不带小数点的数据,正号可以省略,例如 12、56、−128 等都属于整型数据。在 MySQL 中整数类型包括 TINYINT、SMALLINT、MEDIUMINT、INT 和 BIGINT 等。不同类型的整数占用的存储空间不同,取值范围也不同,如表 5.1 所示。

从表 5.1 中可以看出,占用字节数越多的类型存储的数值范围越大。在 MySQL 8.0.17 之前的版本中可以指定整型数据的显示宽度,使用 INT(*M*)进行设置,*M* 表示最大显示宽度。显示宽度是可选项,如果没有指定显示宽度,则按系统默认的宽度显示。例如 INT(5)表示最大有效显示宽度为 5。在 MySQL 8.0.17 之后的版本不推荐设置显示宽度,并将在未来的版本中移除此用法。

表 5.1　MySQL 的整数类型表

| 数据类型 | 字节数 | 无符号数的取值范围 | 有符号数的取值范围 |
| --- | --- | --- | --- |
| TINYINT | 1 | 0～255 | －128～127 |
| SMALLINT | 2 | 0～65 535 | －32 768～3 2767 |
| MEDIUMINT | 3 | 0～16 777 215 | －8 388 608～8 388 607 |
| INT | 4 | 0～4 294 967 295 | －2 147 483 648～2 147 483 647 |
| BIGINT | 8 | 0～18 446 744 073 709 551 615 | －9 223 372 036 854 775 808～9 223 372 036 854 775 807 |

**提示**：显示宽度与该字段在内存中占用的字节数和取值范围无关。占用的字节数和取值范围由具体的类型决定，而显示宽度只是指明在显示表内容时，该字段在屏幕上占用的字符宽度，如果 *M* 大于字段值的宽度，显示时在数值的左侧填充空格；如果 *M* 小于字段值的宽度，则按字段的真实数据显示，不再受 *M* 的影响。

## 2. 浮点数类型和定点数类型

在 MySQL 中，带有小数点的数可以用浮点数类型和定点数类型表示，其中浮点数类型有两种——单精度浮点数类型 FLOAT 和双精度浮点数类型 DOUBLE；定点数类型只有一种——DECIMAL，如表 5.2 所示。

表 5.2　MySQL 的带小数的类型表

| 数据类型 | 字节数 | 负数的取值范围 | 非负数的取值范围 |
| --- | --- | --- | --- |
| DEC(*M*,*D*)、DECIMAL(*M*,*D*) | 如果 *M*＞*D* 为 *M*＋2，否则为 *D*＋2 | －1.7976931E＋308～－2.2250738E－308 | 0 和 2.2250738E－308～1.7976931E＋308 |
| FLOAT | 4 | －3.402823466E＋38～－1.175494351E－38 | 0 和 1.175494351E－38～3.402823466E＋38 |
| DOUBLE | 8 | －1.7976931E＋308～－2.2250738E－308 | 0 和 2.2250738E－308～1.7976931E＋308 |

MySQL 中浮点型和定点型都可以用类型名称后加(*M*,*D*)来设置，其中 *M* 表示该数值的总长度(不包括小数点)，*D* 表示小数点后面的数字长度，称为小数位数，*M* 和 *D* 又称为精度和标度。例如，FLOAT(6,2)可保存的数据总数字位数最多 6 位，其中有 2 位小数，如－9999.99。MySQL 保存数据时会进行四舍五入，如果插入 9999.0055，则存储数据为 9999.01。

浮点数类型 FLOAT 和 DOUBLE 如果不写精度和标度，则会按照实际数据存储；如果有精度和标度，则会将数据四舍五入后存储，系统不报错。定点数类型 DECIMAL 如果不设置精度和标度，则按照默认的(10,0)进行操作；如果数据超过了精度和标度值，则会报错。

定点数类型 DECIMAL 实际是以字符串的形式存储。DECIMAL 类型最大取值范围与 DOUBLE 类型相同,但 DECIMAL 标识的是精确的小数,其有效的取值范围由 $M$ 和 $D$ 决定。$M$ 固定,则其取值范围将随着 $D$ 的变大而变小,但精度增加;$D$ 固定,则其取值范围将随着 $M$ 的变大而变大。因为定点数类型以字符串形式存储,每一位数字占用一字节,因此,DECIMAL 的存储空间是不固定的,由 $M$ 和 $D$ 决定,若 $M>D$,则存储占用字节数为 $M+2$;若 $D>M$,则字节数为 $D+2$。

**3. 在创建表时,数值类型的选择应遵循的原则**

在创建表时,数据类型应遵循的原则如下。

(1) 在能够容纳所有数据的前提下,尽可能选择最小的可用类型。例如年龄,正常的值为 0～120,则可以使用 TINYINT,这样数据占用内存少,数据处理也更简单。

(2) 在需要表示的精度要求比较高时,优先选择定点数类型 DECIMAL。例如货币、科学计算用的数据等,DECIMAL 类型的数据是确定的,不会在读写和计算过程中引入误差。

(3) 不论定点类型还是浮点类型,如果用户指定的精度值超过系统定义的精度范围,则会进行四舍五入处理。

(4) 因为浮点数存在误差,应尽量避免两个数值相近的浮点数进行大小比较。

## 5.3.2 日期时间类型

MySQL 支持 YEAR、DATE、TIME、DATETIME 和 TIMESTAMP 等日期时间类型(日期时间类型是一个类型名),如表 5.3 所示。

**表 5.3 MySQL 的日期时间类型表**

| 日期时间类型 | 字节数 | 范　围 | 格　式 | 用　途 |
|---|---|---|---|---|
| DATE | 4 | 1000-01-01～9999-12-31 | YYYY-MM-DD | 日期值 |
| TIME | 3 | −838:59:59～838:59:59 | HH:MM:SS | 时间值 |
| YEAR | 1 | 1901～2155 | YYYY | 年份值 |
| DATETIME | 8 | 1000-01-01 00:00:00～9999-12-31 23:59:59 | YYYY-MM-DD HH:MM:SS | 混合日期和时间值 |
| TIMESTAMP | 4 | 19700101080001～2038 年的某一时刻 | YYYYMMDDHHMMSS | 时间戳 |

其中,YYYY-MM-DD 中的 YYYY 表示 4 位数的年,MM 表示 2 位数的月,DD 表示 2 位数的日;HH:MM:SS 中的 HH 表示 2 位数的小时,MM 表示 2 位数的分钟,SS 表示 2 位数的秒。每个日期时间类型都有合法的取值范围,当插入不合法的数据时,系统会将 0 插入字段中。

日期型的常量需要使用单引号括起来,它可以参与简单的加、减运算。例如,两个日期型的数据可以做减法得到两个日期型数据相差的年份:'2021-07-22'-'2010-10-20',得到的结果为 11。一个日期型数据和一个整型数据可以做加、减运算。日期型数据和整数之间进行加减运算会转换为日期型数据中的年份和整数之间的运算，得到的结果为整型数值。例如，'2021-07-22'-30 的结果为 1991，'2021-07-22'+30 的结果为 2051。

TIMESTAMP 类型和 DATETIME 类型除了占用的字节数和取值范围不同之外，还有一个最主要的区别：DATETIME 在存储日期数据时，按实际输入的格式存储，和使用者所在的时区无关；而 TIMESTAMP 被称为时间戳，时间戳是指格林尼治时间 1970 年 01 月 01 日 00 时 00 分 00 秒(北京时间 1970 年 01 月 01 日 08 时 00 分 00 秒)起至现在的总秒数。以 UTC(世界标准时间)格式存储，存储时按当前时区进行转换。在进行查询时，根据使用者所在的时区不同，显示的日期时间值也不同。

### 5.3.3　文本字符串类型

字符串类型是数据库中最常用的一种数据类型，MySQL 提供了两大类字符串类型：文本字符串和二进制字符串。文本字符串类型用于存储字符串数据，例如姓名、商品名称、地址、简介等；二进制字符串类型用于存储二进制数据，例如图片、声音、视频等。文本字符串类型包括 CHAR、VARCHAR、TINYTEXT、TEXT、MEDIUMTEXT 和 LONGTEXT 等，如表 5.4 所示。

表 5.4　MySQL 的文本字符串类型表

| 字符串类型 | 大小/B | 用　　途 |
|---|---|---|
| CHAR(*M*) | 0～255 | 定长字符串 |
| VARCHAR(*M*) | 0～255 | 变长字符串 |
| TINYTEXT | 0～255 | 短文本字符串 |
| TEXT | 0～65 535 | 文本数据 |
| MEDIUMTEXT | 0～16 777 215 | 中等长度文本数据 |
| LONGTEXT | 0～4 294 967 295 | 极大文本数据 |

#### 1. CHAR 类型和 VARCHAR 类型

CHAR(*M*)为固定长度字符串，*M* 表示该字段中存储的字符串长度，取值范围在 0～255，输入的字符串长度不足 *M* 时，右侧用空格填满。例如使用 CHAR(10)定义一个固定长度的字段，其存储的数据最多包含 10 个字符，占 10B。如果输入 Join，在计算机中存储的数据为“Join　　　　　　”(字符 n 后有 6 个空格)，6 个空格是系统自动添加的，整个数据占 10B。当查询到 CHAR(10)定义的字段的值时，尾部的空格被删除。

VARCHAR(*M*)为可变长度的字符串，*M* 表示最大的字符串长度，取值范围在 0～65 535。VARCHAR 的最大实际长度由最长字段的大小和使用的字符集确定。VARCHAR 使用额外 1 或 2 字节存储字符串长度。字段长度小于 255 字节时，使用 1 字节表示长度，否则使用 2 字节表示长度。例如，VARCHAR(30)定义一个最长为 30 的字符串，如果输入的字符串只有 20 个字符，那么实际存储的字符串的长度为 21，其中 20 个字符每个字符占用一字节，再加上一字节用来存储整个字符串的长度值。VARCHAR 类型的字段中如果包含空格,则说明空格是字段数值的一部分,在存储和查询时空格仍然保留。

CHAR 和 VARCHAR 类型的比较如下。

(1) CHAR 是定长的,根据定义的字符串长度分配足够的空间。不足定义长度时右侧以空格填充,在进行比较运算时,系统会自动把空格删除,因此在进行比较运算时无须考虑系统自动填充的空格。

(2) CHAR 适合存储短字符串,或者所有数据都接近同一长度的数据,如身份证号码、手机号码等。

(3) VARCHAR 用于存储可变长字符串。例如个人简历,有的人内容简单,简历很短,而有的人工作经历和工作内容丰富,简历就会很长。因此,个人简历的长度差异很大。如果用定长字符串存储个人简历,那就要按照最长的简历设置最大的存储空间。但对于大多数人来说,个人简历都比较短,这样就会浪费很多存储空间,也会影响整个数据库的运行效率。因此,这种情况下把数据类型设置为变长的字符类型 VARCHAR 更合适。

(4) CHAR 和 VARCHAR 存储的内容超出设置的长度时,内容会被截断。

**2. TEXT 类型**

TEXT 用于保存长文本字符串,如专栏文章、研究报告等。TEXT 可分为 TINYTEXT、TEXT、MEDIUMTEXT、LONGTEXT 等类型,不同的类型所需要的存储空间和数据长度有所不同。在保存或查询 TEXT 类型的值时,系统不会删除尾部空格。

文本字符串类型的数据以字符形式存储,因为字符在计算机中的编码方式很多,因此存在多种字符集和校验规则,不同的字符集和校验规则对数据的大小比较和排序会有不同的结果,在使用的时候需要注意。

### 5.3.4 二进制字符串类型

在 MySQL 中,二进制字符串类型包括 BIT(*M*)、BINARY(*M*)、VARBINARY(*M*)、TINYBLOB(*M*)、BLOB(*M*)、MEDIUMBLOB(*M*)和 LONGBLOB(*M*)。二进制字符串是一种由'0'、'1'组成的字符串。表 5.5 列出了 MySQL 支持的二进制字符串类型及其大小和用途。

表 5.5 MySQL 支持的二进制字符串类型及其大小和用途

| 字符串类型 | 大小/B | 用途 |
|---|---|---|
| BIT(*M*) | (*M*+7)/8B | 位字段类型 |
| BINARY(*M*) | *M* | 固定长度的二进制字符串 |
| VARBINARY(*M*) | *M*+1 | 可变长度的二进制字符串 |
| TINYBLOB(*M*) | 0～255 | 不超过 255 个字符的二进制字符串 |
| BLOB(*M*) | 0～65535 | 二进制形式的长文本数据 |
| MEDIUMBLOB(*M*) | 0～16 777 215 | 二进制形式的中等长度文本数据 |
| LONGBLOB(*M*) | 0～4 294 967 295 | 二进制形式的极大文本数据 |

#### 1. BIT 类型

BIT 类型是位字段类型，用 BIT(*M*)表示可以存储 *M* 个 bit 值，其中 bit 表示存储器中的一个二进制位，*M* 表示数据需要的二进制位数，*M* 的取值范围是 1～64。如果 *M* 被省略，系统默认为 1。以 BIT(8)类型的字段为例，为该类型字段分别插入不同类型的数据时，字段保存的值如表 5.6 所示。

表 5.6　BIT 类型字段的取值

| 插入的数据 | 插入的数据的类型 | 字段存放的值 | 插入的数据 | 插入的数据的类型 | 字段存放的值 |
|---|---|---|---|---|---|
| 1 | 数值类型 | 00000001 | 128 | 数值类型 | 10000000 |
| '0' | 字符类型 | 00110000 | 'A' | 字符类型 | 01000001 |
| 'a' | 字符类型 | 01100001 | | | |
| TRUE | 布尔常量 | 00000001 | FALSE | 布尔常量 | 00000000 |

由表 5.6 可以看出，数字类型的值被转换为二进制直接存储到字段中，字符型的数据被转换为 ASCII 存储到字段中，布尔常量 TURE 和 FALSE 分别被转换为 1 和 0 存储到字段中。不足 8 位的二进制数系统会在该值的左边用 0 补足(二进制数在高位补 0，不改变其大小)。BIT(8)存储的最大值为二进制数 11111111，相当于十进制数 255，大于十进制 255 的数不能存入该字段。

#### 2. BINARY 和 VARBINARY 类型

类似于 CHAR 和 VARCHAR 类型，定长的 BINARY 类型指定长度 *M* 后，不足最大长度时，系统自动在其右边用'\0'补齐(\0 占一字节)，以达到指定的长度。例如，指定某字段类型为 BINARY(5)，当插入数据'ab'时，该字段存储的数据分别为字符'a'、'b'和 3 个字符'\0'，当插入'abcd'时，存储数据分别为字符'a'、'b'、'c'、'd'和一个字符'\0'，即无论插入的内容是否达到指定的长度，其存储空间均为指定的值 *M*。

VARBINARY 类型的长度可变，指定的长度为最大值 *M*，存储数据的长度可以在 0～*M* 之间。

#### 3. 二进制字符串类型与文本字符串类型的区别

(1) 文本字符串类型的数据以字符为单位进行存储，因此有多种字符集和多种字符排序规则。

(2) BIANARY 和 VARBINARY 类型只包含二进制字符串，即它们只包含 byte 串而非字符串，它们没有字符集的概念，仅存在一个二进制字符集 binary，排序和比较操作都是基于字节的数字值。

### 5.3.5　枚举类型

枚举(ENUM)类型属于字符串类型，在创建表时，通过枚举方式(一个个的值列出

来)为字段显式指定枚举列表,列表中给出该字段所有的可能取值。语法格式如下:

```
字段名 ENUM('值 1','值 2',…,'值 n')
```

其中,('值 1','值 2',…,'值 n')称为枚举列表,'值 1'、'值 2'、'值 n'称为成员或者元素。枚举列表中的每个成员都是唯一的,不能重复。ENUM 类型的字段在取值时,只能从指定的枚举列表中选取,且只能选取一个。在 MySQL 中系统为每个枚举成员设置一个索引值,枚举列表中成员的索引值从 1 开始顺序编号,MySQL 存储的就是每个成员的索引值。对于包含 1～255 个成员的枚举类型系统需要 1 字节存储;对于包含 255～65 535 个成员的枚举类型,系统需要 2 字节存储。ENUM 类型最多允许有 65 535 个成员。

ENUM 类型的字段值按照成员的索引号进行排序,空字符串排在非空字符串前,NULL 值排在其他所有的枚举成员前面。

ENUM 类型的字段总有一个默认值,如果将 ENUM 类型的字段声明允许为 NULL,则 NULL 值就是该字段的一个有效值,且为默认值;如果该字段声明为 NOT NULL,其默认值就是枚举列表中的第一个成员值;如果该字段设置了默认值 DEFAULT 属性,一是要求该默认值一定是 ENUM 类型的成员,二是默认值为 DEFAULT 设置的值。

**【例 5.12】** 使用 CREATE 语句创建一张加班记录表 tbl_work_overtime1,包含 INT 类型的序号 id、CHAR(4)类型的职工编号 employee_id、ENUM 类型的星期几 weekday 3 个字段。weekday 字段没有设置默认值,允许为 NULL。

SQL 语句如下:

```
CREATE TABLE tbl_work_overtime1(
id INT,
employee_id CHAR(4),
weekday ENUM('monday','tuesday','wednesday','thursday','friday','saturday',
'sunday')
);
```

使用 INSERT 语句插入 3 条记录,SQL 语句如下:

```
INSERT INTO tbl_work_overtime1(id,employee_id) VALUES (1,'1001');
INSERT INTO tbl_work_overtime1 VALUES (2,'1002','sunday'),(3,'1003',
'wednesday');
```

使用 SELECT 语句查看 tbl_work_overtime1 表的记录内容,SQL 语句如下:

```
SELECT * FROM tbl_work_overtime1;
```

结果如图 5.13 所示。

由运行结果图 5.13 可以看出,ENUM 类型的字段 weekday 没有设置默认值,且允许为 NULL 的情况下,利用“INSERT INTO tbl_work_overtime1(id,employee_id)

```
+----+-------------+-----------+
| id | employee_id | weekday   |
+----+-------------+-----------+
|  1 | 1001        | NULL      |
|  2 | 1002        | sunday    |
|  3 | 1003        | wednesday |
+----+-------------+-----------+
3 rows in set (0.00 sec)
```

图 5.13　没有设置默认值的枚举类型的字段

VALUES (1,'1001');"语句插入记录,且没有给 weekday 赋值时,系统默认给字段取 NULL 值,如图 5.13 中第一行记录的 weekday 的值为 NULL。

**【例 5.13】** 使用 CREATE 语句创建一张加班记录表 tbl_work_overtime2,包含 INT 类型的序号 id、CHAR(4)类型的职工编号 employee_id、ENUM 类型的星期几 weekday 3 个字段,并为 weekday 字段设置默认值'saturday'。

SQL 语句如下:

```
CREATE TABLE tbl_work_overtime2(
id INT,
employee_id CHAR(4),
weekday ENUM('monday','tuesday','wednesday','thursday','friday','saturday',
'sunday') DEFAULT 'saturday'
);
```

使用 INSERT 语句插入 3 条记录,SQL 语句如下:

```
INSERT INTO tbl_work_overtime2(id,employee_id) VALUES (1,'1001');
INSERT INTO tbl_work_overtime2 VALUES (2,'1002','sunday'),( 3,'1003',
'wednesday');
```

使用 SELECT 语句查看 tbl_work_overtime2 表的记录内容,SQL 语句如下:

```
SELECT * FROM tbl_work_overtime2;
```

结果如图 5.14 所示。ENUM 类型的字段 weekday 设置了默认值'saturday',利用"INSERT INTO tbl_work_overtime1(id,employee_id) VALUES (1,'1001');"语句插入记录,且没有给 weekday 赋值时,系统自动给字段取默认值,如图 5.14 中第一行记录的 weekday 的值为'saturday'。

```
+----+-------------+-----------+
| id | employee_id | weekday   |
+----+-------------+-----------+
|  1 | 1001        | saturday  |
|  2 | 1002        | sunday    |
|  3 | 1003        | wednesday |
+----+-------------+-----------+
3 rows in set (0.00 sec)
```

图 5.14　设置了默认值的枚举类型的字段

【例 5.14】 使用 CREATE 语句创建一张加班记录表 tbl_work_overtime3，包含 INT 类型的序号 id、CHAR(4)类型的职工编号 employee_id、ENUM 类型的星期几 weekday 3 个字段，并为 weekday 字段设置 NOT NULL。

SQL 语句如下：

```
CREATE TABLE tbl_work_overtime3(
id INT,
employee_id CHAR(4),
weekday ENUM('monday','tuesday','wednesday','thursday','friday','saturday',
'sunday') NOT NULL
);
```

使用 INSERT 语句插入 3 条记录，SQL 语句如下：

```
INSERT INTO tbl_work_overtime3(id,employee_id) VALUES (1,'1001');
INSERT INTO tbl_work_overtime3 VALUES (2,'1002','sunday'),( 3,'1003',
'wednesday');
```

使用 SELECT 语句查看 tbl_work_overtime3 表的记录内容，SQL 语句如下：

```
SELECT * FROM tbl_work_overtime3;
```

运行结果如图 5.15 所示。

| id | employee_id | weekday |
|---|---|---|
| 1 | 1001 | monday |
| 2 | 1002 | sunday |
| 3 | 1003 | wednesday |

3 rows in set (0.00 sec)

图 5.15 设置了非 NULL 约束的枚举类型的字段

由运行结果可以看出，设置了非 NULL 约束且没有设置默认值的 ENUM 类型的字段 weekday 在插入数据时，如果没有被赋值，系统自动给字段取枚举列表中的第一个值。

### 5.3.6 集合类型

集合(SET)类型也属于字符串类型，在创建表时，通过列举方式(一个个的值列出来)为字段显式指定集合列表。语法格式如下：

```
字段名 SET('值 1','值 2','值 3',…,'值 n')
```

SET 类型和 ENUM 类型在定义形式上类似，但 SET 类型的字段可以取列表中的一个元素或者多个元素。如果这些成员末尾有空格将会被系统直接删除。取多个元素时，不同元素之间用逗号隔开。SET 类型的元素最多只能有 64 个，根据元素个数的不同，存储上占用的字节数也有所不同,设成员个数为 $n$,则所占字节数为($n+7$)除以 8 取整。

**【例 5.15】** 使用 CREATE 语句创建一张学生兴趣爱好的表 tbl_hobbies,包含 CHAR(10)类型的学号 stud_id、VARCHAR(10)类型的姓名 name、SET 类型的兴趣爱好 hobby 3 个字段。其中兴趣爱好包括音乐、唱歌、跳远、跳高、乒乓球、篮球、摄影、素描。

使用 CREATE TABLE 语句创建 tbl_hobbies 表,语句 SQL 如下:

```
CREATE TABLE tbl_hobbies(
stud_id CHAR(10),
name VARCHAR(10),
hobby SET('音乐','唱歌','跳远','跳高','乒乓球','篮球','摄影','素描')
);
```

使用 INSERT 语句插入 3 条记录,SQL 语句如下:

```
INSERT INTOtbl_hobbies(stud_id,name) VALUES ('2021010566','杨欣悦');
INSERT INTOtbl_hobbies(stud_id,name,hobby) VALUES ('2021010567','孙穆晨',
'摄影,唱歌'),
( '2021010567','郑泽龙','篮球,乒乓球,摄影');
```

使用 SELECT 语句查看 tbl_hobbies 表的记录内容,SQL 语句如下:

```
SELECT * FROM tbl_hobbies;
```

运行结果如图 5.16 所示。

| stud_id | name | hobby |
|---|---|---|
| 2021010566 | 杨欣悦 | NULL |
| 2021010567 | 孙穆晨 | 唱歌,摄影 |
| 2021010567 | 郑泽龙 | 乒乓球,篮球,摄影 |

3 rows in set (0.00 sec)

图 5.16　集合类型字段的使用

由运行结果可以看出,没有设置默认值和非 NULL 约束的 SET 类型的字段,默认值为 NULL。在插入记录数据时,SET 类型数据的赋值格式为:单引号括起来的多个列表值,列表值之间用逗号隔开。例如'篮球,乒乓球,摄影'。

SET 类型同 ENUM 类型类似,列表中的每个值都有一个按顺序排列的编号。MySQL 中存储的是这个编号,而不是列表中元素的值。插入记录时,SET 字段中的元素顺序无关紧要,存入 MySQL 数据库后,数据库系统会自动按照定义时的顺序显示。如果插入的成员中有重复,则只存储一次。

ENUM 和 SET 类型的区别如下。

(1) ENUM 只能取单个值,它的数据列表是一个枚举集合。它的合法取值列表最多允许有 65 535 个成员。因此,在需要从多个值中选取一个时,可以使用 ENUM 类型。例如,性别字段适合定义为 ENUM 类型,每次只能从'男'或'女'中取一个值。

(2) SET 可取多个值。它的合法取值列表最多允许有 64 个成员。空字符串也是一个合法的 SET 值。在需要取多个值时,适合使用 SET 类型,例如,要存储一个人的兴趣爱好,最好使用 SET 类型。

(3) ENUM 和 SET 的值是以字符串形式出现的,但在内部,MySQL 以数值的形式存储它们。

## 5.4 运算符

运算符是用来连接表达式中各个操作数的符号,其作用是指明对操作数进行的运算。运用运算符可以更加灵活地对表中的数据进行计算和查询,MySQL 中支持的运算符主要包括算术运算符、关系运算符、逻辑运算符等。

### 5.4.1 算术运算符

MySQL 中的算术运算符如表 5.7 所示。

表 5.7 MySQL 中的算术运算符

| 运算符 | 作　用 |
| --- | --- |
| +、-、*、/ | 加法、减法、乘法、除法,返回相加、减、乘、除后的结果 |
| DIV | 商取整,返回相除后的商的整数部分 |
| %,MOD | 求余,返回相除后的余数 |

**【例 5.16】** 在 MySQL 中使用 SELECT 可以显示表达式的值。

SQL 语句如下:

```
SELECT 5+2,5-2,5 * 2,5/2,5 DIV 2,5/0,5%2,5 MOD 2,5 MOD 0;
```

运行结果如图 5.17 所示。

```
mysql> SELECT 5+2,5-2,5*2,5/2,5 DIV 2,5/0,5%2,5 MOD 2,5 MOD 0;
+-----+-----+-----+--------+---------+------+-----+---------+---------+
| 5+2 | 5-2 | 5*2 | 5/2    | 5 DIV 2 | 5/0  | 5%2 | 5 MOD 2 | 5 MOD 0 |
+-----+-----+-----+--------+---------+------+-----+---------+---------+
|   7 |   3 |  10 | 2.5000 |       2 | NULL |   1 |       1 |    NULL |
+-----+-----+-----+--------+---------+------+-----+---------+---------+
1 row in set (0.01 sec)
```

图 5.17 算术运算符的应用

由运行结果可以看出,在 MySQL 中求商的结果可以保留到小数点后 4 位;除数为 0 时,除法没有意义,因此,5/0 和 5 MOD 0 的运算结果均为 NULL;整除运算 DIV 返回的结果为商的整数部分;求余运算%和 MOD 的结果相同,都是求 5 除以 2 得到的余数。

**注意:** 由英文字母组合构成的运算符和操作数之间需要保留空格,以便系统能识别哪个是运算符,哪个是操作数,如 5 MOD 2。

### 5.4.2 关系运算符

关系运算符可以用来判断数字、字符串和表达式之间的相互关系,由关系运算符连接两个表达式构成的式子称为关系表达式。在 MySQL 中关系表达式的结果为逻辑值,可以是 1、0 或 NULL。其中,1 表示关系表达式成立;0 表示关系表达式不成立;NULL 表示表达式不能进行比较。MySQL 中的关系运算符如表 5.8 所示。

表 5.8　MySQL 中的关系运算符

| 运　算　符 | 作　　用 |
| --- | --- |
| =、<、<=、>、>= | 等于、小于、小于或等于、大于、大于或等于 |
| <>或!= | 不等于 |
| <=> | 完全等于。当两个操作数都为 NULL 时返回 1 |
| BETWEEN min AND max | 判断操作数在 min 和 max 之间 |
| LIKE | 字符串匹配。可以包含通配符“%”和“_”。其中，“%”匹配任意数目的字符，包括零字符；“_”只匹配一个字符 |
| IN(value1,value2,…) | 存在于集合(value1,value2,…)中 |
| NOT IN(value1,value2,…) | 不存在于集合(value1,value2,…)中 |
| IS NULL | 判断一个值为 NULL |
| IS NOT NULL | 判断一个值不为 NULL |
| LEAST(value1,value2,…) | 在有两个或多个参数时，返回最小值 |
| GREATEST(value1,value2,…) | 在有两个或多个参数时，返回最大值 |
| REGEXP 或 RLIKE | 正则表达式匹配 |

### 1. 比较运算符

比较运算符用来比较两个表达式的大小关系，结果为 1、0 或 NULL。具体来说，比较运算符包括等于、完全等于、大于、大于或等于、小于、小于或等于、不等于。语法格式如下：

```
表达式 1 比较运算符 表达式 2
```

**【例 5.17】**　使用比较运算符进行比较运算。SQL 语句如下：

```
SELECT 1=0,'2'=2,1+5=3+3,'ab'='AB','ab'='ad','a'<='C',5=NULL,NULL=NULL,
NULL<=>NULL;
```

运行结果如图 5.18 所示。

```
+-----+-------+---------+-----------+-----------+----------+--------+-----------+-------------+
| 1=0 | '2'=2 | 1+5=3+3 | 'ab'='AB' | 'ab'='ad' | 'a'<='C' | 5=NULL | NULL=NULL | NULL<=>NULL |
+-----+-------+---------+-----------+-----------+----------+--------+-----------+-------------+
|   0 |     1 |       1 |         1 |         0 |        1 |   NULL |      NULL |           1 |
+-----+-------+---------+-----------+-----------+----------+--------+-----------+-------------+
1 row in set (0.10 sec)
```

图 5.18　比较运算符的应用

由运行结果可以看出，等于、完全等于、大于、大于或等于、小于、小于或等于、不等于运算符的运算规则如下。

(1) 运算结果总是 1、0 或 NULL,表达式成立则为真,结果为 1;表达式不成立则为假,结果为 0;表达式不能进行比较,结果为 NULL。

(2) 参与比较的两个参数,如果一个是数字字符串一个是数值,系统会将数字字符串转化为数值之后再进行比较运算,因此表达式'2'=2 的结果为 1。

(3) 参与比较的两个参数,如果都是字符串,则按字符串进行比较,比较结果与使用的字符集和校验规则有关。在默认情况下,不区分大小,因此表达式'ab'='ad'的结果为 0(字符'd'的 ASCII 值大于字符'b'),表达式'ab'='AB'的结果为 1。

(4) 参与比较的两个参数,如果都是数值,则按数值进行比较,因此表达式 1=0 的结果为 0。

(5) 参与比较的两个参数,如果包含算术表达式,由于算术运算符的优先级高于比较运算符,因此先进行算术运算,然后进行比较运算,表达式 1+5=3+3 的执行次序是:先计算 1+5 等于 6,3+3 等于 6,然后判断 6=6,结果为 1。

(6) 参与比较的两个参数中如果有一个或两个参数为 NULL,则结果为 NULL,如表达式 5=NULL 和 NULL=NULL 的结果都是 NULL。

(7) 安全等于运算符＜=＞和等于运算符=的作用相似,唯一的区别是安全等于运算符＜=＞能判断 NULL 值,即表达式 NULL＜=＞NULL 的结果为 1。

### 2. [NOT] BETWEEN AND 运算符

[NOT]BETWEEN AND 运算符的语法格式如下:

```
<表达式>[NOT] BETWEEN min AND max
```

如果＜表达式＞、min 或者 max 其中有一个值为 NULL,则结果为 NULL;否则,如果＜表达式＞的值大于或等于 min 且小于或等于 max,则整个表达式的值为 1,否则为 0。

**【例 5.18】** 使用 BETWEEN AND 和 NOT BETWEEN AND 进行区间判断。

SQL 语句如下:

```
SELECT 6 BETWEEN 1 AND 6, 6 BETWEEN 10+5 AND 1, 'f' BETWEEN 'a' AND 'z',
NULL BETWEEN 0 AND 1, 16 BETWEEN 1 AND 10, 16 NOT  BETWEEN 1 AND 10;
```

运行结果如图 5.19 所示。

| 6 BETWEEN 1 AND 6 | 6 BETWEEN 10+5 AND 1 | 'f' BETWEEN 'a' AND 'z' | NULL BETWEEN 0 AND 1 | 16 BETWEEN 1 AND 10 | 16 NOT BETWEEN 1 AND 10 |
|---:|---:|---:|---:|---:|---:|
| 1 | 0 | 1 | NULL | 0 | 1 |

1 row in set (0.00 sec)

图 5.19 BETWEEN AND 和 NOT BETWEEN AND 表达式的运行结果

由运行结果可以看出,BETWEEN AND 和 NOT BETWEEN AND 运算符的运算规则如下。

(1) BETWEEN min AND max 中,min 的值一定要小于或等于 max 的值,不然表达

式的结果会是错误的，如表达式 6 BETWEEN 10+5 AND 1 的结果为 0。

（2）min 和 max 可以是数值类型的常量或表达式，也可以是字符串类型的常量或表达式，如果是数值类型，则按数值的大小比较；如果是字符串类型，则按字符的编码方式和排序规则进行比较。例如，表达式'f' BETWEEN 'a' AND 'z'的结果为 1。

（3）NOT BETWEEN min AND max 是对 BETWEEN min AND max 的否定，判断的条件是小于 min 或大于 max。

（4）如果＜表达式＞、min 或者 max 其中有一个值为 NULL，则结果为 NULL。

### 3. LEAST 和 GREATEST 运算符

LEAST 和 GREATEST 运算符的语法格式如下：

```
LEAST|GREATEST(值 1,值 2,…,值 n)
```

当有两个或多个参数时，返回其中的最小值（最大值），如果参数中包含一个 NULL 值，则返回 NULL。

**【例 5.19】** 使用 LEAST 和 GREATEST 运算符求最值。

SQL 语句如下：

```
SELECT LEAST(5,8,10),LEAST('abc','def'),LEAST('ab','abc'),LEAST(10,NULL),
GREATEST('abc','fba','ip',5,18.6),GREATEST(10,NULL);
```

运行结果如图 5.20 所示。

| LEAST(5,8,10) | LEAST('abc','def') | LEAST('ab','abc') | LEAST(10,NULL) | GREATEST('abc','fba','ip',5,18.6) | GREATEST(10,NULL) |
|---|---|---|---|---|---|
| 5 | abc | ab | NULL | ip | NULL |

1 row in set (0.00 sec)

**图 5.20　LEAST 和 GREATEST 运算符求最值的运行结果**

由运行结果可以看出，LEAST 和 GREATEST 运算符的运算规则如下。

（1）当参数为数值时，LEAST 返回数值的最小值，例如，表达式 LEAST(5,8,10)的结果是 5。GREATEST 返回数值的最大值，例如，表达式 GREATEST(5,18.6)的结果是 18.6。

（2）当参数为字符串时，LEAST 返回字符串中排序最靠前的字符串，例如，表达式 LEAST('ab','abc')的结果是'ab'，LEAST('abc','def')的结果是'abc'。GREATEST 返回字符串中排序最靠后的字符串，例如，表达式 GREATEST('abc','fba','ip',5,18.6)的结果为'ip'。

（3）如果参数中包含一个 NULL，则 LEAST 和 GREATEST 的返回值均为 NULL，例如 LEAST(10,NULL)和 GREATEST(10,NULL)的结果均为 NULL。

### 4. IS [NOT] NULL 运算符

IS [NOT] NULL 运算符的语法格式如下：

```
<表达式>IS [NOT] NULL
```

在 MySQL 中,NULL 值的判断不能使用比较运算符=或者!=,MySQL 提供了专门用于 NULL 值判断的运算符 IS NULL 和 IS NOT NULL。IS NULL 是检测一个值是否为 NULL,如果是 NULL,返回 1,否则返回 0;IS NOT NULL 用来检测一个值是否为非 NULL,如果是非 NULL,返回 1,否则返回 0。MySQL 还提供了一个判断 NULL 值的函数 ISNULL(＜表达式＞),如果＜表达式＞的值为 NULL,则函数 ISNULL()的返回值为 1,否则为 0。

**【例 5.20】** 使用 IS NULL(ISNULL)和 IS NOT NULL 判断 NULL 值和非 NULL 值。

SQL 语句如下:

```
SELECT NULL IS NULL,ISNULL(NULL),ISNULL(1),1 IS NULL,0 IS NOT NULL,
'' IS NULL,'a' IS NOT NULL,NULL IS NOT NULL;
```

运行结果如图 5.21 所示。

| NULL IS NULL | ISNULL(NULL) | ISNULL(1) | 1 IS NULL | 0 IS NOT NULL | '' IS NULL | 'a' IS NOT NULL | NULL IS NOT NULL |
|---|---|---|---|---|---|---|---|
| 1 | 1 | 0 | 0 | 1 | 0 | 1 | 0 |

1 row in set (0.03 sec)

图 5.21 IS NULL(ISNULL)和 IS NOT NULL 判断 NULL 值的运行结果

由运行结果可以看出,数值 0 和空字符串''都不是 NULL,例如表达式 0 IS NOT NULL 的结果为 1,表达式'' IS NULL 的结果为 0;NULL 是没有数据,数值 0 和空字符串都是合法的数据;IS NULL 和 ISNULL()的作用相同,但 IS NULL 属于关系运算符,而 ISNULL()是函数,调用格式为 ISNULL(＜表达式＞)。使用的时候需要读者注意。IS NOT NULL 与 IS NULL 的结果正好相反。

### 5. [NOT] IN 运算符

[NOT] IN 运算符的语法格式如下:

```
<表达式>[NOT] IN(值 1,值 2,…,值 n)
```

IN 运算符用来判断表达式的值是否存在于 IN 列表中,如果存在,返回 1,否则返回 0。NOT IN 与 IN 正好相反,如果表达式的值不在 IN 列表中,返回 1,否则返回 0。

**【例 5.21】** 使用 IN 和 NOT IN 进行判断。

SQL 语句如下:

```
SELECT 5 IN(1,5,'sql'),'sql' NOT IN(1,5,'sql'),NULL IN(1,5,'sql'),
NULL IN(1,5,NULL),NULL NOT IN(1,5,NULL);
```

运行结果如图 5.22 所示。

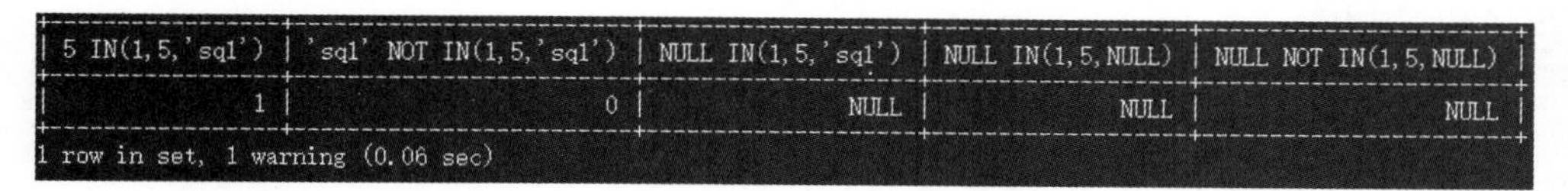

| 5 IN(1,5,'sql') | 'sql' NOT IN(1,5,'sql') | NULL IN(1,5,'sql') | NULL IN(1,5,NULL) | NULL NOT IN(1,5,NULL) |
|---|---|---|---|---|
| 1 | 0 | NULL | NULL | NULL |

1 row in set, 1 warning (0.06 sec)

图 5.22　IN 和 NOT IN 运算符的运行结果

由运行结果可以看出，[NOT] IN 不能判断 NULL 是否在列表中，例如表达式 NULL IN(1,5,NULL)结果为 NULL，表达式 NULL NOT IN(1,5,NULL)结果也为 NULL。

**6. LIKE 运算符**

LIKE 运算符用来匹配字符串，可以实现模糊查询。语法格式如下：

```
<表达式>LIKE <匹配条件>
```

如果<表达式>满足<匹配条件>，则返回值为 1；否则，返回值为 0。如果<表达式>或者<匹配条件>为 NULL，则返回值为 NULL。<匹配条件>中可以包含以下通配符。

(1) '%'，可以匹配任意 $n$ 个字符，$n \geqslant 0$。

(2) '_'，只能匹配一个字符。

LIKE 运算符还可以和 ESCAPE 关键字联合使用，ESCAPE 后接转义字符'/'(通常使用'/'作为转义字符)，转义字符后面的%或_，使其不再作为通配符使用，而是一个普通字符。

**【例 5.22】** 使用 LIKE 运算符进行字符匹配。

SQL 语句如下：

```
SELECT 'lucky' LIKE,'lucky' LIKE '%y','lucky' LIKE 'l_cky',
'lucky_lily' LIKE 'lucky/_%'ESCAPE '/','luckylily' LIKE 'lucky/_%'ESCAPE '/';
```

运行结果如图 5.23 所示。

| 'lucky' LIKE 'l%' | 'lucky' LIKE '%y' | 'lucky' LIKE 'l_cky' | 'lucky_lily' LIKE 'lucky/_%'ESCAPE '/' | 'luckylily' LIKE 'lucky/_%'ESCAPE '/' |
|---|---|---|---|---|
| 1 | 1 | 1 | 1 | 0 |

1 row in set (0.03 sec)

图 5.23　LIKE 运算符的运行结果

其中，'l%'表示以'l'开头的字符串；'%y'表示以'y'结束的字符串；在表达式'lucky_lily' LIKE 'lucky/_%' ESCAPE '/'中，ESCAPE '/'表示以'/'作为转义字符的开始，将 ESCAPE 前面的字符串'lucky/_%'中'/'后面的一个字符'_'转换含义，不再是通配符，而作为普通字符使用。因此，该表达式的含义是：匹配以'lucky_'开头的所有字符串，其中下画线'_'是普通字符，而不是通配符，字符串'lucky_lily'符合以'lucky_'开头的字符串，因此该表达式的结果为 1。而字符串'luckylily'不是以'lucky_'开头,因此表达式'luckylily' LIKE 'lucky/_%' ESCAPE '/'的结果是 0。

提示:算术运算符的优先级高于关系运算符。

### 5.4.3 逻辑运算符

逻辑运算又称为布尔运算,在 MySQL 中,所有逻辑表达式的结果均为 TRUE 或 FALSE 或 NULL,在 MySQL 中分别显示为 1、0、NULL。逻辑运算符如表 5.9 所示。

表 5.9 MySQL 中的逻辑运算符

| 运算符 | 作 用 | 运算符 | 作 用 |
| --- | --- | --- | --- |
| NOT 或 ! | 逻辑非 | OR 或 ‖ | 逻辑或 |
| AND 或 & | 逻辑与 | XOR | 逻辑异或 |

#### 1. 逻辑非

逻辑非(NOT 或!)是一个单目运算符,即逻辑非只有一个操作数,当操作数为 0 时,返回值为 1,当操作数为非零时,返回值为 0;当操作数为 NULL 时,返回值为 NULL。语法格式如下:

```
NOT 表达式
```

或者

```
!表达式
```

【例 5.23】 使用逻辑非运算符进行逻辑运算。

SQL 语句如下:

```
SELECT NOT 0,NOT 10,!0,! 0,!-10,NOT 10+1,!10+1,!0+1,NOT NULL,! NULL;
```

运行结果如图 5.24 所示。

```
| NOT 0 | NOT 10 | !0 | ! 0 | !-10 | NOT 10+1 | !10+1 | !0+1 | NOT NULL | ! NULL |
|     1 |      0 |  1 |   1 |    0 |        0 |     1 |    2 |     NULL |   NULL |
1 row in set, 6 warnings (0.00 sec)
```

图 5.24 NOT 和!的运行结果

由运行结果可以看出:

(1) NOT 和!在使用时有所不同,NOT 和操作数之间一定要有空格,否则会出错,而!和操作数之间可以不留空格。例如!0 和! 0 结果都是 1。

(2) 在 MySQL 中,系统在做判断时,表达式只要是 NULL,则结果为 NULL;表达式为非 NULL 时，非 0 即为 TRUE，结果为 1；只有 0 是 FALSE，结果为 0；例如 NOT NULL 和！NULL 的结果为 NULL，NOT 10 和！－10 的结果都是 0。

（3）NOT 10＋1、!10＋1、!0＋1 的运算分析如下：

NOT 10＋1 等价于 NOT（10＋1），即 NOT（11），结果为 0；

!10＋1 等价于（!10）＋1，即 0＋1，结果为 1；

!0＋1 等价于（!0）＋1，即 1＋1，结果为 2。

可以看出，!的优先级高于算术运算符，而 NOT 的优先级低于算术运算符。

**2. 逻辑与、逻辑或、逻辑异或**

逻辑与（AND 或 &）、逻辑或（OR 或||）、逻辑异或（XOR）都是双目运算符，包括两个操作数。语法格式如下：

```
表达式 1 AND 表达式 2   表达式 1 & 表达式 2
表达式 1 OR 表达式 2    表达式 1 | || 表达式 2
表达式 1 XOR 表达式 2
```

与、或、异或的真值表如表 5.10 所示。

**表 5.10　MySQL 中的逻辑运算符的真值表**

| a | b | a AND b | a OR b | a XOR b |
|---|---|---|---|---|
| 0 | 0 | 0 | 0 | 0 |
| 0 | 1 | 0 | 1 | 1 |
| 1 | 0 | 0 | 1 | 1 |
| 1 | 1 | 1 | 1 | 0 |
| NULL | 0 | 0 | NULL | NULL |
| NULL | 1 | NULL | 1 | NULL |
| 0 | NULL | 0 | NULL | NULL |
| 1 | NULL | NULL | 1 | NULL |

**【例 5.24】**　使用 AND、OR、XOR 进行逻辑运算。

SQL 语句如下：

```
SELECT 10 AND -8,0 AND 10,0 AND NULL,10 AND NULL,10 OR 0,
10 OR NULL,0 OR NULL,10 XOR 0,10 XOR NULL;
```

运行结果如图 5.25 所示。

```
+-----------+----------+------------+-------------+---------+------------+-----------+----------+-------------+
| 10 AND -8 | 0 AND 10 | 0 AND NULL | 10 AND NULL | 10 OR 0 | 10 OR NULL | 0 OR NULL | 10 XOR 0 | 10 XOR NULL |
+-----------+----------+------------+-------------+---------+------------+-----------+----------+-------------+
|         1 |        0 |          0 |        NULL |       1 |          1 |      NULL |        1 |        NULL |
+-----------+----------+------------+-------------+---------+------------+-----------+----------+-------------+
1 row in set (0.00 sec)
```

图 5.25　双目逻辑运算的运行结果

提示:AND、OR、XOR 都是由多个字符构成的运算符,在构成表达式时,需要注意运算符和操作数之间需要用空格隔开。

一般情况下,优先级高的运算符先进行运算,如果级别相同,MySQL 则按从左到右的顺序运算,在不确定优先级的情况下,可以使用圆括号"()"来改变优先级,以保证正确的运算次序,这样也使得计算次序更加清晰。常用运算符的优先级如下:

逻辑非!>算术运算符>关系运算符>逻辑运算符(NOT>AND>OR)。

## 5.5 表结构的创建

表结构的创建

在了解了数据类型之后,根据第 3 章数据库设计确定的网络购物系统的关系模型,就可以在数据库 online_sales_system 中创建数据表了。所谓创建数据表就是在已有的数据库中定义新表的表结构,也就是确定数据表中包含的字段以及每个字段的名称、数据类型、主键约束、外键约束和非空约束等约束条件。

### 5.5.1 创建表结构语句

在 MySQL 中,使用 CREATE TABLE 语句创建数据表的表结构,语法格式如下:

```
CREATE TABLE [IF NOT EXISTS]表名
(
    字段名 1 数据类型 [列级别约束条件],
    字段名 2 数据类型 [列级别约束条件],
    …
    [表级别约束条件]
);
```

说明如下。

(1) 表是属于某个数据库的,在创建数据表之前,要使用 USE 语句选择指定的数据库为当前数据库,之后才能为该数据库创建表,如果没有选择数据库,系统会给出出错的提示信息"No database selected"。

(2) IF NOT EXISTS: 如果数据库中已经存在<表名>的表,再使用 CREATE TABLE 创建一个同名的表时,系统会给出错误信息,为了避免系统给出错误的提示信息,可以在创建表的名称前面加上这个判断,只有该表当前不存在时才执行 CREATE TABLE 操作。

(3) 表名和字段名要符合 MySQL 的命名规则,不区分大小写,但不建议使用 MySQL 中的关键字,如 ALTER、CREATE、TABLE、DROP 等。

(4) 语法格式中"[]"表示可选项。

(5) 创建表时,必须定义表的每一个字段的名称和数据类型,如果包含多个字段,字段之间要用逗号隔开,但最后一项定义的后面不能加逗号。

定义字段除了指定字段名称、数据类型以外，还可以设置字段的默认值、是否允许为NULL、主键约束、唯一性约束、注释字段名、是否为外键以及数据类型的属性等，其中数据类型的属性主要针对字符类型的字段，包括使用的字符集和校验规则（也称为排序规则）。定义字段的语法格式如下：

```
字段名 数据类型 [ NOT NULL | NULL][DEFAULT 默认值]
[AUTO_INCREMENT] [UNIQUE|KEY] [[PRIMARY] KEY]
[COMMENT 注释名称] [REFERENCE 外键][INDEX 索引名]
[CHARACTER SET 字符集][COLLATE 校验规则]
```

说明如下。

(1) NOT NULL 或 NULL：表示字段是否可以为 NULL 值，NULL 不同于零、空白或长度为零的字符串，NULL 值意味着此值是未知的或不可用的。

(2) DEFAULT：用来指定字段的默认值。

(3) AUTO_INCREMENT：设置自增属性，只有整数类型才能设置该属性。

(4) UNIQUE KEY：对字段指定唯一性约束，该字段不能有重复值，但可以有一个NULL 值。

(5) PRIMARY KEY：对字段指定主键约束，该字段不能有重复值，也不能为 NULL。

(6) COMMENT：对字段指定注释名称，即给字段起一个别名。

(7) REFERENCE：指定外键约束。

(8) INDEX：为表的相关字段设置索引。

## 5.5.2 数据完整性约束

数据完整性约束是作为数据库关系模式定义的一部分，可以通过 CREATE TABLE 或者 ALTER TABLE 语句来实现。一旦定义了完整性约束，MySQL 服务器会随时检测处于更新状态的数据库内容是否符合相关的完整性约束，从而保证数据的一致性与正确性。因此，良好的数据完整性约束既能有效防止对数据库的意外破坏，又能提高完整性检测的效率，还能减轻数据库管理人员的工作负担。

数据的完整性包含以下 3 类。

### 1. 实体完整性

实体完整性要求表的主键字段的值不能为 NULL，同时也不允许主键字段的值重复。实体完整性保证了表中每条记录都是可以识别和唯一的。例如商品表 items 中的每种商品只能记录一次，每种商品只能有唯一的一个商品编号，且不能为 NULL。

### 2. 参照完整性

参照完整性用来描述表间关系，通过外键来实现。参照完整性应遵循如下规则。

(1) 不能在相关表中的外键字段中输入不存在于主表中的主键中的值。例如，在从表订单明细表 order_details 中录入某商品编号 item_id 的订单信息，如果该商品编号

item_id 在主表商品表 items 中并不存在,这样的数据在订单明细表 order_details 中存在没有意义,相当于在售卖不存在的商品,不符合实际情况。

(2) 如果在相关表中存在匹配记录,则不能在主表中删除该记录,也不能修改其主键的值。例如,在订单明细表 order_details 中存在某商品编号 item_id 的订单信息,则不能在商品表 items 中将其删除或修改该商品编号 item_id 的值。

#### 3. 用户自定义完整性

用户自定义完整性是指用户指明数据表中字段的约束条件。主要包括用户设置的字段的数据类型、唯一性约束、默认值约束、检查约束、唯一性约束、外键约束等。数据类型约束了该字段可以接收的值的范畴和能参与的运算,例如,购买商品的数量只能是正整数,能参与数学运算;城市和配送地址是字符类型,能参与字符串连接运算,得到完整的送货地址;发货时间应该在订单时间之后。格式约束了该字段的输入格式和范围,例如,日期型的字段注册日期中月份只能取 1～12。通过设置外键约束、默认值、非空等约束了该字段的取值范围。例如,性别的类型定义为 ENUM 类型,默认值为"男"。

数据的完整性是在设计数据库时,通过对数据表中的一些字段设置约束条件来实现。由数据库管理系统自动检测输入的数据是否满足约束条件,对于不满足约束条件的数据,数据库管理系统会拒绝接收。MySQL 支持的常用约束条件有 6 种,包括主键约束(PRIMARY KEY)、外键约束(FOREIGN KEY)、非空约束(NOT NULL)、唯一性约束(UNIQUE)、默认值约束(DEFAULT)和自增约束(AUTO_INCREMENT)。

### 5.5.3 使用主键约束

主键约束要求主键的值必须唯一,并且不能为 NULL,即主键唯一确定表中的一条记录。因此,在设计数据库时,建议为每个表都定义主键,用于保证数据表中记录的唯一性。在 MySQL 中使用 PRIMARY KEY 关键字设置主键。一张表只允许定义一个主键。主键分两种:单字段主键和多字段主键。

#### 1. 单字段主键

对于单个字段作为主键的数据表,主键的设置可以有两种方式。

(1) 在定义字段的同时定义主键,属于列级的约束。语法格式如下:

```
字段名 数据类型 PRIMARY KEY
```

(2) 在定义完所有字段后,使用 PRIMARY KEY 关键字确定主键,属于表级的约束。语法格式如下:

```
PRIMARY KEY(字段名 1[,字段名 2,…])
```

**【例 5.25】** 在 online_sales_system 数据库中,根据表 5.11 所示的表结构创建商品表 items。

表5.11 商品表items的结构

| 字段名 | 说明 | 数据类型 | 主键 |
|---|---|---|---|
| item_id | 商品编号 | CHAR(4) | 是 |
| item_name | 商品名称 | VARCHAR(45) | |
| category | 类别 | VARCHAR(10) | |
| cost | 成本价格 | DECIMAL(10,2) | |
| price | 销售价格 | DECIMAL(10,2) | |
| inventory | 库存 | INT | |
| is_online | 是否上架 | TINYINT | |

在创建表之前，需要先使用“USE online_sales_system;”语句选择数据库，然后使用列级约束方式创建表，SQL语句如下：

```
CREATE TABLE IF NOT EXISTS items
(  item_id CHAR(4) PRIMARY KEY,
   item_name VARCHAR(45),
   category VARCHAR(10),
   cost DECIMAL(10,2),
   price DECIMAL(10,2),
   inventory INT,
   is_online TINYINT
);
```

语句的运行结果如图5.26所示。

使用“SHOW TABLES;”语句显示当前数据库中包含的数据表，运行结果如图5.27所示。

```
mysql> CREATE TABLE IF NOT EXISTS items
    -> (  item_id CHAR(4) PRIMARY KEY,
    -> item_name VARCHAR(45),
    -> category VARCHAR(10),
    -> cost DECIMAL(10,2),
    -> price DECIMAL(10,2),
    -> inventory INT,
    -> is_online TINYINT
    -> );
Query OK, 0 rows affected (0.06 sec)
```

图5.26 CREATE TABLE的运行结果

图5.27 SHOW TABLES的运行结果

在图5.26中Query OK表示CREATE TABLE语句已正常运行，即成功创建商品表items的表结构。在图5.27的结果中，第一行Tables_in_online_sales_system表示以下数据表属于online_sales_system数据库，第二行是已存在的数据表的名称items。

若使用表级约束方式，根据表5.11所示的表结构创建表名为items1的表，SQL语句如下：

```
CREATE TABLE IF NOT EXISTS items1
(  item_id CHAR(4),
   item_name VARCHAR(45),
   category VARCHAR(10),
   cost DECIMAL(10,2),
   price DECIMAL(10,2),
   inventory INT,
   is_online TINYINT,
   PRIMARY KEY(item_id)
);
```

实现的功能相同,都在创建商品表的同时在商品编号 item_id 上设置了单字段主键约束。

**2. 多字段主键**

如果由多个字段联合作为表的主键,则只能使用表级约束设置主键。

**【例 5.26】** 在 online_sales_system 数据库中,根据表 5.12 的表结构,创建订单明细表 order_details。

表 5.12 订单明细表 order_details 的表结构

| 字段名 | 说　明 | 数据类型 | 主键 |
|---|---|---|---|
| order_id | 订单编号 | INT | 是 |
| item_id | 商品编号 | CHAR(4) | 是 |
| quantity | 数量 | INT | |
| discount | 折扣 | DECIMAL(5,2) | |

SQL 语句如下:

```
CREATE TABLE IF NOT EXISTS order_details
(  order_id INT,
   item_id CHAR(4),
   quantity INT,
   discount DECIMAL(5,2),
   PRIMARY KEY (order_id,item_id)
);
```

该语句执行后,便创建了一个名为 order_details 的数据表,字段 order_id 和字段 item_id 联合作为订单明细表 order_details 的主键。

### 5.5.4 使用 NOT NULL 约束

NOT NULL 约束限制该字段不能取 NULL 值。对于使用了 NOT NULL 约束的字段，用户在添加记录时，如果没有指定数据，系统则会报错。NOT NULL 约束的语法格式如下：

```
字段名 数据类型 NOT NULL
```

**【例 5.27】** 在 online_sales_system 数据库中，根据表 5.13 的表结构使用 CREATE TABLE 创建订单表 orders。

**表 5.13　订单表 orders 的表结构**

| 字段名 | 说　明 | 数据类型 | 是否允许 NULL | 主键 |
| --- | --- | --- | --- | --- |
| order_id | 订单编号 | INT | NOT NULL | 是 |
| customer_id | 客户编号 | CHAR(3) | NOT NULL | |
| address | 配送地址 | VARCHAR(45) | | |
| city | 城市 | VARCHAR(10) | | |
| order_date | 订单时间 | DATETIME | | |
| shipping_date | 发货时间 | DATETIME | | |

SQL 语句如下：

```
CREATE TABLE IF NOT EXISTS orders
(  order_id INT NOT NULL,
   customer_id CHAR(3) NOT NULL,
   address VARCHAR(45),
   city VARCHAR(10),
   order_date DATETIME,
   shipping_date DATETIME,
   PRIMARY KEY (order_id)
);
```

语句运行后，便创建了一个名为 orders 的数据表，该表的主键是 order_id，字段 order_id 和 customer_id 的值不能为 NULL。

### 5.5.5　使用默认值约束

默认值约束是指为某个字段设置默认值。例如在部队男兵很多，性别的默认值就可以设置为'男'，在录入记录时，如果没有给性别字段输入数据，系统会自动为该字段赋值为'男'。语法格式如下：

```
字段名 数据类型 DEFAULT 默认值
```

**【例 5.28】** 在 online_sales_system 数据库中，根据表 5.14 的表结构使用 CREATE TABLE 创建客户表 customers。

表 5.14 客户表 customers 的表结构

| 字段名 | 说　明 | 数 据 类 型 | 是否允许 NULL | 主键 |
|---|---|---|---|---|
| customer_id | 客户编号 | CHAR(3) | NOT NULL | 是 |
| name | 姓名 | VARCHAR(20) | NOT NULL | |
| gender | 性别 | ENUM('男','女') | 默认值为'男' | |
| registration_date | 注册日期 | DATE | | |
| phone | 联系电话 | CHAR(11) | | |

其中,性别的数据类型为枚举类型,默认值为'男',SQL 语句如下:

```
CREATE TABLE IF NOT EXISTS customers
(   customer_id CHAR(3) NOT NULL,
    name VARCHAR(20) NOT NULL,
    gender ENUM('男','女') DEFAULT '男',
    registration_date DATE,
    phone CHAR(11),
    PRIMARY KEY (customer_id)
);
```

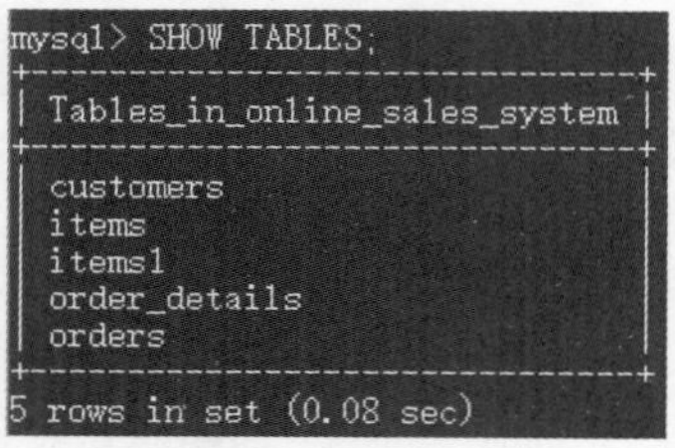

```
mysql> SHOW TABLES;
+------------------------------+
| Tables_in_online_sales_system |
+------------------------------+
| customers                    |
| items                        |
| items1                       |
| order_details                |
| orders                       |
+------------------------------+
5 rows in set (0.08 sec)
```

图 5.28　SHOW TABLES 的运行结果

运行完以上创建表的语句之后,使用 SHOW TABLES 语句查看 online_sales_system 数据库中包含的数据表,SQL 语句和运行结果如图 5.28 所示。

由运行结果可以看出,以上的创建表的语句都执行成功。目前在 online_sales_system 数据库中包含 5 个数据表,分别是客户表 customers、商品表 items 和 items1、订单明细表 order_details、订单表 orders。

## 5.5.6　使用唯一性约束

唯一性约束要求该字段的值唯一,并允许有且只能有一个 NULL 值。唯一性约束确保一列或几列的数据不出现重复的值。设置唯一性约束有两种方式。

### 1. 列级约束设置唯一性约束

在定义字段的同时设置唯一性,语法格式如下:

```
字段名 数据类型 UNIQUE
```

**【例 5.29】** 创建商品表 items2,设置商品的名称 item_name 唯一。

SQL 语句如下:

```
CREATE TABLE IF NOT EXISTS items2
( item_id CHAR(4) PRIMARY KEY NOT NULL,
  item_name VARCHAR(45) UNIQUE,
  category VARCHAR(10),
  cost DECIMAL(10,2),
  price DECIMAL(10,2),
  inventory INT,
  is_online TINYINT
);
```

**2. 表级约束设置唯一性约束**

在定义完所有字段之后，利用表级约束设置唯一性约束的语法格式如下：

```
[CONSTRAINT 约束名] UNIQUE(字段名)
```

**【例 5.30】** 定义商品表 items3，设置商品的名称 item_name 唯一。

SQL 语句如下：

```
CREATE TABLE IF NOT EXISTS items3
( item_id CHAR(4) PRIMARY KEY NOT NULL,
  item_name VARCHAR(45),
  category VARCHAR(10),
  cost DECIMAL(10,2),
  price DECIMAL(10,2),
  inventory INT,
  is_online TINYINT,
  CONSTRAINT uniq_name UNIQUE(item_name)
);
```

CONSTRAINT 的作用是为唯一性约束命名，此例中对商品名称 item_name 的唯一性约束名称为 uniq_name。

**注意**：UNIQUE 和 PRIMARY KEY 的区别，一个表中只能有一个 PRIMARY KEY 声明，即一个表只能有一个主键，主键的值不能重复，也不允许有 NULL 值；一个表中可以有多个字段设置为唯一性约束 UNIQUE，设置了唯一性约束的字段值不能重复，但允许有一个 NULL 值。

### 5.5.7 使用自增约束

在数据库应用中，如果希望在录入记录时，系统会自动生成一个字段的值，可以通过使用 AUTO_INCREMENT 设置字段自增约束来实现。在 MySQL 中，默认情况下，AUTO_INCREMENT 初始值为 1，每新增一条记录，字段值自动加 1。一个表只能有一个字段设置自增约束，且该字段必须是主键或者主键的一部分。

自增约束的语法格式如下：

```
字段名称 数据类型 AUTO_INCREMENT
```

【例 5.31】 定义订单表 orders2,将订单编号 order_id 定义 AUTO_INCREMENT 属性。

SQL 语句如下:

```
CREATE TABLE IF NOT EXISTS orders2
( order_id INT PRIMARY KEY AUTO_INCREMENT,
  customer_id CHAR(3) NOT NULL,
  address VARCHAR(45),
  city VARCHAR(10),
  order_date DATETIME,
  shipping_date DATETIME
);
```

表 orders2 创建好之后,使用 INSERT INTO 语句插入 3 条记录。

SQL 语句如下:

```
INSERT INTO orders2(customer_id, city) VALUES ('101', '北京市'), ('105', '天津市'), ('118', '唐山市');
```

运行结果如图 5.29 所示。

```
mysql> INSERT INTO orders2(customer_id,city) VALUES('101','北京市'), ('105','天津市'), ('118','唐山市');
Query OK, 3 rows affected (0.18 sec)
Records: 3  Duplicates: 0  Warnings: 0
```

图 5.29 插入记录的运行结果

使用 SELECT 语句查看 order2 中的记录内容。

SQL 语句如下:

```
SELECT * FROM orders2;
```

运行结果如图 5.30 所示。

```
+----------+-------------+---------+--------+------------+---------------+
| order_id | customer_id | address | city   | order_date | shipping_date |
+----------+-------------+---------+--------+------------+---------------+
|        1 | 101         | NULL    | 北京市 | NULL       | NULL          |
|        2 | 105         | NULL    | 天津市 | NULL       | NULL          |
|        3 | 118         | NULL    | 唐山市 | NULL       | NULL          |
+----------+-------------+---------+--------+------------+---------------+
3 rows in set (0.00 sec)
```

图 5.30 显示 orders2 的记录内容

由以上的运行结果可以看出:

(1) 向表中添加记录时,可以给部分字段赋值,没有被赋值的字段会自动取 NULL 值;如果有被设置为 NOT NULL 属性的字段,则必须被赋值,否则会有出错。

(2) 设置了自增约束的字段不需要被赋值,系统会自动添加该字段的值。

(3) AUTO_INCREMENT 的初始值为1,每新增一条记录,字段值自动加1。

**提示**:AUTO_INCREMENT 约束的字段可以是任何整数类型(TINYINT、SMALINT、INT、BIGINT)。

## 5.5.8　使用外键约束

外键用来在两个表的数据之间建立关联,外键可以是一列或者多列。一个表可以有一个或多个外键。外键对应的是参照完整性。

在网络购物系统中,客户表 customers 和订单表 orders 之间是通过客户编号 customer_id 相关联,客户表 customers 中的一条记录描述了一名客户的注册信息,客户编号 customer_id 就是客户表的主键,一个客户编号 customer_id 对应唯一的一名客户;订单表 orders 中的一条记录描述的是一名客户一次订单的信息,一名客户可以下单 $n$ 次,即在订单表中可以包含多条该客户的订单信息,因而客户编号 customer_id 在订单表 orders 中可以重复出现,那么客户表 customers 和订单表 orders 就是一对多的关系,客户表 customers 是主表(父表),订单表 orders 是从表(子表);客户编号 customer_id 在主表中一定是主键,在从表中被称为外键。

外键的作用是保持数据表之间数据的一致性和完整性,通过设置外键约束才能实现外键的作用,设置外键约束的前提如下。

(1) 父表必须已经存在,或者是当前正在创建的表。如果是后者,则父表与子表是同一个表,这样的表称为自参照表,这种情况称为自参照完整性。

(2) 父表必须定义主键,子表的外键必须关联父表的主键,并且关联字段的数据类型必须匹配(相同或者相容),使用的字符集和检验规则也要求相同,否则无法创建外键约束,系统会给出错误提示信息。

(3) 父表中的主键字段的个数与子表中的外键字段的个数必须相同。

(4) 父表中主键不能包含空值,但子表中的外键允许出现空值。也就是说,只要外键的每个非空值出现在父表的主键中,这个外键的内容就是正确的。

设置外键约束的语法格式如下:

```
[CONSTRAINT 外键名]
FOREIGN KEY (子表的字段列表) REFERENCES 父表名称(主键列表)
```

说明如下。

(1) CONSTRAINT 外键名:可选项,设置外键约束的名称,一个表中不能有相同名称的外键约束。外键约束命名后,如果需要删除外键约束,可以使用 ALTER TABLE 语句中的 DROP 关键字删除,无须重新创建表结构。

(2) 子表的字段名列表:需要设置外键约束的字段列表。

(3) 父表名称:被子表外键依赖的父表的名称。

(4) 主键列表:父表中定义的主键字段,和子表的外键相关联的父表的主键名称。

**【例5.32】**　在创建订单表 orders 时,设置外键约束 fk_ord_cust,使得订单表 orders 中的字段 customer_id 与客户表 customers 中的主键 customer_id 关联。

SQL语句如下：

```
DROP TABLE IF EXISTS orders;
CREATE TABLE orders
( order_id INT PRIMARY KEY,
  customer_id CHAR(3) NOT NULL,
  address VARCHAR(45),
  city VARCHAR(10),
  order_date DATETIME,
  shipping_date DATETIME,
  CONSTRAINT fk_ord_cust FOREIGN KEY (customer_id)
  REFERENCES customers(customer_id)
);
```

其中,第一条语句的作用是：如果订单表orders已存在,则执行删除订单表,否则不执行删除操作。为的是执行CREATE TABLE语句时不会给出错误的提示信息,因为订单表orders已经存在,再执行CREATE TABLE语句,会出现错误的提示信息“ERROR 1050 (42S01)：Table 'orders' already exists”。

第二条语句运行成功的前提是客户表customers已经存在,并将customer_id字段设置为主键。运行成功之后,在订单表orders上设置了名称为fk_ord_cust的外键约束,外键为customer_id。设置了外键约束之后,订单表orders中字段customer_id的取值依赖于客户表customers中的主键customer_id的值。

**说明**：在MySQL 8.x之后的版本中,在创建数据库和数据表时,默认存储引擎就是InnoDB类型,此类型允许设置外键约束。其他的存储引擎是否允许设置外键约束请查阅官方文档中“Alternative Storage Engines”的内容。

设置外键约束时,建议先创建父表,且设置主键;然后创建子表,并且建议子表的外键字段与父表的主键字段的数据类型、长度、使用的字符集、校验规则最好都相同。

### 5.5.9 存储引擎、字符集和校验规则的设置

一般情况下,在创建数据库时确定整个数据库中的对象采用的字符集和校验规则,但MySQL也支持在创建数据表时,为每个数据表选择不同的存储引擎,为每个数据表或者某一字段设置字符集和校验规则。

数据库存储引擎是数据库底层的管理模式,数据库管理系统使用数据存储引擎进行创建、查询、插入、修改和删除数据。不同的存储引擎提供不同的存储机制、索引方式等功能,使用不同的存储引擎,还可以获得特定的功能。现在许多不同的数据库管理系统都支持多种不同的数据引擎。MySQL 8.x支持MyISAM、InnoDB、Memory等多种存储引擎,InnoDB是MySQL的默认存储引擎,也是目前最重要、使用最广泛的存储引擎。读者若要了解更详细的存储引擎的知识,请查阅官方文档中Alternative Storage Engines的内容。

字符集是一种编码方案,定义可以存储的字符的集合以及这些字符存储到计算机中的编码规则。我们知道,计算机内部,所有数据最终都对应一个二进制值。每个二进制位

(bit)有0和1两种状态。用不同的0和1组合表示不同的字符就是编码规则。字符集需要定义以何种编码规则来表示和存储字符。我们熟悉的ASCII是基于英文字母表的一套字符集,它采用1字节的低7位表示字符、高位始终为0的编码规则,标识的字符有限,不能存储中文汉字;GB2312是简体中文字符集,一个汉字最多占用2字节,存储了纯汉字6763个,不包含繁体汉字;等等。在MySQL 8.x中常用的字符集类型包括latin1、utf8、gbk、utf8mb4等,简单介绍如表5.15所示。

表5.15 MySQL提供的常用字符集类型

| 字符集类型 | 特点 |
| --- | --- |
| latin1 | 相对于ASCII字符集做了扩展,使用1字节表示字符,启用了高位,扩展了字符集的表示范围,但不包含汉字编码 |
| gbk | 扩展中文汉字的编码,一个汉字最多占用2字节,标识的汉字有限 |
| utf8 | 国际通用编码,一个汉字最多占用3字节 |
| utf8mb4 | 国际通用编码,在utf8的基础上加强了对新文字识别,一个汉字最多占用4字节。兼容4字节的Unicode,包含Emoji表情符号 |

为了提高兼容性,建议使用utf8mb4字符集,这也是MySQL 8.x的默认字符集。

校验规则是在字符集的字符编码基础上,规定的字符排序方式,为创建索引提供依据,每一个字符集都提供了多个校验规则,也有对应的默认值。字符集utf8mb4默认的校验规则是utf8mb4_0900_ai_ci。

读者若要了解更详细的字符集和校验规则的知识,请查阅官方文档中Character Sets,Collations,Unicode的内容。

### 1. 对整个数据表设置存储引擎、字符集和校验规则

对整个数据表设置存储引擎、字符集和校验规则的语法格式如下:

```
ENGINE=存储引擎类型 DEFAULT CHARSET=字符集类型 COLLATE=校验规则
```

**【例5.33】** 创建订单表orders2,并为orders2表设置存储引擎为InnoDB、字符集为utf8mb4和校验规则为utf8mb4_0900_ai_ci。

SQL语句如下:

```
DROP TABLE IF EXISTS orders2;
CREATE TABLE orders2
( order_id INT PRIMARY KEY,
  customer_id CHAR(3) NOT NULL,
  address VARCHAR(45),
  city VARCHAR(10),
  order_date DATETIME,
  shipping_date DATETIME
)ENGINE=InnoDB  DEFAULT CHARSET=utf8mb4  COLLATE=utf8mb4_0900_ai_ci;
```

运行此语句创建订单表 orders2,整个表使用的存储引擎为 InnoDB;表中的字符型字段的字符集采用 utf8mb4;校验规则为 utf8mb4_0900_ai_ci。

**2. 为字段设置字符集和校验规则**

为某字段设置字符集和校验规则的语法格式如下:

```
字段名 数据类型 [CHARSET 字符集类型] [COLLATE 校验规则]
```

**【例 5.34】** 创建订单表 orders2,并为字段 customer_id 和 address 设置字符集 gbk 和校验规则 gbk_chinese_ci。

SQL 语句如下:

```
DROP TABLE IF EXISTS orders2;
CREATE TABLE orders2
( order_id INT PRIMARY KEY,
  customer_id CHAR(3) CHARSET gbk COLLATE gbk_chinese_ci NOT NULL,
  address VARCHAR(45) CHARSET gbk COLLATE gbk_chinese_ci,
  city VARCHAR(10),
  order_date DATETIME,
  shipping_date DATETIME
);
```

语句运行后,创建的订单表 orders2 中 customer_id 和 address 两个字段使用 gbk 字符格式存储,校验规则为 gbk_chinese_ci。那么,同属于字符型的 city 字段的字符集和校验规则是什么呢?使用“SHOW CREATE TABLE orders2\G”语句查看表信息,结果如图 5.31 所示。

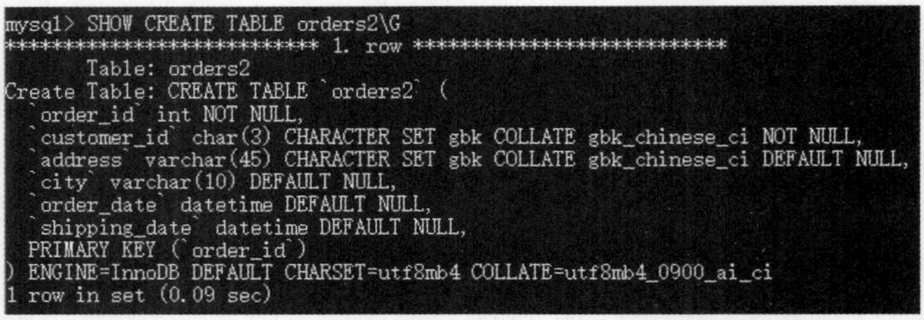

```
mysql> SHOW CREATE TABLE orders2\G
*************************** 1. row ***************************
       Table: orders2
Create Table: CREATE TABLE `orders2` (
  `order_id` int NOT NULL,
  `customer_id` char(3) CHARACTER SET gbk COLLATE gbk_chinese_ci NOT NULL,
  `address` varchar(45) CHARACTER SET gbk COLLATE gbk_chinese_ci DEFAULT NULL,
  `city` varchar(10) DEFAULT NULL,
  `order_date` datetime DEFAULT NULL,
  `shipping_date` datetime DEFAULT NULL,
  PRIMARY KEY (`order_id`)
) ENGINE=InnoDB DEFAULT CHARSET=utf8mb4 COLLATE=utf8mb4_0900_ai_ci
1 row in set (0.09 sec)
```

图 5.31 显示 orders2 的记录内容

由运行结果可以看出,字段 city 的字符集和校验规则没有显示列出,使用的是系统的默认值 utf8mb4 和 utf8mb4_0900_ai_ci。由此发现,在同一个数据表中不同的字段可以使用不同的字符集和校验规则。

### 5.5.10 创建表用到的约束条件总结

创建数据库的表,除了要确定字段名称、数据类型之外,还要设置某些关键字段的完整性约束条件，以保证整个数据库的数据的完整性和一致性，数据的完整性约束条件包括以下两大类。

**1. 列级完整性约束条件**

语法格式如下：

```
字段名 数据类型 [列级约束条件]
```

列级约束包含以下内容。

(1) PRIMARY KEY：设置该字段为主键。

(2) NULL /NOT NULL：设置的字段允许为空/不允许为空，如果没有约束条件，则默认为 NULL。

(3) UNIQUE：设置字段取值唯一，即每条记录的指定字段的值不能重复。

(4) DEFAULT：设置字段的默认值。

(5) AUTO_INCREMENT：设置字段的值自动增加。

(6) CHARSET：设置字段使用的字符集。

(7) COLLATE：设置字段使用的校验规则。

**2. 表级完整性约束条件**

(1) PRIMARY KEY 用于定义表级主键约束，语法格式如下：

```
[CONSTRAINT 约束名] PRIMARY KEY(字段名 1,字段名 2,…,字段名 n)
```

(2) FOREIGN KEY 用于设置参照完整性规则，设置外键约束，语法格式如下：

```
[CONSTRAINT 外键名]
FOREIGN KEY (子表的字段列表) REFERENCES 主表名称(主键列表)
```

(3) UNIQUE 用于设置表级唯一性约束，语法格式如下：

```
[CONSTRAINT 约束名] UNIQUE(字段名)
```

(4) 存储引擎的设置，语法格式如下：

```
ENGINE=存储引擎类型
```

(5) 字符集和校验规则的设置，语法格式如下：

```
DEFAULT CHARSET=字符集类型 COLLATE=校验规则
```

### 5.5.11　查看表的结构

使用 MySQL 的 CREATE TABLE 语句创建好数据表的结构之后，可以用 SHOW

TABLES语句显示当前数据库中包含的所有数据表的名称;可以使用DESCRIBE语句查看每个表的表结构,以确定表的定义是否正确;可以使用SHOW CREATE TABLE语句查看数据表的定义信息。

### 1. 使用DESCRIBE查看表结构

DESC是DESCRIBE的别名,两者功能相同。DESC的语法格式如下:

```
DESCRIBE 表名;
```

等价于

```
DESC 表名;
```

**【例5.35】** 查看客户表customers的表结构。

SQL语句如下:

```
DESCRIBE customers;
```

运行结果如图5.32所示。

```
mysql> DESCRIBE customers;
+-------------------+--------------------+------+-----+---------+-------+
| Field             | Type               | Null | Key | Default | Extra |
+-------------------+--------------------+------+-----+---------+-------+
| customer_id       | char(3)            | NO   | PRI | NULL    |       |
| name              | varchar(20)        | NO   |     | NULL    |       |
| gender            | enum('男','女')    | YES  |     | 男      |       |
| registration_DATE | date               | YES  |     | NULL    |       |
| phone             | char(11)           | YES  |     | NULL    |       |
+-------------------+--------------------+------+-----+---------+-------+
5 rows in set (0.27 sec)
```

**图5.32 使用DESCRIBE查看客户表customers的表结构**

DESCRIBE语句可以查看表的结构信息,各列的含义如下。

(1) Field:字段名称。

(2) Type:数据类型。

(3) Null:是否可以存储NULL值。NO表示不能为NULL,YES表示可以为NULL。

(4) Key:是否已建立索引,取值有3个,PRI表示该字段是主键的一部分;UNI表示该字段是UNIQUE索引的一部分;MUL表示该字段可以包含重复的值。

(5) Default:默认值。如果有默认值则显示出来,如果没有显示为NULL。

(6) Extra:附加信息,如AUTO_INCREMENT等。

### 2. 使用SHOW CREATE TABLE语句查看表结构

SHOW CREATE TABLE语句的语法格式如下:

```
SHOW CREATE TABLE <表名>\G
```

其中,\G 既是语句结束符,也可以使显示结构更清晰直观,易于查看。

【例 5.36】　使用 SHOW CREATE TABLE 语句查看客户表 customers 的表结构。

SQL 语句如下:

```
SHOW CREATE TABLE customers\G
```

运行结果如图 5.33 所示。

```
*************************** 1. row ***************************
       Table: customers
Create Table: CREATE TABLE `customers` (
  `customer_id` char(3) NOT NULL,
  `name` varchar(20) NOT NULL,
  `gender` enum('男','女') DEFAULT '男',
  `registration_date` date DEFAULT NULL,
  `phone` char(11) DEFAULT NULL,
  PRIMARY KEY (`customer_id`)
) ENGINE=InnoDB DEFAULT CHARSET=utf8mb4 COLLATE=utf8mb4_0900_ai_ci
1 row in set (0.00 sec)
```

图 5.33　SHOW CREATE TABLE 语句查看客户表 customers 的表结构

由运行结果可以看出,SHOW CREATE TABLE 语句的功能是查看创建表时的 CREATE TABLE 语句,包括了存储引擎、字符集和校验规则。字符型字段的字符集和校验规则如果和整个表的相同则不再显示。

## 5.6　数据表的修改

数据表的修改

修改表结构包括修改表名、修改字段名、修改字段的数据类型、增加和删除字段、调整字段的排列位置、更改表的存储引擎、删除表的外键约束等。在 MySQL 中使用 ALTER TABLE 语句修改表结构。在修改表结构后可以使用 DESC 语句查看修改是否成功。

修改表结构包括修改数据表的名称、修改字段的字段名、类型、约束条件、前后排列次序、增加或删除字段等,还可以重新设置数据表的存储引擎、字符集和校验规则。语法格式如下:

```
ALTER TABLE 表名
{
  ADD 新字段名 数据类型 [列级完整性约束条件] [FIRST|AFTER 已存在字段名]]
   |[MODIFY 字段名 1 新数据类型 [列级完整性约束条件][FIRST|AFTER 字段名 2]]
   |[CHANGE 旧字段名 新字段名 新数据类型]
   |[DROP 字段名| 完整性约束名]
   |[RENAME [TO]新表名]
   |[ENGINE=更改后的存储引擎名称]
   |[CHARSET=更改后的字符集名称]
   |[COLLATE=更改后的校验规则名称]
};
```

说明如下。

(1) ADD：为指定的表添加一个新字段、添加主键约束或者外键约束等列级完整性约束条件。

(2) MODIFY：对指定表中字段的数据类型或完整性约束条件进行修改。

(3) CHANGE：对指定表中的字段名进行改名或修改数据类型。

(4) DROP：对指定表中不需要的字段或完整性约束进行删除。

(5) RENAME：对指定表的表名进行重命名。

(6) ENGINE：对指定表的存储引擎进行修改。

(7) CHARSET：对指定表的字符集进行修改。

(8) COLLATE：对指定表的校验规则进行修改。

### 5.6.1 修改数据表的名称

修改数据表名称的关键字为 RENAME，语法格式如下：

```
ALTER TABLE 旧表名 RENAME [TO] 新表名;
```

其中，TO 是可选项，使用与否都不影响结果。

**【例 5.37】** 将客户表 customers 改名为 cust1。

在修改表名之前，使用 SHOW TABLES 语句查看数据库中的所有表，如图 5.34 所示。

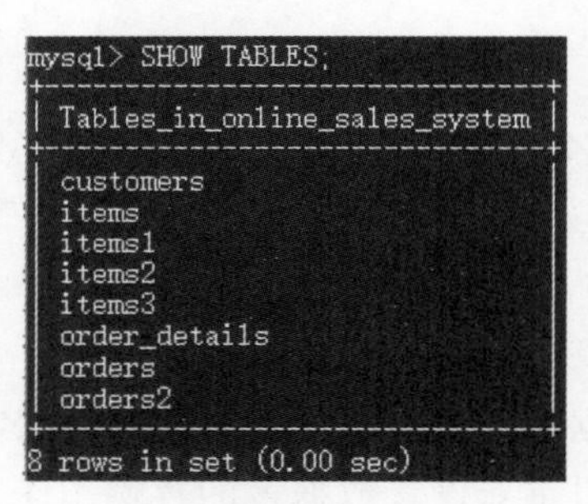


图 5.34 修改表名之前的所有表

修改表名的 SQL 语句如下：

```
ALTER TABLE customers RENAME TO cust1;
```

运行结果如图 5.35 所示。

```
mysql> ALTER TABLE customers RENAME TO cust1;
Query OK, 0 rows affected (0.05 sec)
```

图 5.35 修改表名的运行结果

修改表名之后，使用 SHOW TABLES 语句查看数据库中的所有表，如图 5.36 所示。由运行结果可以看出，原表名 customers 已被改名为 cust1。

```
mysql> SHOW TABLES;
+-----------------------------+
| Tables_in_online_sales_system |
+-----------------------------+
| cust1                       |
| items                       |
| items1                      |
| items2                      |
| items3                      |
| order_details               |
| orders                      |
| orders2                     |
+-----------------------------+
8 rows in set (0.05 sec)
```

图 5.36　修改表名之后的所有表

## 5.6.2　修改字段的数据类型

修改字段的数据类型的关键字为 MODIFY，语法格式如下：

```
ALTER TABLE 表名 MODIFY 字段名 数据类型;
```

**【例 5.38】** 将数据表 cust1 中姓名 name 的长度修改为 VARCHAR(30)。

SQL 语句如下：

```
ALTER TABLE cust1 MODIFY name VARCHAR(30);
```

使用 DESC 语句查看修改后的 cust1 表的结构，如图 5.37 所示。

```
mysql> DESC cust1;
+-------------------+-----------------+------+-----+---------+-------+
| Field             | Type            | Null | Key | Default | Extra |
+-------------------+-----------------+------+-----+---------+-------+
| customer_id       | char(3)         | NO   | PRI | NULL    |       |
| name              | varchar(30)     | YES  |     | NULL    |       |
| gender            | enum('男','女') | YES  |     | 男      |       |
| registration_date | date            | YES  |     | NULL    |       |
| phone             | char(11)        | YES  |     | NULL    |       |
+-------------------+-----------------+------+-----+---------+-------+
5 rows in set (0.06 sec)
```

图 5.37　修改 name 的数据类型后的表结构

**说明**：图 5.37 是 MySQL 命令行运行界面的截图，在 MySQL 命令行界面的默认设置下，数据类型都是以小写的形式展示。在正文中描述数据类型时，采用大写来表示，为的是和字段名等分开。

图 5.37 与图 5.32 相比较，发现图 5.32 中 name 字段的类型为 VARCHAR(20)，修改后图 5.37 中 name 字段的类型为 VARCHAR(30)，说明修改成功。

**注意**：不同类型的数据在机器中存储的方式及长度各不相同，修改数据类型可能会影响数据表中已有的数据记录。因此，在修改数据类型时，一定要谨慎。

## 5.6.3　修改字段名

修改字段名的关键字为 CHANGE，语法格式如下：

```
ALTER TABLE 表名 CHANGE 旧字段名 新字段名 新数据类型;
```

**【例 5.39】** 把 cust1 表的姓名 name 字段名改为 cname,类型改为 VARCHAR(20)。SQL 语句如下:

```
ALTER TABLE cust1 CHANGE name c_name VARCHAR(20);
```

使用 DESC 语句查看修改后的 cust1 表的结构,如图 5.38 所示。

```
mysql> DESC cust1;
+-------------------+------------------+------+-----+---------+-------+
| Field             | Type             | Null | Key | Default | Extra |
+-------------------+------------------+------+-----+---------+-------+
| customer_id       | char(3)          | NO   | PRI | NULL    |       |
| cname             | varchar(20)      | YES  |     | NULL    |       |
| gender            | enum('男','女')  | YES  |     | 男      |       |
| registration_date | date             | YES  |     | NULL    |       |
| phone             | char(11)         | YES  |     | NULL    |       |
+-------------------+------------------+------+-----+---------+-------+
5 rows in set (0.00 sec)
```

图 5.38 修改后的 cust1 表的结构

由运行结果可以看出,CHANGE 既可以修改数据类型也可以修改字段的名称,如果只修改数据类型,实现 MODIFY 的功能,方法是:新字段名和旧字段名同名,即使不修改字段的数据类型,也不能省略＜新数据类型＞,可以将新类型设置成与原类型相同。

### 5.6.4 添加字段

添加字段的关键字为 ADD,语法格式如下:

```
ALTER TABLE 表名 ADD 新字段名 数据类型
[约束条件][FRIST| AFTER 已存在字段名];
```

说明如下。

(1) 约束条件:可选项,用来定义字段的空、非空、默认值、外键约束等约束条件。

(2) FIRST|AFTER 已存在字段名:可选项,[FIRST 已存在字段名]的作用是将新添加的字段作为数据表的第一个字段插入到表中;[AFTER 已存在字段名]的作用是将新添加的字段插入到已存在字段名的后面。

(3) 如果省略[FIRST| AFTER 已存在字段名],则默认将新添加的字段插入到数据表的最后一列。

**【例 5.40】** 在 cust1 表的性别 gender 后面添加字段出生日期 birthday,类型为 DATE,非空。

SQL 语句如下:

```
ALTER TABLE cust1 ADD birthday DATE NOT NULL AFTER gender;
```

使用 DESC 语句查看修改后的 cust1 表的结构,如图 5.39 所示。

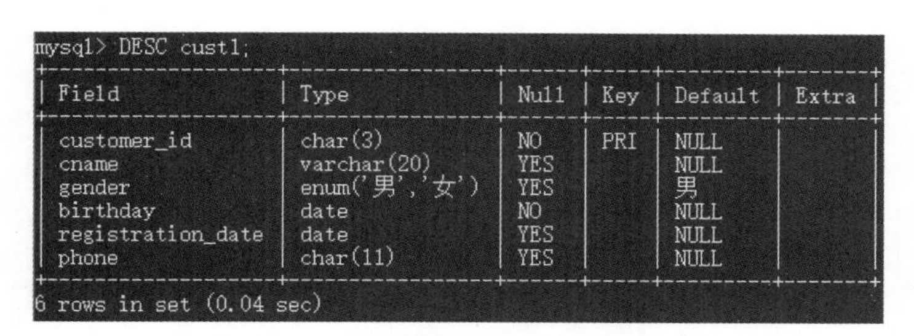

```
mysql> DESC cust1;
+-------------------+------------------+------+-----+---------+-------+
| Field             | Type             | Null | Key | Default | Extra |
+-------------------+------------------+------+-----+---------+-------+
| customer_id       | char(3)          | NO   | PRI | NULL    |       |
| cname             | varchar(20)      | YES  |     | NULL    |       |
| gender            | enum('男','女')  | YES  |     | 男      |       |
| birthday          | date             | NO   |     | NULL    |       |
| registration_date | date             | YES  |     | NULL    |       |
| phone             | char(11)         | YES  |     | NULL    |       |
+-------------------+------------------+------+-----+---------+-------+
6 rows in set (0.04 sec)
```

图 5.39　添加字段后的 cust1 表的结构

由运行结果可以看出，客户表 cust1 中添加了一个日期型字段 birthday，并将该字段插入到字段 gender 后面。

## 5.6.5　删除字段

删除字段的关键字为 DROP，语法格式如下：

```
ALTER TABLE 表名 DROP 字段名;
```

**【例 5.41】**　删除 cust1 表中出生日期 birthday 字段。

SQL 语句如下：

```
ALTER TABLE cust1 DROP birthday;
```

运行完删除语句之后，使用 DESC 语句查看修改后的 cust1 表的结构，与图 5.38 所示相同，说明删除字段成功。需要注意的是，由此删掉的数据将不可恢复，因此删除操作一定要谨慎。

## 5.6.6　调整字段的排列位置

调整字段的排列顺序的关键字为 MODIFY，语法格式如下：

```
ALTER TABLE 表名 MODIFY 字段 1 数据类型 FIRST | AFTER 字段 2;
```

**【例 5.42】**　将 cust1 表中的 phone 字段插到 gender 字段后面。

```
ALTER TABLE cust1 MODIFY phone CHAR(11) AFTER gender;
```

运行结果如图 5.40 所示。

```
mysql> ALTER TABLE cust1 MODIFY phone CHAR(11) AFTER gender;
Query OK, 0 rows affected (1.71 sec)
Records: 0  Duplicates: 0  Warnings: 0
```

图 5.40　调整字段顺序的执行结果

字段顺序调整后使用 DESC 语句查看修改后的 cust1 表的结构，如图 5.41 所示。

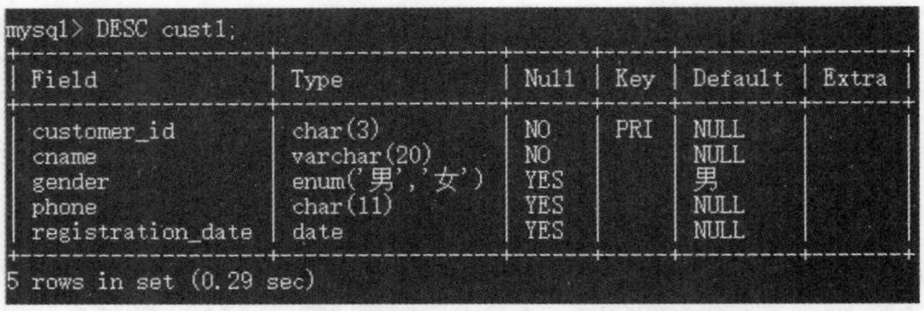

```
mysql> DESC cust1;
+-------------------+-----------------+------+-----+---------+-------+
| Field             | Type            | Null | Key | Default | Extra |
+-------------------+-----------------+------+-----+---------+-------+
| customer_id       | char(3)         | NO   | PRI | NULL    |       |
| cname             | varchar(20)     | NO   |     | NULL    |       |
| gender            | enum('男','女') | YES  |     | 男      |       |
| phone             | char(11)        | YES  |     | NULL    |       |
| registration_date | date            | YES  |     | NULL    |       |
+-------------------+-----------------+------+-----+---------+-------+
5 rows in set (0.29 sec)
```

图 5.41 调整字段顺序后的 cust1 表的结构

**提示**：数据表中字段的排列顺序，不影响对表中数据的查询和管理，只是和使用者录入记录时输入数据的习惯有关，例如人们习惯按照编号、姓名、性别、联系电话的顺序录入记录内容。

### 5.6.7 更改数据表的存储引擎

更改数据表的存储引擎的关键字为 ENGINE，语法格式如下：

```
ALTER TABLE 表名 ENGINE= 存储引擎名称;
```

存储引擎是 MySQL 中数据存储在文件或内存中时采用的存储技术。可以根据自己的需要为每个数据表选择不同的存储引擎。MySQL 支持的存储引擎有 MyISAM、InnoDB、MEMORY 等。

**【例 5.43】** 将表 cust1 的存储引擎改为 MyISAM。

首先使用 SHOW CREATE TABLE 查看表 cust1 的表结构信息。SQL 语句和运行结果如图 5.42 所示。

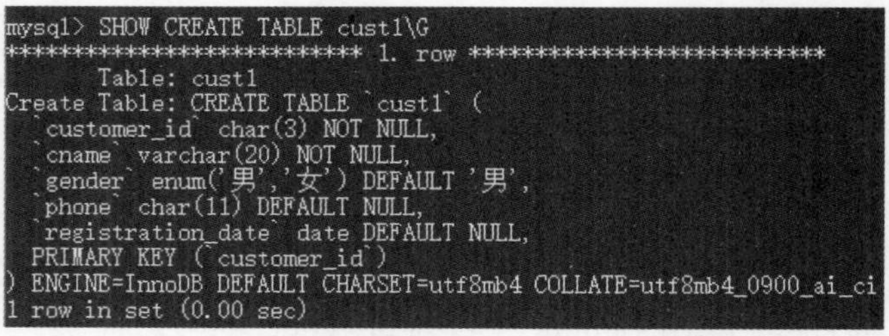

```
mysql> SHOW CREATE TABLE cust1\G
*************************** 1. row ***************************
       Table: cust1
Create Table: CREATE TABLE `cust1` (
  `customer_id` char(3) NOT NULL,
  `cname` varchar(20) NOT NULL,
  `gender` enum('男','女') DEFAULT '男',
  `phone` char(11) DEFAULT NULL,
  `registration_date` date DEFAULT NULL,
  PRIMARY KEY (`customer_id`)
) ENGINE=InnoDB DEFAULT CHARSET=utf8mb4 COLLATE=utf8mb4_0900_ai_ci
1 row in set (0.00 sec)
```

图 5.42 查看表 cust1 的详细信息

运行结果显示，表 cust1 的存储引擎为 InnoDB。将存储引擎修改为 MyISAM 的 SQL 语句如下：

```
ALTER TABLE cust1 ENGINE= MyISAM;
```

此语句运行后，使用 SHOW CREATE TABLE 查看表 cust1 的表结构信息，如图 5.43 所示。

由运行结果可以看出，存储引擎被成功修改。

```
mysql> SHOW CREATE TABLE cust1\G
*************************** 1. row ***************************
       Table: cust1
Create Table: CREATE TABLE `cust1` (
  `customer_id` char(3) NOT NULL,
  `cname` varchar(20) NOT NULL,
  `gender` enum('男','女') DEFAULT '男',
  `phone` char(11) DEFAULT NULL,
  `registration_date` date DEFAULT NULL,
  PRIMARY KEY (`customer_id`)
) ENGINE=MyISAM DEFAULT CHARSET=utf8mb4 COLLATE=utf8mb4_0900_ai_ci
1 row in set (0.00 sec)
```

图 5.43　修改后表 cust1 的详细信息

提示：可以为整个数据库设置存储引擎，也可以为单个数据表设置存储引擎。但存储引擎 MyISAM 不支持外键，如果数据表需要设置外键，则不能设置为 MyISAM。

## 5.6.8　更改数据表的字符集

在 MySQL 中可以为整个数据库、数据库中的每一张数据表、表中的每个字段设置字符集。

### 1. 更改整个表的字符集

更改整个表的字符集的关键字为 DEFAULT CHARSET 或 DEFAULT CHARACTER SET，语法格式如下：

```
ALTER TABLE 表名 DEFAULT CHARSET=字符集类型;
```

或者

```
ALTER TABLE 表名 DEFAULT CHARACTER SET=字符集类型;
```

【例 5.44】　将表 cust1 的存储引擎改为 InnoDB，字符集修改为 gbk。

由图 5.43 可知，表 cust1 的存储引擎为 MyISAM、字符集为 utf8mb4。现修改表 cust1 的存储引擎为 InnoDB、字符集为 gbk，SQL 语句如下：

```
ALTER TABLE cust1 ENGINE=InnoDB;
ALTER TABLE cust1 DEFAULT CHARSET=gbk;
```

以上两条语句运行后，使用 SHOW CREATE TABLE 语句查看表 cust1 的表结构信息，如图 5.44 所示。

```
mysql> SHOW CREATE TABLE cust1\G
*************************** 1. row ***************************
       Table: cust1
Create Table: CREATE TABLE `cust1` (
  `customer_id` char(3) CHARACTER SET utf8mb4 COLLATE utf8mb4_0900_ai_ci NOT NULL,
  `cname` varchar(20) CHARACTER SET utf8mb4 COLLATE utf8mb4_0900_ai_ci NOT NULL,
  `gender` enum('男','女') CHARACTER SET utf8mb4 COLLATE utf8mb4_0900_ai_ci DEFAULT '男',
  `phone` char(11) CHARACTER SET utf8mb4 COLLATE utf8mb4_0900_ai_ci DEFAULT NULL,
  `registration_date` date DEFAULT NULL,
  PRIMARY KEY (`customer_id`)
) ENGINE=InnoDB DEFAULT CHARSET=gbk
1 row in set (0.04 sec)
```

图 5.44　字符集修改后的 cust1 的表结构信息

可以看到,整个表 cust1 的字符集已被修改,但每个字符型字段使用的字符集还是默认的字符集 utf8mb4,校验规则也是默认值 utf8mb4_0900_ai_ci。因此,想要将所有的字符型字段的字符集都设置为 gbk,需要一个一个字段去设置。

### 2. 修改字段使用的字符集

修改字段使用的字符集的关键字为 MODIFY,语法格式如下:

```
ALTER TABLE 表名 MODIFY 字段名 数据类型 CHARSET 字符集类型;
```

**【例 5.45】** 将表 cust1 中所有字符型字段的字符集都改为 gbk。

SQL 语句如下:

```
ALTER TABLE cust1 MODIFY customer_id CHAR(3) CHARSET gbk;
ALTER TABLE cust1 MODIFY cname VARCHAR(20) CHARSET gbk;
ALTER TABLE cust1 MODIFY gender ENUM('男','女') CHARSET gbk;
ALTER TABLE cust1 MODIFY phone CHAR(11) CHARSET gbk;
```

以上 4 条语句运行之后,查看表结构的定义信息的 SQL 语句与运行结果如图 5.45 所示。

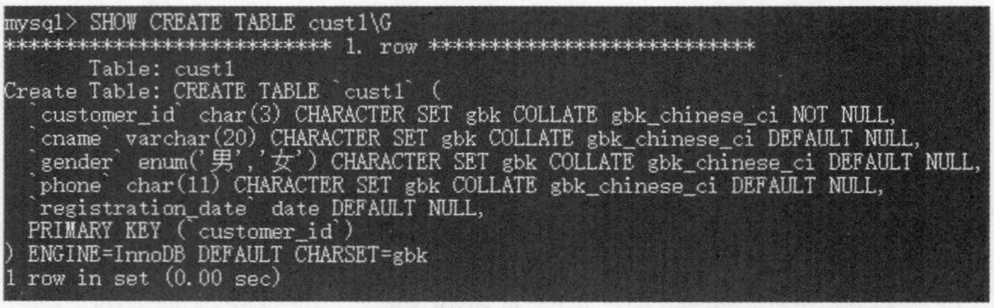

```
mysql> SHOW CREATE TABLE cust1\G
*************************** 1. row ***************************
       Table: cust1
Create Table: CREATE TABLE `cust1` (
  `customer_id` char(3) CHARACTER SET gbk COLLATE gbk_chinese_ci NOT NULL,
  `cname` varchar(20) CHARACTER SET gbk COLLATE gbk_chinese_ci DEFAULT NULL,
  `gender` enum('男','女') CHARACTER SET gbk COLLATE gbk_chinese_ci DEFAULT NULL,
  `phone` char(11) CHARACTER SET gbk COLLATE gbk_chinese_ci DEFAULT NULL,
  `registration_date` date DEFAULT NULL,
  PRIMARY KEY (`customer_id`)
) ENGINE=InnoDB DEFAULT CHARSET=gbk
1 row in set (0.00 sec)
```

图 5.45 字段的字符集修改后的表结构信息

由运行结果可以看到,字符型字段的字符集类型已被成功修改。字段的字符集类型改变后,其校验规则即使没有显示设置,也会随着改变,使用相应字符集的默认校验规则。字符集 gbk 的默认校验规则为 gbk_chinese_ci。

校验规则的设置与字符集类型的设置相同,为整个表设置校验规则,其语句的语法格式如下:

```
ALTER TABLE 表名 COLLATE=校验规则;
```

为每个字段设置校验规则,其语句的语法格式如下:

```
ALTER TABLE 表名 MODIFY 字段名 数据类型 COLLATE 校验规则;
```

**提示**:每种字符集类型都包含几种校验规则,每种字符集也都有默认的校验规则,在实际应用中,应注意字符集类型和校验规则的对应关系,设置时不要发生冲突。

### 5.6.9　修改表的外键约束

外键约束的修改包括添加、删除两种操作。

#### 1. 为已存在的表添加外键约束

为已有表添加外键约束的关键字为 ADD，语法格式如下：

```
ALTER TABLE 表名
ADD [CONSTRAINT 外键约束名] FOREIGN KEY (字段列表)
REFERENCES 主表名(外键字段列表);
```

**【例 5.46】**　为订单明细表 order_details 的 order_id 或 item_id 字段分别添加两个外键约束。

订单明细表 order_details 和订单表 orders 之间通过订单编号 order_id 字段相关联；订单明细表 order_details 和商品表 items 之间通过商品编号 item_id 字段相关联。添加外键约束的 SQL 语句如下：

```
ALTER TABLE order_details
ADD CONSTRAINT fk_det_ord FOREIGN KEY (order_id) REFERENCES orders(order_id);
ALTER TABLE order_details
ADD FOREIGN KEY (item_id) REFERENCES items(item_id);
```

以上两条语句运行之后，使用 SHOW CREATE TABLE 语句查看订单明细表 order_details 定义的详细信息，SQL 语句与运行结果如图 5.46 所示。

```
mysql> SHOW CREATE TABLE order_details\G
*************************** 1. row ***************************
       Table: order_details
Create Table: CREATE TABLE `order_details` (
  `order_id` int NOT NULL,
  `item_id` char(4) NOT NULL,
  `quantity` int DEFAULT NULL,
  `discount` decimal(5,2) DEFAULT NULL,
  PRIMARY KEY (`order_id`,`item_id`),
  KEY `item_id` (`item_id`),
  CONSTRAINT `fk_det_ord` FOREIGN KEY (`order_id`) REFERENCES `orders` (`order_id`),
  CONSTRAINT `order_details_ibfk_1` FOREIGN KEY (`item_id`) REFERENCES `items` (`item_id`)
) ENGINE=InnoDB DEFAULT CHARSET=utf8mb4 COLLATE=utf8mb4_0900_ai_ci
1 row in set (0.00 sec)
```

图 5.46　添加了外键约束的订单明细表的结构信息

由运行结果可以看出，外键约束名称既可以显式给出，也可以省略，如果省略系统会给出一个约束名称，如图 5.46 所示，系统给出的订单明细表 order_details 和商品表 items 之间的外键约束名称为 order_details_ibfk_1。

**注意**：在设置外键约束时，相关联的字段必须类型相容，字符集和校验规则一致。

#### 2. 删除表的外键约束

删除表的外键约束的关键字为 DROP，语法格式如下：

```
ALTER TABLE 表名 DROP FOREIGN KEY <外键约束名>;
```

外键约束名是指在定义外键约束时 CONSTRAINT 关键字后面的标识符。

**注意**:外键一旦删除,就会解除主表和从表之间的关系。主从表之间的参照完整性也就取消了。

**【例 5.47】** 删除 order_details 中的外键约束 order_details_ibfk_1。

SQL 语句如下:

```
ALTER TABLE order_details DROP FOREIGN KEY order_details_ibfk_1;
```

此语句运行之后,使用 SHOW CREATE TABLE 语句查看订单明细表 order_details 定义的详细信息,如图 5.47 所示。

```
mysql> ALTER TABLE order_details DROP FOREIGN KEY order_details_ibfk_1;
Query OK, 0 rows affected (0.79 sec)
Records: 0  Duplicates: 0  Warnings: 0

mysql> SHOW CREATE TABLE order_details\G
*************************** 1. row ***************************
       Table: order_details
Create Table: CREATE TABLE `order_details` (
  `order_id` int NOT NULL,
  `item_id` char(4) NOT NULL,
  `quantity` int DEFAULT NULL,
  `discount` decimal(5,2) DEFAULT NULL,
  PRIMARY KEY (`order_id`,`item_id`),
  KEY `item_id` (`item_id`),
  CONSTRAINT `fk_det_ord` FOREIGN KEY (`order_id`) REFERENCES `orders` (`order_id`)
) ENGINE=InnoDB DEFAULT CHARSET=utf8mb4 COLLATE=utf8mb4_0900_ai_ci
1 row in set (0.00 sec)
```

图 5.47 删除一个外键约束的订单明细表的结构

由运行结果可以看出,订单明细表 order_details 只剩下和订单表 orders 之间的外键约束,说明和商品表 items 的外键约束已经被删除。

**提示**:外键约束的名称和某字段是外键不是一回事,不能把外键的字段名当作外键约束名称,外键约束名称是在定义外键时,在 CONSTRAINT 关键字后面的标识符,可以显式地给出,也可以省略,如果省略系统会自动给出。

数据的插入、修改和删除

## 5.7 数据的插入、修改和删除

数据表的结构定义好之后,接下来就是对数据表内容的操作,包括记录的插入、删除和修改等。

### 5.7.1 插入数据

插入数据也称为录入记录,就是向数据表中录入新的记录,通过这种方式可以为数据表添加数据。在 MySQL 中通过 INSERT 语句插入新的记录数据,使用 INSERT 语句可以同时为表的所有字段插入数据;也可以为表的指定字段插入数据;还可以同时插入多条记录。语法格式如下:

```
INSERT INTO 表名[(字段列表)] VALUES(值列表);
```

其中,(值列表)中的值的个数和类型必须和(字段列表)中的字段的个数和数据类型保持一致。

### 1. 为表的所有字段插入数据

为表的所有字段插入数据时,可以在"表名"后列出表中的所有字段的名称,也可以省略所有的字段。如果列出所有字段则要求(值列表)中的数据和(字段列表)中的字段顺序一致、类型对应匹配。如果省略字段则要求(值列表)中的数据应该和创建表时字段的顺序一致、类型匹配。

**【例 5.48】** 创建客户表 customers 的表结构,并向客户表 customers 中添加一条记录('101','薛为民','男','2012-1-9','16800001111')。

SQL 语句如下:

```
CREATE TABLE IF NOT EXISTS customers
( customer_id CHAR(3) NOT NULL,
  name VARCHAR(20) NOT NULL,
  gender ENUM('男','女') DEFAULT '男',
  registration_date DATE,
  phone CHAR(11),
  PRIMARY KEY (customer_id)
);
INSERT INTO customers(customer_id,name,gender,registration_date,phone)
VALUES ('101','薛为民','男','2012-1-9','16800001111');
```

语句运行之后,使用 SELECT 查看客户表的内容,如图 5.48 所示。

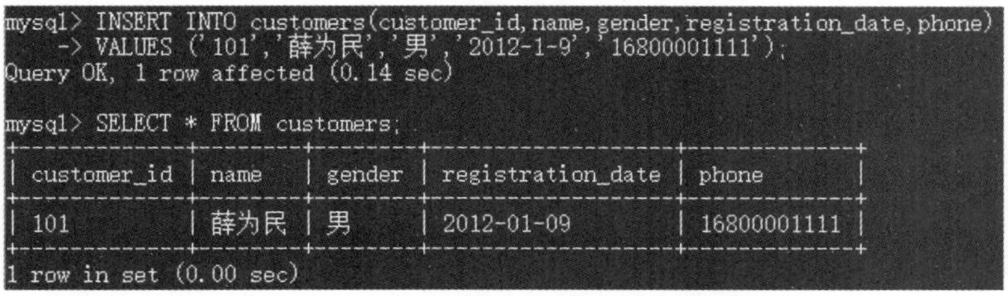

```
mysql> INSERT INTO customers(customer_id,name,gender,registration_date,phone)
    -> VALUES ('101','薛为民','男','2012-1-9','16800001111');
Query OK, 1 row affected (0.14 sec)

mysql> SELECT * FROM customers;
+-------------+--------+--------+-------------------+-------------+
| customer_id | name   | gender | registration_date | phone       |
+-------------+--------+--------+-------------------+-------------+
| 101         | 薛为民 | 男     | 2012-01-09        | 16800001111 |
+-------------+--------+--------+-------------------+-------------+
1 row in set (0.00 sec)
```

图 5.48　添加记录后的客户表的内容

INSERT 插入语句的运行结果"Query OK,1 row affected (0.07 sec) "的含义是:运行成功,有一条结果,使用时间为 0.07 秒;SELECT 查询语句的运行结果是一张二维表,二维表包括列标题和一行记录;最下面一行信息"1 row in set (0.00 sec)"的含义是有一行记录在结果集中,用时不到 0.01 秒,显示为 0.00 秒,说明执行速度很快。

在 INSERT 语句中,如果省略"表名"后面的(字段列表),则需要(值列表)为数据表中所有的字段指定数值,并且数据的顺序必须和表中字段顺序一致;如果不省略"表名"后面的(字段列表),则(字段列表)中的字段顺序可以随意,只要(值列表)的顺序与(字段列表)的顺序一致即可,即以上插入语句等价于:

```
INSERT INTO customers VALUES ('101 ','薛为民','男','2012-1-9','16800001111');
```

**【例 5.49】** 将刘丽梅的信息插入到客户表 customers 中,其具体值为('刘丽梅','女','102','16811112222','2016-1-9')。

SQL 语句如下:

```
INSERT INTO customers(name,gender,customer_id,phone,registration_DATE)
VALUES ('刘丽梅','女','102','16811112222','2016-1-9');
```

此语句运行之后,使用 SELECT 语句查看客户表的内容,如图 5.49 所示。

```
mysql> SELECT * FROM customers;
+-------------+--------+--------+-------------------+-------------+
| customer_id | name   | gender | registration_date | phone       |
+-------------+--------+--------+-------------------+-------------+
| 101         | 薛为民 | 男     | 2012-01-09        | 16800001111 |
| 102         | 刘丽梅 | 女     | 2016-01-09        | 16811112222 |
+-------------+--------+--------+-------------------+-------------+
2 rows in set (0.04 sec)
```

图 5.49 添加记录后的客户表的内容

由运行结果可以看出,刘丽梅的记录已经成功添加到客户表 customers 中。从以上两种方式来看,第一种方式省略(字段列表),代码简单,但要记住表中字段的顺序,VALUES 给出的值要和字段的顺序一致;第二种方式保留(字段列表),代码麻烦,但使用灵活,不论是不记得表中字段定义顺序,还是表的结构有过修改,只要在 INSERT 语句中列出的字段顺序和 VALUES 给出的值的顺序一致即可。

### 2. 为表的部分字段插入数据

在表中插入记录时可以给部分字段赋值,此时需要在"表名"后面将需要赋值的字段列出来,字段之间用逗号分隔。没有被赋值的字段,如果在定义的时候有默认值,则取默认值;如果没有默认值,且可以为 NULL,则取值为 NULL;如果没有默认值,而且字段被设置为 NOT NULL 属性,就必须为其赋值,否则会导致插入记录失败,系统也会有错误提示(Field ' 'doesn't have a default value")。

**【例 5.50】** 在客户表 customers 中插入赵文博的信息,只包括姓名、客户编号和联系电话('赵文博','104','16855556666')。

SQL 语句如下:

```
INSERT INTO customers(name,customer_id,phone)
VALUES ('赵文博','104','16855556666');
```

此语句运行之后,使用 SELECT 语句查看客户表的内容,如图 5.50 所示。

由运行结果可以看出,"赵文博"的记录中性别 gender 取了默认值,注册日期

```
mysql> SELECT * FROM customers;
+-------------+--------+--------+-------------------+-------------+
| customer_id | name   | gender | registration_date | phone       |
+-------------+--------+--------+-------------------+-------------+
| 101         | 薛为民 | 男     | 2012-01-09        | 16800001111 |
| 102         | 刘丽梅 | 女     | 2016-01-09        | 16811112222 |
| 104         | 赵文博 | 男     | NULL              | 16855556666 |
+-------------+--------+--------+-------------------+-------------+
3 rows in set (0.00 sec)
```

图 5.50 添加记录后的客户表的内容

registration_date 取了 NULL。

**提示**：每个插入的值的数据类型要和对应字段的数据类型最好相同，或者匹配，否则会插入失败，MySQL 还会给出错误信息。

### 3. 同时插入多条记录

INSERT 语句可以同时向数据表中插入多条记录，在 VALUES 中指定多个值列表，每个值列表用圆括号括起来，多个值列表之间用逗号隔开。

语法格式如下：

```
INSERT INTO 表名 [(字段列表)] VALUES (值列表 1),(值列表 2),…(值列表 n);
```

**【例 5.51】** 为客户表 customers 添加多条记录，记录内容为('103','Grace_Brown','女','2016-01-09','16822225555')、('105','Adrian_Smith','男','2017-11-10','16866667777')、('106','孙丽娜','女','2017-11-10','16877778888')、('107','林琳','女','2020-05-17','16888889999')。

SQL 语句如下：

```
INSERT INTO customers
VALUES ('103','Grace_Brown','女','2016-01-09','16822225555'),
('105','Adrian_Smith','男','2017-11-10','16866667777'),
('106','孙丽娜','女','2017-11-10','16877778888'),
('107','林琳','女','2020-05-17','16888889999');
```

此语句运行之后，运行结果如图 5.51 所示。

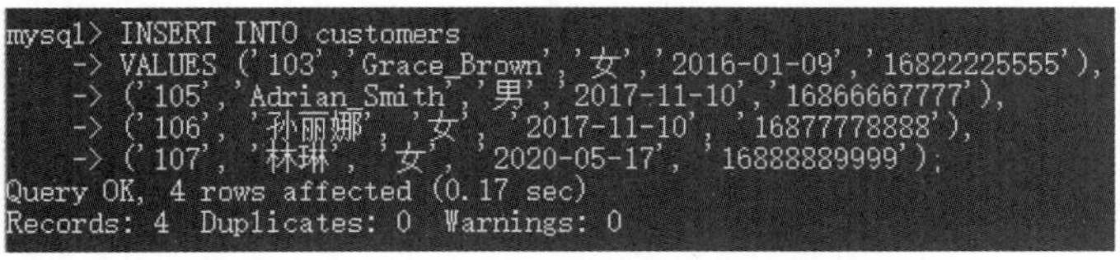

```
mysql> INSERT INTO customers
    -> VALUES ('103','Grace_Brown','女','2016-01-09','16822225555'),
    -> ('105','Adrian_Smith','男','2017-11-10','16866667777'),
    -> ('106', '孙丽娜', '女', '2017-11-10', '16877778888'),
    -> ('107', '林琳', '女', '2020-05-17', '16888889999');
Query OK, 4 rows affected (0.17 sec)
Records: 4  Duplicates: 0  Warnings: 0
```

图 5.51 插入多条记录的运行结果

运行结果中"Query OK，4 rows affected (0.12 sec)"的含义是：运行成功，有 4 行数据被处理，使用时间为 0.12 秒；"Records：4 Duplicates：0 Warnings：0"的含义是：处理了 4 条记录，0 个重复，0 个警告。

使用 SELECT 语句查看 customers 的内容,如图 5.52 所示。

```
mysql> SELECT * FROM customers;
+-------------+-------------+--------+-------------------+-------------+
| customer_id | name        | gender | registration_date | phone       |
+-------------+-------------+--------+-------------------+-------------+
| 101         | 薛为民      | 男     | 2012-01-09        | 16800001111 |
| 102         | 刘丽梅      | 女     | 2016-01-09        | 16811112222 |
| 103         | Grace_Brown | 女     | 2016-01-09        | 16822225555 |
| 104         | 赵文博      | 男     | NULL              | 16855556666 |
| 105         | Adrian_Smith| 男     | 2017-11-10        | 16866667777 |
| 106         | 孙丽娜      | 女     | 2017-11-10        | 16877778888 |
| 107         | 林琳        | 女     | 2020-05-17        | 16888889999 |
+-------------+-------------+--------+-------------------+-------------+
7 rows in set (0.00 sec)
```

图 5.52 插入多条记录后客户表 customers 的记录内容

由运行结果可以看出,多条记录都已添加到数据表 customers 中。一条同时插入多条记录的 INSERT 语句等价于多条单条记录插入语句,而同时插入多条记录的 INSERT 语句比多条 INSERT 语句的执行效率和性能更高。

提示:在一个数据库中,如果设置了外键约束,也就是说,表间已经建立了关联,那么在录入数据时,应该先录入主表的记录,然后再录入从表的记录,否则会因为表间的参照完整性约束,录入记录失败。

读者可参照附录 C 网络购物系统 online_sales_systen 包含 4 张表的内容,使用 INSERT 语句将各个表的内容插入数据表中。

### 5.7.2 修改数据

在给表插入数据时,有可能输入错误的数据;在长期的数据库管理的过程中,表中的数据也会发生变化,例如,在网络购物系统中,商品表 items 中的库存量 inventory 在进货和销售的过程中会经常发生变化。因此,就需要对表中的数据进行修改。在 MySQL 中使用 UPDATE 语句修改表中的记录,UPDATE 语句一次可以修改一条记录的数据,也可以一次修改多条记录的数据。语法格式如下:

```
UPDATE 表名
SET 字段 1=值 1[,字段 2=值 2,…字段 n=值 n]
[WHERE 条件表达式];
```

其中,"WHERE 条件表达式"是可选项,"条件表达式"是由操作数和关系运算符或逻辑运算符构成的表达式,表达式的值要么为真,要么为假。如果保留"WHERE 条件表达式",则表示对"表名"中满足条件的记录的某些字段重新赋值;否则对"表名"中所有的记录的某些字段重新赋值。

**【例 5.52】** 在客户表 customers 中,添加"赵文博"的注册日期 registration_date 为 2017 年 12 月 31 日(之前为 NULL)。

SQL 语句如下:

```
UPDATE customers SET registration_date='2017-12-31' WHERE name='赵文博';
```

运行结果如图 5.53 所示。

```
mysql> UPDATE customers SET registration_date='2017-12-31' WHERE name='赵文博';
Query OK, 1 row affected (0.09 sec)
Rows matched: 1  Changed: 1  Warnings: 0
```

图 5.53　修改记录内容的运行结果

运行结果中“Rows matched：1　Changed：1　Warnings：0”的含义是：1 行记录匹配，1 条记录被修改，0 个警告，说明修改数据成功。

此语句运行之后，使用 SELECT 语句查看客户表的内容，如图 5.54 所示。

```
mysql> SELECT * FROM customers;
+-------------+-------------+--------+-------------------+-------------+
| customer_id | name        | gender | registration_date | phone       |
+-------------+-------------+--------+-------------------+-------------+
| 101         | 薛为民      | 男     | 2012-01-09        | 16800001111 |
| 102         | 刘丽梅      | 女     | 2016-01-09        | 16811112222 |
| 103         | Grace_Brown | 女     | 2016-01-09        | 16822225555 |
| 104         | 赵文博      | 男     | 2017-12-31        | 16855556666 |
| 105         | Adrian_Smith| 男     | 2017-11-10        | 16866667777 |
| 106         | 孙丽娜      | 女     | 2017-11-10        | 16877778888 |
| 107         | 林琳        | 女     | 2020-05-17        | 16888889999 |
+-------------+-------------+--------+-------------------+-------------+
7 rows in set (0.03 sec)
```

图 5.54　修改记录后客户表的内容

图 5.54 和图 5.52 比较，可以看出，赵文博的注册日期修改成功。

**【例 5.53】**　在表 items2 中，对“美容类”商品的销售价格上调 20%（请参照附录 C 中商品表 items 的内容，为表 items2 添加记录，此处省略 INSERT 语句），并将所有“美容类”商品上架（is_online 设置为 1）。

在修改之前，使用 SELECT 语句查看商品表中美容类商品的信息，如图 5.55 所示。

```
mysql> SELECT * FROM items2 WHERE category='美容类';
+---------+-----------+----------+--------+---------+-----------+-----------+
| item_id | item_name | category | cost   | price   | inventory | is_online |
+---------+-----------+----------+--------+---------+-----------+-----------+
| m001    | 口红      | 美容类   | 460.00 | 1056.00 |       100 |         1 |
| m002    | 石榴水    | 美容类   | 520.00 |  936.00 |       500 |      NULL |
| m003    | 面霜      | 美容类   | 600.00 | 1176.00 |     10000 |         1 |
| m004    | 晚霜      | 美容类   | 550.00 | 1056.00 |       500 |      NULL |
+---------+-----------+----------+--------+---------+-----------+-----------+
4 rows in set (0.00 sec)
```

图 5.55　商品表中美容类商品的信息

使用 UPDATE 语句，将商品的销售价格上调 20%，SQL 语句如下：

```
UPDATE items2 SET price=price * 1.2,is_online=1 WHERE category='美容类';
```

运行结果如图 5.56 所示。

```
mysql> UPDATE items2 SET price=price*1.2 ,is_online=1 WHERE category='美容类';
Query OK, 4 rows affected (0.11 sec)
Rows matched: 4  Changed: 4  Warnings: 0
```

图 5.56　批量修改记录数据的 SQL 语句及运行结果

运行结果中的“Query OK,4 rows affected (0.10 sec)”的含义是：语句正常运行,4行记录被处理,用时0.10秒;“Rows matched：4 Changed：4 Warnings：0”的含义是：有4条记录匹配,修改了4条记录,没有警告。

修改语句运行后,使用SELECT语句查看items2中美容类的商品信息,如图5.57所示。

```
mysql> SELECT * FROM items2 WHERE category='美容类';
+---------+-----------+----------+--------+---------+-----------+-----------+
| item_id | item_name | category | cost   | price   | inventory | is_online |
+---------+-----------+----------+--------+---------+-----------+-----------+
| m001    | 口红      | 美容类   | 460.00 | 1267.20 |       100 |         1 |
| m002    | 石榴水    | 美容类   | 520.00 | 1123.20 |       500 |         1 |
| m003    | 面霜      | 美容类   | 600.00 | 1411.20 |     10000 |         1 |
| m004    | 晚霜      | 美容类   | 550.00 | 1267.20 |       500 |         1 |
+---------+-----------+----------+--------+---------+-----------+-----------+
4 rows in set (0.00 sec)
```

图5.57 批量修改记录数据后美容类商品的信息

图5.55和图5.57相比较,发现美容类商品的销售价格都上调了20%,且字段is_online的值都为1,实现了成批修改多个字段值的功能。

### 5.7.3 删除记录

在长期的数据管理中经常会出现无效数据,例如在订单表中shipping_date为NULL的记录对于运行管理就属于无效数据,应该从订单表中删除。MySQL为删除记录提供了DELETE和TRUNCATE两种语句。

**1. 使用DELETE语句删除记录**

DELETE语句从数据表中删除记录的语法格式如下：

```
DELETE FROM 表名 [WHERE 条件表达式];
```

其中,“WHERE条件表达式”是可选项,如果有,则从“表名”中删除满足条件表达式的记录,否则将删除“表名”中的所有记录。

**【例5.54】** 单个记录的删除,在客户表customers中删除客户编号为101的记录。

SQL语句如下：

```
DELETE FROM customers WHERE customer_id='101';
```

DELETE语句运行的结果和使用SELECT语句查看客户表中的数据,如图5.58所示。

从图5.58发现,客户编号为101的记录已被删除。

**【例5.55】** 同时删除多条记录,在客户表customers中删除性别是“女”的记录。

SQL语句如下：

```
DELETE FROM customers WHERE gender='女';
```

```
mysql> DELETE FROM customers WHERE customer_id='101';
Query OK, 1 row affected (0.13 sec)

mysql> SELECT * FROM customers;
+-------------+--------------+--------+-------------------+-------------+
| customer_id | name         | gender | registration_date | phone       |
+-------------+--------------+--------+-------------------+-------------+
| 102         | 刘丽梅       | 女     | 2016-01-09        | 16811112222 |
| 103         | Grace_Brown  | 女     | 2016-01-09        | 16822225555 |
| 104         | 赵文博       | 男     | 2017-12-31        | 16855556666 |
| 105         | Adrian_Smith | 男     | 2017-11-10        | 16866667777 |
| 106         | 孙丽娜       | 女     | 2017-11-10        | 16877778888 |
| 107         | 林琳         | 女     | 2020-05-17        | 16888889999 |
+-------------+--------------+--------+-------------------+-------------+
6 rows in set (0.00 sec)
```

图 5.58　删除一条记录后客户表的记录信息

DELETE 语句运行的结果和使用 SELECT 语句查看客户表中的记录数据，如图 5.59 所示。

```
mysql> DELETE FROM customers WHERE gender='女';
Query OK, 4 rows affected (0.15 sec)

mysql> SELECT * FROM customers;
+-------------+--------------+--------+-------------------+-------------+
| customer_id | name         | gender | registration_date | phone       |
+-------------+--------------+--------+-------------------+-------------+
| 104         | 赵文博       | 男     | 2017-12-31        | 16855556666 |
| 105         | Adrian_Smith | 男     | 2017-11-10        | 16866667777 |
+-------------+--------------+--------+-------------------+-------------+
2 rows in set (0.00 sec)
```

图 5.59　删除记录后客户表的记录信息

图 5.59 中的记录内容和图 5.58 比较可以看到，执行完 DELETE 语句后满足条件性别等于“女”的所有记录均被删除。

### 2. 使用 TRUNCATE 清空表数据

TRUNCATE 语句的语法格式如下：

```
TRUNCATE [TABLE]表名;
```

TRUNCATE TABLE 的功能与不带 WHERE 子句的 DELETE 语句相同，二者均删除表中的全部记录，表结构仍然存在。但 TRUNCATE TABLE 的速度快，使用的系统和事务日志资源少。

**【例 5.56】**　清空客户表 customers 中的所有记录。

SQL 语句如下：

```
TRUNCATE TABLE customers;
```

此语句运行之后，使用 SELECT 语句查看表的内容，如图 5.60 所示。

TRUNCATE、DELETE 之间的区别如下。

(1) TRUNCATE 是整体删除所有记录，速度更快，DELETE 是逐条删除记录，速度

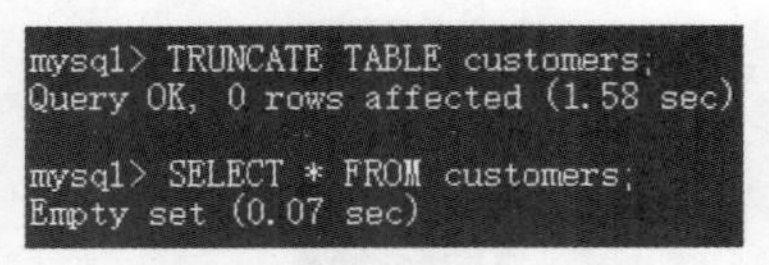

图 5.60 查看清空记录的 customers 的内容

较慢,TRUNCATE 和 DELETE 都不删除表结构。

(2) TRUNCATE TABLE 语句清空表记录后会重新设置自增型字段的计数起始值为1;使用 DELETE 语句删除记录后自增字段的值并没有设置起始值,而是依次递增。

(3) TRUNCATE 语句的操作对象只能是数据表,不能是视图;而 DELETE 可以对表和视图进行记录的删除操作。

(4) 当表被 TRUNCATE 后,这个表和索引所占用的空间会恢复到初始大小,释放存储空间;DELETE 操作不会减少表或索引所占用的空间,不释放存储空间。

(5) 对于有外键约束的表,不能使用 TRUNCATE TABLE,而应使用不带 WHERE 子句的 DELETE 语句。

提示:删除记录的操作是不可逆的,也没有提示信息,因此在使用的时候一定要谨慎,记录一旦删除,将无法恢复。

## 5.8 数据表的复制和删除

在数据库的管理过程中,经常会遇到数据的更新、旧数据的备份和删除。例如在网络购物系统中,就会遇到过期商品或者下架商品,这些商品的信息如果一直保存在当前数据库中,会占用大量的内存、缓存和外存,影响数据库管理系统的运行效率,因此需要定期对数据进行管理,把过期、下架的商品复制到一个单独的数据表中,然后将当前的数据表中的相关信息删除。另外,在数据库管理系统的运行过程中会产生很多的中间数据的存储表,也需要定期备份和删除。因此,对表的复制和删除是数据库管理中不可或缺的管理模块。

### 5.8.1 数据表的复制

数据表由表结构和内容两部分构成,在进行复制时,可以分别复制,也可以同时复制。在 MySQL 中,通过 CREATE TABLE 语句可以实现复制,语法格式如下:

```
CREATE TABLE [IF NOT EXISTS] 表名 [LIKE 已存在表] | [[AS] (查询语句)];
```

#### 1. 复制表结构

复制表结构的语句的语法格式如下:

```
CREATE TABLE[IF NOT EXISTS] LIKE 已存在表;
```

或者

```
CREATE TABLE 表名 [IF NOT EXISTS] AS SELECT *
FROM 已存在表 WHERE 1=2;
```

【例 5.57】　只复制 orders 表的结构到新表 order22。

SQL 语句如下：

```
CREATE TABLE order22 LIKE orders;
```

运行结果如图 5.61 所示。

```
mysql> CREATE  TABLE order22  LIKE orders;
Query OK, 0 rows affected (2.46 sec)
```

图 5.61　复制表结构

图 5.61 中"Query OK,0 rows affected (2.46 sec)"的含义是：语句正常运行,0 行数据被处理，用时 2.46 秒。

【例 5.58】　使用 AS SELECT 子句实现只复制 orders 表的结构到新表 order33。

SQL 语句如下：

```
CREATE TABLEorder33 AS SELECT order_id, city
FROM orders WHERE 1=2;
```

运行结果如图 5.62 所示。

```
mysql> CREATE TABLE order33 AS SELECT order_id,city
    -> FROM orders WHERE 1=2;
Query OK, 0 rows affected (0.56 sec)
Records: 0  Duplicates: 0  Warnings: 0
```

图 5.62　复制表结构

由例 5.57 和例 5.58 的运行结果给出的信息"0 rows affected"可以看出，没有记录被复制，也可以通过 SELECT 语句查看 orders、order22 和 order33 三个表中的内容。限于篇幅原因，查看 orders 表时只显示前 5 条记录。SQL 语句和运行结果如图 5.63 所示。

```
mysql> SELECT * FROM orders LIMIT 5;
+----------+-------------+-------------------------------+----------+---------------------+---------------------+
| order_id | customer_id | address                       | city     | order_date          | shipping_date       |
+----------+-------------+-------------------------------+----------+---------------------+---------------------+
|        1 | 105         | 海淀区西三旗幸福小区60号楼6单元606 | 北京市   | 2019-12-31 12:10:20 | 2020-01-01 10:29:35 |
|        2 | 105         | 海淀区西三旗幸福小区60号楼6单元606 | 北京市   | 2019-03-25 08:12:23 | NULL                |
|        3 | 107         | 武清区流星花园6-6-66           | 天津市   | 2018-09-08 18:00:02 | 2018-09-10 16:40:26 |
|        4 | 106         | 道里区和谐家园66-66-666        | 哈尔滨市 | 2019-01-12 17:10:21 | 2019-01-13 16:20:20 |
|        5 | 103         | 市北区幸福北里88号院           | 青岛市   | 2018-05-09 17:51:01 | 2018-05-10 16:10:20 |
+----------+-------------+-------------------------------+----------+---------------------+---------------------+
5 rows in set (0.03 sec)

mysql> SELECT * FROM order22;
Empty set (0.07 sec)

mysql> SELECT * FROM order33;
Empty set (0.00 sec)
```

图 5.63　查看表的内容

由运行结果可以看出，orders 中有记录，而 order22 和 order33 中没有记录，是空表。正好说明例 5.57 和例 5.58 只复制了表的结构。

在例 5.58 中 WHERE 1=2 条件永远为假，即在 orders 表中没有一条记录满足该条件。因此，没有记录能复制到新表 order33 中，以此实现了只复制表的结构的功能。也就是说，只要在 WHERE 后面跟一个永假的表达式，就能实现该功能，例如 1>5、'a'>'z'等。

### 2. 同时复制表结构和内容

同时复制表结构和表内容的语句的语法格式如下：

```
CREATE TABLE 表名 [IF NOT EXISTS] [AS] SELECT * |字段列表 FROM 已存在表
[WHERE 条件表达式];
```

其中,AS可以省略;SELECT后接*表示新表包含已存在表的所有字段,否则必须在SELECT后面列出需要的字段名;[WHERE条件表达式]为可选项,有WHERE子句表示将已存在表中符合条件的记录复制到新表;省略表示将已存在表中的所有记录复制到新表。

**【例5.59】** 将城市city是“北京市”的记录复制到新表order44中,只保留order_id、address和city 3个字段。

SQL语句如下：

```
CREATE TABLE order44
AS SELECT order_id,address,city FROM orders WHERE city='北京市';
```

语句运行之后,使用SELECT语句查看表order44的内容,运行结果如图5.64所示。

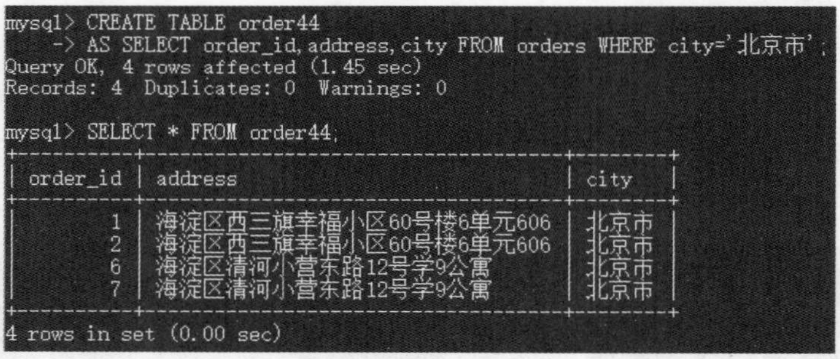

```
mysql> CREATE TABLE order44
    -> AS SELECT order_id,address,city FROM orders WHERE city='北京市';
Query OK, 4 rows affected (1.45 sec)
Records: 4  Duplicates: 0  Warnings: 0

mysql> SELECT * FROM order44;
+----------+------------------------------------+--------+
| order_id | address                            | city   |
+----------+------------------------------------+--------+
|        1 | 海淀区西三旗幸福小区60号楼6单元606 | 北京市 |
|        2 | 海淀区西三旗幸福小区60号楼6单元606 | 北京市 |
|        6 | 海淀区清河小营东路12号学9公寓      | 北京市 |
|        7 | 海淀区清河小营东路12号学9公寓      | 北京市 |
+----------+------------------------------------+--------+
4 rows in set (0.00 sec)
```

图5.64 复制表结构和表内容

在执行CREATE TABLE时的结果显示“4 rows affected”表明有4条记录被处理,和使用SELECT语句查看的order44中的记录数相符。

### 3. 单独复制表内容

(1) 复制同结构的数据到新表。语法格式如下：

```
INSERT INTO 表名 SELECT * FROM 已存在表 [WHERE 条件表达式];
```

(2) 复制表结构不一致的表数据。语法格式如下：

```
INSERT INTO 表名(字段列表) SELECT 字段列表
FROM 已存在表 [WHERE 条件表达式];
```

【例 5.60】　复制 orders 表中的数据到 order33。

SQL 语句如下：

```
INSERT INTO order33(order_id,city) SELECT order_id,city
FROM orders;
```

运行结果如图 5.65 所示。

```
mysql> INSERT INTO order33(order_id,city) SELECT order_id,city FROM orders;
Query OK, 11 rows affected (0.06 sec)
Records: 11  Duplicates: 0  Warnings: 0
```

图 5.65　只复制记录的运行结果

运行结果表明有 11 条记录被处理，复制到 order33 表中，读者可以使用 SELECT 语句查看 order33 表中的数据。

【例 5.61】　创建一个表 order55，包含字段 order_id 定义为 INT，addrees 定义为 VARCHAR(45)，city 定义为 VARCHAR(10)，之后将表 orders 中 city 为"北京市"的记录添加到 order55 中。

创建表 order55 的 SQL 语句如下：

```
DROP TABLE IF EXISTS order55;
CREATE TABLE IF NOT EXISTS order55
(id INT,address VARCHAR(45),city VARCHAR(10)
);
```

创建好表 order55 之后，复制记录的 SQL 语句如下：

```
INSERT INTO order55
SELECT order_id,address,city FROM orders WHERE city='北京市';
```

运行结果如图 5.66 所示。

```
mysql> INSERT INTO order55
    -> SELECT order_id,address,city FROM orders WHERE city='北京市';
Query OK, 4 rows affected (0.10 sec)
Records: 4  Duplicates: 0  Warnings: 0
```

图 5.66　不同结构的表间数据的复制

由运行结果可以看出，不同结构的表之间是否能相互复制数据，主要看对应字段的数据类型，字段名称不同没有关系。

### 5.8.2　数据表的删除

删除数据表是指将表的定义(表结构)和表中的数据(记录)全部删除，并释放被删除表的所有存储空间，且不能恢复。因此，在进行删除前，最好对表中的数据进行备份，以免造成无法挽回的后果。在 MySQL 中删除数据表的语句为 DROP TABLE，语法格式如下：

```
DROP TABLE [IF EXISTS]表名 1[,表名 2,…];
```

说明如下。

(1) 可以同时删除多个表,表名之间用逗号隔开。

(2) 如果删除的表不存在,则 MySQL 会提示一条错误信息:“ERROR 1051 (42S02): Unknown table”。

(3) 参数[IF EXISTS]用于在删除前判断删除的表是否存在,即使表不存在,SQL 语句也可以正常执行,但会发出警告(Warning)。

**【例 5.62】** 删除数据表 order33 和 order44。

SQL 语句如下:

```
DROP TABLE order33,order44;
```

运行结果如图 5.67 所示。

```
mysql> DROP TABLE order33,order44;
Query OK, 0 rows affected (0.44 sec)
```

图 5.67 删除表的运行结果

由运行结果可以看出,表 order33 和表 order44 已成功被删除。

提示:在数据表之间存在外键关联的情况下,如果直接删除主表,结果会显示失败。原因是直接删除主表将破坏表的参照完整性。如果必须要删除,可以先删除与其关联的从表,再删除主表。这样做的结果是同时删除了两个表。但有些情况需要保留从表,这时如要单独删除主表,只需将关联的表的外键约束条件取消,然后就可以删除主表。

## 知识点小结

本章介绍了数据库和数据表的创建和管理,介绍了 MySQL 提供的数据类型和运算符及其使用。数据表由表结构和表内容两部分组成,首先从字段名称、字段类型以及字段的约束条件等方面入手,详细介绍了创建和修改表结构的语法格式、使用方法以及注意事项;其次介绍了表内容(记录)的插入、修改、删除、复制等管理方法,以及对数据表的复制和删除的管理。

## 习 题

### 一、选择题

1. 创建数据库 mydb 的语句正确的是(　　)。

A. CREATE DATABASE mydb;　　B. SHOW DATABASES;

C. USE mydb;　　D. DROP DATABASE mydb;

2. MySQL代码“DROP DATABASE mydb;”的功能是(　　)。

A. 修改数据库名为mydb　　B. 删除数据库mydb

C. 使用数据库mydb　　D. 创建数据库mydb

3. 不能判断字段name是否为NULL的正确表达式为(　　)。

A. name＝NULL　　B. name IS NULL

C. name＜＝＞NULL　　D. ISNULL(name)

4. 对表中数据进行修改的操作是(　　)。

A. DROP　　B. DELETE　　C. ALTER　　D. UPDATE

5. 被定义为表的主键的字段(　　)。

A. 必须唯一　　B. 不能为空

C. 唯一且部分主键属性不为空　　D. 唯一且所有主键属性不为空

6. 下列(　　)类型不是MySQL中常用的数据类型。

A. INT　　B. VAR　　C. DATE　　D. CHAR

7. 当选择一个字段的数据类型时,不属于应该考虑的因素是(　　)。

A. 数据的取值范围

B. 字段值所需要的存储空间

C. 字段的精度和标度(适用于浮点与定点数)

D. 设计者的习惯

8. 在关系数据库中,外键是指(　　)。

A. 在一个关系中定义了约束的一个或一组属性(字段)

B. 在一个关系中定义了默认值的一个或一组属性(字段)

C. 在一个关系中的一个或一组属性(字段)是另一个关系的主键

D. 在一个关系中用于唯一识别记录的一个或一组属性(字段)

9. 在关系数据库中,实体完整性是通过(　　)实现的。

A. 设置主键　　B. 设置外键

C. 设置用户自定义的完整性　　D. 数据类型

10. 若要在数据表customers中增加一列住址信息address,数据类型为VARCHAR(30)。下列命令语句正确的是(　　)。

A. ALTER TABLE customers ADD address;

B. ALTER TABLE customers ADD address VARCHAR(30);

C. ADD TABLE customers address VARCHAR(30);

D. ADD TABLE customers COLUMN address VARCHAR(30);

11. 关于数据库删除数据表和数据记录的说法中,错误的是(　　)。

A. DELETE语句执行删除的过程是每次从表中删除一行

B. DROP语句将表结构和数据及其所占用的空间全释放掉

C. TRUNCATE一次性从表中删除所有的数据,但不删除表的结构

D. DELETE、DROP、TRUNCATE命令都可以同时删除表的结构和表中的数据

12. 修改表student的name字段,将VARCHAR(10)修改为VARCHAR(20),下列

命令语句错误的是(　　)。

A. ALTER TABLE student MODIFY name VARCHAR(20);

B. ALTER TABLE student CHANGE name name VARCHAR(20);

C. ALTER TABLE student CHANGE name VARCHAR(20);

D. ALTER TABLE…MODIFY 和 ALTER TABLE…CHANGE 命令都可以完成修改

13. 已知 stu 表中包含 4 个字段 id(CHAR(5)),name(VARCHAR(10)),age(INT),phone(CHAR(11)),以下插入记录的语句,正确的是(　　)。

A. INSERT INTO stu(id,name,age) VALUES ('10001','王丽娜');

B. INSERT INTO stu VALUES ('10002','王丽娜',20);

C. INSERT INTO stu(id,name) VALUES ('10002','王丽娜',20);

D. INSERT INTO stu(id,name) VALUES ('10002','王丽娜');

14. 下列删除数据表 students 中字段 birthday 的命令,正确的是(　　)。

A. ALTER TABLE students DROP birthday;

B. ALTER TABLE students DELETE birthday;

C. ALTER TABLE students CHANGE birthday;

D. ALTER TABLE students MODIFY birthday;

15. 下列说法正确的是(　　)。

A. MySQL 的数据表名创建后不允许修改

B. MySQL 的数据表字段名创建后不允许修改

C. 用 ALTER TABLE ＜表名＞ MODIFY 命令可以修改字段名

D. 用 ALTER TABLE ＜表名＞ CHANGE 命令修改字段名时需要列出原字段的名称

16. 下列关于复制数据表的说法,正确的是(　　)。

A. “CREATE TABLE＜表名 1＞ LIKE ＜表名 2＞;”只能复制表的数据

B. “CREATE TABLE＜表名 1＞ SELECT * FROM ＜表名 2＞;”只能复制表的结构

C. “CREATE TABLE＜表名 1＞ LIKE ＜表名 2＞;”既可以复制表的结构,也可以复制表的数据

D. “CREATE TABLE＜表名 1＞ AS SELECT * FROM ＜表名 2＞;”既复制表的结构,也复制表的数据

17. 在 customers 表中,将 name 为“杨欣玥”的出生日期 birthday 修改为 2001-5-1,正确的语句是(　　)。

A. UPDATE name='杨欣玥' FROM customers WHERE birthday='2001-5-1';

B. UPDATE SET birthday='2001-5-1' FROM customers WHERE name='杨欣玥';

C. UPDATE customers SET birthday='2001-5-1' WHERE name='杨欣玥';

D. UPDATE customers SET name='杨欣玥' WHERE birthday='2001-5-1';

18. 下列关于外键的说法,错误的是(　　)。

A. MySQL 数据库通过外键来建立表与表之间的联系

B. 从表的外键与所关联主表的字段的数据类型必须匹配

C. 从表的外键所关联的字段必须是主表的主键

D. 从表的外键所关联的字段不一定是主表的主键,但是要具备 UNIQUE 约束

19. DELETE * FROM customers 语句的作用是(　　)。

A. 删除当前数据库中整个 customers 表,包括表结构

B. 删除当前数据库中 customers 表内的所有记录

C. 由于没有 WHERE 子句,因此不删除任何数据

D. 删除当前数据库中 customers 表内的当前记录

20. 若规定订单明细表中的折扣应大于或等于 0,且小于或等于 1,则这个规定属于(　　)。

A. 关系完整性约束　　B. 实体完整性约束

C. 参照完整性约束　　D. 用户定义完整性约束

## 二、填空题

1. 当某字段要使用 AUTO_INCREMENT 的属性时,该字段必须是________类型的数据,该字段还必须是表的________。

2. 使用 ALTER TABLE 语句为客户表 customers 的 gender 字段设置为枚举类型 ENUM('男','女')默认值'男'。

ALTER TABLE customers ________ gender ________;

3. 使用 ALTER TABLE 语句为订单表 orders 设置外键客户编号 customer_id 与客户表 customers 相关联。

ALTER TABLE orders ________ REFERENCES customers(customer_id);

4. 使用 UPDATE 语句更新客户表 customers 中职工编号 customer_id 是 1001 的姓名 name 为"刘林琳"。

UPDATE customers ________ WHERE ________;

5. 用 MySQL 语句删除客户表 customers 中职工编号 customer_id 是 1010 的记录。

________ customers WHERE ________;

6. 删除数据表 cust1 的语句为________。

删除数据库 aa 的语句为________。

## 三、操作题

1. 创建网络购物系统数据库。

2. 参照附录 C 创建商品表 items、客户表 customers、订单表 orders 和订单明细表 order_details。

3. 为订单表 orders 设置外键约束 fk_cust,与客户表 customers 关联。

4. 为订单明细表 order_details 设置外键约束 fk_items,与商品表 items 关联。

5. 参照附录 C 为 items、customers、orders 和 order_details 添加记录。

第6章

# MySQL 基础查询

数据查询是数据库管理的核心操作，用户可以根据自己对数据的需求，选择合适的查询方式，从数据库中获取所需要的数据。在查询中，可以从一张或多张数据表中抽取字段数据，可以对一张或多张数据表或视图中的数据进行计算（聚合函数或计算表达式），可以合并不同数据表或视图中的记录内容，可以对一张或多张数据表中的原始数据进行分类汇总。查询语句还可以保存为视图，视图又可以作为查询的数据来源，从而增强了对数据的灵活运用。

MySQL 使用 SELECT 语句来实现数据的查询。查询的数据可以来源于表或视图，基于单张表或视图的查询称为基础查询（单表查询）；数据来源于多个相关的表和视图的查询，称为多表查询（进阶查询）。本章主要介绍 MySQL 的基础查询。

## 6.1 查询的概念

查询的概念

查询以数据库中的表或视图作为数据源，根据给定条件从数据源中检索出符合用户要求的数据，形成一个新的数据集合。查询由 SELECT 语句实现，当运行查询时才从被查询的数据源中提取数据，得到查询的结果，查询结果会随着查询所依据的表或视图中数据的改动而变动。

### 6.1.1 查询的功能

**1. 查询字段**

在查询中，可以只选择数据源中的部分字段，即关系代数中的投影运算，需要的字段可以来源于一张表，也可以来源于多张表。

**2. 查询记录**

从数据源中根据指定的条件表达式筛选出满足条件的记录，即关系代数中的选择运算。

**3. 生成计算字段**

可以依据数据源的数据，通过表达式和函数得到新的计算结果。

**4. 聚合计算**

使用聚合函数，根据分类条件对数据源中的数据进行统计，例如求和、最大值、最小值、平均值、计数等。

**5. 建立新表和视图**

利用查询得到的结果可以建立新的数据表或视图，新表和视图又可以作为数据源参与新的查询。

SELECT 语句是数据库所有操作中使用频率最高的 SQL 语句。数据库用户将 SELECT 语句发送给 MySQL 服务器，MySQL 服务器根据 SELECT 语句的要求进行解析和编译，从数据源中查找满足特定条件的若干条记录，整理成结果集返回给用户。

### 6.1.2　SELECT 语句的语法格式

MySQL 使用 SELECT 语句进行数据查询，语法格式如下：

```
SELECT [ALL|DISTINCT] * |列表达式 1 [AS 别名 1] [,列表达式 2 [AS 别名 2][,…]]
FROM 表名|视图名
[WHERE 条件表达式 1]
[GROUP BY 分组字段列表 [HAVING 条件表达式 2]]
[ORDER BY 排序字段 1 [ASC | DESC] [,排序字段 2 [ASC | DESC]]…]
[UNION 运算符]
[LIMIT [M,]N];
```

其中，[]中的内容是可选的。

(1) SELECT 子句：指定要查询的字段名称或计算表达式，称为列表达式，列表达式之间用逗号隔开；可以为列表达式指定显示的别名，显示在输出的结果中。ALL 关键词表示显示所有的记录，包括重复记录，也是系统默认的取值；DISTINCT 表示显示的结果要取消重复的记录。* 表示显示所有的字段。

(2) FROM 子句：指定查询的数据源，也就是从中检索记录的表或视图。数据源可以是一个也可以是多个。如果是多个数据源，可以用逗号隔开，也可以用连接方式将多张表连接起来作为查询的数据源。

(3) WHERE 子句：指定查询的检索条件，是可选项。如果有 WHERE 子句，则按照＜条件表达式 1＞指定的条件从数据源中得到满足条件的记录集合；如果没有 WHERE 子句，则查询得到所有记录。

(4) GROUP BY 子句：指定查询结果的分组依据，是可选项。在查询的数据源中对记录按照＜分组字段列表＞指定的字段进行分组；如果＜分组字段列表＞中包含多个字段，则先按照第一个字段进行分组，在第一个字段值相同的情况下，再按照第二个字段进行分组，以此类推。GROUP BY 子句通常和 COUNT()、SUM()、MAX()等聚合函数一起使用。

(5) HAVING 子句：指定分组后作用于分组的查询条件，是可选项，用来设置从分组统计得到的结果中进行查询的条件。例如，按类别统计出商品的库存总数，只需要显示库存总数大于 1000 的商品类别及库存总数。只能放在 GROUP BY 子句之后，只有满足<条件表达式 2>中指定条件的记录出现在结果集中。

(6) ORDER BY 子句：指定查询结果的排序依据和方式，是可选项。排序依据由<排序字段>决定，排序方式由 ASC 和 DESC 两个参数决定，ASC 表示按升序排列，DESC 表示按降序排列。如果省略排序方式则按系统默认方式 ASC 升序排列。

(7) UNION 运算符：将多个 SELECT 语句查询结果组合为一个结果集，该结果集包含联合查询中所有查询的全部记录，是可选项。

(8) LIMIT [M,]N：指定输出记录的范围从第 $M$ 行开始的 $N$ 行记录，是可选项。在 MySQL 中数据表中的记录从第 0 行开始。如果 $M$ 从 0 开始，则可省略。$N$ 的取值范围由查询结果集中的记录数决定。

## 6.2 单表无条件查询

单表无条件查询

通过第 5 章的学习和实践，我们把网络购物系统 online_sales_system 数据库中 4 张表的表结构和记录都已经创建完成。为了方便读者在学习过程中有所参考，本书在附录 C 中列出了网络购物系统包含的 4 张表的表结构和表内容。

单表无条件查询的语法格式如下：

```
SELECT [ALL|DISTINCT] * |列表达式 1 [AS 别名 1] [,列表达式 2 [AS 别名 2][,…]]
FROM 表名|视图名
[LIMIT [M,]N];
```

说明如下。

(1) ALL：表示输出所有记录，包括重复记录。默认值为 ALL。DISTINCT：表示在查询结果中去掉重复值。

(2) LIMIT [M,]N：显示查询结果集中从第 $M$ 行开始的 $N$ 行记录。如果 $M$ 为 0，则可省略，表示显示结果集中前 $N$ 行记录。

(3) 列表达式：查询结果集中的输出列。用 * 表示数据源中的所有列。列表达式也可以是字段名、表达式或函数。若列表达式为表达式或函数，列名系统会自动给出。如果需要重新定义显示结果中列的名称，可以用 AS 为其指定别名。

(4) 别名：在输出结果中，设置列表达式显示的列名。如果省略 AS，则在列表达式和别名之间用空格隔开。

(5) 表名：要查询的数据表的名称。

该语句的简单含义就是从数据源<表名|视图名>中查询 SELECT 子句中列出的字段值。通常在进行查询之前需要使用 USE 命令打开或者切换到使用的数据库。例如使用“USE online_sales_system;”语句使得 online_sales_system 成为当前数据库；然后，使用 SELECT 语句进行查询，这时 FROM 子句中的<表名|视图>可以直接用不加数据库

限制的简单表名或视图名。如果没有用 USE 命令切换数据库，在使用 SELECT 语句进行查询时，FROM 子句中需要使用完全限定的数据源名称，完全限定的表名由“数据库名.表名”构成。

## 6.2.1　查询字段

对字段的筛选在关系代数中称为投影，在投影运算中可以查询所有字段也可以查询部分字段。查询所有字段有两种方式：一种是在 SELECT 子句中列出表中的所有字段，字段之间用逗号(,)分隔，最后一个字段的后面不加逗号；另一种是在 SELECT 子句中使用通配符 *，表示包含数据表里的所有字段。查询部分字段只有一种方式就是在 SELECT 子句中列出需要查询的字段。

在对数据库中的对象进行操作之前，应该使用 USE 语句切换到网络购物数据库，使之成为当前数据库。SQL 语句如下：

```
USE online_sales_system;
```

### 1. 查询所有字段

**【例 6.1】**　在客户表 customers 中，查询所有客户的信息。

方式 1：在 SELECT 子句中列出所有的字段名。SQL 语句如下：

```
SELECT name,customer_id,gender,phone,registration_date
FROM customers;
```

运行结果如图 6.1 所示。

| name | customer_id | gender | phone | registration_date |
|---|---|---|---|---|
| 薛为民 | 101 | 男 | 16800001111 | 2012-01-09 |
| 刘丽梅 | 102 | 女 | 16811112222 | 2016-01-09 |
| Grace_Brown | 103 | 女 | 16822225555 | 2016-01-09 |
| 赵文博 | 104 | 男 | 16811112222 | 2017-12-31 |
| Adrian_Smith | 105 | 男 | 16866667777 | 2017-11-10 |
| 孙丽娜 | 106 | 女 | 16877778888 | 2017-11-10 |
| 林琳 | 107 | 女 | 16888889999 | 2020-05-17 |

7 rows in set (0.00 sec)

图 6.1　在 SELECT 子句中列出所有字段的查询结果

方式 2：使用通配符。SQL 语句如下：

```
SELECT *
FROM customers;
```

运行结果如图 6.2 所示。

由运行结果可知，方式 1 的返回结果中字段的顺序和 SELECT 子句中列出的字段顺序一致，而方式 2 的返回结果中字段的顺序和创建表时定义的字段顺序一致。方式 1 可以灵活地调整字段的显示顺序；方式 2 语句更加简单精练，对于字段比较多的情况更有优

```
+-------------+-------------+--------+-------------------+-------------+
| customer_id | name        | gender | registration_date | phone       |
+-------------+-------------+--------+-------------------+-------------+
| 101         | 薛为民       | 男     | 2012-01-09        | 16800001111 |
| 102         | 刘丽梅       | 女     | 2016-01-09        | 16811112222 |
| 103         | Grace_Brown | 女     | 2016-01-09        | 16822225555 |
| 104         | 赵文博       | 男     | 2017-12-31        | 16811112222 |
| 105         | Adrian_Smith| 男     | 2017-11-10        | 16866667777 |
| 106         | 孙丽娜       | 女     | 2017-11-10        | 16877778888 |
| 107         | 林琳         | 女     | 2020-05-17        | 16888889999 |
+-------------+-------------+--------+-------------------+-------------+
7 rows in set (0.00 sec)
```

图 6.2 使用通配符查询所有字段

势,但字段的显示顺序固定。

**2. 查询特定字段**

查询特定字段就需要在 SELECT 子句中列出这些特定字段,字段之间用逗号(,)分隔。

**【例 6.2】** 使用完全限定表名在客户表 customers 中,查询全部客户的客户编号 customer_id、姓名 name 和联系电话 phone。

SQL 语句如下:

```
SELECT customer_id,name,phone
FROM online_sales_system.customers;
```

运行结果如图 6.3 所示。

```
+-------------+--------------+-------------+
| customer_id | name         | phone       |
+-------------+--------------+-------------+
| 101         | 薛为民        | 16800001111 |
| 102         | 刘丽梅        | 16811112222 |
| 103         | Grace_Brown  | 16822225555 |
| 104         | 赵文博        | 16811112222 |
| 105         | Adrian_Smith | 16866667777 |
| 106         | 孙丽娜        | 16877778888 |
| 107         | 林琳          | 16888889999 |
+-------------+--------------+-------------+
7 rows in set (0.00 sec)
```

图 6.3 查询特定字段

### 6.2.2 记录的限制

**1. 使用 DISTINCT 控制记录数的输出**

在 SELECT 语句中 DISTINCT 关键字可以去除重复的查询记录。与 DISTINCT 相对应的是 ALL 关键字,ALL 关键字是显示所有查询到的记录,包括重复记录。ALL 是系统的默认值,可以省略。

**【例 6.3】** 在客户表 customers 中,查询性别 gender 的种类。

SQL 语句如下:

```
SELECT gender
FROM customers;
```

运行结果如图 6.4 所示。

由运行结果可以看出,查询结果中重复的记录很多,这不是我们需要的。要查询客户中的性别种类,每个种类显示一次就够了。但由运行结果可知,如果不加限制所有记录的性别都会出现在结果集中。

使用 DISTINCT 关键字的 SQL 查询语句如下:

```
SELECT DISTINCT gender
FROM customers;
```

运行结果如图 6.5 所示。结果中重复的记录只保留一条,正是所希望的结果。

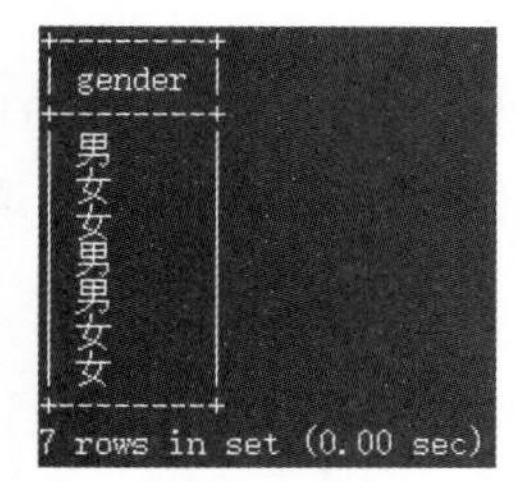

| gender |
| --- |
| 男 |
| 女 |
| 女 |
| 男 |
| 男 |
| 女 |
| 女 |

7 rows in set (0.00 sec)

图 6.4　查询特定字段

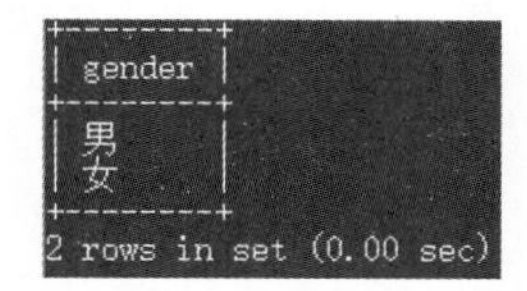

| gender |
| --- |
| 男 |
| 女 |

2 rows in set (0.00 sec)

图 6.5　使用 DISTINCT 查询单个字段

**【例 6.4】** 使用 DISTINCT 关键字和不使用 DISTINCT 关键字两种方式,在订单表 orders 中查询客户编号 customer_id 和城市 city。

不使用 DISTINCT 关键字的 SQL 语句如下:

```
SELECT customer_id,city
FROM orders;
```

运行结果如图 6.6 所示。

使用 DISTINCT 关键字的 SQL 语句如下:

```
SELECT DISTINCT customer_id,city
FROM orders;
```

运行结果如图 6.7 所示。

| customer_id | city |
| --- | --- |
| 105 | 北京市 |
| 105 | 北京市 |
| 107 | 天津市 |
| 106 | 哈尔滨市 |
| 103 | 青岛市 |
| 104 | 北京市 |
| 104 | 北京市 |
| 106 | 哈尔滨市 |
| 107 | 天津市 |
| 106 | 武汉市 |
| 107 | 天津市 |

11 rows in set (0.00 sec)

图 6.6　不使用 DISTINCT 查询多个字段

| customer_id | city |
| --- | --- |
| 105 | 北京市 |
| 107 | 天津市 |
| 106 | 哈尔滨市 |
| 103 | 青岛市 |
| 104 | 北京市 |
| 106 | 武汉市 |

6 rows in set (0.00 sec)

图 6.7　使用 DISTINCT 查询多个字段

DISTINCT 关键字的说明如下。

(1) DISTINCT 只返回包含不同值的记录。

(2) 如果没有指定 DISTINCT,则系统默认为 ALL,即保留查询结果中所有的记录。

(3) DISTINCT 关键字应用于所有字段,而不仅限定它后面的一个字段,如果给出"SELECT DISTINCT customer_id,city FROM customers;",除非指定的两个字段的值都相同,才会显示一条记录,否则所有记录都将被显示出来。

### 2. 使用 LIMIT [M,] N 子句控制记录数的输出

**【例 6.5】** 在订单表 orders 中,查询买过商品的前 5 位城市不重复的客户编号 customer_id 和城市 city。

**分析**:例 6.5 中要求 customer_id 和 city 不重复的前 5 条记录,需要使用 DISTINCT 关键字保证结果中记录不重复,使用 LIMIT 关键字保证显示前 5 条记录。SQL 语句如下:

```
SELECT DISTINCT customer_id,city
FROM orders
LIMIT 0,5;
```

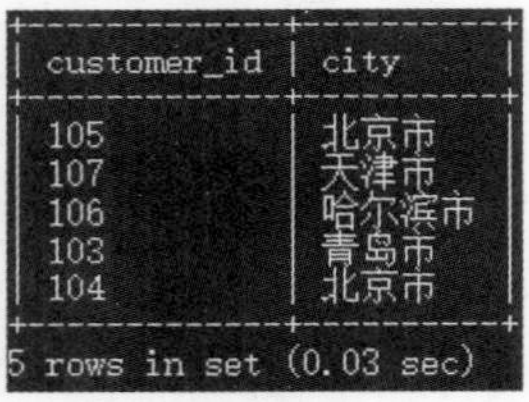

| customer_id | city |
|---|---|
| 105 | 北京市 |
| 107 | 天津市 |
| 106 | 哈尔滨市 |
| 103 | 青岛市 |
| 104 | 北京市 |

5 rows in set (0.03 sec)

图 6.8 使用 LIMIT 限制行的查询

运行结果如图 6.8 所示。

LIMIT [M,]N 说明如下。

(1) 从查询结果中选择从第 *M* 行开始的 *N* 行记录。MySQL 中首行记录的行号为 0。

(2) *M* 可以省略,若省略则从第 0 行开始显示 *N* 行记录,"LIMIT 0,5"等价于 LIMIT 5。

(3) LIMIT 中指定的行数 *N* 是查询的最大行数,若查询结果中的记录数小于 *N*,MySQL 将按查询结果的记录数显示。

## 6.2.3 为目标列表达式设置别名

通常情况下,为了编写代码方便,在创建数据表时,字段名称一般都会选择英文名称。在查询数据时,MySQL 会显示每个输出目标列的名称,默认情况下,显示的目标列的名称都是在 SELECT 子句中列表达式的名称,列表达式一般是数据源的字段名、字段表达式或包含字段名的函数,即使是字段名也是在创建表时定义的字段名。如果是字段表达式或函数则含义更加不明确,因此,为了使显示结果更加直观明了,可以在查询语句的 SELECT 子句中给查询的目标列表达式设置一个别名,使查询结果用别名来显示列标题。

**【例 6.6】** 在客户表 customers 中,查询所有客户的客户编号 customer_id、姓名 name 和性别 gender,要求用中文显示列标题。

**分析**：题目要求用中文显示列标题，则是要求为字段名设置别名。SQL 语句如下：

```
SELECT customer_id AS 客户编号,name AS 姓名,gender AS 性别
FROM customers LIMIT 0,5;
```

运行结果如图 6.9 所示。

**提示**：在给查询的目标列表达式设置别名时，AS 可以省略。

### 6.2.4　创建计算字段

在使用 SELECT 语句进行查询时，SELECT 子句中的列表达式可以是由表中的字段构成的表达式，即在结果集中可以输出对原有字段值计算的结果。

**【例 6.7】**　在商品表 items 中，查询每件商品的商品编号 item_id、商品名称 item_name 和差价(销售价格－成本价格)。限于篇幅原因，只显示 5 条记录。

SQL 语句如下：

```
SELECT item_id AS 商品编号,item_name AS 商品名称,price-cost AS 差价
FROM items
LIMIT 5;
```

运行结果如图 6.10 所示。

```
+----------+--------------+------+
| 客户编号 | 姓名         | 性别 |
+----------+--------------+------+
| 101      | 薛为民       | 男   |
| 102      | 刘丽梅       | 女   |
| 103      | Grace_Brown  | 女   |
| 104      | 赵文博       | 男   |
| 105      | Adrian_Smith | 男   |
+----------+--------------+------+
5 rows in set (0.03 sec)
```

图 6.9　为查询列起别名的查询

```
+----------+----------+--------+
| 商品编号 | 商品名称 | 差价   |
+----------+----------+--------+
| b001     | 墨盒     | 60.00  |
| b002     | 硒鼓     | 89.00  |
| f001     | 休闲装   | 69.00  |
| f002     | 春季风衣 | 490.00 |
| f003     | 春季衬衫 | 300.00 |
+----------+----------+--------+
5 rows in set (0.00 sec)
```

图 6.10　计算字段查询

在实际应用中，商家更想了解的是哪种商品的差价更高，也就是利润最高，因此，在查询结果中可以按照差价排序。对查询结果排序可以使用 ORDER BY 子句来实现。

**【例 6.8】**　在商品表 items 中，查询每件商品的商品编号 item_id、商品名称 item_name 和差价(即销售价格 price－成本价格 cost)，并按差价进行降序排列。限于篇幅原因，只显示 5 条记录。

**分析**：使用 ORDER BY 子句对查询结果按照某字段进行排序时，系统提供了两种排序方式：一种是 ASC，表示升序排列；另一种是 DESC，表示降序排列。例 6.8 要求按差价降序排列，则使用 DESC。

SQL 语句如下：

```
SELECT item_id AS 商品编号,item_name AS 商品名称,price-cost AS 差价
FROM items
ORDER BY 差价 DESC
LIMIT 5;
```

运行结果如图 6.11 所示。

由运行结果可以看出,单反相机的差价最大,也就是利润最高。

**提示**:ORDER BY 子句和 LIMIT 子句一起使用时,ORDER BY 子句要放在 LIMIT 子句前面。含义是:ORDER BY 子句按照"差价"降序排列记录以后,再使用 LIMIT 5 显示前 5 条记录。

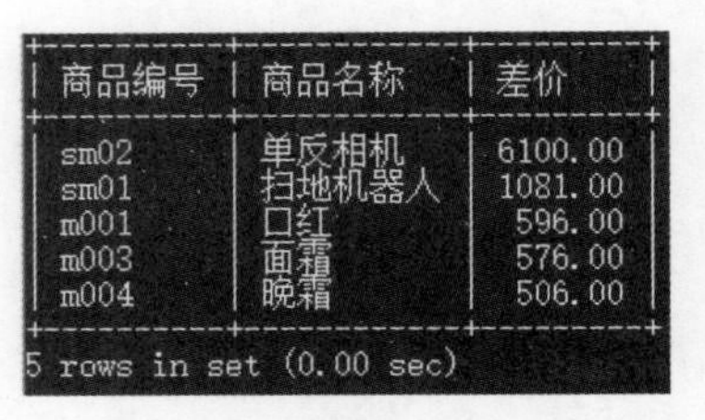

| 商品编号 | 商品名称 | 差价 |
|---|---|---|
| sm02 | 单反相机 | 6100.00 |
| sm01 | 扫地机器人 | 1081.00 |
| m001 | 口红 | 596.00 |
| m003 | 面霜 | 576.00 |
| m004 | 晚霜 | 506.00 |

5 rows in set (0.00 sec)

图 6.11 按计算字段排序的查询

## 6.2.5 查询结果的输出

从以上例题可以看出,查询是一条语句,执行这条语句得到的结果会直接显示在屏幕上,如果想将查询结果保存起来,MySQL 提供两种保存查询结果的方法。

### 1. 把查询结果存入一个新表

把查询结果存入一个新表,语法格式如下:

```
CREATE TABLE 新表名 SELECT 语句;
```

新创建的数据表的属性列由 SELECT 语句的目标列表达式来确定,属性列的列名、数据类型以及在新表中的顺序都与 SELECT 语句的目标列表达式相同。新表的记录也来自 SELECT 语句的查询结果,其值可以来源于计算列表达式,也可以来源于函数。

**【例 6.9】** 将商品表 items 中的销售价格降低 20%后生成一个新表 items_2,新表 items_2 包括商品编号、商品名称、成本价格和销售价格(中文字段名)。

SQL 语句如下:

```
CREATE TABLE items_2
SELECT item_id 商品编号,item_name 商品名称,cost 成本价格,price * 0.8 销售价格
FROM items;
```

运行结果如图 6.12 所示。

```
mysql> CREATE TABLE items_2
    -> SELECT item_id 商品编号,item_name 商品名称,cost 成本价格, price*0.8 销售价格
    -> FROM items;
Query OK, 15 rows affected (2.31 sec)
Records: 15  Duplicates: 0  Warnings: 0
```

图 6.12 CREATE TABLE 的运行结果

其中,"Records: 15"表示创建的表中包含 15 条记录;"Duplicates: 0"表示重复记录为 0,也就是 SELECT 语句检索出来的记录都被添加到新创建的表 items_2 中;"Warings: 0"表示有 0 个警告。

此语句运行后,使用 SELECT 语句查看新表 items_2 记录,如图 6.13 所示。

图 6.13 中显示新表 items_2 中的销售价格字段的值来源于表达式 price * 0.8,其中 price 来源于 SELECT 查询的数据源商品表 items。使用 DESC 语句查看新表 items_2 的

```
mysql> SELECT * FROM items_2 LIMIT 5;
+----------+----------+----------+----------+
| 商品编号 | 商品名称 | 成本价格 | 销售价格 |
+----------+----------+----------+----------+
| b001     | 墨盒     |   169.00 |  183.200 |
| b002     | 硒鼓     |   610.00 |  559.200 |
| f001     | 休闲装   |   199.00 |  214.400 |
| f002     | 春季风衣 |   980.00 | 1176.000 |
| f003     | 春季衬衫 |   600.00 |  720.000 |
+----------+----------+----------+----------+
5 rows in set (0.00 sec)
```

图 6.13　生成的新表 items_2 的记录

表结构如图 6.14 所示。

```
mysql> DESC items_2;
+----------+---------------+------+-----+---------+-------+
| Field    | Type          | Null | Key | Default | Extra |
+----------+---------------+------+-----+---------+-------+
| 商品编号 | char(4)       | NO   |     | NULL    |       |
| 商品名称 | varchar(45)   | YES  |     | NULL    |       |
| 成本价格 | decimal(10,2) | YES  |     | NULL    |       |
| 销售价格 | decimal(12,3) | YES  |     | NULL    |       |
+----------+---------------+------+-----+---------+-------+
4 rows in set (0.06 sec)
```

图 6.14　使用 DESC 语句查看新表 items_2 的表结构

新表 items_2 的表结构中各字段的数据类型与数据源商品表 items 各字段的数据类型基本一致，只有计算字段的数据类型稍有不同，items 表中 price 的数据类型为 decimal(10,2)，新表 items_2 中销售价格的数据类型为 decimal(12,3)。商品编号字段不能为 NULL 也沿用了商品表 items 的设置，只有一点不同，就是新表没有主键，使用时需要注意。

**2. 把查询结果输出到文本文件**

把查询结果输出到文本文件，语法格式如下：

```
SELECT 语句
INTO OUTFILE '[文件路径]文本文件名' [FIELDS TERMINATED BY '分隔符'];
```

使用 SELECT 语句的 INTO 子句可以将查询结果记录输出到文本文件中，用于数据的备份。生成文件的格式可以是.txt、.xls 和.csv。其中，INTO 子句不能单独使用，它必须包含在 SELECT 语句中；[FIELDS TERMINATED BY '分隔符']是可选项，用于定义在输出的文件中字段值之间的分隔符。

将查询结果输出到文件中会受到 MySQL 版本、用户权限、字符集等限制，读者可以参看相关说明。

## 6.3　条件查询

条件查询

条件查询是指检索出数据源中满足条件的记录，相当于关系代数中的选择运算，对记录进行筛选。条件查询是通过 WHERE 子句实现的。语法格式如下：

```
SELECT [ALL|DISTINCT] 列表达式 1 [AS 别名 1] [,列表达式 2[AS 别名 2][,…]]
FROM 表名|视图名
WHERE 条件表达式
[LIMIT [M,]N];
```

其中，WHERE子句的查询条件表达式一般格式如下：

```
表达式 1 条件运算符 表达式 2
```

MySQL提供了多种条件运算符，常用的查询条件运算符如表6.1所示。

表6.1 常用的查询条件运算符

| 查询条件 | 运算符 |
|---|---|
| 比较运算符 | =、＜、＞、＜=、＞=、＜＞、!=、!＜、!＞ |
| 范围运算符 | BETWEEN AND、NOT BETWEEN AND |
| 列表运算符 | IN、NOT IN |
| 字符匹配符 | LIKE、NOT LIKE |
| 空值 | IS NULL、IS NOT NULL |
| 逻辑运算符 | AND、OR、NOT、XOR |

比较运算符中的＜＞和!=表示不等于；!＞和＜=表示不大于(小于或等于)；!＜和＞=表示不小于(大于或等于)；范围运算符BETWEEN AND指定查询字段的取值范围。列表运算符IN指定查询字段的取值集合。字符匹配运算符LIKE可以使用通配符进行模糊查询。空值运算符IS NULL用来判断查询字段是否为空。逻辑运算符用来连接多个查询条件。

### 6.3.1 带比较运算符的查询

比较运算符主要包含等于=、小于＜、大于＞、小于或等于＜=、大于或等于＞=、不等于＜＞、不等于!=、不小于!＜、不大于!＞，它们都属于二目运算符(又称双目运算符)，需要连接两个操作数或表达式。由比较运算符构成的表达式称为关系表达式，表达式的结果为逻辑值。语法格式如下：

```
表达式 1 比较运算符 表达式 2
```

**【例6.10】** 在客户表customers中查询所有“女”客户的信息。

**分析**：查询条件是“女”客户，针对的是customers中的性别gender字段，因此条件应该为gender='女'，所有女客户的信息表明显示所有的字段。注意“女”是字符串常量，需要用单引号引起来。SQL语句如下：

```
SELECT *
FROM customers
WHERE gender='女';
```

查询结果如图 6.15 所示。

| customer_id | name | gender | registration_date | phone |
|---|---|---|---|---|
| 102 | 刘丽梅 | 女 | 2016-01-09 | 16811112222 |
| 103 | Grace_Brown | 女 | 2016-01-09 | 16822225555 |
| 106 | 孙丽娜 | 女 | 2017-11-10 | 16877778888 |
| 107 | 林琳 | 女 | 2020-05-17 | 16888889999 |

4 rows in set (0.03 sec)

图 6.15 对字符型字段的条件查询

**【例 6.11】** 在商品表 items 中查询库存 inventory 大于 1000 件的商品的商品名称 item_name、类别 category、销售价格 price 和库存 inventory。

**分析：**该查询的条件为 inventory＞1000，1000 是数值类型的常量，不需要用单引号引起来。SQL 语句如下：

```
SELECT item_name,category,price,inventory
FROM items
WHERE inventory>1000;
```

查询结果如图 6.16 所示。

| item_name | category | price | inventory |
|---|---|---|---|
| 面霜 | 美容类 | 1176.00 | 10000 |
| 《数据库原理及应用》 | 书籍类 | 55.80 | 3000 |
| Head First Java（中文版） | 书籍类 | 89.00 | 2500 |

3 rows in set (0.08 sec)

图 6.16 对数值型字段的条件查询

**【例 6.12】** 在客户表 customers 中查询所有 2020 年 1 月 1 日之后注册的客户信息。

**分析：**该查询的条件为 registration_date＞'2020-01-01'，2020 年 1 月 1 日是日期型常量，需要用单引号引起来。SQL 语句如下：

```
SELECT *
FROM customers
WHERE registration_date>'2020-01-01';
```

查询结果如图 6.17 所示。

在实际应用中，经常用到的常量一般包括以下 3 类：字符串常量、日期时间型常量和数值类型常量。其中，字符串常量和日期时间型常量需要用单引号引起来；数值类型的常量不需要用单引号引起来，直接给出即可。

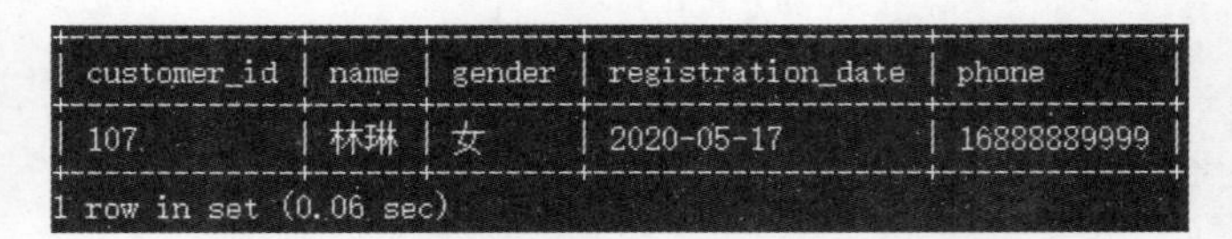

| customer_id | name | gender | registration_date | phone |
|---|---|---|---|---|
| 107 | 林琳 | 女 | 2020-05-17 | 16888889999 |

1 row in set (0.06 sec)

图 6.17　对日期型字段的条件查询

## 6.3.2　带逻辑运算符的查询

关系运算符只能表述单个条件,实现单条件的查询。如果需要进行多条件查询,则需要使用逻辑运算符构成复合条件。语法格式如下:

```
[表达式 1] 逻辑运算符 表达式 2
```

逻辑运算符包括 AND、OR、XOR 和 NOT,其中,AND、OR、XOR 属于双目运算符,连接两个表达式;NOT 属于单目运算符,后接一个表达式。

**【例 6.13】**　在商品表 items 中查询销售价格大于 1000 元,或者库存小于 500 件的商品名称 item_name、销售价格 price 和库存 inventory。

**分析**:查询条件有两个,price＞1000 和 inventory＜500。两个条件表达式是或的关系,应该用逻辑运算符 OR。SQL 语句如下:

```sql
SELECT item_name AS 商品名称,price AS 销售价格,inventory AS 库存
FROM items
WHERE price>1000 OR inventory<500;
```

运行结果如图 6.18 所示。

由运行结果可以看出,在逻辑或运算中,只要满足其中一个条件的记录就会出现在查询的结果集中。如图 6.18 中"春季风衣""口红""扫地机器人"和"单反相机"同时满足两个条件,"面霜"和"晚霜"只满足 price＞1000,但不满足 inventory＜500。"春季衬衫"只满足 inventory＜500,但不满足 price＞1000。

| 商品名称 | 销售价格 | 库存 |
|---|---|---|
| 春季风衣 | 1470.00 | 300 |
| 春季衬衫 | 900.00 | 350 |
| 口红 | 1056.00 | 100 |
| 面霜 | 1176.00 | 10000 |
| 晚霜 | 1056.00 | 500 |
| 扫地机器人 | 2580.00 | 100 |
| 单反相机 | 28999.00 | 50 |

7 rows in set (0.00 sec)

图 6.18　带逻辑运算符 OR 的条件查询

**【例 6.14】**　在商品表 items 中查询销售价格大于 1000 元并且库存小于 500 件的商品名称 item_name、销售价格 price 和库存 inventory。

**分析**:需要 price＞1000 和 inventory＜500 两个条件同时满足,应该用逻辑 AND 运算符。SQL 语句如下:

```sql
SELECT item_name AS 商品名称,price AS 销售价格,inventory AS 库存
FROM items
WHERE price>1000 AND inventory<500;
```

运行结果如图 6.19 所示。

由运行结果可以看出，在逻辑与运算中，只有两个条件都满足的记录才出现在结果集中。

**【例 6.15】** 在商品表 items 中查询要么销售价格大于 1000 元，要么库存小于 500 件的商品名称 item_name、销售价格 price 和库存 inventory。

**分析**：两个条件 price＞1000 和 inventory＜500 只能满足一个，两个条件同时满足不符合题目要求，应该使用逻辑 XOR 运算符。SQL 语句如下：

```
SELECT item_name AS 商品名称,price AS 销售价格,inventory AS 库存
FROM items
WHERE price>1000 XOR inventory<500;
```

运行结果如图 6.20 所示。

| 商品名称 | 销售价格 | 库存 |
|---|---|---|
| 春季风衣 | 1470.00 | 300 |
| 口红 | 1056.00 | 100 |
| 扫地机器人 | 2580.00 | 100 |
| 单反相机 | 28999.00 | 50 |

4 rows in set (0.00 sec)

**图 6.19　带逻辑运算符 AND 的条件查询**

| 商品名称 | 销售价格 | 库存 |
|---|---|---|
| 春季衬衫 | 900.00 | 350 |
| 面霜 | 1176.00 | 10000 |
| 晚霜 | 1056.00 | 500 |

3 rows in set (0.00 sec)

**图 6.20　带逻辑运算符 XOR 的条件查询**

由运行结果可以看出，在逻辑异或运算中，只有满足其中一个条件的记录才会出现在查询结果集中。

**【例 6.16】** 在商品表 items 中查询销售价格 price 在 1056～2580 元(不包括 1056 和 2580 元)或者库存 inventory 大于 1000 件的商品的商品名称 item_name、销售价格 price 和库存 inventory。

**分析**：包含三个条件 price＞1056、price＜2580 和 inventory＞1000，其中前两个条件是与的关系，使用逻辑 AND 运算符，它们与第三个条件是或的关系，使用逻辑 OR 运算符。SQL 语句如下：

```
SELECT item_name AS 商品名称,price AS 销售价格,inventory AS 库存
FROM items
WHERE price>1056   AND price<2580 OR inventory>1000;
```

运行结果如图 6.21 所示。

| 商品名称 | 销售价格 | 库存 |
|---|---|---|
| 春季风衣 | 1470.00 | 300 |
| 面霜 | 1176.00 | 10000 |
| 《数据库原理及应用》 | 55.80 | 3000 |
| Head First Java (中文版) | 89.00 | 2500 |

4 rows in set (0.00 sec)

**图 6.21　带多个逻辑运算符的条件查询**

由运行结果可以看出，逻辑与的优先级高于逻辑或。“春季风衣”满足销售价格条件，不满足库存条件，因为销售价格条件和库存条件是或运算，因此会出现在结果集中；“面霜”满足销售价格和库存两个条件，出现在结果集中；“《数据库原理及应用》”和“Head First Java(中文版)”都是因为满足库存一个条件，出现在结果集中。

**【例 6.17】** 在商品表 items 中查询非“数码类”商品的商品名称 item_name、销售价格 price、库存 inventory 和类别 category。

**分析**：非数码类可以表示为 category！＝'数码类'、category＜＞'数码类'或者 NOT category＝'数码类'。SQL 语句如下：

```
SELECT item_name AS 商品名称,price AS 销售价格,inventory AS 库存,category AS
类别
FROM items
WHERE NOT category='数码类'
LIMIT 5;
```

运行结果如图 6.22 所示。

| 商品名称 | 销售价格 | 库存 | 类别 |
|---|---|---|---|
| 墨盒 | 229.00 | 500 | 办公类 |
| 硒鼓 | 699.00 | 600 | 办公类 |
| 休闲装 | 268.00 | 800 | 服饰类 |
| 春季风衣 | 1470.00 | 300 | 服饰类 |
| 春季衬衫 | 900.00 | 350 | 服饰类 |

5 rows in set (0.00 sec)

图 6.22 带逻辑运算符 NOT 的条件查询

### 6.3.3 带 BETWEEN AND 关键字的查询

BETWEEN AND 用来查询某个范围内的值，“初始值”表示取值范围的起始值；“终止值”表示取值范围的终止值，表示的取值范围为大于或等于“初始值”并且小于或等于“终止值”；如果字段值满足指定的范围，这条记录就会出现在结果集中。NOT 是可选项，加上 NOT 表示不在指定范围内时满足条件，取值范围为大于“终止值”或者小于“初始值”。语法格式如下：

```
表达式 [NOT] BETWEEN 初始值 AND 终止值
```

**【例 6.18】** 用 BETWEEN AND 关键字进行查询，在商品表 items 中查询销售价格在 1056～2580 元或者库存大于 1000 件的商品的商品名称 item_name、销售价格 price 和库存 inventory。

**分析**：销售价格在 1056～2580 元，可以表示为 BETWEEN 1056 AND 2580。SQL 语句如下：

```
SELECT item_name AS 商品名称,price AS 销售价格,inventory AS 库存
FROM items
WHERE (price BETWEEN 1056  AND 2580) OR inventory>1000;
```

运行结果如图 6.23 所示。

| 商品名称 | 销售价格 | 库存 |
|---|---|---|
| 春季风衣 | 1470.00 | 300 |
| 口红 | 1056.00 | 100 |
| 面霜 | 1176.00 | 10000 |
| 晚霜 | 1056.00 | 500 |
| 《数据库原理及应用》 | 55.80 | 3000 |
| Head First Java（中文版） | 89.00 | 2500 |
| 扫地机器人 | 2580.00 | 100 |

7 rows in set (0.00 sec)

图 6.23　带 BETWEEN END 的条件查询

比较例 6.16 和例 6.18 两个例子的运行结果，理解 BETWEEN AND 的取值方式。例 6.18的运行结果中多了 3 条记录，“口红”和“晚霜”两条记录的销售价格正好是 1056 元，“扫地机器人”的销售价格正好是 2580 元，都满足销售价格的条件，因此出现在结果集中。说明 BETWEEN AND 的条件包含初始值和终止值。

**【例 6.19】**　在客户表 customers 中查询 2015—2017 年注册的客户信息，包括客户编号 customer_id、姓名 name、性别 gender 和注册日期 registration_date。

**分析**：条件为注册日期 registration_date 在 2015—2017 年，最早的时间点为 2015 年 1 月 1 日，最晚的时间点为 2017 年 12 月 31 日，而且应该包含这两个时间点。因此，可以使用 BETWEEN AND 关键字。SQL 语句如下：

```
SELECT customer_id,name,gender,registration_date
FROM customers
WHERE registration_date BETWEEN '2015-1-1' AND '2017-12-31';
```

运行结果如图 6.24 所示。

| customer_id | name | gender | registration_date |
|---|---|---|---|
| 102 | 刘丽梅 | 女 | 2016-01-09 |
| 103 | Grace_Brown | 女 | 2016-01-09 |
| 104 | 赵文博 | 男 | 2017-12-31 |
| 105 | Adrian_Smith | 男 | 2017-11-10 |
| 106 | 孙丽娜 | 女 | 2017-11-10 |

5 rows in set (0.00 sec)

图 6.24　带 BETWEEN END 的条件查询

由运行结果可以看出，赵文博的注册日期是 2017 年 12 月 31 日，包含在条件范围之内，所以出现在查询结果中。

**【例 6.20】**　在客户表 customers 中查询 2015 年之前和 2017 年之后注册的客户信息，包括客户编号 customer_id、姓名 name、性别 gender 和注册日期 registration_date。

**分析**：例6.20的查询条件正好是例6.19的否定。SQL语句如下：

```
SELECT customer_id,name,gender,registration_date
FROM customers
WHERE registration_date NOT BETWEEN '2015-1-1' AND '2017-12-31';
```

运行结果如图6.25所示。

```
+-------------+--------+--------+-------------------+
| customer_id | name   | gender | registration_date |
+-------------+--------+--------+-------------------+
| 101         | 薛为民 | 男     | 2012-01-09        |
| 107         | 林琳   | 女     | 2020-05-17        |
+-------------+--------+--------+-------------------+
2 rows in set (0.00 sec)
```

**图6.25 带NOT BETWEEN END的条件查询**

由运行结果可以看到，返回结果是字段值不满足指定范围内的值的记录。与例6.18的结果正好互斥。

**说明**：BETWEEN AND中的“初始值”必须小于“终止值”，且查询结果包含初始值和终止值。该关键字可以用于对数值类型、字符类型和日期时间型的字段设置查询条件，数值类型的常量直接给出，不需要用单引号引起来，字符型和日期型常量需要用单引号引起来。

### 6.3.4 带LIKE或NOT LIKE关键字的查询

在查询时经常会遇到条件不明确的情况，此时可以使用LIKE关键字进行模糊查询。LIKE可以匹配部分字符串，如果字段的值与指定的条件字符串相匹配，则满足条件，否则不满足。NOT是可选项，加上NOT表示与指定字符串不匹配时满足条件。语法格式如下：

```
表达式[NOT] LIKE '字符串'[ESCAPE '转义字符']
```

其中，“字符串”是指定用来匹配的字符串，该字符串的值可以是一个完整的字符串，也可以是包含“%”百分号通配符和“_”下划线通配符的字符串。“%”可以替代 $N$ 个字符，$N$ 可以大于或等于0。“_”只能替代单个字符。ESCAPE '转义字符'的作用是当用户要查询的字符串本身含有通配符时，可以使用该选项对通配符进行转义。

**【例6.21】** 在客户表customers中查询姓“林”的客户信息。

**分析**：姓“林”只是name字段值的一部分，不能使用比较运算符“=”进行判断，“=”运算符判断的是完全相等，不能判断部分值相等。因此，只能使用模糊查询关键字LIKE。只要满足姓“林”就可以，至于“林”后面有几个字都可以，因此使用通配符“%”。SQL语句如下：

```
SELECT *
FROM customers
WHERE name LIKE '林%';
```

运行结果如图 6.26 所示。

```
+-------------+------+--------+-------------------+-------------+
| customer_id | name | gender | registration_date | phone       |
+-------------+------+--------+-------------------+-------------+
| 107         | 林琳 | 女     | 2020-05-17        | 16888889999 |
+-------------+------+--------+-------------------+-------------+
1 row in set (0.01 sec)
```

图 6.26 带%的模糊查询

**【例 6.22】** 在客户表 customers 中查询客户姓名第二个字是“丽”的客户编号 customer_id、姓名 name 和性别 gender。

**分析**：查询条件为第二个字是“丽”，那么在“丽”字的前面只能有一个字，用通配符“_”；后面可以有多个字，使用通配符“%”。因此使用 LIKE '_丽%'。SQL 语句如下：

```
SELECT customer_id,name,gender
FROM customers
WHERE name LIKE '_丽%';
```

运行结果如图 6.27 所示。

如果要查询的字符串本身就含有通配符，可以使用可选项 ESCAPE '转义字符'对通配符进行转义。

**【例 6.23】** 在客户表 customers 中查询姓名中包含下划线“_”的客户编号 customer_id、姓名 name、性别 gender 和联系电话 phone。

**分析**：姓名 name 中包含“_”，可以理解为在下划线的前面和后面都可以有若干字符，则在“_”的前后都使用通配符“%”。下划线“_”本就是通配符，那么就需要将其转义，使用 ESCAPE 关键字。SQL 语句如下：

```
SELECT customer_id,name,gender,phone
FROM customers
WHERE name LIKE '%/_%' ESCAPE '/';
```

运行结果如图 6.28 所示。

```
+-------------+--------+--------+
| customer_id | name   | gender |
+-------------+--------+--------+
| 102         | 刘丽梅 | 女     |
| 106         | 孙丽娜 | 女     |
+-------------+--------+--------+
2 rows in set (0.00 sec)
```

图 6.27 使用“_”和“%”的模糊查询

```
+-------------+--------------+--------+-------------+
| customer_id | name         | gender | phone       |
+-------------+--------------+--------+-------------+
| 103         | Grace_Brown  | 女     | 16822225555 |
| 105         | Adrian_Smith | 男     | 16866667777 |
+-------------+--------------+--------+-------------+
2 rows in set (0.00 sec)
```

图 6.28 使用 ESCAPE 的模糊查询

ESCAPE'/'短语表示“/”为转义字符，匹配串中紧跟在“/”后面的字符“_”不再具有通配符的含义，转义为普通的“_”字符。百分号通配符“%”可以代表长度 $n$ 的字符串，$n \geq 0$；下划线通配符“_”只能匹配一个字符，且必须有一个字符。

### 6.3.5 带 IN 或 NOT IN 关键字的查询

关键字 IN 可以查询字段值属于指定集合的记录。只要满足条件范围内的一个值即为匹配成功。NOT IN 查询字段值不属于指定集合的记录。语法格式如下：

```
表达式 [NOT] IN ('字符串 1' [,'字符串 2'[,…]])
```

【例 6.24】 在商品表 items 中查询“办公类”“数码类”“美容类”商品的商品名称 item_name、类别 category、销售价格 price 和库存 inventory。

分析：“办公类”“数码类”“美容类”是针对类别 category 设置的条件，可以使用逻辑运算 OR 连接 3 个条件表达式，也可以使用 IN('办公类','数码类','美容类')。SQL 语句如下：

```
SELECT item_name,category,price,inventory
FROM items
WHERE category IN ('办公类','数码类','美容类');
```

运行结果如图 6.29 所示。

| item_name | category | price | inventory |
|---|---|---|---|
| 墨盒 | 办公类 | 229.00 | 500 |
| 硒鼓 | 办公类 | 699.00 | 600 |
| 口红 | 美容类 | 1056.00 | 100 |
| 石榴水 | 美容类 | 936.00 | 500 |
| 面霜 | 美容类 | 1176.00 | 10000 |
| 晚霜 | 美容类 | 1056.00 | 500 |
| 扫地机器人 | 数码类 | 2580.00 | 100 |
| 单反相机 | 数码类 | 28999.00 | 50 |

8 rows in set (0.00 sec)

图 6.29 使用谓词 IN 的查询

使用关键字 IN 的集合运算，等价于逻辑或运算。category IN ('办公类','数码类','美容类')等价于 category='办公类' OR category='数码类' OR category='美容类';category NOT IN ('办公类','数码类','美容类') 等价于 category!='办公类' AND category !='数码类' AND category!='美容类'。如果条件比较多，例如查询办公类、数码类、美容类、服装类的商品信息，使用 IN 集合运算比使用 OR 逻辑表达式更方便、更清晰、更好理解。

### 6.3.6 带 NULL 或 NOT NULL 关键字的查询

在创建数据表时，可以指定某字段是否可以为 NULL。NULL 不是 0，也不是空字符串，只表示没有数据。在使用 SELECT 语句进行查询时，可以使用 IS [NOT] NULL 子句判断某字段的值是否为 NULL。语法格式如下：

```
表达式 IS [NOT] NULL
```

此外，MySQL 还提供了一个判断是否为 NULL 的函数 ISNULL(表达式)，如果“表达式"为 NULL,则函数 ISNULL()的结果为真,否则为假。

**【例 6.25】**　在商品表 items 中,查询所有未上架(is_online 字段)的商品编号 item_id、商品名称 item_name、成本价格 cost、销售价格 price 和库存 inventory。

**分析**:未上架的标识就是字段 is_online 的值为 NULL。SQL 语句如下:

```
SELECT item_id,item_name,cost,price,inventory,is_online
FROM items
WHERE is_online IS NULL;
```

运行结果如图 6.30 所示。

| item_id | item_name | cost | price | inventory | is_online |
|---|---|---|---|---|---|
| m002 | 石榴水 | 520.00 | 936.00 | 500 | NULL |
| m004 | 晚霜 | 550.00 | 1056.00 | 500 | NULL |

2 rows in set (0.05 sec)

图 6.30　判断 NULL 值的查询

**【例 6.26】**　在商品表 items 中,查询所有已上架(is_online 字段)的商品编号 item_id、商品名称 item_name、成本价格 cost、销售价格 price 和库存 inventory。

**分析**:已上架的标识就是字段 is_online 的值为 NOT NULL。SQL 语句如下:

```
SELECT item_id,item_name,cost,price,inventory,is_online
FROM items
WHERE is_online IS NOT NULL;
```

或者

```
SELECT item_id,item_name,cost,price,inventory,is_online
FROM items
WHERE NOT ISNULL(is_online);
```

以上两条 SELECT 语句运行结果相同,结果如图 6.31 所示。

| item_id | item_name | cost | price | inventory | is_online |
|---|---|---|---|---|---|
| b001 | 墨盒 | 169.00 | 229.00 | 500 | 1 |
| b002 | 硒鼓 | 610.00 | 699.00 | 600 | 1 |
| f001 | 休闲装 | 199.00 | 268.00 | 800 | 1 |
| f002 | 春季风衣 | 980.00 | 1470.00 | 300 | 1 |
| f003 | 春季衬衫 | 600.00 | 900.00 | 350 | 1 |
| m001 | 口红 | 460.00 | 1056.00 | 100 | 1 |
| m003 | 面霜 | 600.00 | 1176.00 | 10000 | 1 |
| s001 | 《数据库原理及应用》 | 29.50 | 55.80 | 3000 | 1 |
| s002 | Head First Java(中文版) | 51.80 | 89.00 | 2500 | 1 |
| s003 | 《鲁迅全集》 | 460.00 | 690.00 | 800 | 1 |
| s004 | 《人间词话》 | 40.50 | 68.80 | 900 | 1 |
| sm01 | 扫地机器人 | 1499.00 | 2580.00 | 100 | 1 |
| sm02 | 单反相机 | 22899.00 | 28999.00 | 50 | 1 |

13 rows in set (0.15 sec)

图 6.31　判断 NOT NULL 值的查询

使用 SELECT 语句显示所有商品信息,如图 6.32 所示。

```
mysql> SELECT * FROM items;
+---------+---------------------------+----------+----------+----------+-----------+-----------+
| item_id | item_name                 | category | cost     | price    | inventory | is_online |
+---------+---------------------------+----------+----------+----------+-----------+-----------+
| b001    | 墨盒                      | 办公类   |   169.00 |   229.00 |       500 |         1 |
| b002    | 硒鼓                      | 办公类   |   610.00 |   699.00 |       600 |         1 |
| f001    | 休闲装                    | 服饰类   |   199.00 |   268.00 |       800 |         1 |
| f002    | 春季风衣                  | 服饰类   |   980.00 |  1470.00 |       300 |         1 |
| f003    | 春季衬衫                  | 服饰类   |   600.00 |   900.00 |       350 |         1 |
| m001    | 口红                      | 美容类   |   460.00 |  1056.00 |       100 |         1 |
| m002    | 石榴水                    | 美容类   |   520.00 |   936.00 |       500 |      NULL |
| m003    | 面霜                      | 美容类   |   600.00 |  1176.00 |     10000 |         1 |
| m004    | 晚霜                      | 美容类   |   550.00 |  1056.00 |       500 |      NULL |
| s001    | 《数据库原理及应用》      | 书籍类   |    29.50 |    55.80 |      3000 |         1 |
| s002    | Head First Java (中文版)  | 书籍类   |    51.80 |    89.00 |      2500 |         1 |
| s003    | 《鲁迅全集》              | 书籍类   |   460.00 |   690.00 |       800 |         1 |
| s004    | 《人间词话》              | 书籍类   |    40.50 |    68.80 |       900 |         1 |
| sm01    | 扫地机器人                | 数码类   |  1499.00 |  2580.00 |       100 |         1 |
| sm02    | 单反相机                  | 数码类   | 22899.00 | 28999.00 |        50 |         1 |
+---------+---------------------------+----------+----------+----------+-----------+-----------+
15 rows in set (0.00 sec)
```

图 6.32 显示 items 表的所有信息

图 6.30 列出的是 is_online 为 NULL 的商品信息,图 6.31 列出的是 is_online 为 NOT NULL 的商品信息,图 6.32 列出的是所有商品的商品信息,由 3 张图所示的运行结果可以看出,IS NOT NULL 是 IS NULL 的否定。

**提示:** NULL 值的判断有 3 种方式:ISNULL(is_online)、is_online IS NULL、is_online<>NULL。但不能使用关系运算符"="或"!="进行判断。

## 6.4 使用数据处理函数的查询

MySQL 支持利用函数来处理数据。函数是具有一定功能的语句的集合,对给定的参数值返回一个具有特定含义的值。通过使用函数对数据进行处理,数据库功能可以更加强大、更加灵活地满足不同客户的需求,也给数据的转换和处理提供了方便。因此,在进行数据的管理,尤其是数据的查询过程中会经常用到各种函数。MySQL 系统提供的常用函数主要包括:

(1) 用于处理字符串的文本函数。

(2) 用于在数值数据上进行算术操作的数值函数。

(3) 用于处理日期和时间值,并从这些值中提取特定成分的日期和时间函数。

(4) 返回 DBMS 正在使用的特殊信息的系统函数。

### 6.4.1 使用文本处理函数的查询

文本处理函数也称为字符串函数,主要用来处理数据库中的字符串数据。字符串处理函数包括:计算字符串长度函数、字符串合并函数、字符串替换函数、字符串比较函数、查找指定字符串位置函数等。常用的文本处理函数如表 6.2 所示,想了解更多文本处理函数见附录 B。

表 6.2　常用的文本处理函数

| 函　　数 | 具体含义 | 函　　数 | 具体含义 |
|---|---|---|---|
| LEFT(s,n) | 返回字符串 s 左边的 $n$ 个字符 | RIGHT(s,n) | 返回字符串 s 右边的 $n$ 个字符 |
| LENGTH(s) | 返回字符串 s 的长度 | STRCMP(s1,s2) | 比较字符串 s1 和 s2 的大小 |
| LOCATE(s1,s2) | 返回字符串 s1 在串 s2 中的开始位置 | SUBSTRING ( s, n,l) | 返回 s 从第 $n$ 开始的一个字符 |
| LOWER(s) | 将字符串 s 转换为小写 | UPPER(s) | 将字符串 s 转换为大写 |
| LTRIM(s) | 去掉字符串 s 左边的空格 | RTRIM(s) | 去掉字符串 s 右边的字符 |
| CONCAT(s1,s2,…) | 返回 s1、s2 等字符串的连接 | SOUNDEX(s) | 返回字符串 s 的 SOUNDEX 值 |

### 1. 返回子串的函数 SUBSTRING()

SUBSTRING(str,n,len)的功能是从字符串 str 的第 $n$ 个字符开始返回一个长度为 len 的子串。str 中的字符序号从 1 开始，一个英文字符算一个字符，一个中文字符也算一个字符。例如，函数 SUBSTRING('abc',2,2)的返回值是字符串'bc'，函数 SUBSTRING('张云程',1,2)的返回值是'张云'。

**【例 6.27】**　在客户表 customers 中，查询姓名中第二个字是“丽”的客户编号 customer_id、姓名 name 和性别 gender。

**分析**：使用 SUBSTRING()函数得到姓名 name 字段的第二个字，即从第二个字符开始取一个字符，函数形式为 SUBSTRING(name,2,1)。SQL 语句如下：

```
SELECT customer_id,name,gender
FROM customers
WHERE SUBSTRING(name,2,1)='丽';
```

运行结果如图 6.33 所示。

```
+-------------+--------+--------+
| customer_id | name   | gender |
+-------------+--------+--------+
| 102         | 刘丽梅 | 女     |
| 106         | 孙丽娜 | 女     |
+-------------+--------+--------+
2 rows in set (0.00 sec)
```

图 6.33　使用字符函数 SUBSTRING()的查询结果

由运行结果可以看出，结果和例 6.22 使用 LIKE 谓词的查询结果相同。也就是说，有些模糊查询可以使用文本处理函数来实现。

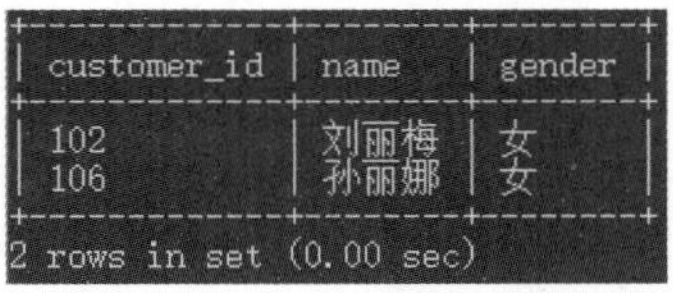

### 2. 返回串的 SOUNDEX 值的函数 SOUNDEX()

SOUNDEX(str)是一个将任何字符串转换为描述其语音表示的字母数字模式的算法，SOUNDEX(str)将字符串 str 转换为类似的发音字符和音节，使得能对字符串进行发音的比较而不是每个字符进行比较。中文中的同音字很多，当我们只记得发音但不确定具体的中文时，就可以使用该函数。

**【例 6.28】**　在客户表 customers 中查询叫“薛伟民”的客户编号 customer_id、姓名 name 和性别 gender。

直接使用比较运算符“＝”的 SQL 语句如下：

```
SELECT customer_id AS 客户编号,name AS 姓名,gender AS 性别
FROM customers
WHERE name='薛伟民';
```

运行结果如图 6.34 所示。

```
mysql> SELECT customer_id AS 客户编号,name AS 姓名,gender AS 性别
    -> FROM customers
    -> WHERE name='薛伟民';
Empty set (0.00 sec)
```

图 6.34 使用比较运算符的查询结果

运行结果中“Empty set (0.00 sec)”说明没有找到符合条件的记录,结果为空。

使用 SOUNDEX()查询的 SQL 语句如下:

```
SELECT customer_id AS 客户编号,name AS 姓名,gender AS 性别
FROM customers
WHERE SOUNDEX(name)=SOUNDEX('薛伟民');
```

运行结果如图 6.35 所示。

“薛为民”和“薛伟民”的发音相同,因此利用 SOUNDEX()能从客户表中检索出“薛为民”的信息。

| 客户编号 | 姓名 | 性别 |
|---|---|---|
| 101 | 薛为民 | 男 |

1 row in set (0.04 sec)

图 6.35 使用函数 SOUNDEX()的查询

**3. 字符串的连接函数 CONCAT()**

CONCAT(s1,s2…)的功能是将字符串 s1、字符串 s2 等参数连接后,返回字符串的连接结果。

**【例 6.29】** 根据订单表 orders 中的数据,生成一个客户编号 customer_id 和送货地址的一览表。其中送货地址由城市 city 和配送地址 address 连接生成。

SQL 语句如下:

```
SELECT DISTINCT customer_id,CONCAT(city,address)
FROM orders
ORDER BY customer_id;
```

运行结果如图 6.36 所示。

| customer_id | CONCAT(city, address) |
|---|---|
| 103 | 青岛市市北区幸福北里88号院 |
| 104 | 北京市海淀区清河小营东路12号学9公寓 |
| 105 | 北京市海淀区西三旗幸福小区60号楼6单元606 |
| 106 | 哈尔滨市道里区和谐家园66-66-666 |
| 106 | 武汉市洪山区爱康嘉园99号院 |
| 107 | 天津市武清区流星花园6-6-66 |

6 rows in set (0.00 sec)

图 6.36 使用字符串连接函数的查询结果

由运行结果可以看出，由 city 和 address 连接得到每份订单的送货地址。

## 6.4.2　使用数学函数的查询

数学函数主要是用来处理数值类型的数据，主要的数学函数有绝对值函数、三角函数、对数函数、随机函数等。常见的数学函数如表 6.3 所示。了解更多文本处理函数见附录 B。

**表 6.3　常用数学函数**

| 函　数 | 具 体 含 义 | 函　数 | 具 体 含 义 |
|---|---|---|---|
| ABS(x) | 返回 $x$ 的绝对值 | RAND() | 返回一个随机值 |
| COS(x) | 返回 $x$ 的余弦，其中 $x$ 是弧度值 | SIN(x) | 返回 $x$ 的正弦，其中 $x$ 是弧度值 |
| EXP(x) | 返回以 e 为底的 $x$ 次方 | SQRT(x) | 返回非负数 $x$ 的平方根 |
| MOD(x,y) | 返回 $x$ 被 $y$ 除后的余数 | TAN(x) | 返回 $x$ 的正切，其中 $x$ 是弧度值 |
| PI() | 返回圆周率 | FLOOR(x) | 返回不大于 $x$ 的最大整数 |
| POW(x,y) | 返回 $x$ 的 $y$ 次方 | ROUND(x) | 返回对 $x$ 进行四舍五入的整数 |

**【例 6.30】**　已知扫地机器人的商品编号 item_id 为 sm01、销售价格 price 为 2580.56 元，计算在订单明细表中的实际售价。实际售价＝销售价格×折扣，使用 FLOOR()和 ROUND()函数取整。

SQL 语句如下：

```
SELECT 2580.56 * discount, FLOOR(2580.56 * discount), ROUND(2580.56 * discount)
FROM order_details
WHERE item_id='sm01';
```

运行结果如图 6.37 所示。

```
+-----------------+------------------------+------------------------+
| 2580.56*discount | FLOOR(2580.56*discount) | ROUND(2580.56*discount) |
+-----------------+------------------------+------------------------+
|       2193.4760 |                   2193 |                   2193 |
|       2322.5040 |                   2322 |                   2323 |
|       2322.5040 |                   2322 |                   2323 |
|       2322.5040 |                   2322 |                   2323 |
|       2193.4760 |                   2193 |                   2193 |
|       2580.5600 |                   2580 |                   2581 |
|       2064.4480 |                   2064 |                   2064 |
|       2451.5320 |                   2451 |                   2452 |
|       2193.4760 |                   2193 |                   2193 |
+-----------------+------------------------+------------------------+
9 rows in set (0.00 sec)
```

图 6.37　使用数学函数 FLOOR()和 ROUND()的查询结果

由运行结果可以看出，表达式 2580.56 * discount 的值保留 4 位小数；FLOOR()和 ROUND()的功能都是取整，其中，FLOOR(2580.56 * discount)函数是向下取整，取不大于表达式 2580.56 * discount 的值的最大整数；ROUND(2580.56 * discount)是将表达式 2580.56 * discount 的值经过对小数部分进行四舍五入后，保留了整数部分。

### 6.4.3 使用日期和时间函数的查询

日期和时间函数用来处理日期和时间数据，多数以DATE类型值为参数的函数除了可以使用DATE类型的参数外，也可以使用DATETIME和TIMESTAMP类型的参数，但会忽略这些值的时间部分。同样地，以TIME类型值为参数的函数，除了可以接收TIME类型的参数外，也可以接收TIMESTAMP类型的参数，但会忽略日期部分。常用的日期和时间函数如表6.4所示，更多的日期的时间函数见附录B。

表6.4 常用的日期和时间函数

| 函　数 | 具体含义 | 函　数 | 具体含义 |
| --- | --- | --- | --- |
| ADDDATE(d,expr) | 将expr累加到d中 | ADDTIME(d,expr) | 将expr累加到d中 |
| CURDATE() | 返回当前的日期 | CURTIME() | 返回当前的时间 |
| DATE(d) | 返回日期时间的日期 | TIME(d) | 返回日期时间d的时间部分 |
| HOUR(t) | 返回一个时间的小时 | MINUTE(t) | 返回一个时间t的分钟 |
| SECOND(t) | 返回一个时间的秒 | DAYOFWEEK(d) | 返回日期d对应的星期几 |
| NOW() | 返回当前日期和时间 | YEAR(d) | 返回一个日期d的年份 |
| MONTH(d) | 返回一个日期的月份 | DAY(d) | 返回一个日期d的天数 |
| DATEDIFF(d1,d2) | 计算两个日期的差 | DAYNAME(d) | 返回d工作日的英文名称 |
| DATE_FORMAT() | 返回一个格式化的日期或时间串 | | |

#### 1. 返回当前日期函数CURDATE()和返回当前时间函数CURTIME()

CURDATE()函数的功能是返回系统的当前日期，返回值的格式根据函数所在的表达式的类型而定，如果函数参与数学运算，则以数值类型YYYYMMDD格式显示，否则以YYYY-MM-DD格式显示。

CURTIME()函数的功能是返回系统的当前时间，返回值的格式根据函数所在的表达式的类型而定，如果函数参与数学运算，则以数值类型HHMMSS格式显示，否则以HH:MM:SS格式显示。

**【例6.31】** 使用CURDATE()和CURTIME()获取系统的当前日期和时间。

SQL语句如下：

```
SELECT CURDATE(),CURDATE()+40,CURTIME(),CURTIME()+70;
```

运行结果如图6.38所示。

由运行结果可以看出，CURDATE()返回的是计算机系统的当前日期，如果该函数参与数学运算，则先将当前日期转换为YYYYMMDD格式的数值类型，然后和其他数值型数据按十进制数进行数学运算。CURTIME()函数与CURDATE()用法类似，返回的是

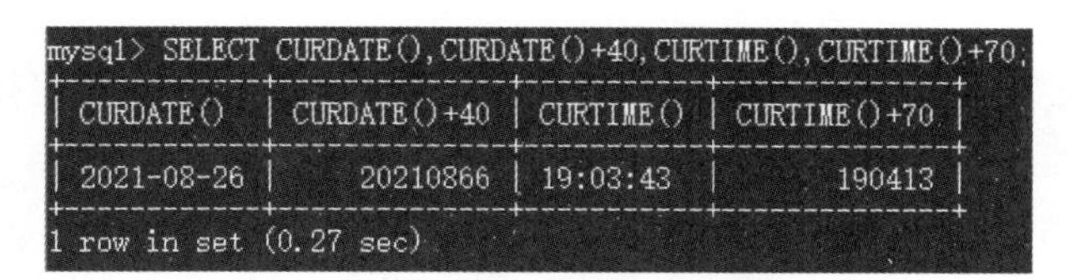
mysql> SELECT CURDATE(),CURDATE()+40,CURTIME(),CURTIME()+70;

| CURDATE() | CURDATE()+40 | CURTIME() | CURTIME()+70 |
| --- | --- | --- | --- |
| 2021-08-26 | 20210866 | 19:03:43 | 190413 |

1 row in set (0.27 sec)

图 6.38　取当前日期和当前时间函数的使用

计算机系统的当前时间。

### 2. 返回一个日期的年份函数 YEAR()、返回一个日期的月份函数 MONTH()、返回一个日期的当月天数函数 DAY()

**【例 6.32】**　在客户表 customers 中，查询 1 月注册的客户信息，包括客户编号 customer_id、姓名 name、性别 gender、注册年限和注册日期 registration_date。

**分析**：在客户表 customers 中没有注册年限字段，而且注册年限的值也是随着时间的推移发生变化，因此需要从当前系统的日期得到年份，然后减去注册日期的年份，才能得到每个客户的实际注册年限，表达式为 YEAR(CURDATE())-YEAR(registration_date)；查询条件是 1 月注册的客户，月份也要从注册日期中取，表达式为 MONTH(registration_date)。SQL 语句如下：

```
SELECT customer_id 客户编号,name 姓名,gender 性别,
YEAR(CURDATE())-YEAR(registration_date) 注册年限,registration_date AS 注册
日期
FROM customers
WHERE MONTH(registration_date)=1;
```

运行结果如图 6.39 所示。

| 客户编号 | 姓名 | 性别 | 注册年限 | 注册日期 |
| --- | --- | --- | --- | --- |
| 101 | 薛为民 | 男 | 9 | 2012-01-09 |
| 102 | 刘丽梅 | 女 | 5 | 2016-01-09 |
| 103 | Grace_Brown | 女 | 5 | 2016-01-09 |

3 rows in set (0.04 sec)

图 6.39　使用取年份和月份函数的查询

**注意**：年份的表示范围是 1970—2069，如果用两位数表示年份，00—69 系统会转换为 2000—2069，70—99 系统转换为 1970—1999。

### 3. 返回日期对应的星期几函数 DAYOFWEEK()和返回工作日的英文名称函数 DAYNAME()

DAYOFWEEK (d)函数的功能是返回日期型参数 d 对应的一周中的索引值，1 表示星期日，2 表示星期一，以此类推，7 表示星期六。

**【例 6.33】**　在客户表 customers 中，按星期几统计每天注册的人数，包括星期几和

人数。

**分析**：统计人数需要用 COUNT()函数，按星期的每天统计需要用到分组 GROUP BY。根据注册日期计算得到对应的星期几 DAYOFWEEK(registration_date)，并按其进行分组。SQL 语句如下：

```
SELECT DAYOFWEEK(registration_date) 索引值,
DAYNAME(registration_date) 星期,COUNT(*) 人数
FROM customers
GROUP BY DAYOFWEEK(registration_date);
```

运行结果如图 6.40 所示。

```
+--------+----------+------+
| 索引值 | 星期     | 人数 |
+--------+----------+------+
|      2 | Monday   |    1 |
|      7 | Saturday |    2 |
|      1 | Sunday   |    2 |
|      6 | Friday   |    2 |
+--------+----------+------+
4 rows in set (0.07 sec)
```

图 6.40　使用日期和时间函数的查询

**提示**：不同系统 DAYOFWEEK(d)的返回值表示的星期几会有所不同。使用时需要查阅相关系统说明。

### 6.4.4　系统信息函数

常用的系统信息函数包括系统的版本号、当前数据库的名称、当前数据库使用的字符集和校验规则等。常用的系统信息函数如表 6.5 所示，更多的系统信息函数见附录 B。

表 6.5　常用的系统信息函数

| 函　　数 | 具 体 含 义 | 函　　数 | 具 体 含 义 |
|---|---|---|---|
| VERSION () | 返回服务器的版本号 | CHARSET() | 返回字符串使用的字符集 |
| DATABASE() | 返回当前数据库的名称 | SCHEMA() | 返回当前数据库的名称 |
| USER() | 返回当前账户的用户名及所连接的客户主机 | CONNECTION() | 返回 MySQL 服务器当前连接次数 |
| COLLATION() | 返回字符串的校验规则 | LAST_INSERT_ID() | 返回最后一个自动生成的 ID 值 |

**1. 返回 MySQL 版本号的函数 VERSION()和返回当前数据库名称的函数 DATABASE()**

VERSION()函数的功能是返回 MySQL 服务器的版本号；DATABASE()函数的功能是返回当前使用的数据库名称。

【例 6.34】　查看当前 MySQL 的版本号和当前使用的数据库名。

SQL 语句如下：

```
SELECT VERSION(),DATABASE();
```

运行结果如图 6.41 所示。

### 2. 返回字符串使用的字符集 CHARSET()和返回字符串的校验规则 COLLATION()

CHARSET(str)函数的功能是返回字符串 str 使用的字符集；COLLATION(str)函数的功能是返回字符串 str 使用的校验规则。

【例 6.35】　使用 CHARSET()返回字符集，使用 COLLATION()返回校验规则。

查看字符串常量使用的系统默认的字符集和校验规则，SQL 语句如下：

```
SELECT CHARSET('happy'),COLLATION('happy');
```

运行结果如图 6.42 所示。

| VERSION() | DATABASE() |
| --- | --- |
| 8.0.25 | online_sales_system |

1 row in set (0.00 sec)

图 6.41　使用函数查看系统版本号和当前数据库名

| CHARSET('happy') | COLLATION('happy') |
| --- | --- |
| gbk | gbk_chinese_ci |

1 row in set (0.00 sec)

图 6.42　查看字符串常量使用的字符集和校验规则

由运行结果可以看出，CHARSET('happy')返回的是字符串常量的系统默认的字符集 gbk，COLLATION('happy')返回的是字符串常量的系统默认的校验规则 gbk_chinese_ci。

查看为字符串常量设置的字符集和校验规则，SQL 语句如下：

```
SELECT CHARSET(CONVERT('happy' USING utf8mb4)),COLLATION(CONVERT('happy'
USING utf8mb4));
```

运行结果如图 6.43 所示。

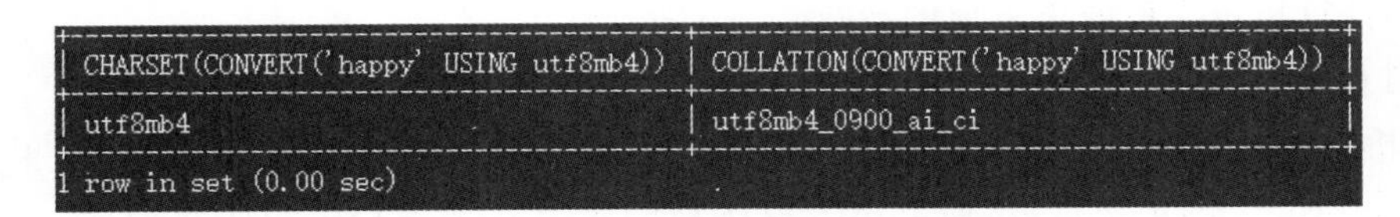

| CHARSET(CONVERT('happy' USING utf8mb4)) | COLLATION(CONVERT('happy' USING utf8mb4)) |
| --- | --- |
| utf8mb4 | utf8mb4_0900_ai_ci |

1 row in set (0.00 sec)

图 6.43　查看为字符串常量设置的字符集和校验规则

其中，CONVERT('happy' USING utf8mb4)是字符集类型的设置函数，将字符串'happy'的字符集设置为 utf8mb4 类型，CHARSET(CONVERT('happy' USING utf8mb4))函数返回的是被强制设置的编码方式 utf8mb4；COLLATION(CONVERT('happy' USING utf8mb4))返回的是采用 utf8mb4 字符集的默认校验规则 utf8mb4_0900_ai_ci。

# 6.5 汇总查询

汇总查询

在实际应用中,有时更关注对表中的数据进行统计汇总的结果。例如,统计某商品的销售总额、统计客户对某类商品的购买需求等,就需要使用汇总查询。所谓汇总查询就是对表中满足条件的记录使用聚合函数对数据进行统计计算。汇总查询可以通过聚合函数、分组关键字 GROUP BY 来实现。

## 6.5.1 聚合函数的使用

在 MySQL 中,常用的聚合函数如表 6.6 所示。

表 6.6 常用的聚合函数

| 函 数 | 具体含义 | 适合类型 |
|---|---|---|
| COUNT() | 用来统计非空记录的条数 | |
| SUM() | 用来计算字段的值的和 | 数值类型 |
| AVG() | 用来计算字段的值的平均值 | 数值类型 |
| MAX() | 用来查询字段的最大值 | 数值类型和字符类型 |
| MIN() | 用来查询字段的最小值 | 数值类型和字符类型 |

### 1. 计数函数 COUNT()

COUNT()函数统计满足条件的查询结果集中包含的记录数。语法格式如下:

```
COUNT([ALL | DISTINCT ] 字段名 | *)
```

COUNT(*)计算查询结果集中总的行数,无论某列是否有数据;COUNT([ALL] 字段名)计算指定字段下的非空值的行数,默认值为 ALL,可省略;COUNT(DISTINCT 字段名)计算指定字段非重复值的行数。

**【例 6.36】** 在订单表 orders 中,查询购买过商品的下单人次和下单人数。

分析:每个客户的每一份订单都对应订单表 orders 中的一条记录,因此下单人次就是订单表 orders 的记录行数,而下单人数统计的是有几个客户下单买过商品,一个客户可能下单多次,但仅统计一个,即统计订单表 orders 中不重复的客户编号 customer_id 的数量。SQL 语句如下:

```
SELECT COUNT(*) AS 下单人次 ,COUNT(DISTINCT customer_id) AS 下单人数
FROM orders;
```

运行结果如图 6.44 所示。

### 2. 求和函数 SUM()和求平均值函数 AVG()

SUM()是一个求总和的函数，参数要求为数值类型，返回值为该字段值的总和。AVG()是求平均值的函数，参数要求为数值类型，返回值为该字段值的平均值。

【例 6.37】　在商品表 items 中统计“服饰类”商品的总库存和平均售价。

分析：“服饰类”是针对类别 category 的查询条件，总库存是对库存 inventory 求和，平均售价是对销售价格 price 求平均值。SQL 语句如下：

```
SELECT category AS 类别,SUM(inventory) AS 总库存,
ROUND(AVG(price),2) AS 平均售价
FROM items
WHERE category='服饰类';
```

运行结果如图 6.45 所示。其中，ROUND(AVG(price),2)的作用是将销售价格的平均值保留 2 位小数。

| 下单人次 | 下单人数 |
|---|---|
| 11 | 5 |

1 row in set (0.03 sec)

图 6.44　使用 COUNT()函数统计记录个数

| 类别 | 总库存 | 平均售价 |
|---|---|---|
| 服饰类 | 1450 | 879.33 |

1 row in set (0.00 sec)

图 6.45　使用 SUM()和 AVG()函数统计数据

提示：SUM()和 AVG()的参数可以是字段表达式，且只能是一个字段表达式，如果需要对多个字段表达式求和或者求平均值，则需要对每一个字段表达式使用该函数。

### 3. 求最大值函数 MAX()和求最小值函数 MIN()

MAX()函数返回指定字段表达式中的最大值，MIN()函数返回指定字段表达式中的最小值。MAX()和 MIN()函数不仅可以对数值类型字段表达式求最大值和最小值，还可以对字符类型和日期类型的字段表达式求最大和最小。对数值类型和日期时间型字段进行比较时，按实际的大小进行比较；对字符类型的数据进行比较时，按照字符串采用的校验规则进行比较。在比较字符串时，从左到右顺次比较，直到遇到第一个不同的字符或字符串结束符为止，遇到的第一个不同字符的大小就决定了字符串的大小。

【例 6.38】　在商品表 items 中，查询“服饰类”商品的最高售价和最低售价。

分析：销售价格是数值类型的，MAX()和 MIN()函数可以对数值类型的数据求最值。SQL 语句如下：

```
SELECT category 类型,MAX(price) AS 最高,MIN(price) AS 最低
FROM items WHERE category='服饰类';
```

运行结果如图 6.46 所示。

【例 6.39】　在客户表 customers 中统计最短注册年限和最长注册年限及其注册日期

```
+--------+---------+--------+
| 类型   | 最高    | 最低   |
+--------+---------+--------+
| 服饰类 | 1470.00 | 268.00 |
+--------+---------+--------+
1 row in set (0.03 sec)
```

图 6.46 MAX()和 MIN()函数对数值类型数据的使用

registration_date。

**分析**：注册日期是日期时间型的数据,MAX()和 MIN()函数可以对日期时间型的数据求最值。SQL 语句如下：

```
SELECT MAX(registration_date) 最晚,
MIN(registration_date) 最早,
MIN(YEAR(curdate())-YEAR(registration_date)) 最短,
MAX(YEAR(curdate())-YEAR(registration_date)) 最长
FROM customers;
```

运行结果如图 6.47 所示。

```
+------------+------------+------+------+
| 最晚       | 最早       | 最短 | 最长 |
+------------+------------+------+------+
| 2020-05-17 | 2012-01-09 |    1 |    9 |
+------------+------------+------+------+
1 row in set (0.00 sec)
```

图 6.47 MAX()和 MIN()函数对日期和计算表达式的使用

字段可以作为 MAX()和 MIN()函数的参数,字段表达式也可以作为该函数的参数。

## 6.5.2 GROUP BY 的使用

使用 GROUP BY 子句可以将查询结果按照某一字段或多字段的值进行分类,换句话说,就是对查询结果的信息进行分组归纳,在每一个分组中汇总相关数据。使用 GROUP BY 子句的汇总查询称为分类汇总查询,分组的基本语法格式如下：

```
GROUP BY 字段 1,字段 2,… [HAVING 条件表达式]
```

GROUP BY 子句中"字段 1,字段 2,…"是进行分组的依据,把查询结果集中的记录按字段名清单进行分组,在这些字段上,所有的字段值都相同的记录分在同一组,并可以对每个组的数据进行汇总运算。若无 HAVING 子句,则得到的各组的汇总数据全部显示输出;若有 HAVING 子句,则只有符合 HAVING 条件的组的数据才显示输出。GROUP BY 经常和聚合函数一起使用。

### 1. 使用 GROUP BY 创建分组

**【例 6.40】** 在商品表 items 中按类别统计商品种类数、总库存和平均售价,需要使用 GROUP BY 子句。

**分析**：按不同的类别 category 分组，同一个类别的记录为一组，在不同的小组中分别计算商品的种类数（相当于同类别的记录个数）、库存总数和平均售价。SQL 语句如下：

```
SELECT category AS 类别,COUNT(*) AS 数量,SUM(inventory) AS 总库存,
ROUND(AVG(price),2) AS 平均售价
FROM items
GROUP BY category;
```

运行结果如图 6.48 所示。

**【例 6.41】** 在订单表 orders 中，按客户编号 customer_id 和城市 city 统计订单数，包括客户编号、城市和订单数。

**分析**：分组依据有两个，分别是 customer_id 和 city。SQL 语句如下：

```
SELECT customer_id 客户编号,city 城市,COUNT(*) 订单数
FROM orders
GROUP BY customer_id,city;
```

运行结果如图 6.49 所示。由结果可以看出，查询记录先按 customer_id 字段的不同值进行分组，在 customer_id 相同的情况下，再按 city 字段的不同值进行分组，最后在最小分组的基础上进行统计订单的数量。这就是多字段分组。

| 类别 | 数量 | 总库存 | 平均售价 |
|---|---|---|---|
| 办公类 | 2 | 1100 | 464.00 |
| 服饰类 | 3 | 1450 | 879.33 |
| 美容类 | 4 | 11100 | 1056.00 |
| 书籍类 | 4 | 7200 | 225.90 |
| 数码类 | 2 | 150 | 15789.50 |

5 rows in set (0.03 sec)

图 6.48　使用 GROUP BY 的分类汇总查询

| 客户编号 | 城市 | 订单数 |
|---|---|---|
| 105 | 北京市 | 2 |
| 107 | 天津市 | 3 |
| 106 | 哈尔滨市 | 2 |
| 103 | 青岛市 | 1 |
| 104 | 北京市 | 2 |
| 106 | 武汉市 | 1 |

6 rows in set (0.04 sec)

图 6.49　多字段分组查询

### 2. 特殊函数 GROUP_CONCAT()

从例 6.40 可以得到每个类别包含的商品的种类数，例如，“办公类”有两种商品，如果要查看每个类别包含的所有商品名称，则可以使用 MySQL 提供的 GROUP_CONCAT() 函数，将每个分组中某个字段的值显示出来。

**【例 6.42】** 在商品表 items 中查询同类别的商品名称。

SQL 语句如下：

```
SELECT category,COUNT(*) count,GROUP_CONCAT(item_name) as name
FROM items
GROUP BY category;
```

运行结果如图 6.50 所示。

| category | count | name |
|---|---|---|
| 书籍类 | 4 | 《数据库原理及应用》,Head First Java（中文版）,《鲁迅全集》,《人间词话》 |
| 办公类 | 2 | 墨盒,硒鼓 |
| 数码类 | 2 | 扫地机器人,单反相机 |
| 服饰类 | 3 | 休闲装,春季风衣,春季衬衫 |
| 美容类 | 4 | 口红,石榴水,面霜,晚霜 |

5 rows in set (0.02 sec)

图 6.50 使用 GROUP_CONCAT()函数的查询

由运行结果可以看出,进行分类汇总时,不但能按商品类别 category 统计出每个类别包含的商品数量,而且能列出每个类别包含的商品名称。例如,“书籍类”商品包含 4 本不同的书,分别是《数据库原理及应用》《Head First Java(中文版)》《鲁迅全集》和《人间词话》。

### 3. 在 GROUP BY 子句中使用 WITH ROLLUP 关键字

在统计出每个类别包含的商品数的基础上,还想得到所有类别的商品数,则可以在 GROUP BY 子句中使用 WITH ROLLUP 关键字。使用 WITH ROLLUP 之后,会在所有查询出的分组记录之后添加一条记录,该记录计算查询出的所有记录的总和,即统计所有记录的数量合计。

**【例 6.43】** 在商品表 items 中,按商品类别 category 分组统计各类别中的商品种类数、商品的总数及商品的总价。

SQL 语句如下:

```
SELECT category AS 类别,COUNT(*) AS 数量,SUM(inventory) AS 总库存,
ROUND(AVG(price),2) AS 平均售价
FROM items
GROUP BY category WITH ROLLUP;
```

运行结果如图 6.51 所示。

由运行结果可以看出最后一行记录分别表示一共有 15 种商品、15 种商品的库存总数为 21000 件、15 种商品的平均售价为 2684.84 元。此行是对以上分类汇总的结果进行汇总的数据。

| 类别 | 数量 | 总库存 | 平均售价 |
|---|---|---|---|
| 书籍类 | 4 | 7200 | 225.90 |
| 办公类 | 2 | 1100 | 464.00 |
| 数码类 | 2 | 150 | 15789.50 |
| 服饰类 | 3 | 1450 | 879.33 |
| 美容类 | 4 | 11100 | 1056.00 |
| NULL | 15 | 21000 | 2684.84 |

6 rows in set (0.05 sec)

图 6.51 使用 WITH ROLLUP 的分组查询

### 4. 使用 HAVING 过滤分组

**【例 6.44】** 使用 GROUP BY 子句实现在商品表 items 中统计“服饰类”商品的总库存和平均售价。

分析:需要根据类别进行分组并统计总库存和平均售价,之后在统计结果中选择'服饰类'商品的数据输出。SQL 语句如下:

```
SELECT category AS 类别,SUM(inventory) AS 总库存,
ROUND(AVG(price),2) AS 平均售价
FROM items
GROUP BY category HAVING category='服饰类';
```

运行结果如图 6.52 所示。

```
+--------+--------+----------+
| 类别   | 总库存 | 平均售价 |
+--------+--------+----------+
| 服饰类 |   1450 |   879.33 |
+--------+--------+----------+
1 row in set (0.00 sec)
```

图 6.52 使用 HAVING 子句的分组查询

由运行结果可以发现,与例 6.37 的运行结果完全相同。由此可见,有些汇总查询可以使用 WHERE 子句,也可以使用 GROUP BY 子句。但如果想查询多个类别的汇总信息,则只能用 GROUP BY 子句和 HAVING 子句。

**【例 6.45】** 在商品表 items 中分别统计"服饰类"和"书籍类"商品的总库存和平均售价。

使用 WHERE 子句进行查询,SQL 语句如下:

```
SELECT category AS 类别,SUM(inventory) AS 总库存,
ROUND(AVG(price),2) AS 平均售价
FROM items
WHERE category IN ('服饰类','书籍类');
```

运行结果如图 6.53 所示。

使用 GROUP BY…HAVING 子句进行查询,SQL 语句如下:

```
SELECT category 类别,SUM(inventory) 总库存,ROUND(AVG(price),2) 平均售价
FROM items
GROUP BY category HAVING category IN ('服饰类','书籍类');
```

运行结果如图 6.54 所示。

```
+--------+--------+----------+
| 类别   | 总库存 | 平均售价 |
+--------+--------+----------+
| 服饰类 |   8650 |   505.94 |
+--------+--------+----------+
1 row in set (0.00 sec)
```

图 6.53 使用 WHERE 子句的多条件汇总

```
+--------+--------+----------+
| 类别   | 总库存 | 平均售价 |
+--------+--------+----------+
| 服饰类 |   1450 |   879.33 |
| 书籍类 |   7200 |   225.90 |
+--------+--------+----------+
2 rows in set (0.00 sec)
```

图 6.54 使用 GROUP BY 子句的多条件汇总

由两条语句的运行结果可以看出,使用 GROUP BY…HAVING 子句的查询满足题目要求,而使用 WHERE 子句的查询没有办法完成题目的要求。使用 WHERE 子句和 HAVING 子句进行汇总查询时,它们的执行过程是不同的。WHERE 子句是从数据表中先把满足 WHERE 条件的记录都查询出来,然后对满足 WHERE 条件的记录进行统计运算,即 WHERE 在计算之前过滤记录,WHERE 排除的记录不包含在计算中。HAVING 子句是先按照 GROUP BY 子句给出的字段对数据表中的记录进行分组,然后在不同的组中分别对同组的记录进行统计运算,得到的统计结果是多条记录,最后在这个多条记录的结果集中查找满足 HAVING 子句条件的记录,即 HAVING 在数据分组之后

对汇总后的结果进行过滤。

**【例6.46】** 在订单表orders中,查询订单次数大于或等于3次的客户ID和下单次数。

**分析**:订单次数应该是按照客户编号customer_id进行统计,并在统计的结果中将下单次数大于或等于3的客户ID和下单次数显示输出。SQL语句如下:

```
SELECT customer_id AS 客户 ID,COUNT(customer_id) AS 下单次数
FROM orders
GROUP BY customer_id HAVING 下单次数>=3;
```

运行结果如图6.55所示。

从此题可以看出,HAVING子句的条件不一定是分组字段,也可以是分组统计后的结果。

### 5. GROUP BY子句和ORDER BY一起使用

从前面的例题可以看出分组汇总后的运算数据基本是无序的,无序的数据很难看出规律。因此,多数情况下需要对分组汇总后的数据进行排序,则要用到ORDER BY子句。语句格式如下:

```
ORDER BY 列表达式 1 [ASC|DESC][,列表达式 2 [ASC|DESC]][,…]
```

其中,ASC和DESC是可选项,默认是ASC,表示升序;DESC表示降序。

**【例6.47】** 在商品表items中,查询所有类别的商品总库存,并按总库存排列。

SQL语句如下:

```
SELECT category AS 类别,SUM(inventory) AS 总库存
FROM items
GROUP BY category
ORDER BY 总库存;
```

运行结果如图6.56所示。由排序结果可以看出,排序方式是升序。

| 客户ID | 下单次数 |
| --- | --- |
| 107 | 3 |
| 106 | 3 |

2 rows in set (0.00 sec)

**图6.55 汇总查询**

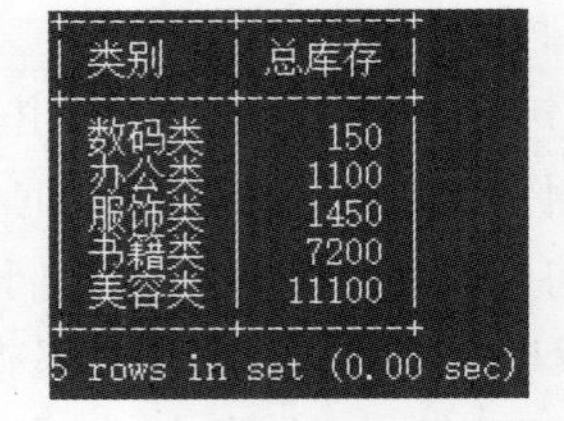

| 类别 | 总库存 |
| --- | --- |
| 数码类 | 150 |
| 办公类 | 1100 |
| 服饰类 | 1450 |
| 书籍类 | 7200 |
| 美容类 | 11100 |

5 rows in set (0.00 sec)

**图6.56 ORDER BY排序汇总结果**

**【例6.48】** 查询总库存前3的商品类别及总库存,排序方式应该选择降序DESC,使用LIMIT子句限制前3。

SQL 语句如下：

```
SELECT category AS 类别,SUM(inventory) AS 总库存
FROM items
GROUP BY category
ORDER BY 总库存 DESC
LIMIT 3;
```

运行结果如图 6.57 所示。

**【例 6.49】** 查询总库存超过 1000 的商品类别及总库存，使用 HAVING 子句。

使用 ORDER BY 子句的 SQL 语句如下：

```
SELECT category AS 类别,SUM(inventory) AS 总库存
FROM items
GROUP BY category HAVING 总库存>1000
ORDER BY 总库存 DESC;
```

运行结果如图 6.58 所示。

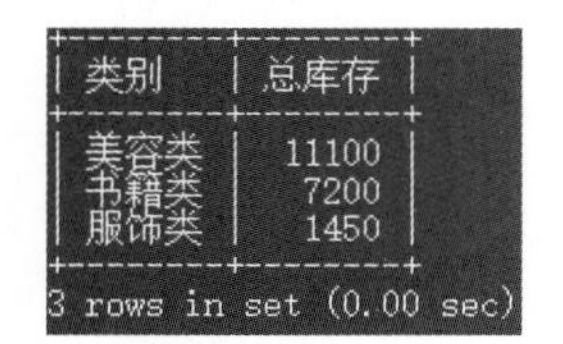

| 类别 | 总库存 |
|---|---|
| 美容类 | 11100 |
| 书籍类 | 7200 |
| 服饰类 | 1450 |

3 rows in set (0.00 sec)

图 6.57　使用 LIMIT 的汇总

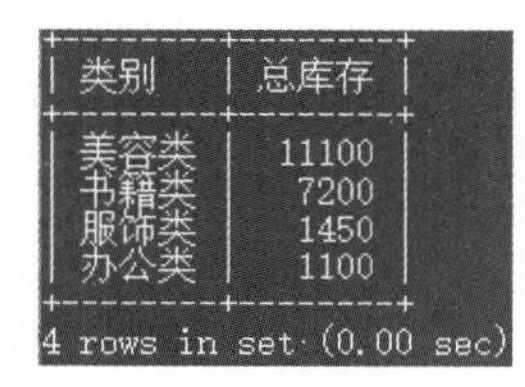

| 类别 | 总库存 |
|---|---|
| 美容类 | 11100 |
| 书籍类 | 7200 |
| 服饰类 | 1450 |
| 办公类 | 1100 |

4 rows in set (0.00 sec)

图 6.58　使用 HAVING 和 ORDER BY 的汇总

不使用 ORDER BY 子句的 SQL 语句如下：

```
SELECT category AS 类别,SUM(inventory) AS 总库存
FROM items
GROUP BY category HAVING 总库存>1000;
```

运行结果如图 6.59 所示。

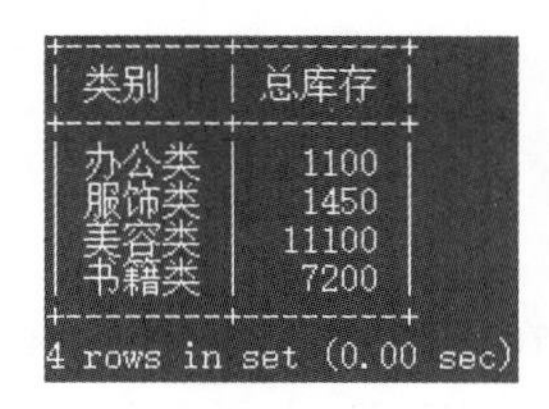

| 类别 | 总库存 |
|---|---|
| 办公类 | 1100 |
| 服饰类 | 1450 |
| 美容类 | 11100 |
| 书籍类 | 7200 |

4 rows in set (0.00 sec)

图 6.59　使用 HAVING 的汇总

**【例 6.50】** 按类别统计每类商品的最高价、最低价和平均销价，并按平均售价升序排列。

```
SELECT category,MAX(price) AS 最高价,MIN(price) AS 最低价,AVG(price) AS 平均售价
FROM items
GROUP BY category
ORDER BY 平均售价 ASC;
```

运行结果如图 6.60 所示。

```
+----------+----------+---------+--------------+
| category | 最高价   | 最低价  | 平均售价     |
+----------+----------+---------+--------------+
| 书籍类   |   690.00 |   55.80 |   225.900000 |
| 办公类   |   699.00 |  229.00 |   464.000000 |
| 服饰类   |  1470.00 |  268.00 |   879.333333 |
| 美容类   |  1176.00 |  936.00 |  1056.000000 |
| 数码类   | 28999.00 | 2580.00 | 15789.500000 |
+----------+----------+---------+--------------+
5 rows in set (0.06 sec)
```

图 6.60 求最值和平均值的汇总查询

提示:ORDER BY 子句是对查询的结果集中的记录进行排序,使用时必须放在 FROM 子句后面,如果同时使用 LIMIT,LIMIT 子句必须放在 ORDER BY 子句后面;HAVING 子句必须紧跟在 GROUP BY 子句后面。如果子句顺序不正确,MySQL 将产生错误信息。另外,如果在 GROUP BY 子句中使用 WITH ROLLUP 关键字,则不能再使用 ORDER BY 子句。

## 知识点小结

本章主要介绍了数据查询的概念和基础查询,基础查询主要介绍 SELECT 语句各个子句的使用方法及函数的使用。基础查询的一般语法格式如下:

```
SELECT [ALL|DISTINCT] * | <列表达式 1>[AS <别名 1>] [,<列表达式 2>[AS <别名 2>]
[,…]]
FROM <表名或者视图名>
[WHERE <条件表达式 1>]
[GROUP BY <分组字段列表>[HAVING <条件表达式 2>]]
[ORDER BY <排序字段 1>[ASC | DESC] [,<排序字段 2>[ASC | DESC]]…]
[LIMIT [M,]N]
```

说明如下。

(1) SELECT 语句中的子句在使用时出现的顺序和语法格式中的顺序一致。

(2) DISTINCT 关键字应用于 SELECT 子句后面包含的所有列表达式,而不仅仅是它后面的第一个列表达式。例如,查询两个字段 category、item_name,如果不同记录的这两个字段的组合值都不同,那么所有记录都会被查询出来。

(3) ORDER BY 子句中的关键字 ASC 和 DESC。查询结果中,可以按多个排序字段进行不同方式的排序,默认为 ASC 升序排列,如果需要对列进行降序排序,那么可以使用

DESC,这个关键字只对其前面的列进行降序排列。如果要对多列进行降序排列,则必须要在每一列的列名后面加 DESC 关键字。

(4) WHERE 子句。在查询时,经常会用到 WHERE 子句来确定查询条件,在查询条件中经常会用到常量,那什么时候加单引号,什么时候不需要单引号呢?数值类型的常量不需要单引号,而字符型和日期时间型的常量都需要用单引号引起来。

在查询时,如果条件比较复杂,需要使用 AND 和 OR 操作符时,最好使用括号明确运算顺序,确保 SQL 语句能正确理解。使用括号明确操作符的运算次序是一个好的习惯。

## 习　题

### 一、选择题

1. 在客户表 customers 中,查询姓“刘”的客户信息,正确的语句是(　　)
   A. SELECT * FROM customers WHERE name='刘';
   B. SELECT * FROM customers WHERE name LIKE '刘%';
   C. SELECT * FROM customers WHERE name LIKE '刘';
   D. SELECT * FROM customers WHERE name LIKE '刘_';
2. 可以从分类汇总结果集中过滤查询结果的 SQL 子句是(　　)。
   A. WHERE 子句　　B. GROUP BY 子句
   C. HAVING 子句　　D. ORDER BY 子句
3. 在商品表 items 中,统计商品类别数,正确的语句是(　　)。
   A. SELECT COUNT(category) FROM items;
   B. SELECT COUNT(*) FROM items;
   C. SELECT COUNT(DISTINCT category) FROM items;
   D. SELECT SUM(category) FROM items;
4. 在商品表 items 中查询销售价格 price 排在前 5 的记录,按销售价格降序排列的语句是(　　)
   A. SELECT * FROM items ORDER BY price DESC LIMIT 5;
   B. SELECT * FROM items ORDER BY price ASC LIMIT 5;
   C. SELECT * FROM items ORDER BY price DESC LIMIT 1,5;
   D. SELECT * FROM items ORDER BY price ASC LIMIT 1,5;
5. 在 items 表中查询类别 category 字段的数据,并去除重复值的是(　　)。
   A. SELECT category FROM items;
   B. SELECT DISTINCT category FROM items;
   C. SELECT ALL(category) FROM items;
   D. SELECT category FROM items DISTINCT;
6. 在 SQL 中,salary IN (2000,5000)的语义是(　　)。

A. salary＜＝2000 AND salary＞＝5000

B. salary＜＝5000 AND salary＞＝2000

C. salary＝2000 AND salary＝5000

D. salary＝2000 OR salary＝5000

7. 在订单表orders中,查询只下单未付款的订单信息,正确的语句是(　　)。

A. SELECT * FROM orders WHERE shipping_date IS NULL;

B. SELECT * FROM orders WHERE shipping_date＝NULL;

C. SELECT * FROM orders WHERE shipping_date＝0;

D. SELECT * FROM orders WHERE shipping_date!＝1;

8. 以下说法正确是(　　)。

A. 聚合函数只能和GROUP BY子句一起使用

B. GROUP BY只能按一个字段进行分组

C. ORDER BY只能按一个字段进行排序

D. GROUP BY可以按多个字段进行分组

9. 在客户表customers中,按性别gender统计男女人数,正确的语句是(　　)。

A. SELECT SUM(customer_id) FROM customers GROUP BY gender;

B. SELECT SUM(customer_id) FROM customers ORDER BY gender;

C. SELECT COUNT(customer_id) FROM customers ORDER BY gender;

D. SELECT COUNT(customer_id) FROM customers GROUP BY gender;

10. 在SQL语言中,条件"BETWEEN 80 AND 100"表示成绩在80～100,且(　　)。

A. 包括80和100　　　　B. 不包括80和100

C. 包括80,不包括100　　　　D. 不包括80,包括100

11. 在客户表customers中,查询包含"丽"的客户信息,正确的语句是(　　)。

A. SELECT * FROM customers WHERE name＝'丽';

B. SELECT * FROM customers WHERE name LIKE '%丽%';

C. SELECT * FROM customers WHERE name LIKE '%丽';

D. SELECT * FROM customers WHERE name LIKE '%丽_';

12. 以下能检索出任何汉字组合的姓名name为yangxinyue的表达式是(　　)。

A. name＝'杨欣悦'

B. name＝SOUNDEX('杨欣悦')

C. SOUNDEX(name)＝SOUNDEX('杨欣悦')

D. SOUNDEX(name)＝'杨欣悦'

13. 在商品表items中,统计每种类别category的最高和最低销售价格的语句是(　　)。

A. SELECT category, MAX(price), MIN(price) FROM items GROUP BY category;

B. SELECT items_id, MAX(price), MIN(price) FROM items GROUP BY item_id;

C. SELECT category, MAX(price), MIN(price) FROM items GROUP BY item_id;

D. SELECT items_id, MAX(price), MIN(price) FROM items GROUP BY category;

14. 语句“SELECT '1'+2,1+2,'Abc'='abc';”的显示结果是(　　)。

A. 3 3 0　　B. 1+2 3 1　　C. 3 3 1　　D. 1+2 3 0

15. 在订单表 orders 中,查询买商品超过 10 次的客户 ID 和下单次数,正确的语句是(　　)。

A. SELECT customer_id,COUNT(*) FROM orders GROUP BY customer_id WHERE COUNT(*)>10;

B. SELECT customer_id,COUNT(*) FROM orders GROUP BY customer_id HAVING COUNT(*)>10;

C. SELECT customer_id,COUNT(*) FROM orders ORDER BY customer_id WHERE COUNT(*)>10;

D. SELECT customer_id,COUNT(*) FROM orders ORDER BY customer_id HAVING COUNT(*)>10;

## 二、操作题

在 online_sales_system 数据库中,编写语句实现以下查询功能。

1. 在客户表 customers 中,查询 2010 年以后注册的客户信息。
2. 在客户表 customers 中,计算每位客户的注册年限,并按年限降序排列。
3. 在订单表 orders 中,按城市 city 统计订单数,包括城市和订单数。
4. 在商品表 items 中,查询每类商品中最高和最低的销售价格,包括类别、最高价格和最低价格。
5. 查询商品名 items 中含有“机”的商品信息,结果包括商品名称和库存数量。
6. 在商品表 items 中,查询每件商品的差价(即销售价格−成本价格),输出差价最高的前 5 种商品的商品编号、商品名称和差价。
7. 在商品表 items 中,统计不同类别的商品品种数量大于或等于 3 的商品类别和品种数。
8. 在商品表 items 中,统计不同类别的商品库存总数大于 5000 件的商品类别和库存总数,并按照库存总数降序输出。

第7章

# MySQL 进阶查询

第 6 章介绍了单数据源的查询。在实际应用中，经常需要涉及两张及以上的数据源的查询。例如，查询某商品的销售情况，数据来自于商品表、销售明细表；查询某客户购买商品的明细情况，数据来自于客户表、订单表、订单明细表和商品表，这就需要用到多数据源的查询。在 MySQL 中，多数据源查询的实现方法有连接查询、嵌套查询、集合查询、派生查询等。

## 7.1 连接查询

连接查询是指对两张或两张以上的表或视图进行的查询。连接查询是关系数据库中最主要、最具有实际意义的查询，是关系数据库的核心功能。连接查询是通过连接运算来实现的，根据不同的运算方式，连接查询可以分为内连接查询和外连接查询。在关系数据库管理系统中，把实体以及实体间的联系数据都各自存放在对应的二维表中，在创建数据表时，通过设置主键确保数据的实体完整性；数据表之间的关系是通过设置外键约束来实现的，以确保数据的参照完整性。主表的主键和从表的外键的关联关系，提供了连接查询的依据。查询时可以通过连接运算查询出存放在不同数据表中的相互关联的信息。

### 7.1.1 内连接查询

内连接查询

内连接查询是最常用的一种查询，使用比较运算符进行表间字段的比较运算，列出这些数据表中与连接条件相匹配的数据行，构成新的记录集合。在内连接查询中，只有满足条件的记录才能出现在结果集中。内连接查询可以通过在 FROM 子句中使用 INNER JOIN 关键字实现，语法格式如下：

```
SELECT [ALL|DISTINCT] * |列表达式 1 [AS 别名 1] [,列表达式 2 [AS 别名 2]
[,…]]
FROM 表名 1 [别名 1] INNER JOIN 表名 2 [别名 2] ON 连接条件表达式
[WHERE 条件表达式];
```

说明如下。

(1) 表或视图的别名在 FROM 子句中定义，别名放在表名或视图名之后，之间用空格隔开。别名一经定义，在整个查询语句中就只能使用表或视图的别名，不能再使用表名或视图名。

(2) 如果多张表或视图中存在同名字段，在使用这些字段时，必须在字段的前面加上表名或视图名，用来限定该字段的数据来源，表名和字段名之间用句点“.”隔开。

(3) 内连接查询除了可以在 FROM 子句中使用关键字 INNER JOIN 实现外，也可以使用 WHERE 子句确定表间连接条件，语法格式如下：

```
SELECT [ALL|DISTINCT] * | 列表达式 1 [AS 别名 1] [,列表达式 2 [AS 别名 2][,…]]
FROM 表名 1 [别名 1],表名 2 [别名 2][,…]
WHERE 连接条件表达式 [AND 条件表达式];
```

(4) 用来连接两张表的条件被称为连接条件，一般格式如下：

```
[表名 1.]字段名 1 比较运算符 [表名 2.]字段名 2
```

其中比较运算符主要包括=、>、<、>=、<=、!=、BETWEEN AND 等，当比较运算符为“=”时，称为等值连接，使用其他运算符称为非等值连接。如果字段名 1 和字段名 2 不同名，能区分来自哪一张表，则表名可以省略。

### 1. 笛卡儿积

没有连接条件的连接得到的是两张表的笛卡儿积，也称为交叉连接，是指两张表之间做笛卡儿积运算，得到的结果集的记录数是两张表的记录数的乘积。

**【例 7.1】** 查看商品表 items 和客户表 customers 的笛卡儿积。

没有任何条件的两张表的连接得到笛卡儿积，限于篇幅原因，只显示前 10 条记录。SQL 语句如下：

```
SELECT A.*,B.*
FROM items A,customers B
LIMIT 10;
```

运行结果图 7.1 所示。

| item_id | item_name | category | cost | price | inventory | is_online | customer_id | name | gender | registration_date | phone |
|---|---|---|---|---|---|---|---|---|---|---|---|
| b001 | 墨盒 | 办公类 | 169.00 | 229.00 | 500 | 1 | 107 | 林琳 | 女 | 2020-05-17 | 16888889999 |
| b001 | 墨盒 | 办公类 | 169.00 | 229.00 | 500 | 1 | 106 | 孙丽娜 | 女 | 2017-11-10 | 16877778888 |
| b001 | 墨盒 | 办公类 | 169.00 | 229.00 | 500 | 1 | 105 | Adrian | 男 | 2017-11-10 | 16866667777 |
| b001 | 墨盒 | 办公类 | 169.00 | 229.00 | 500 | 1 | 104 | 赵文博 | 男 | 2017-06-08 | 16855556666 |
| b001 | 墨盒 | 办公类 | 169.00 | 229.00 | 500 | 1 | 103 | Grace | 女 | 2016-01-09 | 16822225555 |
| b001 | 墨盒 | 办公类 | 169.00 | 229.00 | 500 | 1 | 102 | 刘丽梅 | 女 | 2016-01-09 | 16811112222 |
| b001 | 墨盒 | 办公类 | 169.00 | 229.00 | 500 | 1 | 101 | 薛为民 | 男 | 2012-12-27 | 16800001111 |
| b002 | 硒鼓 | 办公类 | 610.00 | 699.00 | 600 | 1 | 107 | 林琳 | 女 | 2020-05-17 | 16888889999 |
| b002 | 硒鼓 | 办公类 | 610.00 | 699.00 | 600 | 1 | 106 | 孙丽娜 | 女 | 2017-11-10 | 16877778888 |
| b002 | 硒鼓 | 办公类 | 610.00 | 699.00 | 600 | 1 | 105 | Adrian | 男 | 2017-11-10 | 16866667777 |

10 rows in set (0.00 sec)

图 7.1 两张表的笛卡儿积

由运行结果可以看出，items 表的每一条记录都要和 customers 表的所有记录匹配一遍。如果 items 表有 $N$ 条记录,customers 表有 $M$ 条记录,笛卡儿积得到的就是 $N \times M$ 条记录。

### 2. 等值连接

等值连接就是在两张表的笛卡儿积上选择连接字段相等的记录。具体过程是:在生成笛卡儿积的过程中,根据连接字段的值进行判断,只有连接字段相等的记录才被保留下来,构成查询结果的记录集合。

**【例 7.2】** 查询商品的销售情况,包括商品的信息和商品的销售情况。

**分析**:商品的信息在商品表 items 中,商品的销售情况信息在订单明细表 order_details 中,商品表 items 和订单明细表 order_details 都包含商品编号 item_id 字段,且 item_id 是商品表 items 的主键,item_id 是订单明细表 order_details 的外键,因此两张表通过 item_id 字段相关联。限于篇幅原因,只显示前 10 条记录。SQL 语句如下:

```
SELECT items.*,order_details.*
FROM items INNER JOIN order_details ON items.item_id=order_details.item_id
LIMIT 10;
```

或者

```
SELECT *
FROM items A,order_details B
WHERE A.item_id=B.item_id
LIMIT 10;
```

运行结果如图 7.2 所示。

| item_id | item_name | category | cost | price | inventory | is_online | order_id | item_id | quantity | discount |
|---|---|---|---|---|---|---|---|---|---|---|
| sm01 | 扫地机器人 | 数码类 | 1499.00 | 2580.00 | 100 | 1 | 1 | sm01 | 2 | 0.85 |
| b001 | 墨盒 | 办公类 | 169.00 | 229.00 | 500 | 1 | 3 | b001 | 10 | 0.80 |
| b002 | 硒鼓 | 办公类 | 610.00 | 699.00 | 600 | 1 | 3 | b002 | 15 | 0.85 |
| sm01 | 扫地机器人 | 数码类 | 1499.00 | 2580.00 | 100 | 1 | 3 | sm01 | 1 | 0.90 |
| f001 | 休闲装 | 服饰类 | 199.00 | 268.00 | 800 | 1 | 4 | f001 | 2 | 0.80 |
| sm01 | 扫地机器人 | 数码类 | 1499.00 | 2580.00 | 100 | 1 | 4 | sm01 | 2 | 0.90 |
| sm02 | 单反相机 | 数码类 | 22899.00 | 28999.00 | 50 | 1 | 4 | sm02 | 2 | 0.90 |
| m001 | 口红 | 美容类 | 460.00 | 1056.00 | 100 | 1 | 5 | m001 | 10 | 0.90 |
| sm01 | 扫地机器人 | 数码类 | 1499.00 | 2580.00 | 100 | 1 | 5 | sm01 | 1 | 0.90 |
| s002 | Head First Java(中文版) | 书籍类 | 51.80 | 89.00 | 2500 | 1 | 6 | s002 | 1 | 0.90 |

10 rows in set (0.00 sec)

图 7.2 等值连接查询

由运行结果可以看出,前 7 个字段来自商品表 items,后 4 个字段来自订单明细表 order_details,并且结果集中同一条记录的商品编号 item_id 有两个且相同。

**提示**:

(1) 连接条件中的字段名称为连接字段。

(2) 连接条件中的连接字段的类型必须有可比性(最好类型相同),但字段的名字可以不同。

(3) 一旦表名指定了别名,在整个语句中,都必须用别名代替表名。

### 3. 自然连接

自然连接就是在等值连接中把目标字段中重复的字段去掉。直接用 NATURAL JOIN 即可，不需要再给出连接条件。

【例 7.3】 使用自然连接查询商品的销售情况，包括商品的信息和商品的销售情况。限于篇幅原因，只显示前 10 条记录。SQL 语句如下：

```
SELECT *
FROM items NATURAL JOIN order_details
LIMIT 10;
```

运行结果如图 7.3 所示。

| item_id | item_name | category | cost | price | inventory | is_online | order_id | quantity | discount |
|---|---|---|---|---|---|---|---|---|---|
| sm01 | 扫地机器人 | 数码类 | 1499.00 | 2580.00 | 100 | 1 | 1 | 2 | 0.85 |
| b001 | 墨盒 | 办公类 | 169.00 | 229.00 | 500 | 1 | 3 | 10 | 0.80 |
| b002 | 硒鼓 | 办公类 | 610.00 | 699.00 | 600 | 1 | 3 | 15 | 0.85 |
| sm01 | 扫地机器人 | 数码类 | 1499.00 | 2580.00 | 100 | 1 | 3 | 1 | 0.90 |
| f001 | 休闲装 | 服饰类 | 199.00 | 268.00 | 800 | 1 | 4 | 2 | 0.80 |
| sm01 | 扫地机器人 | 数码类 | 1499.00 | 2580.00 | 100 | 1 | 4 | 2 | 0.90 |
| sm02 | 单反相机 | 数码类 | 22899.00 | 28999.00 | 50 | 1 | 4 | 2 | 0.90 |
| m001 | 口红 | 美容类 | 460.00 | 1056.00 | 100 | 1 | 5 | 10 | 0.90 |
| sm01 | 扫地机器人 | 数码类 | 1499.00 | 2580.00 | 100 | 1 | 5 | 1 | 0.90 |
| s002 | Head First Java（中文版） | 书籍类 | 51.80 | 89.00 | 2500 | 1 | 6 | 1 | 0.90 |

10 rows in set (0.00 sec)

图 7.3 自然连接查询

从例 7.1 和例 7.3 不难发现，在自然连接中，虽然没有连接条件，但自然连接的两张表必须有相关联的同类型的字段；而在做笛卡儿积运算时，两张表可以没有任何关联。

## 7.1.2 等值连接查询

等值连接查询

在进行多表的连接查询中，更多的情况是使用等值连接查询。多表的等值连接可以使用 INNER JOIN 连接多张表，也可以使用 WHERE 子句设置连接条件连接多张表。多表的等值连接查询可以使用 WHERE 子句设置查询条件，从连接结果集中选择满足条件的记录构成结果集；可以使用 GROUP BY 对连接结果集中的数据进行分类汇总，使用 HAVING 子句从汇总结果中选择满足条件的汇总结果构成结果集；可以使用 ORDER BY 子句对连接结果集进行排序。

### 1. 多表的条件查询

在等值连接查询中使用 WHERE 子句设置查询条件，即在等值连接查询的结果集中选择满足条件的记录集合。

【例 7.4】 查询“书籍类”商品的销售情况，包括商品编号 item_id、商品名称 item_name、类别 category、销售价格 price、销售数量 quantity 和折扣 discount。

**分析：**

(1) 根据查询需要的字段确定查询的数据源，也就是表。其中，商品编号 item_id、商品名称 item_name、类别 category、销售价格 price 来源于商品表 items，销售数量 quantity

和折扣 discount 来源于订单明细表 order_details。

(2) 商品表 items 和订单明细表 order_details 中都包含商品编号 item_id,因此等值连接的连接条件表达式为 items.item_id=order_details.item_id;。

(3) 查询的条件为 category='书籍类'。

SQL 语句如下:

```
SELECT items.item_id,item_name,category,price,quantity,discount
FROM items INNER JOIN order_details ON items.item_id=order_details.item_id
WHERE category='书籍类';
```

或者

```
SELECT items.item_id,item_name,category,price,quantity,discount
FROM items,order_details
WHERE items.item_id=order_details.item_id AND category='书籍类';
```

运行结果如图 7.4 所示。

```
+---------+---------------------------+----------+--------+----------+----------+
| item_id | item_name                 | category | price  | quantity | discount |
+---------+---------------------------+----------+--------+----------+----------+
| s002    | Head First Java (中文版)  | 书籍类   |  89.00 |        1 |     0.90 |
| s003    | 《鲁迅全集》              | 书籍类   | 690.00 |        1 |     0.95 |
+---------+---------------------------+----------+--------+----------+----------+
2 rows in set (0.00 sec)
```

图 7.4　多表的条件查询

**注意**:如果 SELECT 子句中包含的字段出现在多张表中,则必须在该字段的前面加上表名,用于明确该字段的数据来源,否则系统会出错。如例 7.4 中,在商品表 items 和订单明细表 order_details 中都包含商品编号 item_id 这个字段,那么在 SELECT 子句中必须在字段名前加前缀表名 items.item_id。

**【例 7.5】** 查询"孙丽娜"的所有购买信息,包括姓名 name、商品名称 item_name、数量 quantity、购买价格(销售价格 price * 折扣 discount)和消费数额(购买数量 * 购买价格)。

分析:

(1) 其中姓名 name 包含在客户表 customers 中;商品名称 item_name 包含在商品表 items 中;购买价格需要通过商品表 items 中的销售价格 price 乘以订单明细表 order_details 中的折扣 discount 得到,购买商品的数量 quantity 在订单明细表 order_details 中。

(2) 此查询涉及客户表 customers、商品表 items、订单明细表 order_details 共 3 张表;客户表 customers 和商品表 items、订单明细表 order_details 之间没有关联字段,因此需要借助订单表 orders。

(3) 商品表 items 和订单明细表 order_details 之间由商品编号 item_id 相关联。

(4) 客户表 customers 和订单表 orders 通过客户编号 customer_id 关联。

(5) 订单表 orders 和订单明细表 order_details 通过订单编号 order_id 关联。

（6）查询条件为 name='孙丽娜'。

SQL 语句如下：

```
SELECT name,item_name,quantity,price * discount,quantity * price * discount
FROM customers A INNER JOIN orders C ON A.customer_id=C.customer_id
INNER JOIN order_details D ON C.order_id=D.order_id
INNER JOIN items B ON B.item_id=D.item_id
WHERE name='孙丽娜';
```

或者

```
SELECT name,item_name,quantity,price * discount,quantity * price * discount
FROM customers A,items B,orders C,order_details D
WHERE A.customer_id=C.customer_id  AND B.item_id=D.item_id AND
C.order_id=D.order_id AND name='孙丽娜';
```

运行结果如图 7.5 所示。

| name | item_name | quantity | price*discount | quantity*price*discount |
|---|---|---|---|---|
| 孙丽娜 | 休闲装 | 2 | 214.4000 | 428.8000 |
| 孙丽娜 | 扫地机器人 | 2 | 2322.0000 | 4644.0000 |
| 孙丽娜 | 单反相机 | 2 | 26099.1000 | 52198.2000 |
| 孙丽娜 | 休闲装 | 2 | 241.2000 | 482.4000 |
| 孙丽娜 | 扫地机器人 | 1 | 2064.0000 | 2064.0000 |
| 孙丽娜 | 面霜 | 8 | 1117.2000 | 8937.6000 |
| 孙丽娜 | 扫地机器人 | 1 | 2193.0000 | 2193.0000 |

7 rows in set (0.00 sec)

图 7.5　直接使用 WHERE 子句设置查询条件的多表查询

### 2. 使用聚合函数的多表查询

在等值连接查询中使用聚合函数，对等值连接的结果集中的数据进行聚合运算。

**【例 7.6】**　按类别 category 统计商品的销售总数，包括类别和销售总数。

分析：类别 category 来源于商品表 items，销售总数的来源是订单明细表 order_details 中的销售数量 quantity，商品表 items 和订单明细表 order_details 的连接条件是 items.item_id=order_details.item_id。SQL 语句如下：

```
SELECT category 类别,SUM(quantity) 销售总数
FROM items INNER JOIN order_details ON items.item_id=order_details.item_id
GROUP BY category;
```

或者

```
SELECT category 类别,SUM(quantity) 销售总数
FROM items A,order_details B
```

```
WHERE A.item_id=B.item_id
GROUP BY category;
```

运行结果如图 7.6 所示。

【例 7.7】 按照类别 category 统计商品的销售利润。其中，每单每个商品的销售利润＝销售数量 quantity×(销售价格 price×折扣 discount－成本价格 cost)。

**分析**：类别 category、成本价格 cost、销售价格 price 来源于商品表 items，销售数量 quantity、折扣 discount 来源于订单明细表 order_details。涉及商品表 items 和订单明细表 order_details 两张表，连接条件是 items.item_id＝order_details.item_id。分组依据是类别 category。SQL 语句如下：

```
SELECT category 类别,SUM(quantity*(price*discount-cost)) 利润
FROM items A INNER JOIN order_details B ON A.item_id=B.item_id
GROUP BY category;
```

或者

```
SELECT category 类别,SUM(quantity*(price*discount-cost)) 利润
FROM items A,order_details B
WHERE A.item_id=B.item_id
GROUP BY category;
```

运行结果如图 7.7 所示。

| 类别 | 销售总数 |
| --- | --- |
| 数码类 | 19 |
| 办公类 | 25 |
| 服饰类 | 5 |
| 美容类 | 18 |
| 书籍类 | 2 |

5 rows in set (0.08 sec)

图 7.6 使用聚合函数统计销售总数

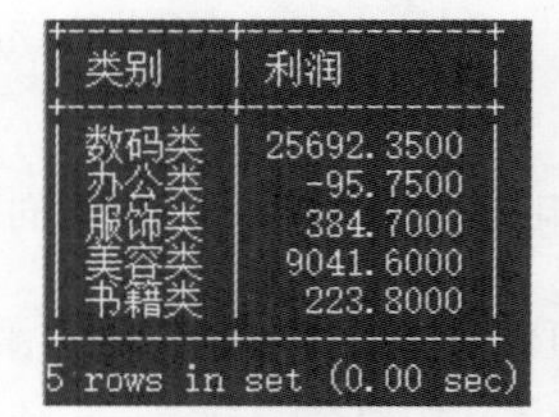

| 类别 | 利润 |
| --- | --- |
| 数码类 | 25692.3500 |
| 办公类 | -95.7500 |
| 服饰类 | 384.7000 |
| 美容类 | 9041.6000 |
| 书籍类 | 223.8000 |

5 rows in set (0.00 sec)

图 7.7 使用聚合函数统计利润

【例 7.8】 查询每位客户购买商品的明细情况，包括客户编号 customer_id、姓名 name、商品名称 item_name、价格 cprice 和购买的数量 quantity。

**分析**：

(1) 其中客户编号 customer_id 和姓名 name 包含在客户表 customers 中；商品名称 item_name 包含在商品表 items 中；价格 cprice 需要通过商品表 items 中的销售价格 price 乘以订单明细表 order_details 中的折扣 discount 得到，购买商品的数量 quantity 在订单明细表 order_details 中。

(2) 此查询涉及客户表 customers、商品表 items、订单明细表 order_details 共 3 张表；客户表 customers 和商品表 items、订单明细表 order_details 之间没有关联字段，因此需要借助订单表 orders。

（3）商品表 items 和订单明细表 order_details 之间由商品编号 item_id 相关联。

（4）客户表 customers 和订单表 orders 通过客户编号 customer_id 关联。

（5）订单表 orders 和订单明细表 order_details 通过订单编号 order_id 关联。

因此，这个查询需要 4 张表关联。限于篇幅原因，只显示 5 条记录，以下例题中只显示部分记录的与此原因相同。SQL 语句如下：

```
SELECT A.customer_id,name,item_name,price * discount AS cprice,quantity
FROM customers A INNER JOIN orders C ON A.customer_id=C.customer_id
INNER JOIN order_details D ON C.order_id=D.order_id
INNER JOIN items B ON B.item_id=D.item_id
LIMIT 5;
```

或者

```
SELECT A.customer_id,name,item_name,price * discount AS cprice,quantity
FROM customers A,items B,orders C,order_details D
WHERE A.customer_id=C.customer_id  AND B.item_id=D.item_id
AND C.order_id=D.order_id
LIMIT 5;
```

运行结果如图 7.8 所示。

| customer_id | name | item_name | cprice | quantity |
|---|---|---|---|---|
| 105 | Adrian_Smith | 扫地机器人 | 2193.0000 | 2 |
| 107 | 林琳 | 墨盒 | 183.2000 | 10 |
| 107 | 林琳 | 硒鼓 | 594.1500 | 15 |
| 107 | 林琳 | 扫地机器人 | 2322.0000 | 1 |
| 106 | 孙丽娜 | 休闲装 | 214.4000 | 2 |

5 rows in set (0.10 sec)

图 7.8　使用聚合函数的多表查询

### 3. 使用聚合函数和 ORDER BY 的多表查询

**【例 7.9】**　按商品类别统计每位客户购买商品的消费总额，包括客户编号 customer_id、姓名 name、类别 category 和消费总额，并按消费总额降序排列。

**分析：**

（1）客户编号 customer_id 和姓名 name 来源于客户表 customers，类别 category 来源于商品表 items；消费总额需要通过计算得到，计算所需数据包括销售价格 price、折扣 discount 和购买数量 quantity，其中销售价格 price 来源于商品表 items，折扣 discount 和购买数量 quantity 来源于订单明细表 order_details。

（2）此查询涉及 3 张表。但客户表和商品表、订单明细表没有关联字段，需要引入订单表 orders 才能将 4 张表相互关联起来。

(3) 需要按客户编号 customer_id 和类别 category 进行分组。

(4) 最后按消费总额降序排列。

SQL 语句如下：

```
SELECT A.customer_id, name, category, SUM(price * discount * quantity) AS total
_consum
FROM customers A INNER JOIN orders C ON A.customer_id=C.customer_id
INNER JOIN order_details D ON C.order_id=D.order_id
INNER JOIN items B ON B.item_id=D.item_id
GROUP BY C.customer_id, category
ORDER BY total_consum DESC
LIMIT 5;
```

或者

```
SELECT A.customer_id, name, category, SUM(price * discount * quantity) AS total
_consum
FROM customers A, items B, orders C, order_details D
WHERE A.customer_id=C.customer_id AND B.item_id=D.item_id
AND C.order_id=D.order_id
GROUP BY C.customer_id, category
ORDER BY total_consum DESC
LIMIT 5;
```

运行结果如图 7.9 所示。

| customer_id | name | category | total_consum |
|---|---|---|---|
| 106 | 孙丽娜 | 数码类 | 61099.2000 |
| 104 | 赵文博 | 数码类 | 41094.0500 |
| 107 | 林琳 | 数码类 | 30872.1000 |
| 107 | 林琳 | 办公类 | 10744.2500 |
| 103 | Grace_Brown | 美容类 | 9504.0000 |

5 rows in set (0.00 sec)

图 7.9　使用聚合函数和 ORDER BY 的多表查询(一)

通过 4 张表的关联,可以查询出每位客户购买商品的所有记录信息,包括每次下单购买商品的信息、购买商品的时间、数量和折扣等。因此,能够按照客户编号和商品的类别统计每个客户购买不同类别商品的消费情况,从而确定不同客户的消费倾向,更好地定向推送商品信息给不同的客户。

**【例 7.10】** 统计每位客户购买商品的消费总额,包括客户编号 customer_id、姓名 name 和消费总额,并按消费总额降序排列。

**分析**：与例 7.9 类似,但只需要按客户编号 customer_id 进行分组。SQL 语句如下：

```
SELECT A.customer_id,name,SUM(price * discount * quantity) AS total_consum
FROM customers A INNER JOIN orders C ON A.customer_id=C.customer_id
INNER JOIN order_details D ON C.order_id=D.order_id
INNER JOIN items B ON B.item_id=D.item_id
GROUP BY C.customer_id
ORDER BY total_consum DESC
LIMIT 5;
```

或者

```
SELECT A.customer_id,name,SUM(price * discount * quantity) AS total_consum
FROM customers A,items B,orders C,order_details D
WHERE A.customer_id=C.customer_id  AND B.item_id=D.item_id AND
C.order_id=D.order_id
GROUP BY C.customer_id
ORDER BY total_consum DESC
LIMIT 5;
```

运行结果如图 7.10 所示。

```
+-------------+--------------+-------------+
| customer_id | name         | total_consum |
+-------------+--------------+-------------+
| 106         | 孙丽娜       |  70948.0000 |
| 107         | 林琳         |  42865.8500 |
| 104         | 赵文博       |  41829.6500 |
| 103         | Grace_Brown  |  11826.0000 |
| 105         | Adrian_Smith |   4386.0000 |
+-------------+--------------+-------------+
5 rows in set (0.00 sec)
```

图 7.10　使用集合函数和 ORDER BY 的多表查询(二)

#### 4. 使用 HAVING 子句的多表查询

**【例 7.11】**　查询“孙丽娜”的消费总额。

**分析**：可以在例 7.10 的基础上，添加筛选条件，在例 7.10 中用了 GROUP BY 进行分组，因此条件应该使用 HAVING 子句，且不需要进行排序。SQL 语句如下：

```
SELECT A.customer_id,name,SUM(price * discount * quantity) AS total_consum
FROM customers A INNER JOIN orders C ON A.customer_id=C.customer_id
INNER JOIN order_details D ON C.order_id=D.order_id
INNER JOIN items B ON B.item_id=D.item_id
GROUP BY C.customer_id HAVING name='孙丽娜';
```

或者

```
SELECT A.customer_id,name,SUM(price * discount * quantity) AS total_consum
```

```
FROM customers A,items B,orders C,order_details D
WHERE A.customer_id=C.customer_id  AND B.item_id=D.item_id AND
C.order_id=D.order_id
GROUP BY C.customer_id HAVING name='孙丽娜';
```

运行结果如图 7.11 所示。

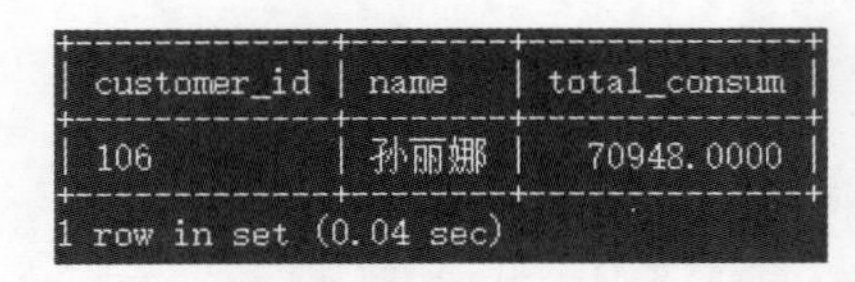

| customer_id | name | total_consum |
|---|---|---|
| 106 | 孙丽娜 | 70948.0000 |

1 row in set (0.04 sec)

图 7.11　使用 HAVING 子句进行多表查询

例 7.11 还有另一种实现方法,就是在多表连接的结果集中直接把孙丽娜的记录全部查询出来,然后直接进行聚合运算,不再使用 GROUP BY 子句。SQL 语句如下:

```
SELECT A.customer_id,name,SUM(price * discount * quantity) AS total_consum
FROM customers A INNER JOIN orders C ON A.customer_id=C.customer_id
INNER JOIN order_details D ON C.order_id=D.order_id
INNER JOIN items B ON B.item_id=D.item_id
WHERE name='孙丽娜';
```

或者

```
SELECT A.customer_id,name,SUM(price * discount * quantity) AS total_consum
FROM customers A,items B,orders C,order_details D
WHERE A.customer_id=C.customer_id  AND B.item_id=D.item_id AND
C.order_id=D.order_id AND name='孙丽娜';
```

运行结果如图 7.11 所示,和使用 GROUP BY 子句、HAVING 子句的结果相同。

**总结:**

(1) 在进行多表等值连接查询时,首先确定所要查询的字段,再根据需要的字段确定所需的表,如果所需的表之间没有关联字段,还要考虑添加其他的表,使得查询的数据表之间都能关联起来,最后确定每两张表之间的连接条件。

(2) 在进行多表等值连接查询时,可以对等值连接的结果集中的数据进行聚合运算;可以使用 GROUP BY 子句对等值连接的结果集中的记录进行分组,使用 HAVING 子句对分组统计的结果设置查询条件;可以使用 ORDER BY 对最终查询结果进行排序;可以使用 WHERE 子句直接设置查询条件。

### 7.1.3　外连接查询

外连接查询

以上介绍的内连接查询中,只有在相关联的数据表中匹配的行才能出现在结果集中。而在外连接中可以只限制一张表,对另外一张表不加限制,即所有的行都出现在结果集中。

外连接分为左外连接、右外连接和全外连接。

(1) 左外连接是对连接条件中左边的表不加限制，即在结果集中保留连接表达式左表中的所有记录。右表中和左表不匹配记录的字段取 NULL 值。

(2) 右外连接是对连接条件中右边的表不加限制，即在结果集中保留连接表达式右表中的所有记录。左表中和右表不匹配记录的字段取 NULL 值。

(3) 全外连接对两张表都不加限制，所有两张表中的行都会包含在结果集中。右表中和左表不匹配记录的字段取 NULL 值；左表中和右表不匹配记录的字段取 NULL 值。但不是两张表的笛卡儿积。

外连接的语法格式如下：

```
SELECT [ALL|DISTINCT] * |列表达式 1 [AS 别名 1] [,列表达式 2 [AS 别名 2][,…]]
FROM 表名 1 LEFT|RIGHT [OUTER] JOIN 表名 2
ON 表名 1.列 1=表名 2.列 2;
```

### 1. 左外连接

JOIN 关键字左边的表称为左表，左外连接是以左表为基准表，用基准表的数据去匹配右表的数据，所以左表的记录是全部出现在结果集中，如果右表中没有满足连接条件的记录，则结果集中右表中的相应行数据显示为 NULL。

**【例 7.12】** 查询所有客户的订单情况，没有订单的客户显示 NULL，包含客户编号 customer_id、姓名 name、配送地址 address、订单时间 order_date 和发货时间 shipping_date。

**分析**：此查询涉及客户表 customers 和订单表 orders 两张表，两张表的关联字段为客户编号 customer_id。要求没有订单的订单信息显示为 NULL，因此需要将客户表作为左表。SQL 语句如下：

```
SELECT A.customer_id,name,address,order_date,shipping_date
FROM customers A LEFT OUTER JOIN orders B ON A.customer_id=B.customer_id
ORDER BY name DESC
LIMIT 5;
```

运行结果如图 7.12 所示。

| customer_id | name | address | order_date | shipping_date |
|---|---|---|---|---|
| 104 | 赵文博 | 海淀区清河小营东路12号学9公寓 | 2019-11-11 18:45:23 | 2019-11-13 08:56:20 |
| 104 | 赵文博 | 海淀区清河小营东路12号学9公寓 | 2019-06-18 19:01:32 | 2019-06-19 08:50:20 |
| 101 | 薛为民 | NULL | NULL | NULL |
| 107 | 林琳 | 武清区流星花园6-6-66 | 2020-11-11 09:12:08 | NULL |
| 107 | 林琳 | 武清区流星花园6-6-66 | 2020-05-06 19:35:56 | 2020-05-07 08:50:28 |

5 rows in set (0.00 sec)

图 7.12　左外连接

由运行结果可以看出,系统查询时会从客户表 customers 的第一条记录开始,在订单表 orders 中查找满足连接条件 A.customer_id=B.customer_id 的记录,并把满足连接条件的两张表中的数据合并为一条记录添加到结果集中;如果没有满足连接条件的记录,则输出 customers 表中的记录信息,并把 SELECT 子句列出的属于 orders 表的所有字段用 NULL 显示。直到把客户表 customers 中的所有记录遍历一遍,查询执行结束。

### 2. 右外连接

JOIN 关键字右边的表称为右表,右外连接是以右表为基准表,用基准表的数据去匹配左表的数据,所以右表的记录全部会查询出来,如果左表中没有满足连接条件的记录,则对应的行数据显示为 NULL。

**【例 7.13】** 查询所有商品的销售情况(包括未销商品),包括订单编号 order_id、数量 quantity、折扣 discount、商品名称 item_name 和销售价格 price。

**分析**:订单编号 order_id、数量 quantity、折扣 discount 来源于订单明细表 order_details,商品名称 item_name 和销售价格 price 来源于商品表 items。商品表 items 和订单明细表 order_details 的关联字段为商品编号 item_id。SQL 语句如下:

```
SELECT order_id,quantity,discount,item_name,price
FROM order_details A RIGHT OUTER JOIN items B ON A.item_id=B.item_id
ORDER BY order_id
LIMIT 8;
```

运行结果如图 7.13 所示。

| order_id | quantity | discount | item_name | price |
|---|---|---|---|---|
| NULL | NULL | NULL | 《人间词话》 | 68.80 |
| NULL | NULL | NULL | 《数据库原理及应用》 | 55.80 |
| NULL | NULL | NULL | 春季衬衫 | 900.00 |
| NULL | NULL | NULL | 石榴水 | 936.00 |
| NULL | NULL | NULL | 晚霜 | 1056.00 |
| 1 | 2 | 0.85 | 扫地机器人 | 2580.00 |
| 3 | 10 | 0.80 | 墨盒 | 229.00 |
| 3 | 15 | 0.85 | 硒鼓 | 699.00 |

8 rows in set (0.05 sec)

图 7.13 右外连接

由运行结果可以看出,系统查询时会从商品表 items 的第一条记录开始,在订单明细表 order_details 中查找满足连接条件 A.item_id=B.item_id 的记录,把满足连接条件的两张表中的数据合并为一条记录添加到结果集中;如果没有满足连接条件的记录,则输出商品表 items 中的记录信息,并把 SELECT 子句列出的属于订单明细表 order_details 的所有字段用 NULL 显示。直到把商品表 items 中的所有记录遍历一遍,查询执行结束。

按照 order_id 进行排序时,NULL 值是最小的,排在所有其他数值的前面。

### 3. 全外连接

全外连接是对左表和右表都不做限制，所有的记录都显示，两张表中没有对应的值就显示 NULL。全外连接的结果等于左外连接的结果加上右外连接的结果，再减去等值内连接的结果（去掉重复的记录）。但是请注意：MySQL 没有提供全外连接（MySQL 中没有 FULL OUTER JOIN 关键字），想要达到全外连接的效果，可以使用 UNION 关键字将左外连接和右外连接的结果合并。UNION 关键字详见 7.3 节。

在关系模型中，对记录的查询运算属于集合运算，连接操作中包含的内连接、左外连接、右外连接和全外连接用集合图形描述如图 7.14 所示。

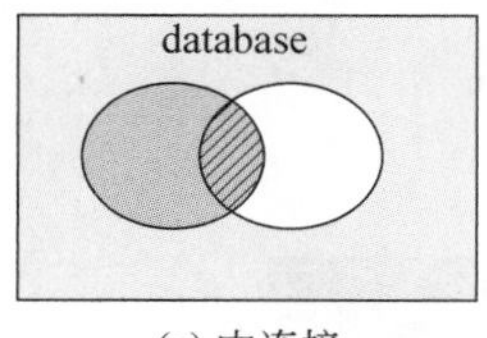


(a) 内连接

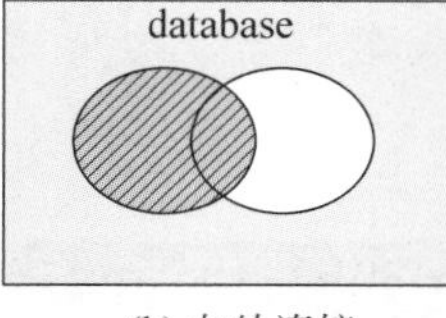


(b) 左外连接

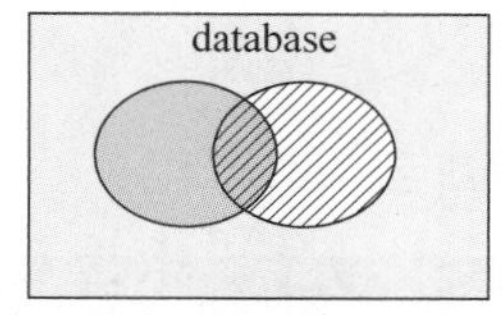


(c) 右外连接

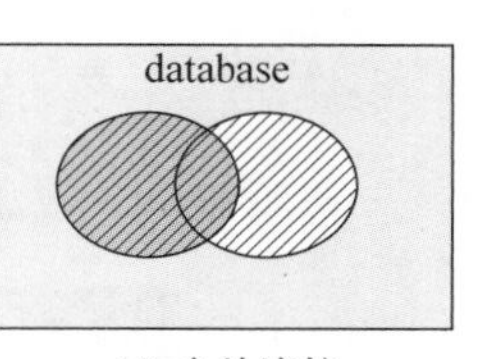


(d) 全外连接

**图 7.14　用集合图形描述外连接**

外连接查询和内连接查询很相似，需要通过指定关联字段进行连接。等值内连接只有当关联表的记录在关联字段取值相等时，才可以查询出该记录；而外连接在关联字段取值不相等的记录也可以查询出来。外连接只能使用关键字 LEFT|RIGHT [OUTER] JOIN 来实现，不能使用 WHERE 子句指定连接条件。

## 7.1.4　自连接查询

自连接查询

连接操作不只是在不同的表之间进行，一张表也可以进行自身连接操作，即将同一张表的不同行连接起来，称为自连接。自连接可以看作是一张表的两个副本之间的连接。在自连接中，必须为表指定两个别名，使之在逻辑上成为两张表。

**【例 7.14】**　查询与“口红”为同类别商品的商品编号 item_id、商品名称 item_name 和类别名称 category。

**分析**：查询的信息都在商品表 items 中，因此是商品表 items 进行自连接，连接条件是类别 category 相等，查询条件是一张商品表 items 中的商品名称 item_name='口红'，另一张商品表 items 中的商品名称 item_name<>'口红'，查询的信息也就是 SELECT 子句中的字段表达式应该是不等于'口红'对应的表中的商品编号 item_id、商品名称 item_name 和类别 category。SQL 语句如下：

```
SELECT B.item_id,B.item_name,B.category
FROM items A,items B
WHERE A.category=B.category AND A.item_name='口红' AND B.item_name <>'口红';
```

运行结果如图 7.15 所示。

以上的 SQL 语句中,去掉 WHERE 子句中最后一个条件 B.item_name<> '口红',读者自己运行一下,解释运行结果。

| item_id | item_name | category |
| --- | --- | --- |
| m002 | 石榴水 | 美容类 |
| m003 | 面霜 | 美容类 |
| m004 | 晚霜 | 美容类 |

3 rows in set (0.05 sec)

图 7.15 自连接查询同类别的商品

**【例 7.15】** 查询同时注册的客户信息。

**分析**:客户信息包含在客户表 customers 中,因此是客户表 customers 的自连接,同时注册是指注册日期 registration_date 相等,这就是连接条件。SQL 语句如下:

```
SELECT A. * FROM customers A, customers B
WHERE A. registration _ date = B. registration _ date AND A. customer _ id! = B.
customer_id;
```

运行结果如图 7.16 所示。

| customer_id | name | gender | registration_date | phone |
| --- | --- | --- | --- | --- |
| 103 | Grace_Brown | 女 | 2016-01-09 | 16822225555 |
| 102 | 刘丽梅 | 女 | 2016-01-09 | 16811112222 |
| 106 | 孙丽娜 | 女 | 2017-11-10 | 16877778888 |
| 105 | Adrian_Smith | 男 | 2017-11-10 | 16866667777 |

4 rows in set (0.00 sec)

图 7.16 自连接查询同时注册的客户信息

客户表 customers 以注册日期 registration_date 相等作为连接条件进行自连接,A 表中客户编号为"101"的客户注册日期一定和 B 表中客户编号为 101 的客户的注册日期相等,为了剔除自身相等这种情况,必须加条件 A.customer_id!=B.customer_id,查找客户编号不同、注册日期相同的客户信息。

**【例 7.16】** 查询同一天注册的客户信息,包括客户编号 customer_id、姓名 name、性别 gender 和注册日期 registration_date。

**分析**:同一天注册的条件是不关注年份,只要注册日期中的月份 month 和日期 day 相等即可,需要使用日期函数。SQL 语句如下:

```
SELECT A.customer_id, A.name, A.registration_date
FROM customers A, customers B
WHERE MONTH(A. registration_date)=MONTH(B. registration_date) AND
DAY(A. registration_date)=DAY(B. registration_date) AND
A.customer_id!=B.customer_id;
```

运行结果如图 7.17 所示。

运行结果中有 3 条重复的记录,原因是:A 表中"薛为民"是第一条 1 月 9 日注册的客户,与 B 表匹配"Grace_Brown""刘丽梅"2 条和自己的客户编号不同的记录到结果集中;A 表中的"刘丽梅"又可以匹配"Grace""薛为民"2 条和自己的客户编号不同的记录到结果集中;A 表中的"Grace_Brown"也可以匹配"薛为民""刘丽梅"2 条和自己的客户编

| customer_id | name | registration_date |
|---|---|---|
| 103 | Grace_Brown | 2016-01-09 |
| 102 | 刘丽梅 | 2016-01-09 |
| 103 | Grace_Brown | 2016-01-09 |
| 101 | 薛为民 | 2012-01-09 |
| 102 | 刘丽梅 | 2016-01-09 |
| 101 | 薛为民 | 2012-01-09 |
| 106 | 孙丽娜 | 2017-11-10 |
| 105 | Adrian_Smith | 2017-11-10 |

8 rows in set (0.03 sec)

图 7.17　使用系统函数的自连接查询

号不同的记录到结果集中。因此,出现了记录重复的情况。修改后的 SQL 语句如下:

```
SELECT DISTINCT A.customer_id,A.name,A.registration_date
FROM customers A,customers B
WHERE MONTH(A. registration_date)=MONTH(B. registration_date) AND
DAY(A. registration_date)=DAY(B. registration_date) AND
A.customer_id!=B.customer_id;
```

运行结果如图 7.18 所示。符合题目要求。

| customer_id | name | registration_date |
|---|---|---|
| 103 | Grace_Brown | 2016-01-09 |
| 102 | 刘丽梅 | 2016-01-09 |
| 101 | 薛为民 | 2012-01-09 |
| 106 | 孙丽娜 | 2017-11-10 |
| 105 | Adrian_Smith | 2017-11-10 |

5 rows in set (0.00 sec)

图 7.18　使用系统函数的自连接查询

**【例 7.17】** 查询同时买了"sm01"和"sm02"商品的订单信息:订单编号 order_id、商品编号 item_id、数量 quantity 和折扣 discount。

**分析**:订单编号 order_id、商品编号 item_id、数量 quantity 和折扣 discount 都包含在订单明细表 order_details 中。同时购买"sm01"和"sm02"这两种商品的条件应该是订单编号 order_id 相等,即属于一个销售订单;且商品编号分别等于"sm01"和"sm02"。SQL 语句如下:

```
SELECT A.order_id, A.item_id, A.quantity, A.discount, B.item_id, B.quantity,
B.discount
FROM order_details A INNER JOIN order_details B ON A.order_id=B.order_id
WHERE A.item_id='sm01' AND B.item_id='sm02';
```

运行结果如图 7.19 所示。

| order_id | item_id | quantity | discount | item_id | quantity | discount |
|---|---|---|---|---|---|---|
| 4 | sm01 | 2 | 0.90 | sm02 | 2 | 0.90 |
| 6 | sm01 | 5 | 0.85 | sm02 | 1 | 0.95 |
| 9 | sm01 | 1 | 0.95 | sm02 | 1 | 0.90 |

3 rows in set (0.00 sec)

图 7.19　自连接查询同时购买两种商品的查询

由运行结果可以看出,其中有3份订单,订单编号分别是4、6、9都同时购买了商品编号是sm01和sm02的两种商品。

## 7.2 嵌套查询

在SQL语言中,一个SELECT语句称为一个查询块。将一个查询块嵌套在另一个查询块的WHERE子句的条件中称为嵌套查询,也称为子查询。包含子查询的外层查询称为父查询。子查询可以多层嵌套。嵌套查询中常用的操作符有ANY(SOME)、ALL、IN、EXISTS和比较运算符,如<、<=、>、>=、=和!=等。子查询可以用于SELECT、UPDATE、DELETE等语句中。嵌套查询的一般语法格式如下:

```
SELECT 字段列表 FROM 表名 WHERE 表达式 操作符 (SELECT 子查询语句);
```

说明如下。

(1) 嵌套查询中常用的操作符包括IN、ANY、ALL、EXISTS和比较运算符。

(2) 内层子查询可以多层嵌套,每层子查询的SELECT语句都要用一对括号"()"括起来,在子查询中不能使用ORDER BY子句,因为ORDER BY子句永远只能对最终查询结果进行排序。

(3) 内层子查询一般分为相关子查询和不相关子查询两种。

### 7.2.1 带有IN关键字的子查询

带有IN关键字的子查询

在嵌套查询中,内层子查询的结果往往是一个集合,因此关键字IN是嵌套查询中经常用到的一个关键字。带有IN关键字的子查询,内层子查询语句一般返回一个字段的多个数据,这个字段的数据将提供给外层父查询作为查询条件。

**【例7.18】** 查询和"口红"同类别商品的商品编号item_id、商品名称item_name和类别名称category,用嵌套查询实现。

分析:首先使用子查询得到"口红"这个商品的类别,然后用子查询得到的结果作为条件查询出同类别的商品信息。SQL语句如下:

```
SELECT item_id,item_name,category
FROM items
WHERE category IN
             ( SELECT category
               FROM  items
               WHERE item_name='口红' );
```

运行结果如图7.20所示。

内层子查询用于通过商品的名称"口红"得到商品的类别"美容类",外层父查询根据"美容类"查询出该类别的商品编号、商品名称和商品类别。但从图7.20的结果看,出现

了“口红”信息不符合题意。如果想得到符合题意的结果，SQL 语句应修改为

```
SELECT item_id,item_name,category
FROM items
WHERE item_name!='口红' AND category IN
                        ( SELECT category
                          FROM  items
                          WHERE item_name='口红' );
```

此语句的运行结果与例 7.14 完全相同，符合题意，结果如图 7.15 所示。

【例 7.19】　用 NOT IN 关键字查找没买过商品的客户姓名 name 和注册日期 registration_date。

**分析**：用子查询在订单表 orders 中检索出所有买过商品的客户编号 customer_id 的集合，在客户表 customers 中查询不包含在子查询结果集中的客户编号和注册日期，就是没有买过商品的客户。SQL 语句如下：

```
SELECT name,registration_date
FROM customers
WHERE customer_id NOT IN
                 ( SELECT DISTINCT customer_id
                   FROM orders);
```

运行结果如图 7.21 所示。

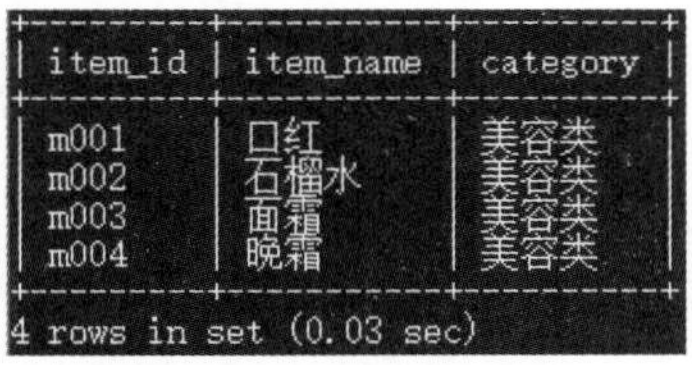

| item_id | item_name | category |
| --- | --- | --- |
| m001 | 口红 | 美容类 |
| m002 | 石榴水 | 美容类 |
| m003 | 面霜 | 美容类 |
| m004 | 晚霜 | 美容类 |

4 rows in set (0.03 sec)

图 7.20　带 IN 谓词的子查询

| name | registration_date |
| --- | --- |
| 薛为民 | 2012-01-09 |
| 刘丽梅 | 2016-01-09 |

2 rows in set (0.00 sec)

图 7.21　带 NOT IN 谓词的子查询

子查询的结果是有消费记录的客户编号的集合，外层查询则是查询不在子查询的结果集中的客户姓名和注册日期，即没有买过商品的客户信息。

【例 7.20】　查询“单反相机”的销售信息，包括客户编号 customer_id、城市 city 和订单时间 order_date。

**分析**：

(1) 本查询涉及商品名称 item_name、客户编号 customer_id、城市 city、订单时间 order_date。商品名称 item_name 包含在商品表 items 中；客户编号 customer_id、城市 city、订单时间 order_date 包含在订单表 orders 中。

(2) 查询涉及 items 和 orders 两张表，但 items 和 orders 之间没有直接联系，必须借助订单明细表 order_details 建立它们之间的联系。

(3) 通过“单反相机”在 items 表中查找到商品编号 item_id。

(4) 通过步骤(3)查找到的 item_id 在 order_details 表中查找到订单编号 order_id。

(5) 通过步骤(4)查找到的 order_id、发货时间 shipping_date 不为 NULL(不为 NULL 说明已付款并发货)这两个条件,在 orders 表中查找 customer_id、city、order_date。

SQL 语句如下:

```
SELECT customer_id, city, order_date
FROM orders
WHERE order_id IN
      ( SELECT order_id
        FROM order_details
        WHERE item_id IN
            ( SELECT item_id
              FROM items
              WHERE item_name='单反相机')) AND shipping_date IS NOT NULL;
```

运行结果如图 7.22 所示。

| customer_id | city | order_date |
|---|---|---|
| 106 | 哈尔滨市 | 2018-11-11 17:10:21 |
| 104 | 北京市 | 2019-06-18 19:01:32 |
| 107 | 天津市 | 2020-05-06 19:35:56 |

3 rows in set (0.03 sec)

图 7.22　多层嵌套查询

此例题也可以使用连接查询完成,SQL 语句如下:

```
SELECT customer_id, city, order_date
FROM orders, order_details, items
WHERE orders.order_id=order_details.order_id AND items.item_id=order_
details.item_id
AND item_name='单反相机' AND shipping_date IS NOT NULL;
```

说明如下。

(1) 以上例题中内层子查询的查询条件不依赖于外层父查询,这类子查询称为不相关子查询。

(2) 如果内层子查询的查询条件依赖于外层父查询,则称其为相关子查询,整个查询语句称为相关嵌套查询。

(3) 不相关子查询的执行过程为,首先执行内层子查询,内层子查询得到的结果集不被显示出来,而是传给外层父查询,作为外层父查询的条件使用,然后执行外层父查询,并显示查询结果。

(4) 内层子查询可以多层嵌套。

带有比较运算符的子查询

### 7.2.2　带有比较运算符的子查询

带有比较运算符的子查询是指外层父查询与内层子查询之间用比较运

算符进行连接。当内层子查询返回的是单个值时，可以用＞、＜、＞＝、＜＝、＝、！＝、＜＞等比较运算符。

**【例 7.21】** 查询与“口红”同类别商品的商品编号 item_id、商品名称 item_name 和类型 category。

**分析**：因为商品“口红”所属类别只能是一个值，因此该题目可以使用比较运算符“＝”来实现。SQL 语句如下：

```
SELECT item_id,item_name,category
FROM items
WHERE category=
                (SELECT category
                FROM items
                WHERE item_name='口红');
```

运行结果如图 7.23 所示，与例 7.18 的结果相同。

| item_id | item_name | category |
|---|---|---|
| m001 | 口红 | 美容类 |
| m002 | 石榴水 | 美容类 |
| m003 | 面霜 | 美容类 |
| m004 | 晚霜 | 美容类 |

4 rows in set (0.00 sec)

**图 7.23　使用比较运算符的子查询**

**【例 7.22】** 查找所有注册年限大于或等于平均注册年限的客户姓名 name、注册日期 registration_date 和注册年限(显示为 years_registration)。

**分析**：利用子查询得到所有注册客户的平均注册年限，然后在客户表 customers 中查询大于或等于该平均注册年限的客户信息。SQL 语句如下：

```
SELECT name,registration_date,
YEAR(CURDATE())-YEAR(registration_date) AS years_registration
FROM customers
WHERE YEAR(CURDATE())-YEAR(registration_date) >=
                (SELECT AVG(YEAR(CURDATE())-YEAR(registration_date))
                FROM customers);
```

运行结果如图 7.24 所示。

| name | registration_date | years_registration |
|---|---|---|
| 薛为民 | 2012-01-09 | 9 |
| 刘丽梅 | 2016-01-09 | 5 |
| Grace_Brown | 2016-01-09 | 5 |

3 rows in set (0.00 sec)

**图 7.24　使用聚合函数的子查询**

例 7.21 和例 7.22 都属于不相关子查询，即内层子查询的结果不依赖于外层父查询在查询过程中遍历的记录值。首先执行内层子查询得到一个结果，利用该结果在外层查询中检索满足条件的记录。内层子查询只执行一次。

**【例 7.23】** 查找每类商品中销售价格大于或等于同类商品的平均销售价格的商品名

称 item_name、类别 category 和销售价格 price。

**分析**：在商品表 items 中遍历每一条记录，在遍历的过程中，每遇到一条记录，就要在子查询中统计该记录同类别商品的平均销售价格，并与该记录的销售价格 price 进行比较。若满足条件，该记录的销售价格大于或等于同类别商品的平均销售价格，则出现在结果集中。限于篇幅问题，只显示 5 条记录。

SQL 语句如下：

```
SELECT item_name,category,price
FROM items X
WHERE price>=(SELECT AVG(price)
              FROM items Y
              WHERE X.category=Y.category)
LIMIT 5;
```

运行结果如图 7.25 所示。

| item_name | category | price |
| --- | --- | --- |
| 硒鼓 | 办公类 | 699.00 |
| 春季风衣 | 服饰类 | 1470.00 |
| 春季衬衫 | 服饰类 | 900.00 |
| 口红 | 美容类 | 1056.00 |
| 面霜 | 美容类 | 1176.00 |

5 rows in set (0.00 sec)

图 7.25 相关子查询

例 7.21 是相关子查询，执行过程如下。

(1) 在外层父查询中浏览商品表 items 中的第 1 条记录，得到类别 category 值。

(2) 根据类别 category 值，执行内层子查询，计算得到该类别的商品的平均销售价格。

(3) 根据步骤(2)得到的平均销售价格，与外层查询中第 1 条记录的销售价格相比较，如果销售价格大于或等于该平均销售价格，则第 1 条记录的信息添加到结果集中。

(4) 在外层父查询中浏览商品表中的第 2 条记录，得到类别值，执行步骤(2)、步骤(3)，直到处理完外层父查询的商品表中的每一条记录，整个查询执行完毕。

**【例 7.24】** 查找高于同性别平均注册年限的客户信息，包括客户编号 customer_id、姓名 name、性别 gender 和注册日期 registration_date。

**分析**：内层子查询需要根据外层遍历的每一条记录的性别值计算出同性别的平均注册年限，再和该条记录的注册年限进行比较，如果外层查询的记录的注册年限高于平均注册年限，则出现在结果集中。SQL 语句如下：

```
SELECT customer_id,name,gender,registration_date
FROM customers X
WHERE YEAR(CURDATE())-YEAR(registration_date)>
                (   SELECT AVG(YEAR(CURDATE())-YEAR(registration_date))
                    FROM customers Y
                    WHERE X.gender=Y.gender);
```

运行结果如图 7.26 所示。

相关子查询的执行过程可以理解为以下 3 步。

(1) 内层子查询为外层父查询的每一条记录(行)执行一次。外层父查询每读一条记

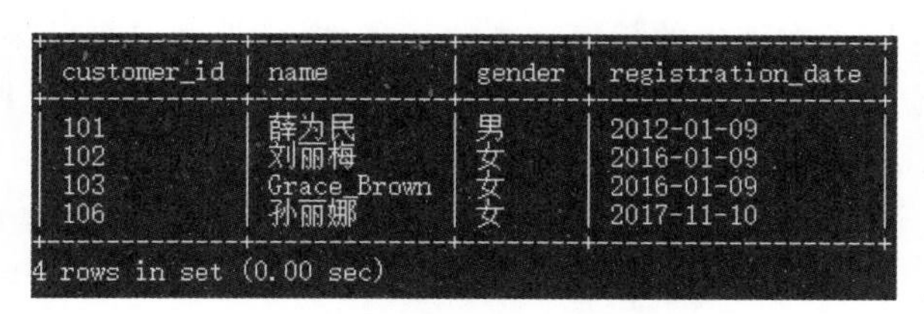

| customer_id | name | gender | registration_date |
|---|---|---|---|
| 101 | 薛为民 | 男 | 2012-01-09 |
| 102 | 刘丽梅 | 女 | 2016-01-09 |
| 103 | Grace_Brown | 女 | 2016-01-09 |
| 106 | 孙丽娜 | 女 | 2017-11-10 |

4 rows in set (0.00 sec)

图 7.26　相关子查询

录，就会将内层子查询用到的外层查询的字段值传给内层子查询。例如例 7.24，外层查询读第一条记录时，得到“薛为民”的性别 gender 为“男”，并将 gender 的值“男”传给内层子查询。

(2) 内层子查询根据传过来的查询条件得到子查询的运算结果，如果外层父查询的该记录满足查询条件，外层父查询则取此记录放入结果集。例如例 7.24，内层子查询根据 gender 的值“男”计算得到性别为“男”的平均注册年限，外层查询根据内层子查询的查询结果(平均注册年限)，在外层父查询中判断第一条记录是否满足查询条件，若满足则将第一条记录放入结果集；若不满足则什么都不做。执行步骤(3)。

(3) 再回到步骤(1)，直到处理完外层父查询的表的每一条记录。

相关子查询和不相关子查询的最大区别就在于：不相关子查询中的内层子查询只执行一次，而相关子查询中的内层子查询要执行 $n$ 次，$n$ 的大小取决于外层父查询中表的记录个数。

### 7.2.3　带有 ANY(SOME)或 ALL 关键字的子查询

当内层查询返回多个值时，可以用 ANY(有的系统用 SOME)或 ALL 关键字构成嵌套查询，在使用 ANY 或者 ALL 关键字时，必须同时使用一个比较运算符，ANY 和 ALL 与比较运算符结合的语义如表 7.1 所示。

表 7.1　ANY 和 ALL 与比较运算符结合的语义

| 用　法 | 含　　义 | 用　法 | 含　　义 |
|---|---|---|---|
| ＞ANY | 大于子查询结果中的某个值 | ＜＝ANY | 小于或等于子查询结果中的某个值 |
| ＞ALL | 大于子查询结果中的所有值 | ＜＝ALL | 小于或等于子查询结果中的所有值 |
| ＜ANY | 小于子查询结果中的某个值 | ＝ANY | 等于子查询结果中的某个值 |
| ＜ALL | 小于子查询结果中的所有值 | ＝ALL | 等于子查询结果中的所有值(通常没有实际意义) |
| ＞＝ANY | 大于或等于子查询结果中的某个值 | !＝ANY 或 ＜＞ANY | 不等于子查询结果中的某个值 |
| ＞＝ALL | 大于或等于子查询结果中的所有值 | !＝ALL 或 ＜＞ALL | 不等于子查询结果中的任何一个值 |

ANY 表示满足其中任意一个条件，允许创建一个表达式对子查询的返回值列表进

行比较,只要满足内层子查询中的任何一个比较条件,就返回一个结果作为外层查询的条件。ANY 关键字连接在一个比较运算符后面,表示若与子查询返回的任何值比较为 TRUE,则返回 TRUE。

**【例 7.25】** 查询"女"客户中比某一"男"客户注册年限小的客户姓名 name、性别 gender 和注册年限。

首先查询男客户的年限情况。SQL 语句如下:

```
SELECT name 姓名,gender 性别,YEAR(CURDATE())-YEAR(registration_date) 注册年限
FROM customers
WHERE gender='男';
```

运行结果如图 7.27 所示。

其次,查询女客户的注册年限情况。SQL 语句如下:

```
SELECT name 姓名,gender 性别,YEAR(CURDATE())-YEAR(registration_date) 注册年限
FROM customers
WHERE gender='女';
```

运行结果如图 7.28 所示。

| 姓名 | 性别 | 注册年限 |
|---|---|---|
| 薛为民 | 男 | 9 |
| 赵文博 | 男 | 4 |
| Adrian_Smith | 男 | 4 |

3 rows in set (0.00 sec)

图 7.27 男性注册年限

| 姓名 | 性别 | 注册年限 |
|---|---|---|
| 刘丽梅 | 女 | 5 |
| Grace_Brown | 女 | 5 |
| 孙丽娜 | 女 | 4 |
| 林琳 | 女 | 1 |

4 rows in set (0.00 sec)

图 7.28 女性注册年限

最后,实现例 7.25 的 SQL 语句如下:

```
SELECT name 姓名,gender 性别,YEAR(CURDATE())-YEAR(registration_date) 注册年限
FROM customers
WHERE gender='女' AND (YEAR(CURDATE())-YEAR(registration_date) <ANY
                       (SELECT YEAR(CURDATE())-YEAR(registration_date)
                      FROM customers
                      WHERE gender='男'));
```

运行结果如图 7.29 所示。

执行过程如下。

(1) 处理内层子查询,找出所有性别是"男"的客户的注册年限,构成一个集合(9,4,4)。

(2) 处理外层父查询,查找所有性别是"女"且注册年限小于 9(集合中的最大值)的客

户姓名和注册年限。

由运行结果可以看出，<ANY 的含义是女性的注册年限只要小于最大的男性注册年限就满足条件。因此，例 7.25 可以用带有聚合函数的子查询完成。首先统计出男客户的最大注册年限，然后找出小于这个注册年限的女客户信息。SQL 语句如下：

```
+-------------+------+----------+
| 姓名        | 性别 | 注册年限 |
+-------------+------+----------+
| 刘丽梅      | 女   |        5 |
| Grace Brown | 女   |        5 |
| 孙丽娜      | 女   |        4 |
| 林琳        | 女   |        1 |
+-------------+------+----------+
4 rows in set (0.03 sec)
```

图 7.29　带 ANY 的子查询

```
SELECT name 姓名,gender 性别,YEAR(CURDATE())-YEAR(registration_date) 注册年限
FROM customers
WHERE gender='女' AND (YEAR(CURDATE())-YEAR(registration_date) <
                    (SELECT MAX(YEAR(CURDATE())-YEAR(registration_date))
                    FROM customers
                    WHERE gender='男'));
```

ALL 关键字与 ANY(SOME)不同，使用 ALL 关键字时需要同时满足所有内层查询结果中的条件。ALL 关键字接在一个比较运算符的后面，表示与子查询返回的所有值比较为 TRUE，才会返回 TRUE。

**【例 7.26】**　查询“女”客户中比所有“男”客户注册年限都小的客户姓名 name、性别 gender 和注册年限。

SQL 语句如下：

```
SELECT name 姓名,gender 性别,YEAR(CURDATE())-YEAR(registration_date) 注册年限
FROM customers
WHERE gender='女' AND (YEAR(CURDATE())-YEAR(registration_date) <ALL
                         (SELECT YEAR(CURDATE())-YEAR(registration_date)
                         FROM customers
                         WHERE gender='男'));
```

```
+------+------+----------+
| 姓名 | 性别 | 注册年限 |
+------+------+----------+
| 林琳 | 女   |        1 |
+------+------+----------+
1 row in set (0.03 sec)
```

图 7.30　带 ALL 关键字的子查询

运行结果如图 7.30 所示。

执行过程如下。

(1) 处理内层子查询，计算得到所有性别是“男”的客户的注册年限，构成一个集合(9,4,4)。

(2) 处理外层父查询，查找所有性别是“女”且注册年限小于 4(集合中的最小值)的客户姓名和注册年限。

用带有聚集函数的子查询完成例 7.26，SQL 语句如下：

```
SELECT name 姓名,gender 性别,YEAR(CURDATE())-YEAR(registration_date) 注册年限
FROM customers
WHERE gender='女' AND (YEAR(CURDATE())-YEAR(registration_date) <
                     (SELECT MIN(YEAR(CURDATE())-YEAR(registration_date))
                     FROM customers
                     WHERE gender='男'));
```

【例 7.27】 查询"女"客户中和任意一位"男"客户注册年限相同的客户姓名 name、性别 gender 和注册年限。

SQL 语句如下：

```
SELECT name 姓名,gender 性别,YEAR(CURDATE())-YEAR(registration_date) 注册年限
FROM customers
WHERE gender='女' AND (YEAR(CURDATE())-YEAR(registration_date)=ANY
                  (SELECT MIN(YEAR(CURDATE())-YEAR(registration_date))
                  FROM customers
                  WHERE gender='男'));
```

运行结果如图 7.31 所示。

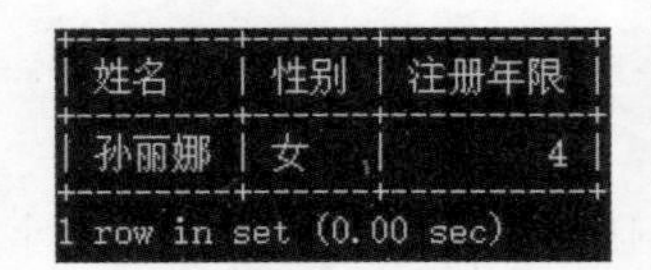


图 7.31 带 ANY 关键字的子查询

用带 IN 谓词的子查询完成例 7.27，SQL 语句如下：

```
SELECT name 姓名,gender 性别,YEAR(CURDATE())-YEAR(registration_date) 注册年限
FROM customers
WHERE gender='女' AND (YEAR(CURDATE())-YEAR(registration_date) IN
                  (SELECT MIN(YEAR(CURDATE())-YEAR(registration_date))
                  FROM customers
                  WHERE gender='男'));
```

综上所述，复杂的查询可以用带聚合函数的子查询完成，也可以用带有 ANY(SOME)、ALL 或 IN 关键字的子查询完成；用聚合函数实现子查询通常比直接用 ANY 或 ALL 查询效率要高；ANY、ALL 与聚合函数的对应关系如表 7.2 所示。

表 7.2 ANY、ALL 与聚合函数的对应关系

| | = | <>或!= | < | <= | > | >= |
|---|---|---|---|---|---|---|
| ANY | IN | -- | <MAX | <=MAX | >=MIN | >=MIN |
| ALL | -- | NOT IN | <MIN | <=MIN | >=MAX | >=MAX |

## 7.2.4 带有 EXISTS 关键字的子查询

带有 EXISTS 关键字的子查询

EXISTS 关键字后面的参数是一个任意的子查询，系统对子查询进行运算以判断它是否返回记录，如果返回记录，那么 EXISTS 子句的结果为 TRUE，此时外层查询语句将被执行；如果子查询没有返回记录，那么 EXISTS 子句的结果为 FALSE，此时外层查询将不被执行。

带 EXISTS 关键字的子查询不返回任何数据，只根据有无返回记录判断逻辑真 TRUE 或逻辑假 FALSE。

**【例 7.28】** 查询 2020 年下单的所有客户的姓名 name、性别 gender、注册日期 registration_date。

**分析**：客户的姓名 name、性别 gender、注册日期 registration_date 包含在客户表 customers 中；是否下单购买过商品，需要在订单表 orders 中检索。客户表和订单表的关联字段为客户编号 customer_id。SQL 语句如下：

```
SELECT DISTINCT name,gender,registration_date
FROM customers
WHERE EXISTS
        (SELECT *
        FROM orders
        WHERE customers.customer_id=orders.customer_id
        AND YEAR(order_date)=2020);
```

运行结果如图 7.32 所示。

**说明**：由 EXISTS 引出的子查询，其目标列表达式通常都用 *，因为带 EXISTS 的子查询只返回真值或假值，给出列表达式没有实际意义。

| name | gender | registration_date |
|---|---|---|
| 孙丽娜 | 女 | 2017-11-10 |
| 林琳 | 女 | 2020-05-17 |

2 rows in set (0.00 sec)

图 7.32　带 EXISTS 谓词的子查询(一)

本例中的子查询的查询条件依赖于外层查询的某个属性值(customers 表中的 customer_id)，因此也是相关子查询。执行过程如下。

(1) 取外层查询中客户表 customers 的第 1 条记录，得到该记录的客户编号 customer_id 的值。

(2) 根据得到的客户编号 customer_id 的值，执行内层子查询，若内层子查询返回值为真，则取外层查询中该记录的 name、gender、regitration_date 放入结果集中；若内层子查询返回值为假，则什么都不做。执行步骤(3)。

(3) 取 customers 表的下一条记录(元组)，得到该记录的客户编号 customer_id 的值；执行步骤(2)。

(4) 重复这一过程，直到外层 customers 表的记录全部检查完毕。

(5) 为了保证下单的客户信息在结果集中只出现一次，使用了 DISTINCT 关键字。

该例也可以用连接查询完成，SQL 语句如下：

```
SELECT DISTINCT name,gender,registration_date
FROM customers,orders
WHERE customers.customer_id=orders.customer_id AND YEAR(order_date)=2020;
```

另外，EXISTS 关键字也可以和条件表达式一起使用。

**【例 7.29】** 查询 2020 年下单的“女”客户的姓名 name、性别 gender、注册日期

registration_date。

SQL 语句如下:

```
SELECT DISTINCT name,gender,registration_date
FROM customers
WHERE gender='女' AND EXISTS
                    ( SELECT *
                      FROM orders
                      WHERE customers.customer_id=orders.customer_id
                      AND YEAR(order_date)=2020);
```

运行结果如图 7.33 所示。

由运行结果可以看出,条件"gender='女'"和 EXISTS 关键字是逻辑与的关系,外层查询也是从客户表 customers 中查询同时满足两个条件的记录信息。

NOT EXISTS 与 EXISTS 使用方法相同,返回的结果相反。子查询如果至少返回一条记录,那么 NOT EXIST 的结果为 FALSE,此时外层查询不执行;如果子查询没有任何返回记录,则 NOT EXISTS 的结果为 TRUE,此时外层查询将被执行。

**【例 7.30】** 查询没有在 2020 年下单的客户的姓名 name、性别 gender、注册日期 registration_date。

SQL 语句如下:

```
SELECT name,gender,registration_date
FROM customers
WHERE NOT EXISTS
          (SELECT * FROM orders
          WHERE customers.customer_id=orders.customer_id AND
          YEAR(order_date)=2020);
```

运行结果如图 7.34 所示。

```
+--------+--------+-------------------+
| name   | gender | registration_date |
+--------+--------+-------------------+
| 孙丽娜 | 女     | 2017-11-10        |
| 林琳   | 女     | 2020-05-17        |
+--------+--------+-------------------+
2 rows in set (0.00 sec)
```

图 7.33 带 EXISTS 谓词的子查询(二)

```
+--------------+--------+-------------------+
| name         | gender | registration_date |
+--------------+--------+-------------------+
| 薛为民       | 男     | 2012-01-09        |
| 刘丽梅       | 女     | 2016-01-09        |
| Grace_Brown  | 女     | 2016-01-09        |
| 赵文博       | 男     | 2017-12-31        |
| Adrian_Smith | 男     | 2017-11-10        |
+--------------+--------+-------------------+
5 rows in set (0.00 sec)
```

图 7.34 带 NOT EXISTS 谓词的子查询

**【例 7.31】** 查询被所有下单客户买过的商品的编号 item_id、商品名称 item_name、类别 category 和销售价格 price。

**分析**:例 7.31 可以理解为不存在任何一份订单不买这件商品。SQL 语句如下:

```
SELECT item_id,item_name,category,price
FROM items
WHERE NOT EXISTS
      (SELECT * FROM orders
      WHERE shipping_date IS NOT NULL AND NOT EXISTS
                              (SELECT * FROM order_details
                              WHERE order_details.item_id=items.item_id
                              AND orders.order_id=order_details.order_id));
```

运行结果如图 7.35 所示。

| item_id | item_name | category | price |
|---|---|---|---|
| sm01 | 扫地机器人 | 数码类 | 2580.00 |

1 row in set (0.00 sec)

图 7.35 带 NOT EXISTS 谓词的复杂查询

**说明**：shipping_date IS NOT NULL 保证查询的是已经执行的销售订单。

一些带有 EXISTS 或者 NOT EXISTS 关键字的子查询不能被其他形式的子查询等价替换；但所有带 IN、比较运算符、ANY 或 ALL 关键字的子查询都能用带有 EXISTS 或者 NOT EXISTS 关键字的子查询等价替换。

## 7.3 集合查询

SELECT 语句的查询结果是记录的集合，所以可以对多个 SELECT 的结果进行集合运算。集合运算主要包括并集 UNION、交集 INTERSECT 和差集 EXCEPT。

MySQL 8.x 只支持并集操作 UNION 运算，不支持交集操作和差集操作。

使用 UNION 关键字可以将多个 SELECT 语句的结果组合成一个结果集。合并时，每个 SELECT 语句的结果集中对应的字段数和数据类型都必须相同。各个 SELECT 语句之间使用 UNION 或者 UNION ALL 关键字分隔。单独使用 UNION 关键字，执行的时候删除重复的记录，即所有返回的记录都是唯一的；使用 UNION ALL 关键字则不删除重复的记录。语法格式如下：

```
SELECT 列表达式 1,[列表达式 2,…]
FROM 表 1
WHERE 条件表达式
UNION [ALL]
SELECT 列表达式 1,[列表达式 2,…]
FROM 表 2
WHERE 条件表达式
```

**【例 7.32】** 查询“数码类”的商品以及售价高于 1000 元的商品信息。

**分析**：该查询实现的是所有“数码类”商品和其他类售价大于 1000 元的商品的并集。SQL 语句如下：

```
SELECT * FROM items WHERE category='数码类'
UNION
SELECT * FROM items WHERE price>1000;
```

运行结果如图 7.36 所示。

| item_id | item_name | category | cost | price | inventory | is_online |
|---|---|---|---|---|---|---|
| sm01 | 扫地机器人 | 数码类 | 1499.00 | 2580.00 | 100 | 1 |
| sm02 | 单反相机 | 数码类 | 22899.00 | 28999.00 | 50 | 1 |
| f002 | 春季风衣 | 服饰类 | 980.00 | 1470.00 | 300 | 1 |
| m001 | 口红 | 美容类 | 460.00 | 1056.00 | 100 | 1 |
| m003 | 面霜 | 美容类 | 600.00 | 1176.00 | 10000 | 1 |
| m004 | 晚霜 | 美容类 | 550.00 | 1056.00 | 500 | NULL |

6 rows in set (0.00 sec)

图 7.36 带 UNION 谓词的查询

带有 UNION ALL 的语句如下：

```
SELECT * FROM items WHERE category='数码类'
UNION ALL
SELECT * FROM  items WHERE price>1000;
```

运行结果如图 7.37 所示。

| item_id | item_name | category | cost | price | inventory | is_online |
|---|---|---|---|---|---|---|
| sm01 | 扫地机器人 | 数码类 | 1499.00 | 2580.00 | 100 | 1 |
| sm02 | 单反相机 | 数码类 | 22899.00 | 28999.00 | 50 | 1 |
| f002 | 春季风衣 | 服饰类 | 980.00 | 1470.00 | 300 | 1 |
| m001 | 口红 | 美容类 | 460.00 | 1056.00 | 100 | 1 |
| m003 | 面霜 | 美容类 | 600.00 | 1176.00 | 10000 | 1 |
| m004 | 晚霜 | 美容类 | 550.00 | 1056.00 | 500 | NULL |
| sm01 | 扫地机器人 | 数码类 | 1499.00 | 2580.00 | 100 | 1 |
| sm02 | 单反相机 | 数码类 | 22899.00 | 28999.00 | 50 | 1 |

8 rows in set (0.00 sec)

图 7.37 带 UNION ALL 谓词的查询

由运行结果可以看出，UNION 和 UNION ALL 的区别：使用 UNION 合并两个 SELECT 语句的运行结果，会删除重复的记录，而使用 UNION ALL 是不删除重复的记录。

**【例 7.33】** 查询“数码类”的商品和售价高于 1000 元的商品信息，包括商品编号 item_id、商品名称 item_name、类别 category、销售价格 price 和库存 inventory，并按库存降序排列。

**分析**：分两个查询完成，一个查询“数码类”的商品信息，另一个查询售价高于 1000 元的商品信息。之后将两个查询的结果合并，得到需要的结果。SQL 语句如下：

```
SELECT item_id,item_name,category,price,inventory kc
FROM items
WHERE category='数码类'
UNION
SELECT item_id,item_name,category,price,inventory
FROM items
WHERE price>1000
ORDER BY kc DESC;
```

运行结果如图 7.38 所示。

| item_id | item_name | category | price | kc |
|---|---|---|---|---|
| m003 | 面霜 | 美容类 | 1176.00 | 10000 |
| m004 | 晚霜 | 美容类 | 1056.00 | 500 |
| f002 | 春季风衣 | 服饰类 | 1470.00 | 300 |
| sm01 | 扫地机器人 | 数码类 | 2580.00 | 100 |
| m001 | 口红 | 美容类 | 1056.00 | 100 |
| sm02 | 单反相机 | 数码类 | 28999.00 | 50 |

6 rows in set (0.04 sec)

图 7.38　对合并后的查询结果排序

**说明**：在 ORDER BY 之后要排序的列名一定是来自第 1 个 SELECT 子句中的列名，如果在第 1 个 SELECT 子句中的列名设置了别名，在 ORDER BY 后面也要写别名。

合并运算也可以使用条件表达式完成，如例 7.33 用条件表达式时语句如下：

```
SELECT item_id,item_name,category,price,inventory  kc
FROM items WHERE category='数码类' OR price>1000
ORDER BY kc DESC;
```

运行结果与使用 UNION 关键字的查询结果相同。

**【例 7.34】**　查询所有商品和所有客户的销售和下单情况，包括客户姓名 name、订单编号 order_id、商品名称 item_id、销售价格 price、折扣 discount 和数量 quantity。

**分析**：例 7.34 要求把所有客户和所有商品都要检索出来，因此需要一个外连接的合并运算才能得到。一个是客户表作为左表和其他表的左外连接，一个是商品表作为左表和其他表的左外连接。SQL 语句如下：

```
SELECT name,orders.order_id,item_name,price,discount,quantity
FROM customers LEFT JOIN (orders INNER JOIN (order_details INNER JOIN items
ON order_details.item_id=items.item_id) ON orders.order_id=order_details.
order_id ) ON
customers.customer_id=orders.customer_id
UNION
SELECT name,orders.order_id,item_name,price,discount,quantity
FROM items LEFT JOIN (order_details INNER JOIN (orders INNER JOIN customers
```

```
ON customers.customer_id=orders.customer_id) ON
orders.order_id=order_details.order_id ) ON order_details.item_id=items.
item_id
ORDER BY order_id LIMIT 10;
```

或者

```
SELECT name,orders.order_id,item_name,price,discount,quantity
FROM customers LEFT JOIN ((orders INNER JOIN order_details ON
orders.order_id=order_details.order_id) INNER JOIN items
ON order_details.item_id=items.item_id) ON customers.customer_id=orders.
customer_id
UNION
SELECT name,orders.order_id,item_name,price,discount,quantity
FROM items LEFT JOIN ((order_details INNER JOIN orders ON
orders.order_id=order_details.order_id) INNER JOIN customers
ON customers.customer_id=orders.customer_id) ON order_details.item_id=
items.item_id
ORDER BY order_id LIMIT 10;
```

运行结果如图7.39所示。

| name | order_id | item_name | price | discount | quantity |
|---|---|---|---|---|---|
| 薛为民 | NULL | NULL | NULL | NULL | NULL |
| 刘丽梅 | NULL | NULL | NULL | NULL | NULL |
| NULL | NULL | 春季衬衫 | 900.00 | NULL | NULL |
| NULL | NULL | 石榴水 | 936.00 | NULL | NULL |
| NULL | NULL | 晚霜 | 1056.00 | NULL | NULL |
| NULL | NULL | 《数据库原理及应用》 | 55.80 | NULL | NULL |
| NULL | NULL | 《人间词话》 | 68.80 | NULL | NULL |
| Adrian_Smith | 1 | 扫地机器人 | 2580.00 | 0.85 | 2 |
| 林琳 | 3 | 墨盒 | 229.00 | 0.80 | 10 |
| 林琳 | 3 | 硒鼓 | 699.00 | 0.85 | 15 |

10 rows in set (0.00 sec)

图7.39 利用UNION关键字实现交叉连接

由运行结果可以看出,所有的商品包括没人买过的商品都被查询出来了,所有的客户包括没有买过商品的客户也都被查询出来了,实现了全外连接。

虽然MySQL不支持交操作INTERSECT和差操作EXCEPT,但通过连接查询或者带有关键字的子查询也能实现交、差运算。

**【例7.35】** 查询"数码类"并且销售价格高于3000元的商品信息。

**分析**:本查询实现的是所有"数码类"商品和其他类售价大于3000元的商品的交集。

使用连接查询,SQL语句如下:

```
SELECT *
FROM items
WHERE category='数码类' AND price>3000;
```

使用带有 IN 关键字的子查询,SQL 语句如下:

```
SELECT *
FROM items
WHERE category='数码类' AND item_id IN
                              (SELECT item_id
                              FROM items
                              WHERE price>3000);
```

运行结果如图 7.40 所示。

| item_id | item_name | category | cost | price | inventory | is_online |
|---|---|---|---|---|---|---|
| sm02 | 单反相机 | 数码类 | 22899.00 | 28999.00 | 50 | 1 |

1 row in set (0.00 sec)

图 7.40　使用连接或子查询实现交运算

**【例 7.36】** 查询"数码类"商品和销售价格高于 3000 元的商品的差集。

**分析**:本查询实现的是所有"数码类"商品中售价不大于 3000 元的商品的信息。SQL 语句如下:

```
SELECT *
FROM items
WHERE category='数码类' AND price<=3000;
```

运行结果如图 7.41 所示。

| item_id | item_name | category | cost | price | inventory | is_online |
|---|---|---|---|---|---|---|
| sm01 | 扫地机器人 | 数码类 | 1499.00 | 2580.00 | 100 | 1 |

1 row in set (0.00 sec)

图 7.41　使用条件表达式实现差运算

## 7.4　派生查询

派生查询

在 MySQL 语言中,子查询不仅可以嵌套在 WHERE 子句中,也可以嵌套在 SELECT 子句和 FROM 子句中。子查询嵌套在 FROM 子句中,被称为基于派生表的查询。子查询嵌套在 SELECT 子句中,被称为临时子查询。一般基于派生表的查询都可以使用相关子查询来完成,但基于派生表的查询执行效率更高;而临时子查询可以查询出等值连接查询不能统计出的结果。

### 1. 基于派生表的查询

子查询出现在 FROM 中的子查询会生成一个临时派生表,这个派生表成为主查询的

查询对象,称为基于派生表的查询。一般语句格式如下:

```
SELECT 字段列表
FROM (SELECT 子查询) [AS 派生表名称]
WHERE 条件表达式;
```

【例 7.37】 在客户表 customers 中,查找高于同性别平均注册年限的客户信息,包括姓名 name、性别 gender 和注册年限 years_registration。用派生表查询实现。

SQL 语句如下:

```
SELECT name,gender,YEAR(CURDATE())-YEAR(registration_date) years_registration
FROM customers,
(SELECT gender agender,AVG(YEAR(CURDATE())-YEAR(registration_date)) ayears
FROM customers GROUP BY gender) AS avergen
WHERE gender=agender AND YEAR(CURDATE())-YEAR(registration_date)>ayears;
```

这里 FROM 子句中的子查询会生成一个派生表 avergen(派生表的名称,可以省略),该表由 agender、ayears 两个字段组成,记录了不同性别的性别和平均注册年限。

子查询语句与其运行结果如图 7.42 所示。

```
mysql> SELECT gender agender,AVG(YEAR(CURDATE())-YEAR(registration_date)) ayears
    -> FROM customers GROUP BY gender;
+---------+--------+
| agender | ayears |
+---------+--------+
| 男      | 5.6667 |
| 女      | 3.7500 |
+---------+--------+
2 rows in set (0.00 sec)
```

图 7.42 子查询的运行结果

外层查询将 customers 表与派生表 avergen 按性别进行等值连接,选出注册年限大于其同性别的平均注册年限的客户姓名、性别和注册年限。

运行结果如图 7.43 所示。

```
+-------------+--------+--------------------+
| name        | gender | years_registration |
+-------------+--------+--------------------+
| 薛为民      | 男     |                  9 |
| 刘丽梅      | 女     |                  5 |
| Grace_Brown | 女     |                  5 |
| 孙丽娜      | 女     |                  4 |
+-------------+--------+--------------------+
4 rows in set (0.00 sec)
```

图 7.43 基于派生表的查询结果

例 7.37 可以使用相关子查询来实现,SQL 语句如下:

```
SELECT name,gender,YEAR(CURDATE())-YEAR(registration_date) AS years_registration
FROM customers A
```

```
WHERE YEAR(CURDATE())-YEAR(registration_date)>
                    ( SELECT AVG(YEAR(CURDATE())-YEAR(registration_date))
                      FROM customers B
                      WHERE A.gender=B.gender);
```

显然相关子查询的执行效率远远低于派生表的查询。

**注意**：此派生表只在查询语句执行的期间存在，查询结束该派生表也就被自动清除。

### 2. 临时子查询

子查询出现在 SELECT 子句中。语句格式如下：

```
SELECT 字段 1,字段 2,…,(SELECT 子查询)…
FROM 表名 1,表名 2…
WHERE 条件表达式;
```

**【例 7.38】** 统计每位客户的下单次数，包括客户编号 customer_id、姓名 name、性别 gender 和下单次数。

**分析**：每一位客户的下单次数使用临时子查询和聚合函数得到。SQL 语句如下：

```
SELECT customer_id,name,gender,
       (SELECT COUNT(*) FROM orders
       WHERE customers.customer_id=orders.customer_id) AS numbers
FROM customers
ORDER BY numbers DESC;
```

运行结果如图 7.44 所示。

| customer_id | name | gender | numbers |
|---|---|---|---|
| 106 | 孙丽娜 | 女 | 3 |
| 107 | 林琳 | 女 | 3 |
| 104 | 赵文博 | 男 | 2 |
| 105 | Adrian_Smith | 男 | 2 |
| 103 | Grace_Brown | 女 | 1 |
| 101 | 薛为民 | 男 | 0 |
| 102 | 刘丽梅 | 女 | 0 |

7 rows in set (0.00 sec)

图 7.44 嵌套在 SELECT 子句中的子查询的运行结果

根据外层查询的数据源客户 customers 表的每条记录的客户编号 customer_id，运算子查询在订单表 orders 中统计每位客户的下单次数。

**【例 7.39】** 用连接查询统计每位客户的下单次数，包括客户编号 customer_id、姓名 name、性别 gender 和下单次数。

SQL 语句如下：

```
SELECT customers.customer_id,name,gender,COUNT(order_id) AS numbers
```

```
FROM customers,orders WHERE customers.customer_id=orders.customer_id
GROUP BY customers.customer_id
ORDER BY numbers DESC;
```

行结果如图 7.45 所示。

| customer_id | name | gender | numbers |
|---|---|---|---|
| 107 | 林琳 | 女 | 3 |
| 106 | 孙丽娜 | 女 | 3 |
| 105 | Adrian_Smith | 男 | 2 |
| 104 | 赵文博 | 男 | 2 |
| 103 | Grace_Brown | 女 | 1 |

5 rows in set (0.00 sec)

图 7.45　用连接查询统计数据

从例 7.38 和例 7.39 的运行结果可以看出,等值连接查询是在客户表 customers 和订单表 orders 在客户编号 customer_id 相等的情况下才有统计结果,因此没有购买过商品的客户不会出现在结果集中。而临时子查询是在浏览客户表 customers 的每条记录时,在订单表 orders 中统计该客户编号出现的次数,即下单次数。因此,在客户表中的所有客户都会有统计结果,没有下单的客户的下单次数为 0。

## 知识点小结

本章主要介绍了多数据源连接查询、嵌套查询、集合查询和派生查询,介绍了多种关键字的使用方法。多数据源连接查询介绍了内连接、等值连接、外连接和自连接的含义和使用,重点介绍了等值连接和自连接;嵌套查询主要介绍了多个关键字的使用、相关子查询和不相关子查询的执行过程;集合查询主要介绍了并、交、差在 MySQL 中的实现方法;派生查询主要介绍了子查询嵌套在 SELECT 子句和 FROM 子句的应用。

### 一、选择题

1. 实现内连接的关键字是(　　)。

　A. JOIN　　B. INNER JOIN

　C. RIGHT JOIN　　D. LEFT JOIN

2. 在 SQL 语言中,子查询是(　　)。

　A. 选取单表中字段子集的查询语句

　B. 选取多表中字段子集的查询语句

　C. 返回单表中数据子集的查询语言

　D. 嵌入另一个查询语句之中的查询语句

3. 多表连接的方式有(　　)。

A. 内连接　　B. 左外连接　　C. 中间连接　　D. 右外连接

4. 在嵌套查询中,内层子查询不可以出现在(　　)子句中。

A. WHERE　　B. SELECT　　C. FROM　　D. GROUP BY

5. 组合多条 SELECT 查询语句的结果形成一个结果集的关键字是(　　)。

A. UNION　　B. SELECT　　C. ALL　　D. LINK

6. 有 3 个表,它们的记录行数分别是 10 行、2 行和 6 行,3 个表进行交叉连接后,结果集中共有(　　)行数据。

A. 18　　B. 26　　C. 不确定　　D. 120

7. 以下(　　)不是子查询的关键字。

A. UNION　　B. ANY　　C. ALL　　D. EXIST

8. 关于查询结果排序,正确的说法是(　　)。

A. 在嵌套查询中,只能对最外层的查询结果进行排序

B. 如果指定多列排序,只能在最后一列使用升序或者降序关键字

C. 在嵌套查询中,可以对每一层查询结果进行排序

D. 关键字 ASC 表示降序,DESC 表示升序

## 二、操作题

在 online_sales_system 数据库中,编写语句实现以下查询功能。

1. 查询客户姓名为"林琳"的订单信息,包括姓名、订单编号、订单时间、商品名称、数量、配送地址和城市。

2. 按城市分组,查询每种类型的商品的类别和销售总数,并按销售总数降序排列,包括城市、商品类别、销售总数、销售总金额。

3. 使用子查询,完成查询订单数>3 的商品信息,包括商品的类别和商品名称。

**提示:** 先查出订单数>3 的 item_id,这里要以 count(item_id)作为查询条件入手,不能以 count(order_id)作为查询条件。

4. 使用自连接查询,实现查询和"单反相机"同一类型商品的商品编号、商品名称和类别名称。

5. 请查询订单中包含商品名称为"面霜"的订单编号、商品编号、客户姓名、配送地址和数量。

第8章

# MySQL 索引和视图

索引是一种数据库对象，索引是依赖于表建立的，是排列表中记录的一种方法。在数据表中按照一个或者多个字段进行索引时，索引的内容包括索引字段的值以及这些值对应的记录的存储地址。在某种程度上，可以把数据库看作一本书，把索引看作书的目录，通过目录查找书中的信息，显然比查找没有目录的书要方便、快捷。利用索引可以快速查询数据表中的特定记录，利用索引也能提高数据管理系统中数据的安全性和完整性。

视图是从一个表或者多个表导出的虚拟表，其内容由查询定义。同真实的数据表一样，视图的列由查询语句 SELECT 子句中包含的带有名称的列构成，视图的行数据由查询语句中满足 WHERE 子句条件的记录构成。但是，视图并不在数据库中以二维表的形式真实存储，视图存储的只有定义视图的查询语句，视图的行和列的数据来源于定义视图的查询所引用的表，并且在引用视图时才动态生成。

## 8.1 索引

### 8.1.1 索引概述

索引概述

当对数据表进行查询时，一种检索数据的方式是全表检索，就是将表中的所有记录一一取出，与查询条件进行一一对比，然后返回满足查询条件的记录。如果表中的数据量很大，这样做就会造成大量的磁盘读写操作，磁盘的读写操作也是需要运行时间的，因此这种方式查询的响应时间就会很长；另一种检索数据的方式是在表中创建索引，从索引中快速找到符合查询条件的索引值，然后通过索引值找到表中对应的记录，因此，创建索引就是加快查询速度的一种有效手段。

数据表的索引类似于书的目录，书的目录是记录按章节顺序排列的标题以及对应页码的一个清单。索引则是由数据表中的一列或多列以及记录指针组合而成，其中的一列或多列称为索引字段或索引关键字，索引存储的就是索引关键字按照某种算法的排序结果以及对应记录的记录指针，而记录指针则指向对应记录的存储地址。当用户通过索引查询数据库中的数据时，采用特定的算法能快速定位到符合条件的记录，并不需要遍历所有数据表中的所有记录，这样就提高了查询效率。

在 MySQL 中，索引有两种常用的存储类型：B 树（BTREE）索引和哈希（HASH）索引。

B 树索引是将索引字段组织成平衡树的形式，B 树中的节点分别记录字段值和相应的记录指针，如图 8.1 所示。

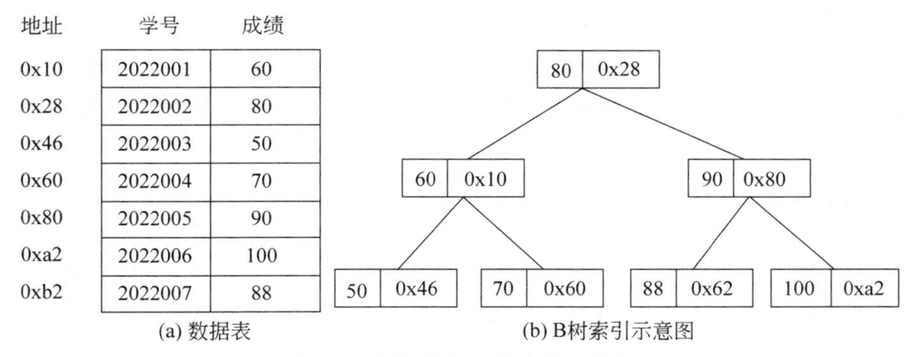

(a) 数据表　　(b) B树索引示意图

**图 8.1　数据表与 B 树索引示意图**

图 8.1(a)的数据表，包含两个字段：学号和成绩，最左边一列表示每条记录的存储地址。图 8.1(b)描述的是按成绩字段进行索引的一种方式，在索引中每个节点包含了成绩值以及对应记录的存储地址。这样就可以使用二分查找法按成绩值快速查询到相关记录。

哈希索引也叫散列索引，哈希索引会创建一个 hash 表，表中包含索引关键字的 hash 值和该关键字对应记录的存储地址，如图 8.2 所示。

| 地址 | 学号 | 姓名 |
|---|---|---|
| 0x10 | 2022001 | 孙丽娜 |
| 0x28 | 2022002 | 林琳 |
| 0x46 | 2022003 | 赵文博 |
| 0x60 | 2022004 | Grace |
| 0x80 | 2022005 | 杨欣悦 |
| 0xa2 | 2022006 | Adrian |
| 0xb2 | 2022007 | 王娜 |

(a) 数据表

| 键值 |
|---|
| Adrian |
| Grace |
| 林琳 |
| 孙丽娜 |
| 王娜 |
| 杨欣悦 |
| 赵文博 |

| hash值 | 地址 |
|---|---|
| 1db54bc | 0x10 |
| 1eaa288 | 0x28 |
| 2ac2cbb | 0x46 |
| 2e28000 | 0x60 |
| 6b86800 | 0x80 |
| 1db56be | 0xa2 |
| 1db5669 | 0xb2 |

(b) 哈希索引示意图

**图 8.2　数据表与哈希索引示意图**

其中 hash 值是通过特定算法由指定列数据（姓名的值）计算出来的，地址即为对应记录的存储地址。当进行 WHERE 姓名='杨欣悦'条件查询时，会将"杨欣悦"通过算法计算出一个 hash 值，在 hash 表中找到对应的地址，根据地址取得数据，最后确定这行记录是否是需要查询的数据。

如果读者有兴趣了解索引的更多内容,请查阅官方文档中 Optimization and Indexes 的内容。

InnoDB 和 MyISAM 存储引擎只支持 BTREE 索引,MEMORY 存储引擎支持 HASH 和 BTREE 索引。关系数据库管理系统在执行查询时会自动选择合适的索引作为查询对象,用户不需要也不必显式选择索引。

## 8.1.2 索引的作用与创建原则

索引一旦创建,将由数据库自动管理和维护。在执行 SQL 查询语句时,具有索引的表与不具有索引的表在使用者的角度看没有任何区别,索引只是提供一种快速访问指定记录的方法。

### 1. 索引的作用

(1) 可以加快数据的检索速度,这也是创建索引最主要的原因。在使用分组 GROUP BY 子句和排序 ORDER BY 子句进行数据查询时,可以缩短查询中分组和排序的时间,提高系统的性能。

(2) 通过创建唯一性索引,可保证数据库表中每一条记录的唯一性。

(3) 在 MySQL 中,只要在创建数据表时设置了主键,则系统就为其创建主键索引,因此,在进行表间连接时,就会加快表与表之间的连接速度,同时也能为表间数据的参照完整性提供保证。

### 2. 索引的缺点

索引是数据库中一种特殊的数据结构,自身需要存储空间。因此,增加索引也有如下不利的方面。

(1) 创建索引和维护索引都要耗费时间,并且随着数据量的增加,耗费的时间也会增加。

(2) 索引需要占用磁盘空间,数据库应用系统在运行的过程中,除了数据表占用内存空间外,每一个索引也都要占用一定的内存空间,如果创建大量的索引,索引文件就会占用大量的内存,数据库的运行效率就会降低。

(3) 当对表中的数据进行增、删、改时,系统也会对已创建的索引进行动态的维护,占用计算机的时间,这样就会降低对表中数据的维护速度。相应地也会降低数据库的运行效率。

### 3. 创建索引时遵循的一般原则

(1) 建议为经常作为查询条件的字段创建索引。索引占用磁盘空间,并且降低数据增、删、改的速度。如果应用程序非常频繁地更新数据或磁盘空间有限,则需要限制索引的数量。在表中数据量较大时再建立索引,表中的数据越多,索引的优势越明显。

(2) 建议在不同值少的字段上不要建立索引。例如在客户表 customers 中的性别

gender 字段,只有"男"和"女"两个不同值,即使建立了索引,不但不会提高查询效率,反而会严重降低数据更新的速度。

(3) 建议在取值唯一的字段上多使用唯一性索引。唯一性索引的值是唯一的,可以更快地通过索引来确定某条记录。例如,客户表中的客户编号是具有唯一性的字段,为该字段建立唯一性索引可很快确定某客户的信息。如果使用姓名,可能存在同名现象,从而降低查询速度。

(4) 建议为经常需要排序、分组和连接运算的字段建立索引。因为排序操作需要的时间长,如果为其建立索引,可以有效地避免排序操作。

(5) 建议定期删除不再使用或很少使用的索引。数据库管理员应当定期删除不再使用或很少使用的索引,从而减少索引对数据更新操作的影响,释放存储空间。

### 8.1.3　索引的分类

MySQL 的索引主要包括普通索引、唯一性索引、全文索引、单列索引、多列索引和空间索引等。

#### 1. 普通索引

普通索引是 MySQL 中最基本的索引类型,可以对任何类型的字段创建普通索引。定义索引的字段是否能插入重复的值或者 NULL 值,取决于该字段的属性,普通索引对索引字段没有要求。

#### 2. 唯一性索引

唯一性索引是在创建索引的时候使用 UNIQUE 关键字,即在创建索引时限制该索引字段的值必须是唯一的,但允许有一个空值。如果是多列组合索引,则要求多列(字段)的组合值唯一。主键索引是一种不允许有空值的唯一性索引。

#### 3. 全文索引

使用 FULLTEXT 关键字可以设置全文索引,全文索引只能为 CHAR、VARCHAR 或者 TEXT 类型的字段创建,MySQL 数据库从 5.6 版开始,MyISAM 和 InnoDB 存储引擎支持 FULLTEXT 索引。在默认情况下,全文索引的搜索执行方式不区分大小写。

#### 4. 单列索引

单列索引是指在表的单个字段上创建的索引。单列索引可以是普通索引也可以是唯一性索引,还可以是全文索引。只要保证该索引只对应一个字段即可。

#### 5. 多列索引

多列索引也称为组合索引,是指在表的多个字段上创建的索引。只有在查询条件中使用了这些字段的第一个索引字段时,索引才会被使用。

### 6. 空间索引

空间索引是使用SPATIAL关键字设置的索引,空间索引只能建立在空间数据类型上,这样可以提高系统获取空间数据的效率。MySQL中的空间数据类型包括GEOMETRY、POINT、LINESTRING和POLYGON等。目前只有MyISAM存储引擎支持空间检索,而且索引的字段不能为空值。

## 8.2 索引的使用

索引的使用

MySQL支持多种方式创建索引,第一种是使用CREATE TABLE语句在创建表的同时创建索引;第二种是为已经存在的表添加索引,可以使用ALTER TABLE语句或CREATE INDEX语句来实现。

### 8.2.1 查看索引

使用CREATE TABLE语句在创建数据表时,除了定义每个字段的数据类型外,还定义了主键约束、外键约束或者唯一性约束,不论创建哪种约束,系统都会为这些有约束条件的字段创建相应的索引。使用SHOW INDEX语句可以查看表的所有索引情况。

语法格式如下:

```
SHOW INDEX|KEY FROM 表名;
```

其中,SHOW INDEX和SHOW KEY的作用相同。

【例8.1】 查看网络销售系统中客户customers表中系统自动生成的索引信息。

SQL语句如下:

```
SHOW INDEX FROM customers;
```

运行结果如图8.3所示。

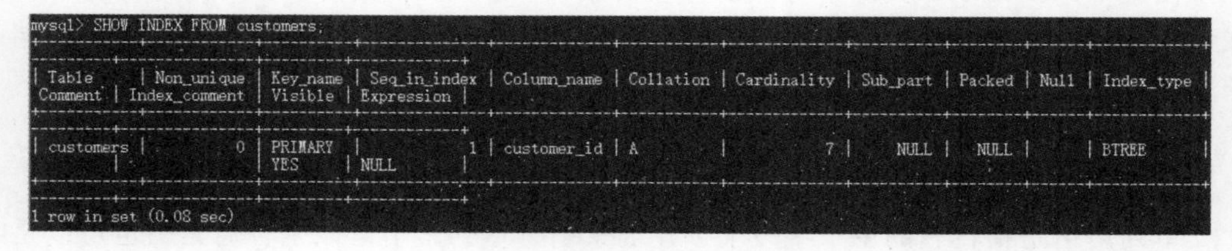

```
mysql> SHOW INDEX FROM customers;
+-----------+------------+----------+--------------+-------------+-----------+-------------+----------+--------+------+------------+
-----------+---------------+---------+------------+
| Table     | Non_unique | Key_name | Seq_in_index | Column_name | Collation | Cardinality | Sub_part | Packed | Null | Index_type |
 Comment | Index_comment | Visible | Expression |
+-----------+------------+----------+--------------+-------------+-----------+-------------+----------+--------+------+------------+
-----------+---------------+---------+------------+
| customers |          0 | PRIMARY  |            1 | customer_id | A         |           7 |     NULL |   NULL |      | BTREE      |
         |               | YES     | NULL       |
+-----------+------------+----------+--------------+-------------+-----------+-------------+----------+--------+------+------------+
-----------+---------------+---------+------------+
1 row in set (0.08 sec)
```

图8.3 查看索引

在创建客户customers表时,没有创建任何索引,只是设置了customer_id的主键约束。但从使用SHOW INDEX语句的运行结果来看,客户表确实存在一个索引,因此也验证了在创建表时如果设置主键约束,系统会自动生成一个索引。

SHOW INDEX返回表的索引信息,其中主要属性的含义如下。

(1) Table：表的名称。

(2) Non_unique：表示索引是否可以包括重复的值，0 表示不能，1 表示能。

(3) Key_name：表示索引名称。

(4) Seq_in_index：表示索引中的字段的顺序号，单字段索引该值为 1，组合索引为每个字段在索引定义时的顺序号，从 1 开始。

(5) Column_name：用于索引的字段名称。

(6) Collation：表示以什么方式存储索引数据，A 表示升序，D 表示降序。

(7) Cardinality：表示索引中唯一值的记录数。

(8) Sub_part：表示索引的长度，即被索引的字符数，如果是整个字段用于索引则为 NULL。

(9) Packed：表示索引字段被压缩的方式，如果没有被压缩，则为 NULL。

(10) Null：如果索引字段中包含 NULL，则为 YSE；如果不包含 NULL 值，则为 NO 或为空。

(11) Index_type：表示索引类型。

(12) Comment：索引列没有提到的信息，例如索引是否被禁用。

(13) Index_comment：创建索引时为字段提供的索引注释。

(14) Visible：是否可见，YES 表示可见，NO 表示不可见。

(15) Expression：索引表达式。

### 8.2.2 使用 CREATE TABLE 语句在创建表的同时创建索引

在创建表时，不但可以为字段创建单列索引，而且还可以为多个字段创建多列(组合)索引。语法格式如下：

```
CREATE TABLE [IF NOT EXISTS] 表名
(
  字段名 1 数据类型 [完整性约束][,字段名 2 数据类型 [完整性约束][,… ]],
  [UNIQUE|FULLTEXT|SPATIAL] INDEX | KEY [索引名]
  (字段名 1[(长度)][,字段名 2[(长度)]][,…] [ASC|DESC])
  …
);
```

即在定义完所有字段之后，为该表创建索引，属于表级约束。参数说明如下。

(1) UNIQUE|FULLTEXT|SPATIAL：是可选参数，分别表示唯一性索引、全文索引和空间索引。如果不选，则默认为普通索引。

(2) INDEX | KEY：INDEX 和 KEY 含义相同，都是创建索引的关键字。

(3) 索引名：用来指定索引的名称，为可选参数，若不指定，MySQL 默认用索引字段的名称为索引名。

(4) 字段名：即索引字段名，该字段必须为表中已定义好的字段。如果创建多列索引，多个字段名用逗号隔开。

(5) ASC|DESC：索引时采用的排序顺序。ASC 表示升序，DESC 表示降序，默认情况下为升序。

### 1. 创建普通索引

**【例 8.2】** 在创建客户表 cust1 时，为 registration_date 字段创建索引 idx_reg。

SQL 语句如下：

```
DROP TABLE IF EXISTS cust1;
CREATE TABLE cust1 (
  customer_id CHAR(3) NOT NULL,
  name VARCHAR(20),
  gender ENUM('男','女') DEFAULT '男',
  registration_date DATE,
  phone CHAR(11),
  PRIMARY KEY ( customer_id),
  INDEX idx_reg(registration_date)
);
```

为了防止出错，在创建客户表 cust1 之前，先使用 DROP 语句判断并删除已存在的客户表 cust1。

使用 SHOW INDEX 语句查看 cust1 表的索引信息，如图 8.4 所示。

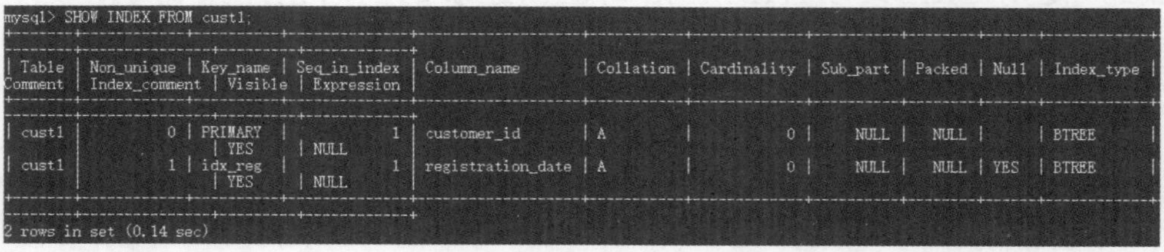

```
mysql> SHOW INDEX FROM cust1;
+-------+------------+----------+--------------+-------------------+-----------+-------------+----------+--------+------+------------+
| Table | Non_unique | Key_name | Seq_in_index | Column_name       | Collation | Cardinality | Sub_part | Packed | Null | Index_type |
Comment | Index_comment | Visible | Expression |
+-------+------------+----------+--------------+-------------------+-----------+-------------+----------+--------+------+------------+
| cust1 |          0 | PRIMARY  |            1 | customer_id       | A         |           0 |     NULL |   NULL |      | BTREE      |
                     | YES      | NULL
| cust1 |          1 | idx_reg  |            1 | registration_date | A         |           0 |     NULL |   NULL | YES  | BTREE      |
                     | YES      | NULL
+-------+------------+----------+--------------+-------------------+-----------+-------------+----------+--------+------+------------+
2 rows in set (0.14 sec)
```

图 8.4 为客户 cust1 表添加普通索引

由运行结果可以看出，客户表 cust1 多了一个普通索引，Non_unique 的值为 1 表示可以有重复值，索引名称 Key_name 为 idx_reg，索引中的字段的顺序号 Seq_in_index 为 1 表示单字段索引，索引字段 Column_name 为 registration_date，索引方式 Collation 为 A 表示升序排序，不同的索引值有 0 条(新建的表，没有录入数据)，是否可以为空 NULL 的值为 YES 表示可以包含空值，索引类型 Index_type 为 BTREE 表示 B 树索引。

### 2. 创建组合索引

**【例 8.3】** 在创建客户表 cust1 的同时，为字段姓名 name 和注册日期 registration_date 创建组合索引 idx_namereg。

SQL 语句如下：

```
DROP TABLE IF EXISTS cust1;
CREATE TABLE cust1 (
customer_id char(3) NOT NULL,
name varchar(20),
gender enum('男','女') DEFAULT '男',
registration_date date,
phone char(11),
PRIMARY KEY ( customer_id),
INDEX idx_namereg(name,registration_date)
);
```

使用 SHOW INDEX 语句查看客户 cust1 表的索引情况，如图 8.5 所示。

mysql> SHOW INDEX FROM cust1;

| Table | Non_unique | Key_name | Seq_in_index | Column_name | Collation | Cardinality | Sub_part | Packed | Null | Index_type | Comment | Index_comment | Visible | Expression |
|---|---|---|---|---|---|---|---|---|---|---|---|---|---|---|
| cust1 | 0 | PRIMARY | 1 | customer_id | A | 0 | NULL | NULL | | BTREE | | | YES | NULL |
| cust1 | 1 | idx_namereg | 1 | name | A | 0 | NULL | NULL | YES | BTREE | | | YES | NULL |
| cust1 | 1 | idx_namereg | 2 | registration_date | A | 0 | NULL | NULL | YES | BTREE | | | YES | NULL |

3 rows in set (0.37 sec)

图 8.5　为客户 customers 表添加组合索引

在运行结果中，最后两行描述的是一个索引，Seq_in_index 中 1 对应 name，2 对应 registration_date，说明索引先按 name 排序，在 name 相同的情况下再按照 registration_date 进行排序。

## 8.2.3　使用 ALTER TABLE 语句为已存在的表创建索引

如果表已经创建好，可以使用 ALTER TABLE 语句来创建索引，语法格式如下：

```
ALTER TABLE 表名 ADD INDEX|KEY [索引名] (字段名[(长度)][ASC|DESC]);
```

### 1. 按字段值的部分字符创建索引

**【例 8.4】**　为已有商品表 items，按商品名称 item_name 的前 2 个字符进行索引 id_itname2。

SQL 语句如下：

```
ALTER TABLE items ADD INDEX idx_itname2 (item_name(2));
```

使用 SHOW INDEX 查看商品 items 表的索引情况，如图 8.6 所示。

运行结果中，Querry OK 说明 ALTER TABLE 语句执行成功。SHOW INDEX 语句的运行结果中两个索引的 Cardinality 不同的原因是：对于 PRIMARY 索引是对主键的索引，主键不允许有重复，因此有多少条记录在索引中就会有多少条唯一值的记录，即

```
mysql> ALTER TABLE items ADD INDEX idx_itname2 (item_name(2));
Query OK, 0 rows affected (1.43 sec)
Records: 0  Duplicates: 0  Warnings: 0

mysql> SHOW INDEX FROM items;
+-------+------------+-------------+--------------+-------------+-----------+-------------+----------+--------+------+------------+
--------+---------------+---------+------------+
| Table | Non_unique | Key_name    | Seq_in_index | Column_name | Collation | Cardinality | Sub_part | Packed | Null | Index_type |
Comment | Index_comment | Visible | Expression |
+-------+------------+-------------+--------------+-------------+-----------+-------------+----------+--------+------+------------+
--------+---------------+---------+------------+
| items |          0 | PRIMARY     |            1 | item_id     | A         |          15 |     NULL |   NULL |      | BTREE      |
        |               | YES     | NULL       |
| items |          1 | idx_itname2 |            1 | item_name   | A         |          14 |        2 |   NULL | YES  | BTREE      |
        |               | YES     | NULL       |
+-------+------------+-------------+--------------+-------------+-----------+-------------+----------+--------+------+------------+
--------+---------------+---------+------------+
2 rows in set (0.04 sec)
```

图 8.6　为商品 items 表添加部分字符的降序索引

主键索引的记录数为 15。而 idx_itname2 索引是按商品名称 name 的前两个字符进行的索引,在 items 中有两条记录的 name 值是"春季风衣"和"春季衬衫",取两个字符得到的结果都是"春季",因此在索引中唯一值的记录数为 14。运行结果中 Sub_part 的值是 2,也说明了是按前两个字符进行的索引。

#### 2. 创建唯一性索引

**【例 8.5】** 为已创建好的商品 items 表,按商品编号 item_id 进行唯一性索引 uidx_itid。SQL 语句如下：

```
ALTER TABLE items ADD UNIQUE INDEX uidx_itid (item_id);
```

使用 SHOW INDEX 语句查看商品 items 表的索引情况,如图 8.7 所示。

```
mysql> ALTER TABLE items ADD UNIQUE INDEX uidx_itid (item_id);
Query OK, 0 rows affected (0.75 sec)
Records: 0  Duplicates: 0  Warnings: 0

mysql> SHOW INDEX FROM items;
+-------+------------+-------------+--------------+-------------+-----------+-------------+----------+--------+------+------------+
--------+---------------+---------+------------+
| Table | Non_unique | Key_name    | Seq_in_index | Column_name | Collation | Cardinality | Sub_part | Packed | Null | Index_type |
Comment | Index_comment | Visible | Expression |
+-------+------------+-------------+--------------+-------------+-----------+-------------+----------+--------+------+------------+
--------+---------------+---------+------------+
| items |          0 | PRIMARY     |            1 | item_id     | A         |          15 |     NULL |   NULL |      | BTREE      |
        |               | YES     | NULL       |
| items |          0 | uidx_itid   |            1 | item_id     | A         |          15 |     NULL |   NULL |      | BTREE      |
        |               | YES     | NULL       |
| items |          1 | idx_itname2 |            1 | item_name   | A         |          14 |        2 |   NULL | YES  | BTREE      |
        |               | YES     | NULL       |
+-------+------------+-------------+--------------+-------------+-----------+-------------+----------+--------+------+------------+
--------+---------------+---------+------------+
3 rows in set (0.08 sec)
```

图 8.7　为商品 items 表添加唯一性索引

商品编号 item_id 是商品表的主键,主键的索引是系统自动创建的,本就是唯一性索引。由运行结果可以看到,用户也可以创建以主键为索引字段的唯一性索引 uidx_itid,索引 uidx_itid 的参数值和主键索引的参数除了索引名称不同以外,其他都相同。

### 8.2.4 使用 CREATE INDEX 语句为已存在的表创建索引

使用 CREATE INDEX 语句也可以为已经存在的表创建索引,语法格式如下：

```
CREATE [UNIQUE|FULLTEXT|SPATIAL] INDEX [索引名]
ON 表名 (字段名 [,…] [ASC|DESC]);
```

### 1. 创建降序索引

【例 8.6】　为商品表 items 的类别 category 字段创建降序的索引 idx_category。

SQL 语句如下：

```
CREATE INDEX idx_category ON items(category DESC);
```

使用 SHOW INDEX 语句查看订单表 items 的索引情况，如图 8.8 所示。

```
mysql> CREATE INDEX idx_category ON items(category DESC);
Query OK, 0 rows affected (0.92 sec)
Records: 0  Duplicates: 0  Warnings: 0

mysql> SHOW INDEX FROM items;
+-------+------------+--------------+--------------+-------------+-----------+-------------+----------+--------+------+------------+
---------+---------------+---------+------------+
| Table | Non_unique | Key_name     | Seq_in_index | Column_name | Collation | Cardinality | Sub_part | Packed | Null | Index_type |
Comment | Index_comment | Visible | Expression |
+-------+------------+--------------+--------------+-------------+-----------+-------------+----------+--------+------+------------+
---------+---------------+---------+------------+
| items |          0 | PRIMARY      |            1 | item_id     | A         |          15 |     NULL |   NULL |      | BTREE      |
        |               | YES     | NULL       |
| items |          0 | uidx_itid    |            1 | item_id     | A         |          15 |     NULL |   NULL |      | BTREE      |
        |               | YES     | NULL       |
| items |          1 | idx_itname2  |            1 | item_name   | A         |          14 |        2 |   NULL | YES  | BTREE      |
        |               | YES     | NULL       |
| items |          1 | idx_category |            1 | category    | D         |           5 |     NULL |   NULL | YES  | BTREE      |
        |               | YES     | NULL       |
+-------+------------+--------------+--------------+-------------+-----------+-------------+----------+--------+------+------------+
---------+---------------+---------+------------+
4 rows in set (0.14 sec)
```

图 8.8　为 items 表创建降序的索引

在图 8.8 的结果中，对应 idx_category 索引的 Collation 值为 D，表示此索引为降序索引。

### 2. 创建全文索引

【例 8.7】　为订单表 orders 的配送地址 address 字段创建全文索引 fidx_address。

SQL 语句如下：

```
CREATEFULLTEXT INDEX fidx_address ON orders(address);
```

使用 SHOW INDEX 语句查看订单表 orders 的索引情况，如图 8.9 所示。

```
mysql> CREATE FULLTEXT INDEX fidx_address ON orders(address);
Query OK, 0 rows affected (2.87 sec)
Records: 0  Duplicates: 0  Warnings: 0

mysql> SHOW INDEX FROM orders;
+--------+------------+--------------+--------------+-------------+-----------+-------------+----------+--------+------+------------+
---------+---------------+---------+------------+
| Table  | Non_unique | Key_name     | Seq_in_index | Column_name | Collation | Cardinality | Sub_part | Packed | Null | Index_type |
 Comment | Index_comment | Visible | Expression |
+--------+------------+--------------+--------------+-------------+-----------+-------------+----------+--------+------+------------+
---------+---------------+---------+------------+
| orders |          0 | PRIMARY      |            1 | order_id    | A         |          11 |     NULL |   NULL |      | BTREE      |
         |               | YES     | NULL       |
| orders |          1 | fidx_address |            1 | address     | NULL      |          11 |     NULL |   NULL | YES  | FULLTEXT   |
         |               | YES     | NULL       |
+--------+------------+--------------+--------------+-------------+-----------+-------------+----------+--------+------+------------+
---------+---------------+---------+------------+
2 rows in set (0.10 sec)
```

图 8.9　为订单表 orders 创建全文索引

由运行结果可以看出，Collation 为 NULL 属于无分类索引，Index_type 为 FULLTEXT 类型。

### 8.2.5 删除索引

在 MySQL 中,为表创建索引后,索引会占用存储资源,当表中的记录有更新时,系统会自动更新对应的索引。因此,对于已经创建但很少使用的索引,建议手动删除,否则会影响整个系统的性能。

删除索引可以使用 ALTER TABLE 或者 DROP INDEX 语句。

#### 1. 使用 ALTER TABLE 语句删除索引

方式 1 的语法格式如下:

```
ALTER TABLE 表名 DROP INDEX 索引名;
```

方式 2 的语法格式如下:

```
ALTER TABLE 表名 DROP PRIMARY KEY;
```

其中,方式 1 的含义是删除＜表名＞中名称为＜索引名＞的索引;方式 2 的含义是删除＜表名＞中 PRIMARY KEY 索引(主键索引),因为一个表只有一个 PRIMARY KEY 索引,因此不需要指定索引名。

**【例 8.8】** 删除客户 cust1 表的索引 idx_namereg 和关键字索引。

SQL 语句如下:

```
ALTER TABLE cust1 DROP INDEXidx_namereg;
ALTER TABLE cust1 DROP PRIMARY KEY;
```

运行完以上两条语句之后,使用 SHOW INDEX 查看客户 cust1 表的索引情况,如图 8.10 所示。与图 8.3 相比较,可以发现已删除两个索引。

```
mysql> ALTER TABLE cust1 DROP INDEX idx_namereg;
Query OK, 0 rows affected (0.28 sec)
Records: 0  Duplicates: 0  Warnings: 0

mysql> ALTER TABLE cust1 DROP PRIMARY KEY;
Query OK, 0 rows affected (3.55 sec)
Records: 0  Duplicates: 0  Warnings: 0

mysql> SHOW INDEX FROM cust1;
Empty set (0.03 sec)
```

图 8.10 删除两个索引后的 cust1 表的索引情况

由图 8.10 的结果发现,cust1 表中已经没有任何索引,这也说明在定义表结构设置主键时,系统自动创建的主键索引也是允许删除的。

#### 2. 使用 DROP INDEX 语句删除索引

直接使用 DROP INDEX 语句删除索引,语法格式如下:

```
DROP INDEX <索引名>ON <表名>;
```

**【例 8.9】** 删除商品 items 表中的唯一性索引 uidx_itid。

SQL 语句如下：

```
DROP INDEX uidx_itid ON items;
```

使用 SHOW INDEX 语句查看商品表 items 的索引情况，如图 8.11 所示。

```
mysql> DROP INDEX uidx_itid ON items;
Query OK, 0 rows affected (0.65 sec)
Records: 0  Duplicates: 0  Warnings: 0

mysql> SHOW INDEX FROM items;
+-------+------------+--------------+--------------+-------------+-----------+-------------+----------+--------+------+------------+
---------+---------------+---------+------------+
| Table | Non_unique | Key_name     | Seq_in_index | Column_name | Collation | Cardinality | Sub_part | Packed | Null | Index_type |
Comment | Index_comment | Visible | Expression |
+-------+------------+--------------+--------------+-------------+-----------+-------------+----------+--------+------+------------+
---------+---------------+---------+------------+
| items |          0 | PRIMARY      |            1 | item_id     | A         |          15 |     NULL |   NULL |      | BTREE      |
        |               | YES     | NULL       |
| items |          1 | idx_itname2  |            1 | item_name   | A         |          14 |        2 |   NULL | YES  | BTREE      |
        |               | YES     | NULL       |
| items |          1 | idx_category |            1 | category    | D         |           5 |     NULL |   NULL | YES  | BTREE      |
        |               | YES     | NULL       |
+-------+------------+--------------+--------------+-------------+-----------+-------------+----------+--------+------+------------+
---------+---------------+---------+------------+
3 rows in set (0.06 sec)
```

图 8.11　删除唯一性索引后的商品 items 表的索引情况

**注意**：在数据表中，如果索引字段被删除，则对应的单列索引会被自动删除；如果被删除的字段参与多列索引，则该字段会从索引中自动删除；如果多列索引的字段都被删除，则整个索引也会被自动删除。

# 8.3 视图

## 8.3.1 视图的含义

关系数据库用不同的二维表存储实际应用系统中的实体集以及实体集之间的联系，例如网络购物系统中商品表存储商品的详细信息、客户表存储客户的详细信息、订单表存储订单的详细信息、订单明细表存储订单中购买每一件商品的详细信息。在日常的数据库管理过程中，用户经常需要重复进行某些查询操作，有的可能是基于单数据表的查询，有的可能是多个表之间的关联查询。如果用户每次都重新编写这些查询操作的语句，不仅会增加额外的工作量，还会大大降低数据管理的效率。

MySQL 提供了一种解决方案，即视图，用来存储 SELECT 查询的定义，避免了重复编写查询语句的过程，有效解决了上述问题。视图通过 CREATE VIEW 语句来创建，它在形式上可以认为是一张虚拟表，因此视图的操作和表的操作类似，可以进行查询和更新等操作。视图本身不保存数据，被引用时才根据保存的 SELECT 语句去相应的数据表中查找对应的数据并动态生成；反过来，也可以通过视图对数据进行修改，相应的表中的数据也跟着被修改。视图就像一个窗口，透过它可以看到数据库中用户权限内的数据，用户也可以通过视图更新数据表里的数据,更新的也只是视图中包含的数据,对视图之外的数据不加干涉,从而可以提高数据库系统的安全性。

执行 CREATE VIEW 语句的结果只是把视图的定义存入数据字典,并不执行其中的 SELECT 语句,只有在对视图进行查询或数据更新时,才按视图的定义从数据表中将数据查找出来。视图的数据并没有存储,而是在视图被使用时才动态生成。由于是即时生成,因此,视图的数据总是与当前的表的内容一致。视图的这种设计既节省了存储空间,又保证了数据的一致性。

## 8.3.2 视图的作用

与直接使用数据表进行数据操作相比,使用视图的优点如下。

### 1. 简化复杂的 SQL 查询操作

视图不仅可以简化用户对数据的理解,也可以简化操作。那些经常使用的查询可以被定义为视图,后续的查询可以直接在视图上进行,从而简化了查询语句的编写。例如,对于经常使用的多表连接查询可以定义为视图,可以方便地使用视图做更多汇总查询,新查询可以屏蔽掉原视图的相关表之间的逻辑关系、连接条件等查询细节,从而提高复杂 SQL 语句的复用性。

### 2. 增强数据操作的灵活性

视图的数据可以来源于一张表或者多张表,也可来源于一个或多个视图,还可以来源于表和视图。视图又可以作为数据源参与查询。

### 3. 自定义数据

视图的列可以来自同一个表,也可以来自不同的表,还可以来自不同表中的不同字段的计算表达式,视图是在逻辑意义上建立的新关系。

### 4. 合并或分割数据

视图可以来源于一个表的部分字段和部分记录,也可以来源于多张表的部分字段和部分记录。也就是说,通过视图可以实现从用户的角度重新组合数据库中数据的结构,合并或者分割一张或者多张表中的数据。

### 5. 增加了系统的安全性

视图能够实现让不同的用户以不同的方式看到不同或相同的数据集合。视图所引用表的访问权限与视图权限的设置互不影响,因此通过视图也能实现给不同的用户分配表的特定字段的访问权限;实现不同用户只能对自己权限内的数据进行查看和增、删、改操作,从而提高了数据的安全性。

# 8.4 视图的创建

视图的创建

在 MySQL 中，使用 CREATE VIEW 语句创建视图，视图可以建立在一张表上，也可以建立在多张表上，还可以创建在已有视图上。创建视图的语法格式如下：

```
CREATE VIEW 视图名 [(字段名 1[,字段名 2]…)]
AS SELECT 子查询;
```

说明如下。

(1) 视图名：定义的视图名称，其命名规则与标识符命名规则相同，在一个数据库中要保证视图是唯一的，不能与其他对象重名。在默认情况下，将在当前数据库中创建视图，如果想在指定的数据库中创建视图，创建时应将视图名称指定为：数据库名.视图名。

(2) 字段名：声明视图中使用的字段名，组成视图的字段名要么全部省略要么全部指定。如果省略了视图的所有字段名，则隐含该视图由子查询中 SELECT 子句目标列中的诸字段组成。但在下列情况下必须明确指定组成视图的所有字段名。

① 子查询中 SELECT 子句的某些目标列不是单纯的字段名，而是聚合函数或字段表达式。

② 子查询中有多表连接，SELECT 子句选择了多个同名列作为目标字段。

③ 需要在视图中为某个列使用新的更合适的名字。

(3) AS：是关键字，说明视图要完成的操作。

(4) 子查询：定义视图的 SELECT 命令，子查询可以是任意的 SELECT 语句。

## 8.4.1 在单表上创建视图

为保证某些隐私信息，同一张表的数据，对于不同的用户也有可见和不可见的区别。例如，在网络购物系统中，商品的成本价格、库存数量对于商家是可见的，但对于买家(客户)是不可见的。这种情况可以通过创建视图来实现。

**【例 8.10】** 创建一个客户能看到的包含商品信息的视图 v_cust_item，包含商品名称 item_name、类别 category 和销售价格 price。

SQL 语句如下：

```
CREATE VIEW v_cust_items
AS SELECT item_name,category,price FROM items;
```

视图创建之后，可以通过 SELECT 语句查看视图 v_cust_item 的内容，如图 8.12 所示。

**【例 8.11】** 在网络销售系统 online_sales_system 中，创建视图 v_items，包括商品编号 item_id、商品名称 item_name、类别 category 和每件商品差价(销售价格－成本价格)。

SQL 语句如下：

```
mysql> SELECT * FROM v_cust_items;
+--------------------------------+----------+----------+
| item_name                      | category | price    |
+--------------------------------+----------+----------+
| 墨盒                           | 办公类   |   229.00 |
| 硒鼓                           | 办公类   |   699.00 |
| 休闲装                         | 服饰类   |   268.00 |
| 春季风衣                       | 服饰类   |  1470.00 |
| 春季衬衫                       | 服饰类   |   900.00 |
| 口红                           | 美容类   |  1056.00 |
| 石榴水                         | 美容类   |   936.00 |
| 面霜                           | 美容类   |  1176.00 |
| 晚霜                           | 美容类   |  1056.00 |
| 《数据库原理及应用》           | 书籍类   |    55.80 |
| Head First Java (中文版)       | 书籍类   |    89.00 |
| 《鲁迅全集》                   | 书籍类   |   690.00 |
| 《人间词话》                   | 书籍类   |    68.80 |
| 扫地机器人                     | 数码类   |  2580.00 |
| 单反相机                       | 数码类   | 28999.00 |
+--------------------------------+----------+----------+
15 rows in set (0.04 sec)
```

图 8.12　客户能看到的商品信息

```
CREATE VIEW v_items
AS SELECT item_id,item_name,category,price-cost FROM items;
```

视图创建之后,可以通过 SELECT 查看视图 v_items 的内容,如图 8.13 所示。

```
mysql> CREATE VIEW v_items
    -> AS SELECT item_id, item_name,category,price-cost FROM items;
Query OK, 0 rows affected (0.11 sec)

mysql> SELECT * FROM v_items LIMIT 5;
+---------+-----------+----------+------------+
| item_id | item_name | category | price-cost |
+---------+-----------+----------+------------+
| b001    | 墨盒      | 办公类   |      60.00 |
| b002    | 硒鼓      | 办公类   |      89.00 |
| f001    | 休闲装    | 服饰类   |      69.00 |
| f002    | 春季风衣  | 服饰类   |     490.00 |
| f003    | 春季衬衫  | 服饰类   |     300.00 |
+---------+-----------+----------+------------+
5 rows in set (0.00 sec)
```

图 8.13　在单一表上创建视图

由运行结果可以看出,创建视图的语句运行成功。为了查看方便,可以在生成视图的时候指定列名。SQL 语句如下:

```
CREATE VIEW v_items2 (商品编号,商品名称,类别,差价)
AS SELECT item_id,item_name,category,price-cost
FROM items;
```

或者

```
CREATE VIEW v_items2
AS SELECT item_id 商品编号,item_name 商品名称,category 类别,price-cost 差价
FROM items;
```

以上两条语句功能相同。

使用 SELECT 语句查看视图 v_items2 的内容，如图 8.14 所示。

```
mysql> CREATE VIEW v_items2 AS SELECT item_id 商品编号, item_name 商品名称,
    -> category 类别,price-cost 差价 FROM items;
Query OK, 0 rows affected (0.43 sec)

mysql> SELECT * FROM v_items2 LIMIT 5;
+----------+----------+--------+--------+
| 商品编号 | 商品名称 | 类别   | 差价   |
+----------+----------+--------+--------+
| b001     | 墨盒     | 办公类 |  60.00 |
| b002     | 硒鼓     | 办公类 |  89.00 |
| f001     | 休闲装   | 服饰类 |  69.00 |
| f002     | 春季风衣 | 服饰类 | 490.00 |
| f003     | 春季衬衫 | 服饰类 | 300.00 |
+----------+----------+--------+--------+
5 rows in set (0.04 sec)
```

图 8.14 为视图设置列名

由运行结果可以看出，v_items 和 v_items2 两个视图的字段名称不同，但记录内容是相同的。也就是说，在创建视图时，可以为子查询中 SELECT 子句的列表达式设置别名。当用户通过视图使用和管理数据时，根本不必考虑实际数据库中表的结构以及表间关系。这样既保证了原始数据表中数据的安全性，用户又不必纠结于表间的复杂关系，而且视图又不占存储空间。

## 8.4.2 在多表上创建视图

### 1. 创建多表无条件视图

**【例 8.12】** 定义视图 v_buy，包含所有订单的客户编号 customer_id、姓名 name、配送地址 address、订单时间 order_date 和发货时间 shipping_date。

SQL 语句如下：

```
CREATE VIEW v_buy
AS SELECT customers.customer_id,name,address,order_date,shipping_date
FROM customers,orders
WHERE customers.customer_id=orders.customer_id;
```

使用 SELECT 查看视图 v_buy 的数据，如图 8.15 所示。

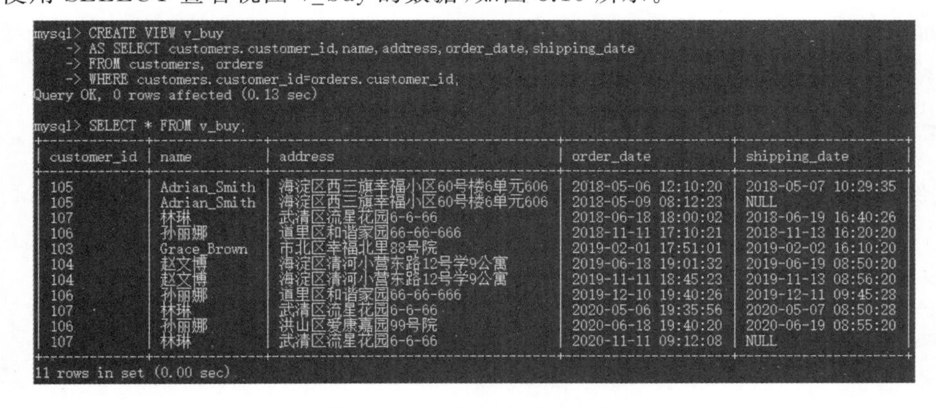

```
mysql> CREATE VIEW v_buy
    -> AS SELECT customers.customer_id,name,address,order_date,shipping_date
    -> FROM customers, orders
    -> WHERE customers.customer_id=orders.customer_id;
Query OK, 0 rows affected (0.13 sec)

mysql> SELECT * FROM v_buy;
+-------------+---------------+------------------------------+---------------------+---------------------+
| customer_id | name          | address                      | order_date          | shipping_date       |
+-------------+---------------+------------------------------+---------------------+---------------------+
| 105         | Adrian_Smith  | 海淀区西三旗幸福小区60号楼6单元606 | 2018-05-06 12:10:20 | 2018-05-07 10:29:35 |
| 105         | Adrian_Smith  | 海淀区西三旗幸福小区60号楼6单元606 | 2018-05-09 08:12:23 | NULL                |
| 107         | 林琳          | 武清区流星花园6-6-66           | 2018-06-18 18:00:02 | 2018-06-19 16:40:26 |
| 106         | 孙丽娜        | 道里区和谐家园66-66-666        | 2018-11-11 17:10:21 | 2018-11-13 16:20:20 |
| 103         | Grace_Brown   | 市北区幸福北里88号院           | 2019-02-01 17:51:01 | 2019-02-02 16:10:20 |
| 104         | 赵文博        | 海淀区清河小营东路12号学9公寓  | 2019-06-18 19:01:32 | 2019-06-19 08:50:20 |
| 104         | 赵文博        | 海淀区清河小营东路12号学9公寓  | 2019-11-11 18:45:23 | 2019-11-13 08:56:20 |
| 106         | 孙丽娜        | 道里区和谐家园66-66-666        | 2019-12-10 19:40:26 | 2019-12-11 09:45:28 |
| 107         | 林琳          | 武清区流星花园6-6-66           | 2020-05-06 19:35:56 | 2020-05-07 08:50:28 |
| 106         | 孙丽娜        | 洪山区爱康嘉园99号院           | 2020-06-18 19:40:20 | 2020-06-19 08:55:20 |
| 107         | 林琳          | 武清区流星花园6-6-66           | 2020-11-11 09:12:08 | NULL                |
+-------------+---------------+------------------------------+---------------------+---------------------+
11 rows in set (0.00 sec)
```

图 8.15 在多表上创建视图

由运行结果来看,信息太过杂乱,看不出任何规律,如有需要,可以在创建视图时进行排序。

### 2. 创建视图时使用 ORDER BY 子句

**【例 8.13】** 定义视图 v_buy1,包含所有订单的客户编号 customer_id、姓名 name、配送地址 address、订单时间 order_date 和发货时间 shipping_date,并按客户编号 customer_id 排序。

SQL 语句如下:

```
CREATE  VIEW  v_buy1
AS SELECT customers.customer_id,name,address,order_date,shipping_date
FROM customers,orders
WHERE customers.customer_id=orders.customer_id
ORDER BY customers.customer_id;
```

使用 SELECT 查看视图 v_buy1 的数据,如图 8.16 所示。

```
mysql> CREATE  VIEW  v_buy1
    -> AS SELECT customers.customer_id,name,address,order_date,shipping_date
    -> FROM customers, orders
    -> WHERE customers.customer_id=orders.customer_id
    -> ORDER BY customers.customer_id;
Query OK, 0 rows affected (0.21 sec)

mysql> SELECT * FROM v_buy1;
+-------------+--------------+-------------------------------+---------------------+---------------------+
| customer_id | name         | address                       | order_date          | shipping_date       |
+-------------+--------------+-------------------------------+---------------------+---------------------+
| 103         | Grace_Brown  | 市北区幸福北里88号院          | 2019-02-01 17:51:01 | 2019-02-02 16:10:20 |
| 104         | 赵文博       | 海淀区清河小营东路12号学9公寓 | 2019-06-18 19:01:32 | 2019-06-19 08:50:20 |
| 104         | 赵文博       | 海淀区清河小营东路12号学9公寓 | 2019-11-11 18:45:23 | 2019-11-13 08:56:20 |
| 105         | Adrian_Smith | 海淀区西三旗幸福小区60号楼6单元606 | 2018-05-06 12:10:20 | 2018-05-07 10:29:35 |
| 105         | Adrian_Smith | 海淀区西三旗幸福小区60号楼6单元606 | 2018-05-09 08:12:23 | NULL                |
| 106         | 孙丽娜       | 道里区和谐家园66-66-666        | 2018-11-11 17:10:21 | 2018-11-13 16:20:20 |
| 106         | 孙丽娜       | 道里区和谐家园66-66-666        | 2019-12-10 19:40:26 | 2019-12-11 09:45:28 |
| 106         | 孙丽娜       | 洪山区爱康嘉园99号院           | 2020-06-18 19:40:20 | 2020-06-19 08:55:20 |
| 107         | 林琳         | 武清区流星花园6-6-66           | 2018-06-18 18:00:02 | 2018-06-19 16:40:26 |
| 107         | 林琳         | 武清区流星花园6-6-66           | 2020-05-06 19:35:56 | 2020-05-07 08:50:28 |
| 107         | 林琳         | 武清区流星花园6-6-66           | 2020-11-11 09:12:08 | NULL                |
+-------------+--------------+-------------------------------+---------------------+---------------------+
11 rows in set (0.00 sec)
```

图 8.16 创建视图时可以排序

如果只是想创建一个视图,用来查看曾下过订单的客户的编号等信息,即不需要重复的数据,则可以使用 DISTINCT 关键字。

### 3. 创建视图时使用 DISTINCT 关键字

**【例 8.14】** 定义视图 v_buy2,包含所有有订单的客户的编号 customer_id、姓名 name、配送地址 address。

SQL 语句如下:

```
CREATE VIEW v_buy2
AS SELECT DISTINCT customers.customer_id,name,address
FROM customers,orders
```

```
WHERE customers.customer_id=orders.customer_id
ORDER BY customers.customer_id;
```

使用 SELECT 语句查看视图 v_buy2 的数据，如图 8.17 所示。

```
mysql> SELECT * FROM v_buy2;
+-------------+--------------+------------------------------------+
| customer_id | name         | address                            |
+-------------+--------------+------------------------------------+
| 103         | Grace Brown  | 市北区幸福北里88号院               |
| 104         | 赵文博       | 海淀区清河小营东路12号学9公寓      |
| 105         | Adrian Smith | 海淀区西三旗幸福小区60号楼6单元606 |
| 106         | 孙丽娜       | 道里区和谐家园66-66-666            |
| 106         | 孙丽娜       | 洪山区爱康嘉园99号院               |
| 107         | 林琳         | 武清区流星花园6-6-66                |
+-------------+--------------+------------------------------------+
6 rows in set (0.00 sec)
```

图 8.17　使用 DISTINCT 关键字在多表上创建视图

**注意**：DISTINCT 是在筛选出的记录的所有字段的值都相同的情况下，才会保留其中的一条记录，这是视图 v_buy2 中有两条“孙丽娜”的记录和一条“林琳”的原因。在创建视图时，是否能使用 DISTINCT 和 ORDER BY 关键字取决于不同的系统，提醒读者在使用之前要查看相关的系统说明。

### 4. 创建视图时使用 WHERE 条件

**【例 8.15】**　定义视图 v_buy_date，查询所有 2019 年买过商品的客户编号 customer_id、姓名 name、配送地址 address、订单时间 order_date 和发货时间 shipping_date。

SQL 语句如下：

```
CREATE VIEW v_buy_date
AS SELECT customers.customer_id,name,address,order_date,shipping_date
FROM customers,orders
WHERE customers.customer_id=orders.customer_id AND year(order_date)=2019;
```

使用 SELECT 语句查看视图 v_buy_date 的数据，如图 8.18 所示。

```
mysql> SELECT * FROM v_buy_date;
+-------------+-------------+-------------------------------+---------------------+---------------------+
| customer_id | name        | address                       | order_date          | shipping_date       |
+-------------+-------------+-------------------------------+---------------------+---------------------+
| 103         | Grace Brown | 市北区幸福北里88号院          | 2019-02-01 17:51:01 | 2019-02-02 16:10:20 |
| 104         | 赵文博      | 海淀区清河小营东路12号学9公寓 | 2019-06-18 19:01:32 | 2019-06-19 08:50:20 |
| 104         | 赵文博      | 海淀区清河小营东路12号学9公寓 | 2019-11-11 18:45:23 | 2019-11-13 08:56:20 |
| 106         | 孙丽娜      | 道里区和谐家园66-66-666       | 2019-12-10 19:40:26 | 2019-12-11 09:45:28 |
+-------------+-------------+-------------------------------+---------------------+---------------------+
4 rows in set (0.00 sec)
```

图 8.18　包含 WHERE 条件的视图

**【例 8.16】**　定义视图 v_order_all，包括所有已发货的销售信息，包括订单编号 order_id、商品编号 item_id、商品名称 item_name、成本价格 cost、销售价格 price、数量 quantity 和折扣 discount 等信息。其中，已发货说明 shipping_date 字段的值为非 NULL。

SQL 语句如下：

```
CREATE VIEW v_order_all
AS SELECT orders.order_id, items.item_id, item_name, cost, price,
quantity,discount
FROM items,orders,order_details
WHERE items.item_id=order_details.item_id AND
order_details.order_id=orders.order_id AND shipping_date IS NOT NULL;
```

使用 SELECT 语句查看视图 v_order_all 的数据，限于篇幅原因，只显示 5 条记录，如图 8.19 所示。

```
mysql> SELECT * FROM v_order_all LIMIT 5;
+----------+---------+------------+---------+---------+----------+----------+
| order_id | item_id | item_name  | cost    | price   | quantity | discount |
+----------+---------+------------+---------+---------+----------+----------+
|        1 | sm01    | 扫地机器人 | 1499.00 | 2580.00 |        2 |     0.85 |
|        3 | b001    | 墨盒       |  169.00 |  229.00 |       10 |     0.80 |
|        3 | b002    | 硒鼓       |  610.00 |  699.00 |       15 |     0.85 |
|        3 | sm01    | 扫地机器人 | 1499.00 | 2580.00 |        1 |     0.90 |
|        4 | f001    | 休闲装     |  199.00 |  268.00 |        2 |     0.80 |
+----------+---------+------------+---------+---------+----------+----------+
5 rows in set (0.00 sec)
```

图 8.19 创建多表的视图

【例 8.17】 定义视图 v_order_cust，包括所有客户购买商品的信息：客户编号 customer_id、姓名 name、订单编号 order_id、商品名称 item_name、销售价格 price、数量 quantity、折扣 discount。

SQL 语句如下：

```
CREATE VIEW v_order_cust
AS SELECT customers.customer_id,name,orders.order_id,item_name,cost,price,
quantity,discount
FROM customers,items,orders,order_details
WHERE items.item_id= order_details.item_id AND order_details.order_id=
orders.order_id
AND customers.customer_id=orders.customer_id AND shipping_date IS NOT NULL;
```

使用 SELECT 语句查看视图 v_order_cust 的数据，如图 8.20 所示。

### 8.4.3 在视图上创建视图

在 MySQL 中视图和表的用法基本相同，因此，可以在视图上创建新的视图。

【例 8.18】 在视图 v_order_all 上，创建视图 v_order_sum，计算每件商品的销售额，包括订单编号和销售额。

SQL 语句如下：

```
mysql> SELECT * FROM v_order_cust LIMIT 5;
+-------------+-------------+----------+------------+---------+---------+----------+----------+
| customer_id | name        | order_id | item_name  | cost    | price   | quantity | discount |
+-------------+-------------+----------+------------+---------+---------+----------+----------+
| 105         | Adrian_Smith|        1 | 扫地机器人 | 1499.00 | 2580.00 |        2 |     0.85 |
| 107         | 林琳        |        3 | 墨盒       |  169.00 |  229.00 |       10 |     0.80 |
| 107         | 林琳        |        3 | 硒鼓       |  610.00 |  699.00 |       15 |     0.85 |
| 107         | 林琳        |        3 | 扫地机器人 | 1499.00 | 2580.00 |        1 |     0.90 |
| 106         | 孙丽娜      |        4 | 休闲装     |  199.00 |  268.00 |        2 |     0.80 |
+-------------+-------------+----------+------------+---------+---------+----------+----------+
5 rows in set (0.00 sec)
```

图 8.20　创建多表的视图

```
CREATE VIEW v_order_sum
AS SELECT order_id AS 订单号,SUM(price * discount * quantity) AS 销售额
FROM v_order_all
GROUP BY order_id;
```

使用 SELECT 查看视图 v_order_sum 的数据，如图 8.21 所示。

```
mysql> CREATE VIEW v_order_sum
    -> AS SELECT order_id AS 订单号,SUM(price*discount*quantity) AS 销售额
    -> FROM v_order_all
    -> GROUP BY order_id;
Query OK, 0 rows affected (0.15 sec)

mysql> SELECT * FROM v_order_sum LIMIT 5;
+--------+------------+
| 订单号 | 销售额     |
+--------+------------+
|      1 |  4386.0000 |
|      3 | 13066.2500 |
|      4 | 57271.0000 |
|      5 | 11826.0000 |
|      6 | 39249.6500 |
+--------+------------+
5 rows in set (0.00 sec)
```

图 8.21　在视图上创建视图

**【例 8.19】**　在视图 v_order_all 上，创建视图 v_item_sum，计算每件商品的销售额，包括商品名称 item_name 和销售额，并按照销售额降序排列。

SQL 语句如下：

```
CREATE VIEW v_item_sum
AS SELECT item_name AS 商品名称,SUM(price * discount * quantity) AS 销售额
FROM v_order_all
GROUP BY item_name
ORDER BY 销售额 DESC;
```

使用 SELECT 语句查看视图 v_item_sum 的数据，如图 8.22 所示。

通过以上例子可以看出，在创建视图时，可以在 SELECT 子句中使用 WHERE、聚合函数和 GROUP BY 等关键字，这样就可以把一些需要做的查询由程序设计者提前定义为视图，保存起来，用户需要统计数据时可以直接从视图中提取数据，给用户提供方便。

```
mysql> CREATE VIEW v_item_sum
    -> AS SELECT item_name AS 商品名称,SUM(price*discount*quantity) AS 销售额
    -> FROM v_order_all
    -> GROUP BY item_name
    -> ORDER BY 销售额 DESC;
Query OK, 0 rows affected (0.15 sec)

mysql> SELECT * FROM v_item_sum LIMIT 5;
+------------+-------------+
| 商品名称   | 销售额      |
+------------+-------------+
| 单反相机   | 105846.3500 |
| 扫地机器人 |  33927.0000 |
| 口红       |   9504.0000 |
| 面霜       |   8937.6000 |
| 硒鼓       |   8912.2500 |
+------------+-------------+
5 rows in set (0.00 sec)
```

图 8.22　在视图上创建视图

## 8.5　视图的应用

视图是一个虚拟表,其中并没有数据,当使用视图时,数据才从数据表临时生成。通过视图不但能查询数据,还可以插入、更新、删除对应表中的数据。

### 8.5.1　视图的查询

视图的查询总是转换为对它所依赖的数据表的等价查询。利用 MySQL 的 SELECT 语句可以对视图进行查询,其使用方法与数据表的查询完全相同。

#### 1. 条件查询

【例 8.20】 在视图 v_order_cust 上创建条件查询,查询客户"林琳"购买的商品名称 item_name、销售价格 price、数量 quantity 和折扣 discount。

SQL 语句如下:

```
SELECT name,item_name,price,quantity,discount
FROM v_order_cust
WHERE name='林琳';
```

运行结果如图 8.23 所示。

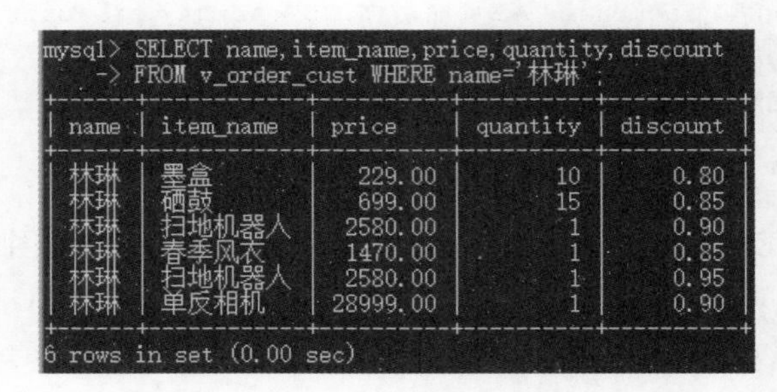

```
mysql> SELECT name,item_name,price,quantity,discount
    -> FROM v_order_cust WHERE name='林琳';
+------+------------+----------+----------+----------+
| name | item_name  | price    | quantity | discount |
+------+------------+----------+----------+----------+
| 林琳 | 墨盒       |   229.00 |       10 |     0.80 |
| 林琳 | 硒鼓       |   699.00 |       15 |     0.85 |
| 林琳 | 扫地机器人 |  2580.00 |        1 |     0.90 |
| 林琳 | 春季风衣   |  1470.00 |        1 |     0.85 |
| 林琳 | 扫地机器人 |  2580.00 |        1 |     0.95 |
| 林琳 | 单反相机   | 28999.00 |        1 |     0.90 |
+------+------------+----------+----------+----------+
6 rows in set (0.00 sec)
```

视图的应用

图 8.23　使用条件在视图上查询

### 2. 使用计算表达式查询

**【例 8.21】** 在视图 v_order_cust 上使用计算表达式进行查询，计算每个客户每次购买每件商品的销售额，包括客户编号 customer_id、姓名 name、商品名称 item_name 和销售额，并按销售额降序排列。

限于篇幅原因，只显示 5 条记录。以下显示记录的限制也是基于这个原因，SQL 语句如下：

```
SELECT customer_id,name,item_name,price * quantity * discount AS sales
FROM v_order_cust
ORDER BY sales DESC
LIMIT 5;
```

运行结果如图 8.24 所示。

### 3. 使用聚合函数的查询

**【例 8.22】** 在视图 v_order_cust 上使用聚合函数进行查询，计算每个订单的销售额和利润，包括订单号、销售额和利润，并按利润降序排列。

SQL 语句如下：

```
SELECT order_id AS 订单号,SUM(price * discount * quantity) AS 销售额,
SUM((price * discount -cost) * quantity) AS 利润
FROM v_order_cust
GROUP BY order_id
ORDER BY 利润 DESC;
```

运行结果如图 8.25 所示。

| customer_id | name | item_name | sales |
|---|---|---|---|
| 106 | 孙丽娜 | 单反相机 | 52198.2000 |
| 104 | 赵文博 | 单反相机 | 27549.0500 |
| 107 | 林琳 | 单反相机 | 26099.1000 |
| 104 | 赵文博 | 扫地机器人 | 10965.0000 |
| 103 | Grace_Brown | 口红 | 9504.0000 |

5 rows in set (0.00 sec)

图 8.24 在视图上使用计算表达式进行查询

| 订单号 | 销售额 | 利润 |
|---|---|---|
| 6 | 39249.6500 | 8343.8500 |
| 4 | 57271.0000 | 8077.0000 |
| 5 | 11826.0000 | 5727.0000 |
| 10 | 11130.6000 | 4831.6000 |
| 9 | 29799.6000 | 4421.6000 |
| 1 | 4386.0000 | 1388.0000 |
| 7 | 2580.0000 | 1081.0000 |
| 3 | 13066.2500 | 727.2500 |
| 8 | 2546.4000 | 649.4000 |

9 rows in set (0.00 sec)

图 8.25 使用聚合函数在视图上创建查询

从这几个例子可以看出，在视图上创建查询，无须考虑查询用到的字段来源于哪几个表，也无须考虑这几个表之间的逻辑关系，从而简化了查询语句。

## 8.5.2 通过视图更新表中数据

通过视图更新表中数据是指通过视图来插入、更新、删除表中的数据。通过对视图的

插入、更新和删除,都会转到对视图所引用的基本表的数据的修改。MySQL 提供了相应的 3 条语句 INSERT、UPDATE 和 DELETE。

### 1. 通过视图插入数据

对视图使用 INSERT 语句插入记录时,实际上是向视图所引用的基本表插入记录。视图中的 INSERT 语句与在基本表中使用 INSERT 语句的格式完全相同。

【例 8.23】 为客户表创建一个视图 v_cust,包括客户编号 customer_id、姓名 name 和注册日期 registration_date,并使用 INSERT 语句通过视图插入一条记录,客户编号为"608",姓名为"张文利",注册日期为"2021-07-22"。

首先使用 SELECT 语句查看表 customers 的数据,如图 8.26 所示。

```
mysql> SELECT * FROM customers;
+-------------+---------------+--------+-------------------+-------------+
| customer_id | name          | gender | registration_date | phone       |
+-------------+---------------+--------+-------------------+-------------+
| 101         | 薛为民        | 男     | 2012-01-09        | 16800001111 |
| 102         | 刘丽梅        | 女     | 2016-01-09        | 16811112222 |
| 103         | Grace_Brown   | 女     | 2016-01-09        | 16822225555 |
| 104         | 赵文博        | 男     | 2017-12-31        | 16811112222 |
| 105         | Adrian_Smith  | 男     | 2017-11-10        | 16866667777 |
| 106         | 孙丽娜        | 女     | 2017-11-10        | 16877778888 |
| 107         | 林琳          | 女     | 2020-05-17        | 16888889999 |
+-------------+---------------+--------+-------------------+-------------+
7 rows in set (0.00 sec)
```

图 8.26 目前表 customers 中的数据

然后创建包括客户编号 customer_id、姓名 name 和注册日期 registration_date 的视图 v_cust。SQL 语句如下:

```
CREATE VIEW v_cust
AS SELECT customer_id,name,registration_date FROM customers;
```

使用 SELECT 语句查看视图 v_cust 的数据,如图 8.27 所示。

```
mysql> SELECT * FROM v_cust;
+-------------+---------------+-------------------+
| customer_id | name          | registration_date |
+-------------+---------------+-------------------+
| 101         | 薛为民        | 2012-01-09        |
| 102         | 刘丽梅        | 2016-01-09        |
| 103         | Grace_Brown   | 2016-01-09        |
| 104         | 赵文博        | 2017-12-31        |
| 105         | Adrian_Smith  | 2017-11-10        |
| 106         | 孙丽娜        | 2017-11-10        |
| 107         | 林琳          | 2020-05-17        |
+-------------+---------------+-------------------+
7 rows in set (0.00 sec)
```

图 8.27 视图 v_cust 的数据

最后,使用 INSERT INTO 语句通过视图 v_cust 插入一条记录,SQL 语句如下:

```
INSERT INTO v_cust VALUES('608','张文利','2021-07-22');
```

插入语句运行之后,使用 SELECT 语句查看视图 v_cust 的数据,如图 8.28 所示。使用 SELECT 语句查看表 customers 的数据，如图 8.29 所示。

```
mysql> INSERT INTO v_cust VALUES('608','张文利','2021-07-22');
Query OK, 1 row affected (0.07 sec)

mysql> SELECT * FROM v_cust;
+-------------+--------------+-------------------+
| customer_id | name         | registration_date |
+-------------+--------------+-------------------+
| 101         | 薛为民       | 2012-01-09        |
| 102         | 刘丽梅       | 2016-01-09        |
| 103         | Grace_Brown  | 2016-01-09        |
| 104         | 赵文博       | 2017-12-31        |
| 105         | Adrian_Smith | 2017-11-10        |
| 106         | 孙丽娜       | 2017-11-10        |
| 107         | 林琳         | 2020-05-17        |
| 608         | 张文利       | 2021-07-22        |
+-------------+--------------+-------------------+
8 rows in set (0.00 sec)
```

图 8.28　插入语句执行之后的视图 v_cust 的数据

```
mysql> SELECT * FROM customers;
+-------------+--------------+--------+-------------------+-------------+
| customer_id | name         | gender | registration_date | phone       |
+-------------+--------------+--------+-------------------+-------------+
| 101         | 薛为民       | 男     | 2012-01-09        | 16800001111 |
| 102         | 刘丽梅       | 女     | 2016-01-09        | 16811112222 |
| 103         | Grace_Brown  | 女     | 2016-01-09        | 16822225555 |
| 104         | 赵文博       | 男     | 2017-12-31        | 16811112222 |
| 105         | Adrian_Smith | 男     | 2017-11-10        | 16866667777 |
| 106         | 孙丽娜       | 女     | 2017-11-10        | 16877778888 |
| 107         | 林琳         | 女     | 2020-05-17        | 16888889999 |
| 608         | 张文利       | 男     | 2021-07-22        | NULL        |
+-------------+--------------+--------+-------------------+-------------+
8 rows in set (0.00 sec)
```

图 8.29　插入语句执行之后的表 customers 的数据

由运行结果可以看出，基本表 customers 中的数据添加了一条记录，该记录中“性别”字段没有指定数据，但在创建表时，“性别”设置了默认值为“男”，因此添加的该记录的“性别”字段值为“男”。phone 字段也没有指定数据，在创建表时没有设置默认值，允许为 NULL，因此该记录的 phone 为 NULL。

### 2. 通过视图修改数据

对视图使用 UPDATE 语句修改记录的数据时，实际上是对视图所引用的基本表中记录数据的修改。视图中的 UPDATE 语句与在基本表中使用 UPDATE 语句的格式完全相同。

**【例 8.24】**　通过视图 v_cust 修改“张文利”的客户编号为“108”。

SQL 语句如下：

```
UPDATE v_cust SET customer_id='108' WHERE name='张文利';
```

运行结果如图 8.30 所示。

```
mysql> UPDATE v_cust SET customer_id='108' WHERE name='张文利';
Query OK, 1 row affected (0.20 sec)
Rows matched: 1  Changed: 1  Warnings: 0
```

图 8.30　通过视图修改表中数据的执行结果

修改语句运行之后,使用 SELECT 语句查看 customers 的数据,如图 8.31 所示。

```
mysql> SELECT * FROM customers;
+-------------+---------------+--------+-------------------+-------------+
| customer_id | name          | gender | registration_date | phone       |
+-------------+---------------+--------+-------------------+-------------+
| 101         | 薛为民        | 男     | 2012-01-09        | 16800001111 |
| 102         | 刘丽梅        | 女     | 2016-01-09        | 16811112222 |
| 103         | Grace Brown   | 女     | 2016-01-09        | 16822225555 |
| 104         | 赵文博        | 男     | 2017-12-31        | 16811112222 |
| 105         | Adrian Smith  | 男     | 2017-11-10        | 16866667777 |
| 106         | 孙丽娜        | 女     | 2017-11-10        | 16877778888 |
| 107         | 林琳          | 女     | 2020-05-17        | 16888889999 |
| 108         | 张文利        | 男     | 2021-07-22        | NULL        |
+-------------+---------------+--------+-------------------+-------------+
8 rows in set (0.00 sec)
```

图 8.31 修改语句执行之后的表 customers 的数据

由运行结果可以看出,基本表 customers 中的数据“张文利”的客户编号已经被修改为“108”。

### 3. 通过视图删除数据

对视图使用 DELETE 语句删除记录时,实际上是从视图所引用的基本表中删除记录。视图中的 DELETE 语句与在基本表中使用 DELETE 语句的格式完全相同。

**【例 8.25】** 在视图 v_cust 中删除“张文利”这条记录数据。

SQL 语句如下:

```
DELETE FROM v_cust WHERE name='张文利';
```

运行结果如图 8.32 所示。

```
mysql> DELETE FROM v_cust WHERE name='张文利';
Query OK, 1 row affected (0.07 sec)
```

图 8.32 通过视图删除表中记录的执行结果

执行完 DELETE 语句之后,使用 SELECT 语句查看表 customers 的数据,如图 8.27 所示。说明通过视图删除记录,实际上是从基本表中删除对应的记录。

对视图的增、删、改操作需要注意以下几点。

(1) 只能更新视图中包含的基础表中的原始字段;不能更新视图中通过计算表达式或者聚合函数产生的字段。

(2) 不能更新使用了 DISTINCT、UNION、TOP、GROUP BY 等关键字生成的视图中的数据。

## 8.6 视图的修改和删除

当数据表中的某些字段发生改变,之前创建的视图就需要做相应的调整,要么删除重新创建,要么进行修改;当视图不再需要时,可以将其删除。

### 8.6.1　修改视图

修改视图是指修改数据库中已存在的视图。MySQL 提供了两种方式修改视图。

**1. 使用 CREATE OR REPLACE VIEW 语句修改视图**

使用 CREATE OR REPLACE VIEW 语句修改视图的语法格式如下：

```
CREATE OR REPLACE VIEW 视图名[(列名 1[,列名 2]…)]
AS SELECT 子查询;
```

修改视图的语句和创建视图的语句完全一样。当视图已经存在时，修改语句对已有视图进行修改；当视图不存在时，则创建视图。

**【例 8.26】**　在 v_cust 视图中添加一个“性别”字段。

SQL 语句如下：

```
CREATE OR REPLACE VIEW v_cust
AS SELECT customer_id,name,gender,registration_date
FROM customers;
```

使用 SELECT 语句查看视图 v_cust 的数据，如图 8.33 所示。

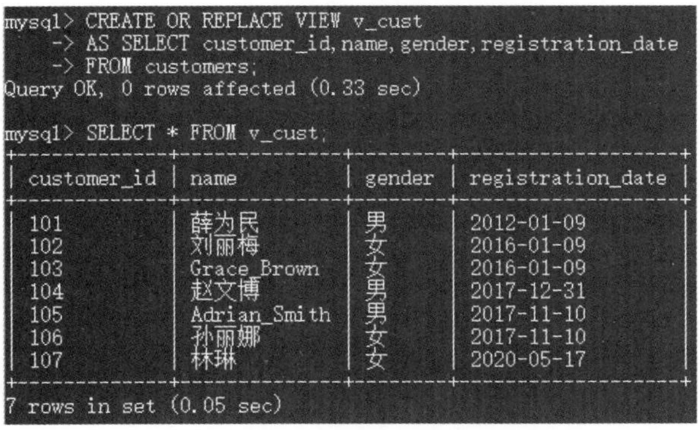

```
mysql> CREATE OR REPLACE VIEW v_cust
    -> AS SELECT customer_id,name,gender,registration_date
    -> FROM customers;
Query OK, 0 rows affected (0.33 sec)

mysql> SELECT * FROM v_cust;
+-------------+--------------+--------+-------------------+
| customer_id | name         | gender | registration_date |
+-------------+--------------+--------+-------------------+
| 101         | 薛为民       | 男     | 2012-01-09        |
| 102         | 刘丽梅       | 女     | 2016-01-09        |
| 103         | Grace_Brown  | 女     | 2016-01-09        |
| 104         | 赵文博       | 男     | 2017-12-31        |
| 105         | Adrian_Smith | 男     | 2017-11-10        |
| 106         | 孙丽娜       | 女     | 2017-11-10        |
| 107         | 林琳         | 女     | 2020-05-17        |
+-------------+--------------+--------+-------------------+
7 rows in set (0.05 sec)
```

图 8.33　修改后的视图数据

该语句能执行，说明该语句实现的是对已有的视图 v_cust 进行的修改，不是创建新的视图，因为在一个数据库中不能存在重名的对象。与图 8.26 的内容相比较，视图 v_cust 中多了一个 gender 字段，修改成功。

**2. 使用 ALTER 语句修改视图**

使用 ALTER 语句修改视图的语法格式如下：

```
ALTER VIEW 视图名 [(列名 1[,列名 2]…)]
AS  SELECT 子查询;
```

【例 8.27】 修改视图 v_cust,包含姓名、性别和注册日期(使用别名)。

```
ALTER VIEW v_cust(姓名,性别,注册日期)
AS SELECT name,gender,registration_date
FROM customers;
```

使用 SELECT 语句查看视图 v_cust 的数据,如图 8.34 所示。

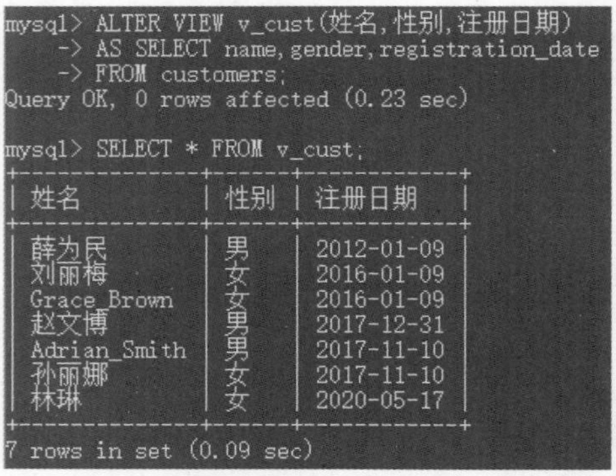

```
mysql> ALTER VIEW v_cust(姓名,性别,注册日期)
    -> AS SELECT name,gender,registration_date
    -> FROM customers;
Query OK, 0 rows affected (0.23 sec)

mysql> SELECT * FROM v_cust;
+--------------+------+------------+
| 姓名         | 性别 | 注册日期   |
+--------------+------+------------+
| 薛为民       | 男   | 2012-01-09 |
| 刘丽梅       | 女   | 2016-01-09 |
| Grace_Brown  | 女   | 2016-01-09 |
| 赵文博       | 男   | 2017-12-31 |
| Adrian_Smith | 男   | 2017-11-10 |
| 孙丽娜       | 女   | 2017-11-10 |
| 林琳         | 女   | 2020-05-17 |
+--------------+------+------------+
7 rows in set (0.09 sec)
```

图 8.34 修改后的视图数据

由运行结果可以看出,视图修改成功,在修改视图的过程中还可以指定视图中的字段名称。

### 8.6.2 删除视图

在一个数据库中,当视图不再需要时,可以将其删除。删除一个或者多个视图使用 DROP 语句,语法格式如下:

```
DROP VIEW [IF EXISTS] 视图名 1 [,…,视图名 n];
```

【例 8.28】 删除视图 v_cust。

SQL 语句如下:

```
DROP VIEW IF EXISTS v_cust;
```

使用 SELECT 语句查看视图 v_cust 的数据,如图 8.35 所示。

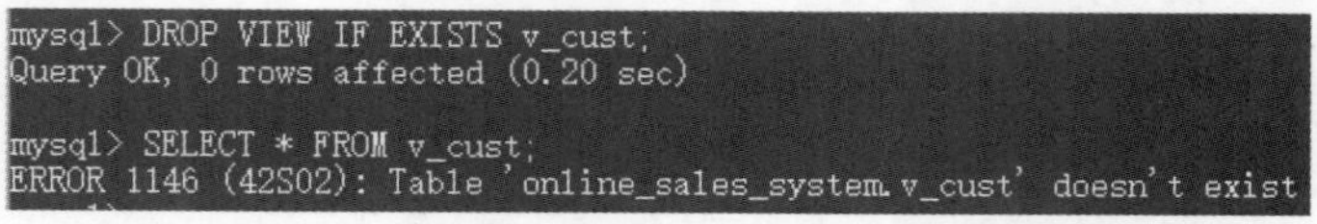

```
mysql> DROP VIEW IF EXISTS v_cust;
Query OK, 0 rows affected (0.20 sec)

mysql> SELECT * FROM v_cust;
ERROR 1146 (42S02): Table 'online_sales_system.v_cust' doesn't exist
```

图 8.35 视图被删除后,用 SELECT 查看数据的运行结果

由运行结果可以看出,DROP VIEW 运行成功。通过使用 SELECT 语句查看视图 v_cust 数据的运行结果“Table 'online_sales_system.v_cust' doesn't exist”,表明数据库

online_sales_system 中已经没有以 v_cust 命名的对象，证实该视图已经被删除。

在删除视图时，可以同时删除多个视图，视图名之间用逗号隔开。

## 知识点小结

本章主要介绍了索引的概念和分类，索引的查看、创建和删除等操作。介绍了视图的含义和作用，视图的创建、修改与删除，可以通过视图进行查询，可以通过视图对数据表中的数据进行增、删、改等操作。

## 习 题

### 一、选择题

1. UNIQUE 唯一索引的作用是(　　)。
   A. 保证各行在该索引上的值都不得重复
   B. 保证各行在该索引上的值不得为 NULL
   C. 保证参加唯一索引的各列，不得再参加其他索引
   D. 保证唯一索引不能被删除

2. 可以在创建表时用(　　)来创建唯一索引，也可以用(　　)为已存在的表创建唯一索引。
   A. 设置主键约束，设置唯一约束
   B. CREATE TABLE，CREATE INDEX
   C. 设置主键约束，CREATE INDEX
   D. 以上都可以

3. 为数据表创建索引的目的是(　　)。
   A. 归类　　B. 创建唯一索引
   C. 创建主键　　D. 提高查询的检索性能

4. 在 MySQL 中，创建全文索引用的关键字是(　　)。
   A. UNIQUE　　B. FULLTEXT　　C. SPATIAL　　D. KEY

5. 在 MySQL 中，删除一个索引的命令是(　　)。
   A. REMOVE　　B. CLEAR　　C. DELETE　　D. DROP

6. 在 SQL 语言中的视图 VIEW 是数据库的(　　)。
   A. 外模式　　B. 存储模式　　C. 模式　　D. 内模式

7. 在 MySQL 中，删除一个视图的命令是(　　)。
   A. REMOVE　　B. CLEAR　　C. DELETE　　D. DROP

8. 在视图上不能完成的操作是(　　)。
   A. 查询　　B. 在视图上定义新的视图
   C. 修改字段的数据类型　　D. 更新视图

9. 创建视图的命令是(　　)。

A. ALTER VIEW　　　　B. ALTER TABLE

C. CREATE TABLE　　　　D. CREATE VIEW

10. 视图是一个"虚表",视图的构造基于(　　)。

A. 基本表　　　　B. 视图

C. 基本表或视图　　　　D. 数据字典

## 二、简答题

1. 简述索引的定义及作用。
2. 简述索引的优缺点以及哪些类型的字段适合创建索引。
3. 索引的分类有哪些？简单介绍。
4. 简述表和视图的区别。

# 第9章 存储过程

前面章节介绍的基础查询和进阶查询，只能实现单条 SQL 语句在 MySQL 客户端(Client)的单次应用。但在很多时候，用户需要用多条 SQL 语句(即 SQL 语句集合)才能实现某个特定的功能，并重复使用。于是，新的需求出现了，如何才能长期存储 SQL 语句集合，从而避免每一次使用时都需要重新编写 SQL 代码？

MySQL 在服务器端(Server)提供了存储过程(Stored Procedure)的功能，用来长期存储事先定义的 SQL 语句集合。数据库用户每次都可以直接通过 CALL 语句调用存储过程，快速得到相应的结果，而不用再重复编写 SQL 语句。存储过程在形式上类似于其他编程语言中的函数，在具体用法上与函数又存在一些区别，它以程序设计的方式对 SQL 语句进行综合运用，有效实现了对数据库更加高效快捷的管理。

MySQL 5.0 首次实现了存储过程的功能，并不断完善一直沿用至今。本章介绍 MySQL 存储过程的基本用法。

## 9.1 存储过程的定义

### 9.1.1 数据库存储对象

在介绍存储过程之前，首先要介绍数据库存储对象(Stored Object)的概念。数据库存储对象是一种存放在服务器上的数据库对象，它由事先编写好的 SQL 代码(通常是 SQL 语句集合)组成，用户需要时可以直接调用并执行。

在 MySQL 中，存储对象包含了与 SQL 程序设计有关的多种不同类型的对象，具体包括存储过程、存储函数(Stored Function)、触发器(Trigger)、事件(Event)、视图(View)等，这些对象之间构成的层次体系如图 9.1 所示。其中，数据库存储对象包括存储程序(Stored Program)和视图，存储程序包括存储例程(Stored Routine)、触发器和事件，存储例程包括存储过程和存储函数。

### 9.1.2 存储过程概述

存储过程是数据库存储对象中的一种，它是一组由 SQL 语句编写并完成特

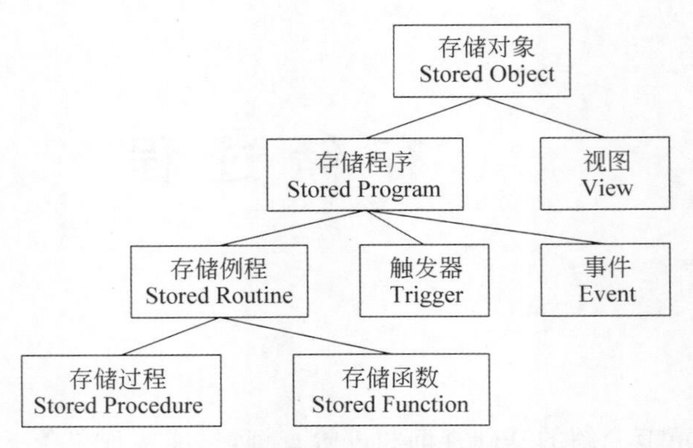


图 9.1 MySQL 存储对象的层次体系

定功能的语句集合[①],经编译和优化后存放在数据库服务器中。在使用时,数据库用户可以通过 CALL 语句调用存储过程,DBMS 会根据用户的调用语句执行存储过程,将结果反馈给用户。

存储过程是 MySQL 中一个很实用又很重要的功能,具有简便、安全、高效等优点。

(1) 简便:存储过程对数据的定义、查询和处理等过程进行了模块化的封装,用户无须了解具体的实现细节,更不用再花费时间编写相应的 SQL 语句,只需要使用简单的调用语句就能得到结果,存储过程大大减少了用户的工作量。

(2) 安全:存储过程存放在数据库服务器上,所有的数据处理过程都是在服务器端完成,不仅减少了用户对数据库服务器的访问,节省了数据访问的网络传输,也避免了用户与服务器之间的数据交互所带来的安全隐患。

(3) 高效:存储过程通常包含了多条 SQL 语句,能够一次性执行完毕,比用户一条条编辑和执行快很多;存储过程事先编译并通过了功能测试,长期存放在数据库服务器上,用户可以对其进行不限次数的重复调用,数据库使用效率大幅提高。

在数据库项目的实际开发中,数据和应用彼此分离的思想是至关重要的,数据库服务器和基于数据库开发的应用程序之间需要进行各种数据交互,存储过程为二者的衔接起到了非常便捷的作用。数据库服务器专注于数据管理,通过存储过程为应用程序提供数据支持,而无须关心应用程序的实际业务情况;应用程序专注于自身业务的开发和维护,当有数据需求时,调用存储过程就能很快地从数据库服务器得到反馈,而无须关注服务器的细节。当然,频繁的数据/应用迁移或过于复杂的 SQL 语句也不建议使用存储过程,而应采用对象关系映射(Object Relational Mapping,ORM)之类的编程技术来实现。

## 9.2 存储过程中的概念与语句

### 9.2.1 字面常量

在 MySQL 中,常量(Constant)的含义比较广,这里不一一列举。在存储过程中,字

---

① https://www.termonline.cn/word/380295/1。

面常量(Literal Value)最为常见,指的是字面上直接体现值的量,也就是所见即所得的常量值,包括字符串常量、数值常量、日期时间常量、布尔常量和 NULL 常量等。

### 1. 字符串常量

由单引号(即"'"符号)或双引号(即"""符号)引起来的字符或字符序列。字符串常量有两种:一种是由'0'、'1'字符组成的二进制字符串(Binary String);另一种是由非二进制字符组成的普通字符串。

通常情况下,字符串常量指的是普通字符串,'a string'、"Literal Value"两种书写方式都可以。在 MySQL 的语句表达中,一般采用单引号作为字符串常量的界定符号。

**【例 9.1】** 在 MySQL 命令行界面中,下述 SQL 语句可用于显示'hello'字符串的值,运行结果如图 9.2 所示。

```
SELECT 'hello';
```

### 2. 数值常量

数值常量包括精确数值和近似数值。精确数值具有精确的数字表示,可能是整数也可能是小数,例如 1、－6.78。近似数值是以科学记数法表示的数值,常带有尾数和指数,例如 1.2E-3。

在数值运算方面,MySQL 中 INT、DECIMAL 类型数值属于精确数值,FLOAT 和 DOUBLE 类型数值属于近似数值。

**【例 9.2】** 在 MySQL 命令行界面中,下述 SQL 语句用于显示数值 1、－6.78、1.2E-3 的值,运行结果如图 9.3 所示。

```
SELECT 1,-6.78,1.2E-3;
```

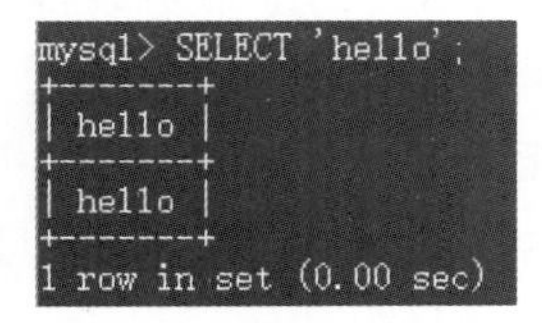


图 9.2　字符串常量示例

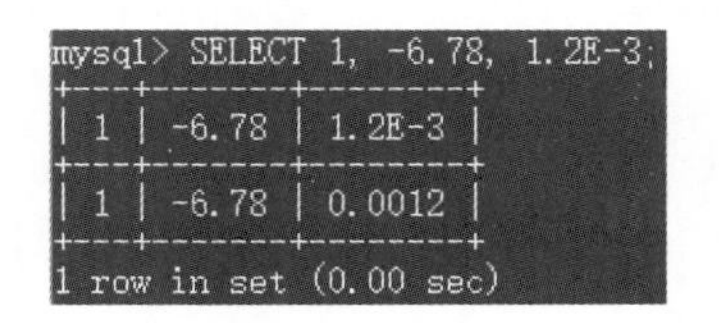


图 9.3　数值常量示例

### 3. 日期时间常量

日期时间常量一般都采用单引号进行界定,常量值的书写格式没有固定的形式,MySQL 会根据具体的上下文进行推断。例如,对于日期时间常量值'20210816205959',MySQL 将其认为是'YYYYMMDDhhmmss'格式的时间,解析为'2021-08-16 20:59:59'。

**【例 9.3】** 在 MySQL 命令行界面下,使用如下的 SQL 语句,创建测试日期时间常量的表,然后插入 3 条记录,最后查询字段值,并通过函数显示日期时间常量值对应时间戳的值,运行结果如图 9.4 所示。

```
CREATE TABLE timetest(id INT,dtime DATETIME);
INSERT INTO timetest VALUES(1,'20210816205959');
INSERT INTO timetest VALUES(2,'2021-08-16 21:00:00');
INSERT INTO timetest VALUES(3,'2021/08/16 21:00:01');
SELECT id,dtime,UNIX_TIMESTAMP(dtime) FROM timetest;
```

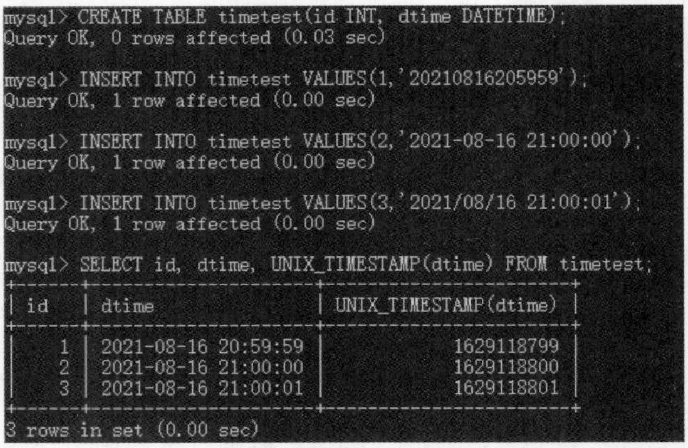

```
mysql> CREATE TABLE timetest(id INT, dtime DATETIME);
Query OK, 0 rows affected (0.03 sec)

mysql> INSERT INTO timetest VALUES(1,'20210816205959');
Query OK, 1 row affected (0.00 sec)

mysql> INSERT INTO timetest VALUES(2,'2021-08-16 21:00:00');
Query OK, 1 row affected (0.00 sec)

mysql> INSERT INTO timetest VALUES(3,'2021/08/16 21:00:01');
Query OK, 1 row affected (0.00 sec)

mysql> SELECT id, dtime, UNIX_TIMESTAMP(dtime) FROM timetest;
+------+---------------------+-----------------------+
| id   | dtime               | UNIX_TIMESTAMP(dtime) |
+------+---------------------+-----------------------+
|    1 | 2021-08-16 20:59:59 |            1629118799 |
|    2 | 2021-08-16 21:00:00 |            1629118800 |
|    3 | 2021-08-16 21:00:01 |            1629118801 |
+------+---------------------+-----------------------+
3 rows in set (0.00 sec)
```

图 9.4　日期时间常量示例

时间戳用一个数值来标记某一个特定的时间节点,MySQL 中可通过 UNIX_TIMESTAMP()函数得到时间戳的值。例 9.3 中,先是创建了数据表 timetest,包含 INT 类型的字段 id 和 DATETIME 类型的字段 dtime,然后利用 INSERT 语句向表中插入了 3 条记录,最后查询表中所有记录的 id、dtime 以及 UNIX_TIMESTAMP (dtime)的值。可以看出,timetest 表 3 条记录对应的 INSERT 语句中,dtime 字段的日期时间常量值在写法上都不一样,MySQL 能够根据 dtime 字段的 DATETIME 类型,自动对这 3 条记录的 dtime 字段值进行解析并存入数据表中,UNIX_TIMESTAMP()函数得到了对应时间戳的值。

此外,日期时间常量值要求具有实际意义,而不能是不合理的无效值。例如,某时间常量值'2021-13-32 25:61:00'中月份 13、日期 32、小时 25、分 61 都超出了正常的时间取值,系统将出现 Incorrect datetime value(错误的日期时间值)的错误提示。

#### 4. 布尔常量

布尔常量用来表示逻辑值的真或假,只有 TRUE 和 FALSE 两个值。MySQL 将布尔类型常量分别以 TINYINT 类型的 1 和 0 处理。

#### 5. NULL 常量

NULL 常量仅表示没有数据,并非空的字符串,也不是数值的 0。NULL 常量极为常见,例如向数据表中插入数据记录时,系统会将没有赋值的字段设置为 NULL,即字段没有数据。在实际使用中,可以通过 IS NULL 或 NOT NULL 来判断某个值是否为 NULL。

## 9.2.2　变量

### 1. 变量分类

变量(Variable)是指 MySQL 语句或程序中可以根据需要进行设置或改变的量。本章将 MySQL 中的变量简单地分为系统变量和用户自定义变量(User-defined Variable)两类。系统变量是指 MySQL 数据库系统的一些相关的系统配置值或状态值,更多细节可以查阅官方文档中 The SQL Server 一节的内容,这里不再赘述。

一般情况下,MySQL 中的变量是指用户自定义变量,包括 MySQL 简单语句中的自定义变量,也包括存储过程中的局部变量(如程序中的参数、临时定义的变量等)。除非特别声明,本章后续内容提到的变量,指的是用户自定义变量。

### 2. 命名规则

在 MySQL 中,用户自定义变量的写法记为@var_name,其中的 var_name 表示变量名,只能由字母、数字以及 3 个特殊字符(.、_、$ )组成。很多时候,变量名都习惯写成英文单词的形式。

在 Windows 环境下,用户自定义变量名不区分大小写,但一般情况下都约定为小写。变量名最长不能超过 64 个字符。

### 3. 赋值方式

一种对用户自定义变量赋值的方式是使用 SET 语句,语法如下:

```
SET @var_name1=expr1 [,@var_name2=expr2] …
```

或者

```
SET @var_name1:=expr1 [,@var_name2 :=expr2] …
```

SET 语句可以使用“=”或者“:=”作为赋值符号,MySQL 建议 SET 语句之外的其他赋值场合都使用“:=”符号作为赋值符号,因为系统会将 SET 语句之外的其他语句中的“=”符号认定为关系运算中的相等运算符。

用户自定义变量的值,可以根据实际需要 SET 为整型、定点数值型、浮点型、字符串以及 NULL 的值。引用变量前,记得要对变量进行初始化赋值,否则系统将自动设置为 NULL 的字符串。从 MySQL 8.0.22 版本开始,存储过程中用户自定义变量第一次被引用时系统会根据变量的值自动确定变量的类型,此后的每次调用都继续使用该类型作为用户自定义变量的类型。

【例 9.4】　在 MySQL 命令行界面中,对用户自定义变量进行赋值,并对变量的值进行查询,SQL 语句如下,运行结果如图 9.5 所示。

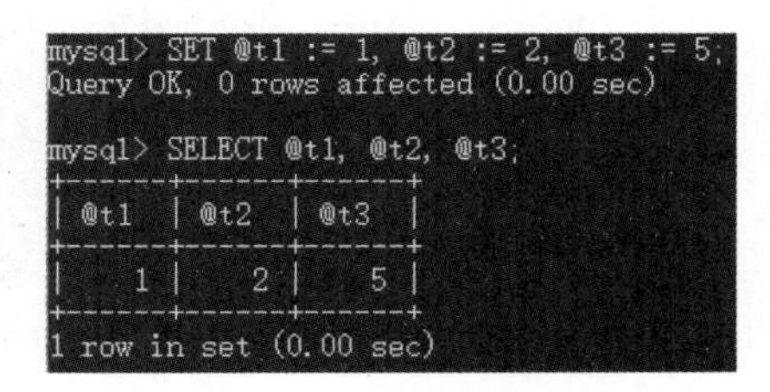


图 9.5　变量赋值示例

```
SET @t1 :=1,@t2 :=2,@t3 :=5;
SELECT @t1,@t2,@t3;
```

例 9.4 中,首先使用 SET 语句对用户自定义变量@t1、@t2、@t3 分别进行了赋值,然后使用 SELECT 语句查询了这 3 个变量的值。

**【例 9.5】** 在 MySQL 命令行界面中,对用户自定义变量赋值并进行运算,SQL 语句如下,运行结果如图 9.6 所示。

```
SET @price :=5.3,@quantity :=10;
SET @amount :=@price * @quantity;
SELECT @price,@quantity,@amount;
```

```
mysql> SET @price := 5.3, @quantity := 10;
Query OK, 0 rows affected (0.00 sec)

mysql> SET @amount := @price * @quantity;
Query OK, 0 rows affected (0.01 sec)

mysql> SELECT @price, @quantity, @amount;
+--------+-----------+---------+
| @price | @quantity | @amount |
+--------+-----------+---------+
|    5.3 |        10 |    53.0 |
+--------+-----------+---------+
1 row in set (0.00 sec)
```

**图 9.6 变量运算示例**

例 9.5 中,首先使用 SET 语句分别对@price 和@quantity 进行了赋值,然后使用 SET 语句对变量@amount 进行了数值运算,最后使用 SELECT 语句查询了@price、@quantity、@amount 的值。

**【例 9.6】** 在 MySQL 命令行界面中,对字符串类型变量、时间类型变量进行赋值,SQL 语句如下,运行结果如图 9.7 所示。

```
SET @customer_id :='123456789',@city :='北京市海淀区';
SET @order_date :=DATE(CONCAT(YEAR(CURDATE()),'-09-01'));
SELECT @customer_id,@city,@order_date;
```

```
mysql> SET @customer_id := '123456789', @city := '北京市海淀区';
Query OK, 0 rows affected (0.00 sec)

mysql> SET @order_date := DATE(CONCAT(YEAR(CURDATE()),'-09-01'));
Query OK, 0 rows affected (0.01 sec)

mysql> SELECT @customer_id, @city, @order_date;
+--------------+--------------------+-------------+
| @customer_id | @city              | @order_date |
+--------------+--------------------+-------------+
| 123456789    | 北京市海淀区       | 2021-09-01  |
+--------------+--------------------+-------------+
1 row in set (0.00 sec)
```

**图 9.7 变量赋值查询示例**

例 9.6 中，首先使用 SET 语句对变量@customer_id、@city 进行赋值，然后使用 SET 语句以时间函数 DATE()的形式对@order_date 变量进行赋值，最后通过 SELECT 语句查询了@customer_id、@city、@order_date 的值。

## 9.2.3 常用语句

### 1. DELIMITER 语句

通常情况下，MySQL 语句默认以“;”符号作为语句的结束符号。但在一些特定的场合，经常需要临时采用其他符号作为语句的结束符号。例如，在 MySQL 命令行界面中编写存储过程，如果存储过程中 SQL 语句的结束符号与表示整个存储过程结束的符号都采用默认的“;”符号，将会出现无法区分到底是存储过程中的 SQL 语句结束还是整个存储过程结束的情况，从而导致存储过程编译失败。如果能够将 MySQL 语句的结束符号临时修改为其他符号(例如$$符号)，存储过程就可以继续使用“;”符号表示语句结束，而用临时符号$$来表示存储过程结束。这样，既可以有效界定存储过程的语句范围，也可以避免 SQL 语句在编译时产生错误。

此时，DELIMITER 语句就派上了用场。用户可以通过 DELIMITER 语句，临时地重新定义 MySQL 语句的结束符号。当不再需要使用临时结束符号时，用户又可以再次使用 DELIMITER 语句将临时定义的结束符号重置为默认的“;”符号。

DELIMITER 语句的语法格式如下：

```
DELIMITER 临时符号
```

**【例 9.7】** 在 MySQL 命令行界面中，修改并使用 MySQL 结束符号，SQL 语句如下，运行结果如图 9.8 所示。

```
DELIMITER $$
SHOW DATABASES $$
DELIMITER;
```

说明如下。

(1) DELIMITER $$语句将 MySQL 语句的默认结束符号修改为$$。

(2) SHOW DATABASES $$语句以$$符号作为 SHOW DATABASES 语句的结束符号，此时 MySQL 将其解析为显示数据库的语句，并随后就显示了当前用户(root 用户)权限下可见的所有数据库列表。

(3) DELIMITER;语句将 MySQL 的语句结束符号从临时的$$符号重置为“;”符号。

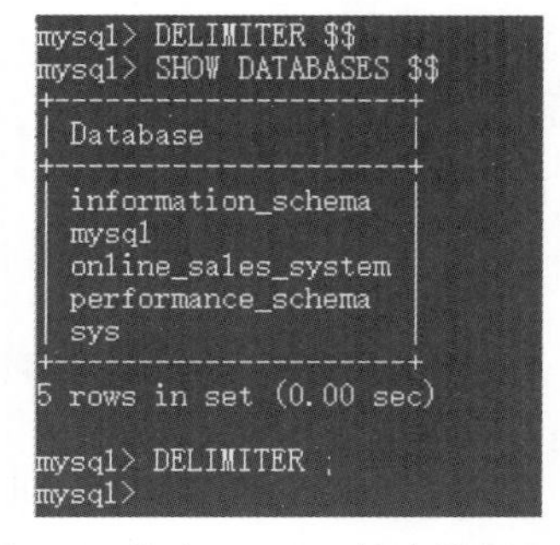


图 9.8 修改 MySQL 结束符号示例

需要特别说明的是，DELIMITER 语句主要用于 MySQL 命令行界面中语句结束符号的修改。如果用户使用其他数据库工具或可视化软

件(如 MySQL Workbench),可以不使用 DELIMITER 语句。另外,不论 DELIMITER 语句将 MySQL 语句结束符号改为其他什么符号,当用户退出 MySQL 命令行界面后,MySQL 都将自动重置结束符号,在下次再打开命令行界面时,MySQL 仍然以“;”符号作为语句的结束符号。

**2. BEGIN … END 语句**

BEGIN … END 语句的用途是将多条 MySQL 语句包含起来,形成语句集合(有时也称为复合语句或语句块)。BEGIN … END 语句常见于存储过程中,语法格式如下:

```
BEGIN
    [statement_list]
END;
```

其中,statement_list 表示合法的 SQL 语句集合。当然,statement_list 也允许没有语句,即空语句。

通常情况下,END 后的结束符号(例如上面语法中的“;”符号)不能少,它表示 BEGIN … END 语句的结束。

**3. DECLARE 语句**

DECLARE 语句用来声明存储过程中临时定义的各种局部量,例如局部变量(Local Variable)、条件与处理(Condition and Handler)、游标(Cursor)等。

DECLARE 语句对位置有要求,它只能出现在 BEGIN … END 语句的开头位置,且必须先于任何其他类型的语句,即程序中 DECLARE 语句的位置仅次于 BEGIN 关键字的位置。当然,不同类型的 DECLARE 语句也存在先后顺序,变量声明语句和条件声明语句先于游标声明语句,游标声明语句先于处理声明语句和其他临时性的声明语句。

DECLARE 语句的语法格式如下:

```
DECLARE var_name1 [,var_name2] … type [DEFAULT value]
```

在该语法中,既可以单独声明一个变量,也可以同时声明多个相同类型的变量。[DEFAULT value]表示可选,可以为变量直接指定默认值;如果不指定,变量将默认为 NULL。

例如,使用 DECLARE 语句声明 CHAR 类型的变量 gender,并指定默认值为'女'。

```
DECLARE gender CHAR DEFULT '女';
```

至此,本章介绍了两种声明变量的方式,分别是使用 SET 语句声明变量的方式和使用 DECLARE 语句声明变量的方式,这里简单解释一下二者的区别:前者实际上相当于声明了全局变量,@符号不能少,这种方式适用于用户自定义变量的各种赋值场合;后者相当于声明了存储过程内的局部变量,不需要带@符号,但仅限于存储过程内部使用。

### 4. SELECT … INTO 语句

SELECT … INTO 语句是 SELECT 语句的一种扩展，其功能是将查询(SELECT)得到的结果保存到(INTO)变量中。在存储过程中，通常利用 SELECT … INTO 语句对数据表进行查询，将查询到的字段值保存到相应的变量中，方便后续 SQL 语句的调用和处理，而不会影响字段本身的值。

SELECT … INTO 语句的语法格式如下：

```
SELECT … INTO var_list;
```

其中，var_list 表示变量列表，列表中变量的个数必须与 SELECT 语句所要查询的数据字段的个数相同，这样才能将查询得到的字段值保存到对应的变量中。

一条 SELECT…INTO 语句中最多只能有一个 INTO 子句，反过来 INTO 子句不能用于嵌套的 SELECT 语句。INTO 子句可以出现在 SELECT 语句中的不同位置，可以放在 SELECT 子句之后或在整条 SELECT 语句的最后位置。

例如，存储过程其中的一个步骤要求实现：从网络购物系统数据库 online_sales_system 的客户表 customers 中，根据临时的客户编号查询对应的姓名和联系电话(其他后续步骤省略)。该要求很明确，即根据临时的 customer_id 信息查询出 name 和 phone 字段对应的值，假设已经用 DECLARE 声明了临时变量 tcustomer_id、tname、tphone 分别对应 customer_id、name 和 phone 字段的信息，于是就可以使用如下的 SELECT… INTO 语句保存查询得到的 tname 和 tphone 的值。

```
SELECT name,phone INTO tname,tphone
FROM customers
WHERE customer_id=tcustomer_id;
```

或者

```
SELECT name,phone
FROM customers
WHERE customer_id=tcustomer_id
INTO tname,tphone;
```

前一种写法中 INTO 子句紧随 SELECT 子句之后，直观明了，从语句中就能看出查询了哪些字段(SELECT 子句)并存放在哪些变量中(INTO 子句)；后一种写法是 MySQL 8.0.22 之后版本建议采用的写法，它将 INTO 子句放在整条 SELECT 语句的最后，但当语句较长时，读者需要花费一定的时间去对比字段与变量的对应关系。本章的后续内容都采用前一种写法。

另外，SELECT … INTO 语句只适用于 SELECT 子句返回单条记录的场合，即只能对单行记录进行处理。原因很简单，如果 SELECT 子句返回 0 条记录，没有查询的意义；如果 SELECT 子句返回多条记录，INTO 子句中的变量将出现“到底该保存哪条记录的字段值”的混乱,在语句的编译过程中将会出现错误提示。

**5. 流程控制语句**

MySQL存储过程支持的流程控制语句包括IF、CASE、ITERATE、LEAVE LOOP、WHILE和REPEAT,这里只介绍IF、REPEAT和WHILE语句。

IF语句用于条件判断,语法格式如下:

```
IF search_condition THEN statement_list
    [ELSEIF search_condition THEN statement_list]…
    [ELSE statement_list]
END IF;
```

REPEAT语句用于循环控制,语法格式如下:

```
REPEAT
    statement_list
UNTIL search_condition
END REPEAT;
```

WHILE语句也用于循环控制,语法格式如下:

```
WHILE search_condition DO
    statement_list
END WHILE;
```

上述3种语句中,[…]表示可选项,search_condition表示语句执行的条件,statement_list表示合法的MySQL语句集合。另外,REPEAT语句先执行循环语句statement_list再判断条件search_condition,而WHILE语句先判断执行条件再执行循环语句。

# 9.3 创建和使用存储过程

## 9.3.1 创建存储过程的语法

创建存储过程的完整语法格式如下:

```
CREATE
    [DEFINER=user]
    PROCEDURE proc_name([proc_parameter[,…]])
    [characteristic …] routine_body
```

说明如下。

(1) [DEFINER = user]表示存储过程的创建者,通常省略。

(2) proc_name 表示存储过程的名字,可以使用 db_name.proc_name 的形式来指定为数据库 db_name 创建存储过程 proc_name,如果是当前数据库,则 db_name 可以省略。

(3) [proc_parameter[,…]]表示存储过程的参数列表,参数的书写视具体情况而定。

(4) [characteristic …]表示存储过程的特征,用于描述存储过程的特征信息,通常省略。

(5) routine_body 表示由合法的 SQL 语句组成的程序体。

CREATE PROCEDURE 是系统中创建存储过程的关键字。因此,存储过程的语法一般简化为:

```
CREATE PROCEDURE proc_name([proc_parameter[,…]])
    routine_body
```

### 9.3.2　存储过程的参数

存储过程对数据的处理过程进行了封装,但存储过程没有返回语句。因此,它与外界的交互只能通过参数来实现。参数可以向存储过程传递数据,也可以从存储过程返回结果。根据功能不同,存储过程中的参数可分为以下 3 种传递类型。

(1) IN 类型:IN 类型的参数用于向存储过程传递数据。调用存储过程时,调用者需要对 IN 类型的参数进行赋值。

(2) OUT 类型:OUT 类型的参数用于从存储过程返回结果。调用存储过程时,OUT 类型的参数以变量的形式出现,其初始值为 NULL(即没有数据),存储过程会根据实际情况对其进行赋值;调用结束后,OUT 类型的参数将带回返回值,调用者可通过 SQL 查询语句查看其结果。很多情况下,调用存储过程就是为了得到相应的返回结果,因此 OUT 类型的参数经常被用作存储过程向外传输结果的途径。

(3) INOUT 类型:INOUT 类型的参数兼具 IN 和 OUT 两种类型的特点,由存储过程的调用者对参数进行赋值,调用结束后参数带回存储过程的返回值。

MySQL 的参数,默认情况下是 IN 类型。如果想指定其他两种类型的参数,需要在对应的参数前用 OUT 或者 INOUT 关键字进行修饰。一般情况下,创建存储过程时都会明确指出参数的传递类型。当然,存储过程也可以没有参数。

此外,存储过程通常是针对特定的数据表进行数据处理,即调用者通过参数实现与数据表的字段之间的数据交互,而不同字段的数据类型各不相同,因此声明存储过程时还要注意参数的数据类型,一定要严格参照数据表中目标字段的数据类型。

例如,在网络购物系统数据库 online_sales_system 中,存储过程 proc 要实现从客户表 customers 查询特定客户编号 customer_id(CHAR(3)类型)的姓名 name(VARCHAR(20)类型),应如何定义存储过程参数的类型?

该例中,IN 类型参数对应 customers 表的 customer_id 字段信息,OUT 类型参数对应 name 字段信息;而两个字段有各自的数据类型,因此存储过程参数的数据类型要与这两个字段的数据类型一致,可以如下声明 proc 的参数。

```
CREATE PROCEDURE proc
(
    IN icustomer_id CHAR(3),
    OUT oname VARCHAR(20)
)
```

可以看出,IN 类型参数 icustomer_id 的数据类型 CHAR(3)应与 customer_id 字段一致,OUT 类型参数 oname 的数据类型 VARCHAR(20)与 name 字段一致。

关于参数的名称,为使存储过程参数的传递类型一目了然,本章对存储过程中参数名称的书写格式做了约定:存储过程的参数名称参照数据表中对应字段的名称,IN 类型的参数采用"i+字段名"的写法(如上述例中的 icustomer_id),OUT 类型的参数采用"o+字段名"的写法(如上述例中的 oname),INOUT 类型的参数采用"io+字段名"的写法,存储过程中临时用来存放数据字段值的变量采用"t+字段名" 的写法。

### 9.3.3 存储过程的程序体

程序体是 MySQL 存储过程中最重要的部分,它通过 SQL 语句来实现存储过程的功能,可以是简单的一条语句(如 SELECT 或 INSERT 语句),也可以是由 BEGIN…END 包含起来的语句集合。实际上,大部分存储过程的程序体都是由 BEGIN…END 包含的语句集合。

在存储过程中,程序体的组成类似其他编程语言的函数体,首先是存储过程内各种局部量的声明语句,然后是按照程序设计逻辑编写的 SQL 功能性代码。特别要说明的是,由于存储过程本身没有返回语句,有的存储过程也没有 OUT/INOUT 类型的参数,但又希望能够对外传递某些值,经常在程序体即将结束前使用 SELECT 语句将要传递的值选择出来,放在 BEGIN…END 语句的 END 关键字前面,作为存储过程对外传递值的渠道(见下文程序体的大体框架);当存储过程被调用时,这些被 SELECT 的值将显示给调用者,从而达到数据传递的目的。

程序体的大体框架如下:

```
BEGIN
    局部量的声明语句
    存储过程的功能性代码
    对外传递值的 SELECT 语句(如有需要)
END;
```

### 9.3.4 调用存储过程

CALL 语句用来调用已经事先定义好的存储过程,语法格式如下:

```
CALL proc_name[()];
```

或者

```
CALL proc_name([parameter[,…]]);
```

说明如下。

(1) CALL proc_name[()]语句调用不带传递参数的存储过程,此时可以书写为 CALL proc_name ()或者 CALL proc_name,任意一种方式都可以。

(2) CALL proc_name([parameter[,…]])语句调用带传递参数的存储过程,此时需要按照参数的实际情况进行调用,书写为 CALL proc_name(parameter1,parameter2,…)的形式。

调用时,用户要注意对 CALL 语句中存储过程的参数进行检查,包括传递类型和数据类型的检查。传递类型检查是指,用户要根据参数的传递类型对参数进行初始化,IN、INOUT 类型的参数在调用时需要赋初始值,OUT 类型的参数的值未知,调用时以变量的形式书写即可。数据类型检查是指,用户调用存储过程时要注意参数值的数据类型与存储过程定义的参数数据类型的一致性,如果不一致将可能导致调用失败。

如果存储过程包含 OUT/INOUT 类型的参数,调用结束后,用户就可以使用 SELECT 语句来查询相应参数返回的结果。如果存储过程没有 OUT/INOUT 类型的参数,用户需要查看存储过程的相关说明文档,可能存储过程只是某个中间环节,也可能调用后就能直接展示结果。

### 9.3.5　存储过程实例

**【例 9.8】**　编写求 1～100 累加和的存储过程。

存储过程例 9.8

分析:本例中对存储过程没有参数的要求,可以声明不带参数的存储过程,通过使用循环语句(如 REPEAT 语句)进行循环求和,最后通过 SELECT 语句查询求和结果的值作为存储过程的结果。因此,可以采用下述步骤编写存储过程。

(1) 使用关键字 CREATE PROCEDURE 创建并命名存储过程 sumProcedure。

(2) 编写程序体,以 BEGIN 作为开头,以 END 作为结束,包括步骤(3)～(5)。

(3) 声明变量 i 用来表示 1～100 的每一个数,声明变量 count 用来表示每次求和的结果,i 的初始值为 1,count 的初始值为 0;

(4) 使用 REPEAT 语句进行循环求和,循环结束条件为 i ＞100,在循环中需要用 SET 语句完成两个赋值操作:

① count＝count＋i　　　　② i＝i＋1

(5) 由于本例中没有 OUT 类型参数,但又需要展示最终的求和结果,因此在求和结束后,需要使用 SELECT count 语句将 count 的值作为存储过程的计算结果。

存储过程的代码如下:

```
CREATE PROCEDURE sumProcedure()
BEGIN
```

```
    DECLARE i INT DEFAULT 1;
    DECLARE count INT DEFAULT 0;
    REPEAT
        SET count=count+i;
        SET i=i+1;
    UNTIL i>100
    END REPEAT;
    SELECT count;
END;
```

前面提到,在 MySQL 命令行界面中编写存储过程,为了避免语句结束符号冲突而导致存储过程编译出错,需要使用 DELIMITER 语句修改 MySQL 的默认结束符号。本章后续的存储过程实例中,都是采用 MySQL 命令行界面中编写代码的方式。因此,都需要先使用 DELIMITER 语句临时修改 MySQL 的语句结束符号,当存储过程编译完成后又再次使用 DELIMITER 语句重置结束符号。

如图 9.9 所示,首先使用 DELIMITER 语句将 MySQL 语句的结束符号临时修改为$$符号,然后输入完整的存储过程代码(存储过程使用";"符号作为语句的结束符号),在"END;"语句后用$$符号表示存储过程的结束,最后使用 DELIMITER 语句将结束符号重置为 MySQL 系统默认的";"符号。$$符号的使用,对存储过程语句范围的界定起到一目了然的效果。实际上也可以这么理解,存储过程是一个封装的整体,在形式上可以简单地被视为一条语句,例中用了$$符号"简单"界定了一条名为"存储过程"的语句。

当存储过程编译完成之后,就可以调用了。例 9.8 的存储过程没有参数,可以使用如下的 CALL 语句进行调用。

```
CALL sumProcedure;
```

累加求和存储过程的调用和结果如图 9.10 所示。

```
mysql> DELIMITER $$
mysql> CREATE PROCEDURE sumProcedure()
    -> BEGIN
    -> DECLARE i INT DEFAULT 1;
    -> DECLARE count INT DEFAULT 0;
    -> REPEAT
    -> SET count = count + i;
    -> SET i = i + 1;
    -> UNTIL i > 100
    -> END REPEAT;
    -> SELECT count;
    -> END;
    -> $$
Query OK, 0 rows affected (0.01 sec)

mysql> DELIMITER ;
```

图 9.9　编译累加求和的存储过程

```
mysql> CALL sumProcedure;
+-------+
| count |
+-------+
|  5050 |
+-------+
1 row in set (0.01 sec)

Query OK, 0 rows affected (0.01 sec)
```

图 9.10　累加求和存储过程的调用和结果

存储过程例 9.9

【例 9.9】　在网络购物系统数据库 online_sales_system 中,创建存储过程 findRegdateByCustomerID,其功能是根据客户表 customers 的客户编号 customer_id 查询对应的注册日期 registration_date。

**分析**：存储过程要实现的功能就是根据条件在 customers 表查询对应的结果，IN 类型参数对应 customer_id 字段的信息，OUT 类型参数对应 registration_date 字段的信息。因此，可以采用下述步骤编写存储过程。

（1）使用 CREATE PROCEDURE 创建存储过程 findRegdateByCustomerID，参数名称都采用 9.3.2 节中对 IN/OUT/INOUT 不同传递类型参数的名称约定，下同。

（2）根据参数与 customers 表字段的对应关系，确定存储过程参数的传递类型和数据类型，IN 类型参数 icustomer_id 的数据类型需要与 customer_id 字段的数据类型一致，OUT 类型参数 oregistration_date 的数据类型需要与 registration_date 字段的数据类型一致。

（3）编写程序体，以 BEGIN 作为开头，以 END 作为结束。

（4）在程序体中，使用 SELECT 语句在 customers 进行条件查询。

存储过程的代码如下：

```
CREATE PROCEDURE findRegdateByCustomerID
(
    IN icustomer_id CHAR(3),
    OUT oregistration_date DATE
)
BEGIN
    SELECT registration_date INTO oregistration_date
    FROM customers
    WHERE customer_id=icustomer_id;
END;
```

在 MySQL 命令行界面中，存储过程的编译过程如图 9.11 所示。

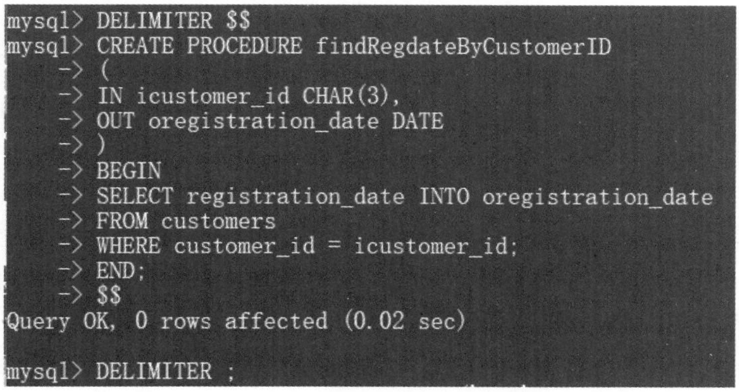

```
mysql> DELIMITER $$
mysql> CREATE PROCEDURE findRegdateByCustomerID
    -> (
    -> IN icustomer_id CHAR(3),
    -> OUT oregistration_date DATE
    -> )
    -> BEGIN
    -> SELECT registration_date INTO oregistration_date
    -> FROM customers
    -> WHERE customer_id = icustomer_id;
    -> END;
    -> $$
Query OK, 0 rows affected (0.02 sec)

mysql> DELIMITER ;
```

图 9.11　存储过程的编译过程

当存储过程编译完成后，用户就可以使用 CALL 语句进行调用。用户调用带参数的存储过程时，要注意参数的书写细节，包括：

（1）严格遵循存储过程中参数的先后顺序。

(2) IN 或 INOUT 类型参数需要由调用者进行明确的赋值,在调用语句中写明即可。

(3) OUT 类型参数带回的值对调用者来说属于未知,因此应该以变量的形式(即以@符号开头的名称)来书写,参数的名称需要调用者自己来确定,可以与存储过程中的 OUT 类型参数名称一致,也可以每次调用时临时命名。

例如,如果调用存储过程查询 customer_id 为'101'的 registration_date,调用语句需要按照存储过程的参数顺序,依次对参数进行赋值。其中,IN 类型参数的值为'101',OUT 类型参数未知,这里以变量@oregistration_date 表示。调用结束后,就可以使用 SELECT 语句,查询@oregistration_date 从存储过程带回的值。

```
CALL findRegdateByCustomerID('101',@oregistration_date);
SELECT @oregistration_date;
```

在 MySQL 命令行界面中,调用查询注册日期的存储过程如图 9.12 所示。

```
mysql> CALL findRegdateByCustomerID('101', @oregistration_date);
Query OK, 1 row affected (0.00 sec)

mysql> SELECT @oregistration_date;
+---------------------+
| @oregistration_date |
+---------------------+
| 2012-01-09          |
+---------------------+
1 row in set (0.00 sec)
```

图 9.12　调用查询注册日期的存储过程

存储过程例 9.10

【例 9.10】 在网络购物系统数据库 online_sales_system 中,创建存储过程 findQuantityAndDiscountByIDs,其功能是根据订单明细表 order_details 的订单编号 order_id 和商品编号 item_id 查询对应商品的数量 quantity 和折扣 discount。

**分析**:存储过程的功能很明确,即以订单编号和商品编号作为条件查询对应的数量和折扣,IN 类型参数对应 order_details 表的 order_id 和 item_id 两个字段的信息,OUT 类型参数对应 order_details 表的 quantity 和 discount 两个字段的信息。可以采用下述步骤编写存储过程。

(1) 使用 CREATE PROCEDURE 创建存储过程 findQuantityAndDiscountByIDs。

(2) 根据参数与数据表 order_details 字段之间的对应信息,确定存储过程参数的名称、传递类型和数据类型,IN 类型参数(iorder_id 和 iitem_id)、OUT 类型参数(oquantity 和 odiscount)的数据类型必须和 order_details 表中对应字段的数据类型一致。

(3) 编写程序体,以 BEGIN 作为开头,以 END 作为结束。

(4) 在程序体中,使用 SELECT 语句在 order_details 表进行条件查询。

存储过程的代码如下:

```
CREATE PROCEDURE findQuantityAndDiscountByIDs
(
    IN iorder_id INT,
```

```
    IN iitem_id CHAR(4),
    OUT oquantity INT,
    OUT odiscount DECIMAL(5,2)
)
BEGIN
    SELECT quantity,discount INTO oquantity,odiscount
    FROM order_details
    WHERE order_id=iorder_id and item_id=iitem_id;
END;
```

在 MySQL 命令行界面下，编写查询商品数量和折扣的存储过程如图 9.13 所示。

```
mysql> DELIMITER $$
mysql> CREATE PROCEDURE findQuantityAndDiscountByIDs
    -> (
    -> IN iorder_id INT,
    -> IN iitem_id CHAR(20),
    -> OUT oquantity INT,
    -> OUT odiscount DECIMAL(5,2)
    -> )
    -> BEGIN
    -> SELECT quantity,discount INTO oquantity,odiscount
    -> FROM order_details
    -> WHERE order_id = iorder_id and item_id = iitem_id;
    -> END;
    -> $$
Query OK, 0 rows affected (0.01 sec)

mysql> DELIMITER ;
```

图 9.13　编写查询商品数量和折扣的存储过程

如果查询 order_details 表中 order_id 为 5、item_id 为'm001'的 quantity 和 discount 信息，可用如下 CALL 语句调用存储过程，再使用 SELECT 语句查询 OUT 类型参数 @oquantity、@odiscount 的值。

```
CALL findQuantityAndDiscountByIDs(5,'m001',@oquantity,@odiscount);
SELECT @oquantity,@odiscount;
```

在 MySQL 命令行界面中调用查询商品数量和折扣的存储过程如图 9.14 所示。

```
mysql> CALL findQuantityAndDiscountByIDs(5,'m001', @oquantity, @odiscount);
Query OK, 1 row affected (0.03 sec)

mysql> SELECT @oquantity,@odiscount;
+------------+------------+
| @oquantity | @odiscount |
+------------+------------+
|         10 |       0.90 |
+------------+------------+
1 row in set (0.00 sec)
```

图 9.14　调用查询商品数量和折扣的存储过程

存储过程例 9.11

【例 9.11】 现假设有一项业务需求：在网络购物系统数据库 online_sales_system 中，已知某订单的订单编号 order_id 和商品名称 item_name，要查询订单中该商品的数量 quantity 及客户电话 phone。

分析：online_sales_system 数据库中，4 个表中彼此互相关联，例 9.11 中存储过程涉及字段的查询关系如图 9.15、图 9.16 的箭头方向所示。

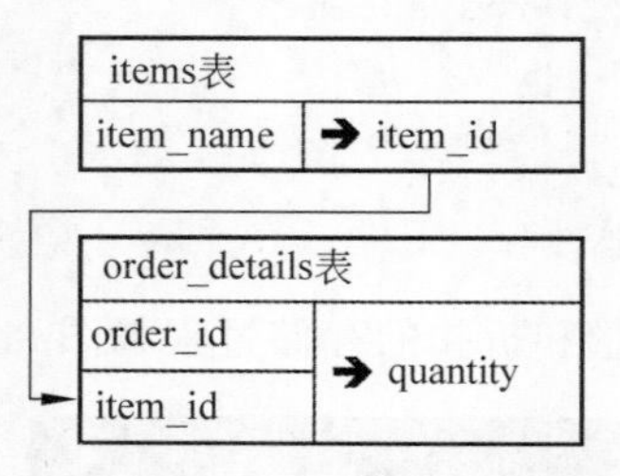


图 9.15 quantity 字段的查询关系

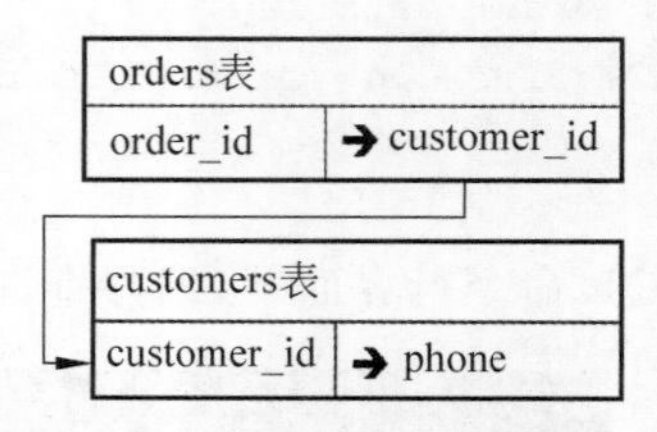


图 9.16 phone 字段的查询关系

在定义存储过程的参数时，要注意各个参数与数据表关联字段之间的对应关系。例如，图 9.15 中 IN 类型参数对应 items 表的 item_name 信息和 order_details 表的 order_id 信息，OUT 类型参数对应 order_details 表的 quantity 信息；图 9.16 中 orders 表的 order_id 与 order_details 表的 order_id 存在外键关联，已作为 IN 类型参数，无须重复声明，OUT 类型参数对应 customers 表的 phone 的信息。

同时，存储过程还要结合 SQL 语句实现跨数据表的字段查询功能。例如，图 9.15 中的字段查询关系，需要先从 items 表中根据 item_name 查询得到 item_id 值，再联合已知的 order_id 值，在 order_details 表中查询得到 quantity 值；图 9.16 中的字段查询关系，需要先从 orders 表中根据 order_id 查询得到 customer_id 值，再根据该值在 customers 表中查询得到 phone 值。

根据上述思路，存储过程的代码如下，其中/ * … * /表示相应语句的注释。

```
CREATE PROCEDURE findQuantityAndPhone
(
    IN iorder_id INT,                  /* IN 类型参数 iorder_id 及其数据类型 */
    IN iitem_name VARCHAR(45),         /* IN 类型参数 iitem_name 及其数据类型 */
    OUT oquantity INT,                 /* OUT 类型参数 oquantity 及其数据类型 */
    OUT ophone VARCHAR(45)             /* OUT 类型参数 ophone 及其数据类型 */
)
BEGIN
    DECLARE tcustomer_id CHAR(3);      /* 声明临时局部变量 tcustomer_id */
    DECLARE titem_id CHAR(4);          /* 声明临时局部变量 titem_id */

    SELECT item_id INTO titem_id       /* 从 items 表查询 item_id */
    FROM items
    WHERE item_name=iitem_name;
```

```
    SELECT quantity INTO oquantity          /*从 order_details 查询 quantity*/
    FROM order_details
    WHERE order_id=iorder_id AND item_id=titem_id;

    SELECT customer_id INTO tcustomer_id    /*从 orders 表查询 customer_id*/
    FROM orders
    WHERE order_id=iorder_id;

    SELECT phone INTO ophone                /*从 customers 表查询 phone*/
    FROM customers
    WHERE customer_id=tcustomer_id;
END;
```

代码的注释在编译时可以删掉，这里省去存储过程在 MySQL 命令行界面中的编译运行情况。特别说明的是，上述相关语句是按照思路一步步编写，读者也可以使用多表连接查询的方式来快速实现。

如果想查询订单编号 order_id 为 3、商品名称 item_name 为'硒鼓'的数量和客户电话，可以使用如下调用和查询语句，结果如图 9.17 所示。

```
CALL findQuantityAndPhone (3,'硒鼓',@oquantity,@ophone);
SELECT @oquantity, @ophone;
```

```
mysql> CALL findQuantityAndPhone(3,'硒鼓',@oquantity,@ophone);
Query OK, 1 row affected (0.02 sec)

mysql> SELECT @oquantity, @ophone;
+------------+-------------+
| @oquantity | @ophone     |
+------------+-------------+
|         15 | 16888889999 |
+------------+-------------+
1 row in set (0.00 sec)
```

图 9.17　调用查询商品数量和客户电话的存储过程

请读者练习一下，调用存储过程，查询订单编号 10、商品名称为'面霜'的数量和客户电话。

## 9.3.6　存储过程的其他操作

用户如果想要删除 MySQL 服务器上已经存在的存储过程，可以使用 DROP 命令进行删除，语法格式如下：

```
DROP PROCEDURE proc_name;
```

用户也可以查看存储过程的具体代码，该功能类似数据表的查看功能，语法格式如下：

```
SHOW CREATE PROCEDURE proc_name;
```

用户还可以查看存储过程的创建者、创建时间、修改时间、字符编码集等状态信息,语法格式如下:

```
SHOW PROCEDURE STATUS LIKE 'proc_name';
```

由于存储过程都存放在MySQL服务器中,用户想要进行上述相关操作,需要具备对相应存储过程的操作权限。

## 9.4 存储过程与游标

### 9.4.1 游标的概念

在9.3节的存储过程实例中,对数据的处理只局限于数据表的单条记录。当存储过程想对数据表的多条记录进行逐一处理时,则需要用到游标。

游标是一种对数据集合中的多条记录进行逐一检索的只读机制。它通过SELECT语句建立游标与被检索的数据集合之间的关联,并随后对数据集合中的每一条记录进行检索,既不会跳过某些数据记录,也不会对数据记录进行更新。游标的逐一检索机制,非常契合程序设计逻辑中的循环遍历思想,因此游标通常都会结合SQL的循环语句,对数据集合中的记录进行逐一检索并进行相应操作,达到在存储过程中处理多条数据记录的目的。

当数据集合中没有更多的可检索记录时,会触发SQL的状态值'02000'(SQLSTATE value '02000'),此时就可以结束游标的检索操作。因此,可以通过声明一个特定的处理(Handler),来应对当游标触发了SQLSTATE '02000'状态(即检索结束)时的处理方式。

MySQL用到游标的场合不多,它仅存在于存储过程(或存储函数)中,当游标所在存储过程完成时,游标就失去意义。

### 9.4.2 条件处理

在存储过程执行过程中,可能会触发某些需要特殊处理的条件(Conditions),例如游标检索结束时触发SQL状态值'02000'。这些特殊的条件包括MySQL的错误代码、SQL状态、SQL警告、SQL异常等,本章不做讨论,详细可以参阅官方文档中Condition Handling一节的内容。

在这种情况下,存储过程需要根据实际业务需求做出响应,是退出当前语句块还是继续执行。MySQL存储过程提供了一种条件处理(Handler)语句,专门应对这类特殊情况的处理,语法格式如下:

```
DECLARE handler_action HANDLER
    FOR condition_value,[,condition_value] …
    statement;
```

说明如下。

(1) handler_action 表示条件触发时的处理动作，主要有 CONTINUE 和 EXIT 两种，CONTINUE 动作将继续执行存储过程的其他语句，EXIT 动作则是结束并跳出其所在的语句块(BEGIN…END 语句集合)。

(2) condition_value 表示可能触发的各种特殊条件。

(3) statement 表示条件触发时执行的语句。

上述语法的功能是，当触发特殊条件时，条件处理机制先执行 statement 语句，再执行对应的 handler_action。

例如，当游标发现在数据表中没有更多的数据记录可以检索时，将触发 SQLSTATE value '02000'，说明已经检索到数据表的表尾。此时，如果想退出存储过程，假设事先声明了变量 tableend 表示数据表的状态，可以使用如下条件处理语句来声明 EXIT HANDLER：

```
DECLARE EXIT HANDLER FOR SQLSTATE '02000' SET tableend=NULL;
```

上述语句的含义是，当触发 SQLSTATE '02000'时，执行 SET tableend = NULL 子句为变量 tableend 赋值 NULL，表明已经到了数据表的表尾，此时将执行 EXIT HANDLER，存储过程退出 EXIT HANDLER 所在的语句集合。

### 9.4.3 游标的使用步骤

游标的使用可分为 4 个步骤，每个步骤对应的语句各不相同，分别涉及了游标逐一检索数据记录过程的不同环节。

(1) 声明游标，语法格式如下：

```
DECLARE cursor_name CURSOR FOR select_statement;
```

其中，cursor_name 表示游标的名称；select_statement 表示游标关联的 SELECT 子句。上述声明语句的作用是，创建游标并通过 SELECT 子句建立游标与要检索的数据集合之间的关联。

(2) 打开游标，语法格式如下：

```
OPEN cursor_name;
```

打开游标意味着游标对数据集合的逐一检索即将开始，因此紧随其后通常是 SQL 的循环语句。

(3) 使用游标数据，语法格式如下：

```
FETCH cursor_name INTO var_name1 [,var_name2] …;
```

上述语句的含义是，取出 cursor_name 检索到的数据并存放在(FETCH …INTO)指定变量 var_name1…中。FETCH …INTO 语句之后，可以利用 SQL 语句对存放在变量中的数据进行处理；这种处理不会影响游标检索到的字段本身的值，这也体现了游标机制对数据集合的只读性。

特别需要注意的是,游标存放在变量中的数据实际上是根据游标声明语句中的SELECT子句得到,因此INTO后变量的个数必须与SELECT子句的字段列数相同,数据类型也必须互相对应。

(4) 关闭游标,语法格式如下:

```
CLOSE cursor_name;
```

上述语句的作用是当检索完毕时释放游标占用的内存资源。

### 9.4.4 游标实例

存储过程例9.12

**【例9.12】** 在网络购物系统数据库online_sales_system中,创建存储过程findAmountByOrderid,其功能是根据订单明细表order_details,查询某个订单编号order_id的金额。

**分析**:在order_details表中,有的订单只有一种商品(即一个order_id中只对应一个item_id),有的订单有多种商品(即一个order_id中对应多个item_id)。以order_id为3的订单为例,如图9.18所示,可以先使用游标对order_details表中的订单编号3的商品进行逐一检索,得到该订单中所有商品的编号item_id及对应的数量quantity和折扣discount,然后根据不同的item_id在items表中查询相应的销售价格price,由此计算单种商品的购买金额(price * quantity * discount),最后对各种商品的购买金额进行求和(需要用到MySQL的循环语句),得到订单的总金额。

| order_details表 | | | |
|---|---|---|---|
| order_id | item_id | quantity | discount |
| 3 | b001 | 10 | 0.80 |
| 3 | b002 | 15 | 0.85 |
| 3 | sm01 | 1 | 0.90 |

| items表 | |
|---|---|
| item_id | price |
| b001 | 229.00 |
| b002 | 699.00 |
| sm01 | 2580.00 |

图9.18 订单3的商品及对应售价

也就是说,存储过程需要使用游标检索出order_details表中指定order_id包含的所有item_id记录,并使用循环计算该order_id中所有商品的总金额。对于每一条item_id记录:游标可以检索出4个字段的数据(参照图9.18的order_details表),再根据item_id查询items表中对应的price(参照图9.18的items表),计算出购买每一种商品的金额。存储过程的IN类型参数为订单编号order_id,OUT类型参数为订单的总金额(自定义变量)。

在编写游标代码时,通常需要定义临时的局部变量(如下述代码中的torder_id、titem_id、tquantity、tdiscount),用于保存游标检索得到的数据,方便后续的数据处理。根据分析的思路,存储过程的代码如下:

```
CREATE PROCEDURE findAmountByOrderid
(
```

```
    IN iorder_id INT,                                    /* IN 类型参数 */
    OUT oamount DECIMAL(10,2)                            /* OUT 类型参数 */
)
BEGIN
    DECLARE tableend VARCHAR(10) DEFAULT '';             /* 表示表尾的变量 */
    DECLARE single DECIMAL(10,2) DEFAULT 0;              /* 单项商品金额变量 */
    DECLARE amount DECIMAL(10,2) DEFAULT 0;              /* 总金额变量 */
    DECLARE torder_id INT;                               /* 临时局部变量 */
    DECLARE titem_id CHAR(4);                            /* 临时局部变量 */
    DECLARE tquantity INT;                               /* 临时局部变量 */
    DECLARE tdiscount DECIMAL(5,2);                      /* 临时局部变量 */
    DECLARE tprice DECIMAL(10,2);                        /* 临时局部变量 */

    DECLARE cur CURSOR FOR SELECT order_id,item_id,quantity,discount
        FROM order_details;                              /* 声明检索 4 个字段的游标 */
    DECLARE EXIT HANDLER FOR SQLSTATE '02000' SET tableend=NULL;
                                                         /* 游标结束执行 EXIT HANDLER */
    OPEN cur;                                            /* 打开游标 */
    WHILE (tableend IS NOT NULL) DO                      /* 没有检索完就继续循环 */
    FETCH cur INTO torder_id,titem_id,tquantity,tdiscount;       /* 取出检索数据 */
        IF torder_id=iorder_id THEN                      /* 如果是要查找的 iorder_id */
            SELECT price INTO tprice                     /* 从 items 表查询售价 */
              FROM items WHERE item_id=titem_id;
            SET single=tprice * tquantity * tdiscount;   /* 计算单项商品的金额 */
            SET amount=amount+single;                    /* 计算总金额 */
            SET oamount=amount;                          /* 对 oamount 参数赋值 */
        END IF;                                          /* 结束 IF */
      END WHILE;                                         /* 结束 WHILE */
    CLOSE cur;                                           /* 关闭游标 */
END;
```

利用上述存储过程，查询订单编号为 3 的金额，调用查询订单编号为 3 的金额如图 9.19 所示。

```
CALL findAmountByOrderid(3,@oamount);
SELECT @oamount;
```

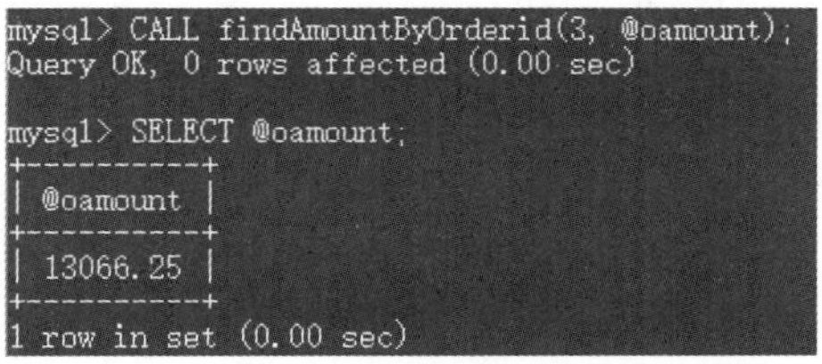

```
mysql> CALL findAmountByOrderid(3, @oamount);
Query OK, 0 rows affected (0.00 sec)

mysql> SELECT @oamount;
+-----------+
| @oamount  |
+-----------+
| 13066.25  |
+-----------+
1 row in set (0.00 sec)
```

图 9.19　调用查询订单编号为 3 的金额

存储过程例 9.13

【例 9.13】 利用例 9.12 的存储过程 findAmountByOrderid,在 online_sales_system 中创建存储过程 findAmountByNameAndYear,其功能是创建统计表 amountbynameandyear 并完成数据表的字段填充,字段包括客户编号 customer_id、姓名 name、订单编号 order_id、订单年份 year、订单金额数 amount。

分析:例中要求创建统计表 amountbynameandyear,对参数没有要求,因此存储过程可以不带参数。根据 online_sales_system 数据库的表间关联关系,amountbynameandyear 表各个字段的数据来源如图 9.20 所示,首先使用游标对 orders 表进行检索得到 customer_id、order_id、订单年份 year(通过订单时间 order_date 得到),然后根据 customer_id 从 customers 表查询 name,再利用例 9.12 的存储过程 findAmountByOrderid 根据 order_id 得到订单金额数 amount。

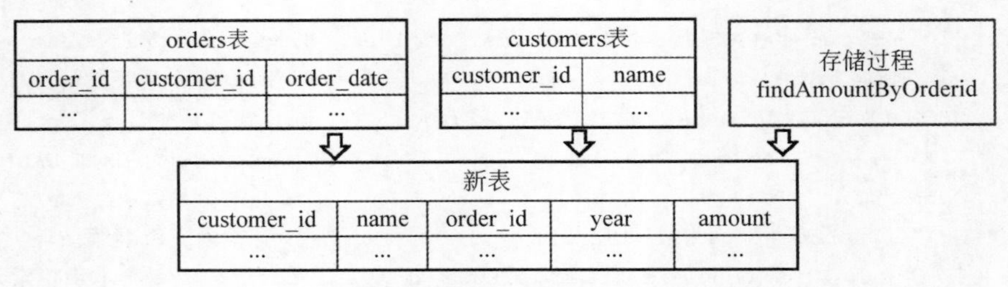


图 9.20 统计表的数据来源

根据上述思路,存储过程的代码如下:

```
CREATE PROCEDURE findAmountByNameAndYear()
BEGIN
    DECLARE tableend VARCHAR(10) DEFAULT '';          /*表示表尾的变量*/
    DECLARE tcustomer_id CHAR(3);                     /*临时变量*/
    DECLARE tname VARCHAR(20);                        /*临时变量*/
    DECLARE torder_id INT;                            /*临时变量*/
    DECLARE torder_date DATETIME;                     /*临时变量*/
    DECLARE ordercur CURSOR FOR SELECT order_id,customer_id,order_date
    FROM orders;                                      /*声明游标*/
    DECLARE EXIT HANDLER FOR SQLSTATE '02000' SET tableend=NULL;
                                          /*游标结束执行 EXIT HANDLER*/
    DROP TABLE IF EXISTS amountbynameandyear;
                                         /*由于订单可能更新,所以先删除再创建新表*/
    CREATE TABLE amountbynameandyear(                 /*创建表*/
        customer_id CHAR(3),
        name VARCHAR(20),
        order_id INT,
        year Year,
        amount DECIMAL(10,2),
```

```
        PRIMARY KEY(customer_id,year,order_id)   /* 3 个字段联合作为主键 */
        );
    OPEN ordercur;                                /* 打开游标 */
    WHILE (tableend IS NOT NULL) DO               /* 循环处理 */
    FETCH ordercur INTO torder_id,tcustomer_id,torder_date;
                                       /* 游标检索 orders 表的 3 个字段 */
    SELECT name INTO tname FROM customers WHERE customer_id=tcustomer_id;
                                                  /* 取出 name 字段 */
    CALL findAmountByOrderid(torder_id,@oamount);
                                       /* 调用已有存储过程得到订单金额 */
    INSERT INTO amountBynameandyear(customer_id,name,order_id,year,amount)
        VALUES(tcustomer_id,tname,torder_id,Year(torder_date),@oamount);
                                                  /* 插入数据 */
    END WHILE;                                    /* 结束循环 */
    CLOSE ordercur;                               /* 关闭游标 */
END;
```

存储过程编写测试好之后，就可以进行调用。当调用完毕后，存储过程会自动创建 amountbynameandyear 表，并根据业务逻辑自动生成相应的数据。如果想查询该表中所有客户的相关订单信息，可以采用如下的 SQL 语句，存储过程调用与查询结果如图 9.21 所示。

```
CALL findAmountByNameAndYear;
SELECT * FROM amountbynameandyear;
```

```
mysql> CALL findAmountByNameAndYear;
Query OK, 0 rows affected (0.07 sec)

mysql> SELECT * FROM amountbynameandyear;
+-------------+--------------+----------+------+----------+
| customer_id | name         | order_id | year | amount   |
+-------------+--------------+----------+------+----------+
| 103         | Grace_Brown  |        5 | 2018 | 11826.00 |
| 104         | 赵文博       |        7 | 2018 |  2580.00 |
| 104         | 赵文博       |        6 | 2020 | 39249.65 |
| 105         | Adrian_Smith |        1 | 2019 |  4386.00 |
| 105         | Adrian_Smith |        2 | 2019 |     NULL |
| 106         | 孙丽娜       |        4 | 2019 | 57271.00 |
| 106         | 孙丽娜       |        8 | 2019 |  2546.40 |
| 106         | 孙丽娜       |       10 | 2020 | 11130.60 |
| 107         | 林琳         |        3 | 2018 | 13066.25 |
| 107         | 林琳         |        9 | 2018 | 29799.60 |
| 107         | 林琳         |       11 | 2020 |     NULL |
+-------------+--------------+----------+------+----------+
11 rows in set (0.00 sec)
```

图 9.21　存储过程调用与查询结果

还可以查询每个人每年的购物总金额(按姓名和年份分组)，结果如图 9.22 所示。

```
SELECT name,year,SUM(amount) AS total from amountbynameandyear group by name,
year;
```

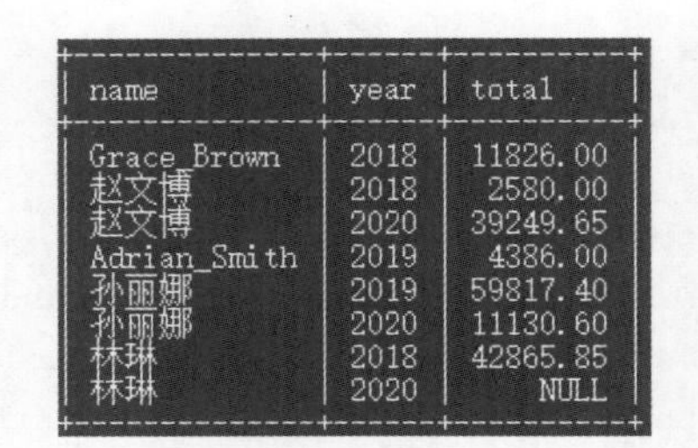

| name | year | total |
|---|---|---|
| Grace_Brown | 2018 | 11826.00 |
| 赵文博 | 2018 | 2580.00 |
| 赵文博 | 2020 | 39249.65 |
| Adrian_Smith | 2019 | 4386.00 |
| 孙丽娜 | 2019 | 59817.40 |
| 孙丽娜 | 2020 | 11130.60 |
| 林琳 | 2018 | 42865.85 |
| 林琳 | 2020 | NULL |

图 9.22　每个人每年的购物总金额

## 知识点小结

本章主要介绍了存储过程的内容，包括存储过程的基本概念、常用语句，还包括存储过程的创建与调用、带游标的存储过程的设计，希望有助于理解如何以存储过程的方式来操作和查询数据库，理解和掌握存储过程的设计思路、编写方法，能够独立完成简单存储过程的编写。

## 习　题

### 一、选择题

1. 关于 MySQL 的用户自定义变量名，下列命名中无效的是（　　）。

   A. @23　　B. @b&c　　C. @_number　　D. @ $.1

2. 下列（　　）类型不是 MySQL 存储过程参数的传递类型。

   A. INT　　B. OUT　　C. INOUT　　D. IN

3. 关于 MySQL 中的常量，下列说法错误的是（　　）。

   A. MySQL 会根据具体上下文，自动对日期时间类型的值进行推断

   B. MySQL 以 TINYINT 类型的 1 和 0 分别处理布尔类型常量的 TURE 和 FALSE

   C. MySQL 中的 NULL 常量仅表示没有数据，并非空的字符串，也不是数值的 0

   D. MySQL 的字符串常量只能用双引号（即"符号）作为字符串常量的界定符号

4. 关于 MySQL 中语句描述，下列说法错误是（　　）。

   A. DELIMITER 语句可以被用来修改 MySQL 语句的结束符号

   B. 可以在存储过程中使用 DECLARE 语句来声明各种局部变量

   C. SELECT … INTO 语句中 INTO 子句的变量数与 SELECT 查询的字段数可以不同

   D. 游标是一种对数据集合多条记录逐一检索的机制，可以结合循环语句进行处理

5. 关于存储过程的描述，下列说法错误的是（　　）。

   A. 存储过程是一个封装的语句集合，调用者不用关心其具体的实现细节

   B. 调用存储过程是为了得到相应结果，因此存储过程必须有带返回值的参数

C. 存储过程的程序体中，局部变量声明语句的位置优先于其他 SQL 功能语句

D. 调用存储过程时，需要根据实际情况对参数进行传递类型和数据类型的检查

## 二、代码补全题

参照附录 C 网络购物系统 online_sales_system 数据库，按要求完成下列题目。

1. 根据客户表 customers 的表结构完成下述存储过程的编写，该存储过程的功能是根据客户编号 customer_id 查询对应的姓名 name 和联系电话 phone。调用时，IN 类型参数为客户编号，OUT 类型参数为对应的姓名和联系电话。

```
CREATE PROCEDURE findNameAndPhoneByCustomerID
(
    IN icustomer_id ____①____,
    OUT oname ____②____,
    OUT ophone ____③____
)
BEGIN
  SELECT ____④____ INTO ____⑤____
      FROM customers
      WHERE customer_id=icustomer_id;
END;
```

2. 已知 online_sales_system 数据库中有存储过程 findCityAndSPDateByOrderID，其功能为根据特定的订单编号 order_id 返回城市 city 和发货时间 shipping_date 的值。现要求补全代码，实现该存储过程的调用，查询订单编号 10 的城市和发货时间。

```
____①____ findCityAndSPDateByOrderID(____②____,@ocity,@shipping_date);
____③____;
```

## 三、编程题

参照附录 C 网络购物系统 online_sales_system 数据库，按要求完成下列题目。

1. 根据商品表 items 的表结构，编写存储过程 findItemnameByItemID，其功能为根据商品编号 item_id 返回对应的商品名称 item_name，IN 类型参数为商品编号，OUT 类型参数为商品名称。例如，商品编号为's001'的名称为'《数据库原理及应用》'。

2. 根据 online_sales_system 数据库中 4 个表的表结构，编写存储过程 findOrderdatePriceAndQuantity，其功能为根据订单编号 order_id、商品编号 item_id，返回对应商品的订单时间 order_date、销售价格 price 和数量 quantity，IN 类型参数为订单编号和商品编号，OUT 类型参数为订单时间、销售价格和数量。例如，订单编号为 10 中商品编号为'm003'的订单时间为'2020-08-04 19:40:20'、销售价格为 1176.00、数量为 8。

3. 根据客户表 customers 和订单表 orders 的表结构，编写存储过程 findOrdersByPhone，要求：

(1) 在存储过程中创建客户订单表 customerorders,包括姓名 name、订单编号 order_id、订单时间 order_date 和发货时间 shipping_date,要求以 order_id 为主键。

(2) 存储过程的 IN 类型参数为联系电话 phone,没有 OUT 类型参数,要求存储过程根据 IN 类型参数 phone 的值从 customers 和 orders 表获取数据,自动填充 customerorders 表中所有字段的值。

(3) 测试语句如下,测试结果如图 9.23 所示。

```
call findOrdersByName('16877778888');
```

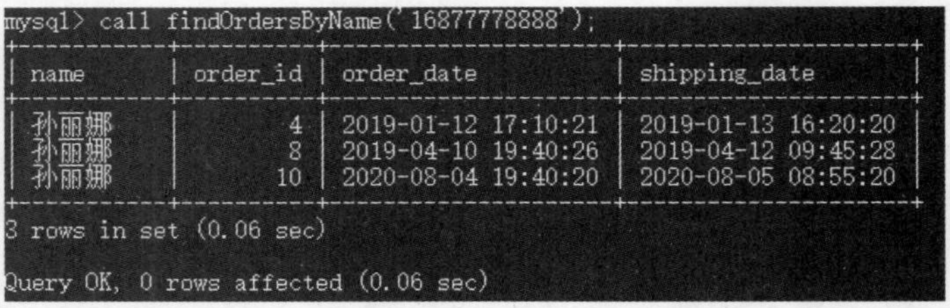

```
mysql> call findOrdersByName('16877778888');
+--------+----------+---------------------+---------------------+
| name   | order_id | order_date          | shipping_date       |
+--------+----------+---------------------+---------------------+
| 孙丽娜 |        4 | 2019-01-12 17:10:21 | 2019-01-13 16:20:20 |
| 孙丽娜 |        8 | 2019-04-10 19:40:26 | 2019-04-12 09:45:28 |
| 孙丽娜 |       10 | 2020-08-04 19:40:20 | 2020-08-05 08:55:20 |
+--------+----------+---------------------+---------------------+
3 rows in set (0.06 sec)

Query OK, 0 rows affected (0.06 sec)
```

图 9.23 存储过程调用结果展示

提示:代码可以参照书中游标实例的编写。不同的是,本题要查询出客户订单表 customerorders 的信息,可以使用 DECLARE CONTINUE HANDLER FOR SQLSTATE '02000' SET tableend = NULL 语句说明对触发 SQLSTATE '02000'状态的处理方式(CONTINUE HANDLER 表示继续处理后续语句),在游标结束后,可以使用 SELECT 语句从 customerorders 表查询所有的信息。

第10章

# 事务与数据库安全

随着时代的发展，数据已经跻身于现代信息社会的五大“经济要素”（人、财、物、信息、技术）之一，是与财物同等重要（有时甚至更重要）的资产。数据的安全性更是不容忽。前面几章介绍了如何使用数据库，本章重点说明如何保证数据库安全运行。

数据的不安全来源很多，有内部数据运行时导致的数据不一致性，有来自数据库外部的威胁、故意的破坏或数据篡改、未授权存取和非故意损害等，这些都是数据库不容忽视的安全问题。

数据库具有面向多个用户共享的特性，允许多用户同时使用。当多个用户同时操作同一数据时，就存在命令同时执行时的同步性问题。为防止出现读取和写入不正确数据的情况，数据库管理系统提供“并发控制”来控制同时发生的多个操作之间的同步问题，“并发控制”的相关机制能够有效保证数据库的数据一致性。

数据库系统除了要保证数据的内部读写安全，同时还要处理来自外部的威胁，通过数据库的安全控制来保证数据的安全。本章主要从数据库安全控制的方法，以及权限、数据库的备份与恢复等方面来展开。

## 10.1 事务

事务

### 10.1.1 事务的定义

事务（Transaction）是数据库处理的一个逻辑工作单元，由用户定义的一个或者多个访问数据库的操作组成，这些操作一般包括读、写、删除、修改等。事务处理在数据库开发过程中起到了非常重要的作用。

以网络购物系统为例，用户下单购买某件价值300元的商品，付钱后用户的账户会扣除300元，后因为某种原因取消订单，则该300元将退回用户账户中。针对这两个步骤的操作都是采用SQL语句来实现的，如果有一条没有完成，就会导致账户金额出现不一致的情况，如图10.1所示。为了防止类似情况发生，就需要用到MySQL中的事务。

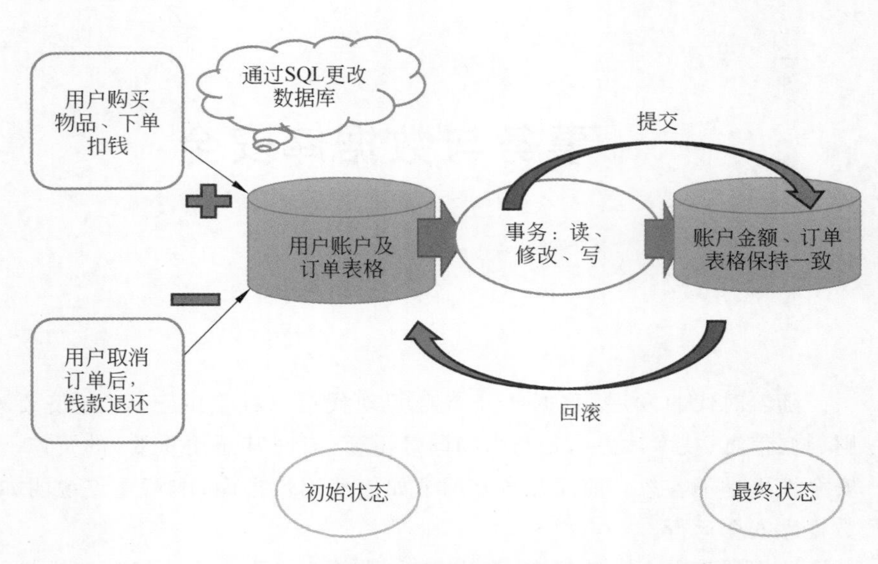


图 10.1 订单事务示例

事务由多条语句构成，一个事务内的所有语句被看作一个整体，要么全部执行，要么全部不执行，是一个不可分割的工作单位。在 SQL 中，定义事务的语句一般有 3 条：开始(BEGIN TRANSCATION)、提交(COMMIT)及回滚(ROLLBACK)。其中，回滚是指在事务运行过程中发生了某种故障，事务不能继续执行，系统将数据库的所有已完成的操作全部撤销，回滚到事务开始时的状态。事务通常是以开始语句(BEGIN TRANSCATION)作为开始，以提交 COMMIT 或回滚 ROLLBACK 作为结束。

例如，网络购物系统中下订单与取消订单的过程都可以定义为事务。

### 10.1.2 事务的 ACID 特性

数据库管理系统为了实现在并发操作时对数据库的保护，要求事务具有 4 个特性，即原子性(Atomicity)、一致性(Consistency)、隔离性(Isolation)和持久性(Durability)，简称 ACID 准则。

#### 1. 原子性

事务的原子性是指一个事务中包含的所有操作要么全做，要么全不做。也就是说，事务的所有活动在数据库中要么全部反映，要么全不反映，以保证数据库是一致的。

事务在执行过程中大多都会正常结束，但是以下 3 种情况例外。

(1) 在系统运行过程中，可能会因某些原因导致系统选中个别事务让其中断。

(2) 因为电源中断、硬件故障或者软件错误而使系统“垮台”。

(3) 事务遇到了意料之外的情况，例如用户从磁盘读取某文件失败，或者读取异常数据等。

这些意外情形都会导致事务中断，从而造成数据库的数据不一致。数据库管理系统解决这些意外无外乎两种方式：一是防止以上 3 种情况的出现，然而现实中往往难以完全避免；二是允许以上 3 种情况发生，但要确保事务执行期间所导致的数据库“不正确”状态在系统中是不可见的（即禁止事务进行读取操作），同时尽快使不正确状态恢复到正确状态。后一种解决办法才合乎情理。

### 2.一致性

一致性是指数据库在事务处理时，事务执行的结果必须是使数据库从一个一致性状态转换到另一个一致性状态。何为数据的一致性状态？以网络购物系统为例，下单后订单的事务操作，必须保证用户的账户扣钱以及订单增加，那么事务成功执行后，数据库就从订单事务操作前的一致性状态转化到订单操作事务结束后的一致性状态。如果由于停电、断网等原因，事务在未完成时就发生了故障，即事务的一部分操作已经完成，而另一部分操作没有完成，这时数据库就会产生不一致的状态。例如，用户已经付钱且在账户中显示扣款，但是在订单表中却查不到该订单的存在。或者在用户取消订单的过程中，显示订单已经取消，但是却没有退款到账户。遇到这样的不一致状态，数据库管理系统就会自动将事务中已经完成的操作撤销，使数据库回到事务开始前的状态。这也体现出事务的原子性和一致性是密切相关的。

### 3. 隔离性

隔离性是数据库允许多个事务同时对同一目标数据分别独立地进行读、写和修改的能力。隔离性可以防止多个事务并发执行时，由于它们的操作命令交叉执行而导致的数据不一致状态。即一个事务内部操作及使用时对其他事务是隔离的，各个事务之间不能相互干扰。例如网络购物系统中，某商品库存 5 件，用户甲下单购买 3 件（事务 1），同时用户乙下单购买 4 件（事务 2）。假设两个事务都完成了，这时会发现库存变成－2，出现一个不正确的数据库状态。为了防止这样的情况发生，在当前事务完全终止并且将数据返回到一个稳定状态前，都不允许其他事务看到由该事务引起的数据变化，保证事务彼此之间没有干扰。

为了防止这种因事务的相互干扰而导致的数据库不正确或不一致，数据库管理系统必须对它们的执行给予一定的控制，使若干并发执行的结果等价于它们一个接一个地串行执行的结果。也就是说，事务在执行过程中，其操作是完全“隔离”的，保证事务隔离性的任务由数据库管理系统的“并发控制”部件完成。

### 4. 持久性

事务的持久性表现为在事务提交后，它对数据的修改应该是永久的。例如，上面提到的购物例子，某商品库存 5 件，用户甲下单购买 3 件商品，后续用户乙只能基于前面订单结果的 2 件商品下单，即使用户甲的事务因故障撤销，用户乙的操作也不会受到影响。如果用户甲完成了购买商品这件事务，则其订单支付记录在系统中是不可改变的。

这里涉及一个问题：事务怎样才算完成了？一种解释是它对数据库的操作全部执行完了，但其结果保存在内存中，没有真正写回到数据库中；另一种解释是不仅全部操作完成，而且其结果也都写回到了数据库。若为前者，那么当其结果要写而未写到数据库时，发生系统故障并使结果丢失怎么办？若为后者，一方面写回数据库可能等待很长时间，降低系统性能；另一方面，即使写到了数据库中，也可能因磁盘故障而使其丢失或损坏。因此数据库管理系统提供了日志来记录每一事务的各种操作及其结果和写磁盘的信息。无论何时发生故障，都能用这些日志的信息来恢复数据库，所以数据库管理系统的“恢复管理”部件能够有效保证事务持久性。

事务是数据库并发控制以及恢复的基本单位，保证事务的 ACID 的特性是事务处理的重要任务。

## 10.2 并发控制

并发控制

目前数据库大都是多用户共享的数据库，允许多用户同时存取数据。在这样的系统中，同一时刻同时运行的事务可能很多，若对多用户的操作不加控制，容易造成数据存、取的错误，破坏数据的一致性和完整性。为了保证多个事务操作前后数据库的一致性，数据库管理系统提供“并发控制”来对多个事务间的协调进行控制，并且通过相关机制(如加锁、时间戳等)来保证并发机制的实现及数据库的一致性。

### 10.2.1 并发控制概述

事务的执行分为串行和并行两大类。如果事务是顺序执行的，即一个事务完成后，再开始另一个事务，则称这种执行方式为串行执行。与生活中的排队买东西类似，这样的顺序执行容易控制，不致出错。

如果数据库管理系统同时接受多个事务，并且这些事务在时间上有重叠部分，则称这种执行方式为并发执行，其执行过程如图 10.2 所示。例如在网络购物系统中，非常多的顾客同时在系统中购物下单，如果同一时间只允许一件事务，那么系统会一直等待，而实际上应允许多个用户交叉购物且互不影响。就如单 CPU 系统中同一时刻只能运行一个事务，各个事务交叉地使用 CPU，这种并发方式称为交叉并发。在多 CPU 系统中，多个事务可以同时占有 CPU，这种并发方式称为同时并发。就像奶茶店有多个店员，那么同时可以处理多个用户购买奶茶。

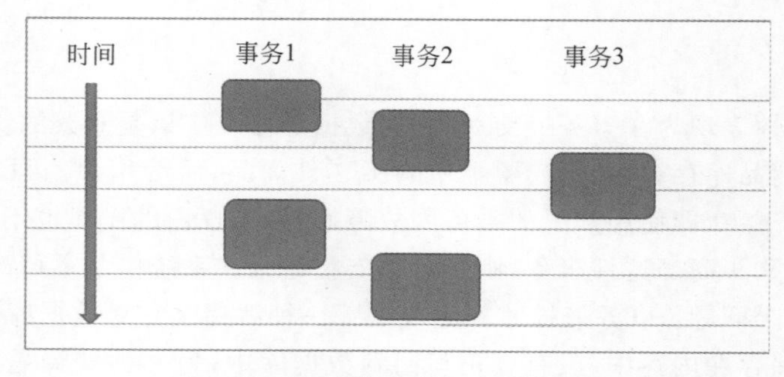


图 10.2　多个事务的交叉并行执行

### 10.2.2　并发引发的问题

事务中的操作归根结底就是读写的一致性，两个事务之间的相互干扰就是其操作彼此冲突。要对事务并发执行进行控制，首先应了解事务并发执行可能引起的问题，然后才可据此做出相应控制，达到并发运行的目的。事务间的相互干扰问题可归纳为写-写、读-写和写-读3种冲突(因为读-读之间没有冲突)，分别称为丢失更新、不可重复读、读脏数据。

下面看网络购物系统中的一个例子，以这个例子来说明采用并发执行后容易出现的问题。

(1) 甲用户读取当前商品库存为 $A$，设 $A=100$。(事务1)

(2) 乙用户读取同一个商品库存为 $A$，此时 $A=100$。(事务2)

(3) 甲用户购买10件该商品，成功下单，即修改了该商品库存量 $A=A-10=90$，且将其写入数据库。

(4) 乙用户购买10件该商品，成功下单，即修改了该商品库存量 $A=A-10=90$，且将其写入数据库。

结果，明明已经下单20件商品，但是，在数据库中却发现只卖出去10件，事务与数据库显示结果不一致。这种不一致，就是由并发操作引起的。且这两个事务的操作序列是随机的，按照上面的调度序列执行，这就导致了数据的不一致。

#### 1. 丢失更新

丢失更新又称为覆盖未提交的数据。也就是说，一个事务更新的数据尚未提交，另一事务又将该未提交的更新数据再次更新，使得前一个事务更新的数据丢失。在具体操作过程中的写冲突(两个或多个事务对同一数据并发地写入引起的冲突)，会导致事务更新结果不一致，如表10.1丢失更新案例所示。

表10.1　不一致性的实例

| 丢失更新案例 | | 不可重复读案例 | | 读“脏数据”案例 | |
|---|---|---|---|---|---|
| 事务1 | 事务2 | 事务1 | 事务2 | 事务1 | 事务2 |
| $R(A)=100$ | | $R(A)=100$<br>$R(B)=100$<br>求和=200 | | $R(A)=100$<br>$A=A*2$<br>$W(A)=200$ | |
| | $R(A)=100$ | | $R(B)=100$<br>$B=B*2$<br>$W(B)=200$ | | $W(A)=200$ |
| $A=A-10$<br>$W(A)=90$ | | $R(A)=100$<br>$R(B)=200$<br>求和=300<br>(验算出错) | | ROLLBACK<br>$A=100$ | |
| | $A=A-10$<br>$W(A)=90$ | | | | |

### 2. 不可重复读(不一致的检索)

不可重复读是指事务 1 读取数据后,事务 2 执行更新操作使事务 1 无法再现前一次读结果。具体地讲,不可重复读包括 3 种情况。

(1) 事务 1 读取某一数据后事务 2 对其进行了修改,当事务 1 再次读该数据时读到与前一次不同的值。例如表 10.1 中,事务 1 读取 $B=100$ 进行运算,事务 2 读取同一数据 $B$,对其进行修改后将 $B=200$ 写回数据库。事务 1 为了对读取值校对重读 $B$,$B$ 已为 200,与第 1 次读取值不一致。

(2) 事务 1 按一定条件从数据库中读取了某些数据记录后,事务 2 删除了其中部分记录,当事务 1 再次按相同条件读取数据时,发现某些记录神秘地消失了。

(3) 事务 1 按一定条件从数据库中读取某些数据记录后,事务 2 插入了一些记录,当事务 1 再次按相同条件读取数据时,发现多了一些记录。

后两种不可重复读有时也称为幻影(Phantom Row)现象。有的书中将此类归类为幻读,或称之为幽灵数据。

### 3. 读"脏数据"

读"脏数据"是指一个事务读取某个失败事务运行过程中的数据。

用表 10.1 中例子来看,事务 1 修改了 $A$ 数据的值,将修改结果 200 写回到磁盘,然后事务 2 读取了同一数据 $A=200$(是事务 1 修改后的结果),但事务 1 后来由于某种原因撤销了它所做的操作进行回滚,这样被事务 1 修改过的数据又恢复为原来的值 $A=100$,那么,事务 2 读到的值就与数据库中实际的数据值不一致了。这时就称事务 2 读的数据为事务 1 的"脏"数据,或不正确的数据。

## 10.2.3 并发控制的实现

针对并发事务,需要采用正确的调度方式,使一个用户的事务执行不受其他事务的干扰,以免造成事务的不一致性。并发控制通常采用封锁(Locking)、时间戳(Timestamp)、乐观控制(Optimistic Scheduler)和多版本并发控制(Multi-Version Concurrency Control,MVCC)等方法优化处理,其中封锁是众多数据库采用的基本方法。

### 1. 封锁机制

以网络购物系统为例,若事务 T 要购买某商品,就需要修改剩余库存数,则在读取剩余库存数据前可以先封锁该数据,封锁后事务 T 本身可以对数据进行读取和修改操作。在事务 T 操作过程中,其他事务不能读取和修改剩余库存数,直到事务 T 修改完成并将数据写回到数据库,并且解除了对该数据的封锁后才允许其他事务访问这些数据。

锁作为控制并发事务对数据项访问的一种手段,主要是为了防止前一个事务在没有完成它的全部操作前,后一个事务对数据记录进行访问。锁与数据项相关,它描述了数据项的状态,该状态是指在数据项上是否可进行读写的操作。数据库中每个数据项都有一个锁。锁由一个锁管理器来管理(加锁与解锁)。锁管理器的主要数据结构是一个锁表,在锁表中，每一项由事务标识符、粒度标识符和锁的类型组成。加锁是并发控制最常使用的形式，也是实现并发控制的一个非常重要的技术。

封锁机制可以限制事务外对数据的操作。例如事务 T 要对某项数据进行操作时，锁管理器先向系统发出请求，封锁其要使用的数据。加锁后事务 T 对要操作的数据具有一定的控制权，在事务 T 释放它的锁之前，其他事务不能操作这些数据。

**2. 时间戳**

顾名思意，时间戳是给每一个事务盖上一个时间的标志，即事务开始执行的时间。每个事务具有唯一的时间戳，并按照这个时间戳来解决事务的冲突操作。如果发生冲突操作，就回滚到距离当前最近一个时间戳的事务，以保证其他事务的正常执行，被回滚的事务被赋予新的时间戳并重新开始执行。

**3. 乐观控制法**

乐观控制法认为事务执行时很少发生冲突，因此不对事务进行特殊的管制，而是让它自由执行，事务提交前再进行正确性检查。如果检查后发现该事务执行中出现过冲突并影响了执行，就拒绝提交并将其回滚。乐观控制法又称为验证方法(Certifier)或确认方法。

乐观控制法不同于封锁机制和时间戳，事务的执行过程中都不检查冲突，让事务没有限制地执行，直到事务被提交。乐观控制法仅适合于冲突很少且没有长事务的情况，尤其是包含事务大多是读和查询的数据库，且很少涉及数据更改操作。

**4. 多版本并发控制**

多版本并发控制是指在数据库中通过维护数据对象的多个版本信息来实现高效并发控制的一种策略。相较前几种方法，多版本并发控制能够消除数据库中数据对象读和写操作的冲突，能够有效地提高系统的性能。其缺点是会产生大量的无效版本，而且在事务结束时其影响的元组的有效性不能马上确定，这也为保存事务执行过程的状态提出了难题。

## 10.3　数据库安全性

一提到数据库的安全性(Security)，人们通常会与数据的完整性(Integrity)混淆。数据库的“安全性”和“完整性”这两个概念听起来有些相似，但两者是完全不同的。数据库的安全性是指保护数据库避免不合法的使用，造成数据的泄露、更改或破坏。而完整性是指数据的准确性以及有效性。安全性和完整性也可以按如下的方式来理解。

(1) 安全性：保护数据以防止非法用户故意造成的破坏，确保合法用户做其想做的事情。

(2) 完整性：保护数据以防止合法用户无意中造成的破坏，确保用户所做的事情是正确的。

### 10.3.1 数据库安全性威胁的来源

数据库安全的威胁来源是多方面的,从数据库本身,到操作系统、网络、用户,甚至计算机系统所在的建筑和房屋等,都可能威胁数据库安全。具体来说,有以下几种威胁数据库安全的情况。

(1) 数据库中重要或敏感的数据被泄露。这里说的重要敏感数据包括私密性数据、机密性数据等。其中私密性数据的损失是指个人数据的损失;而机密性数据的损失是指数据库中的关键性机密数据的损失。

(2) 非授权用户对数据库的恶意存取和破坏。主要指一些黑客和犯罪分子通过非法方式盗取用户名和用户口令,然后假冒合法用户进行偷取、修改、破坏用户数据。这样的行为不仅影响数据库环境,而且也将影响整个企业的运营情况。

(3) 安全环境的脆弱性。数据库安全性与环境的安全性(包括计算机硬件、操作系统、网络系统等的安全性)是紧密联系的。操作系统安全的脆弱、硬件的故障、网络协议安全保障的不足等都会造成对数据库安全性的破坏,这类损失会导致系统出现严重问题。此外也会存在安全性的意外损害,即可能是非故意造成的,包括人为的错误、软件和硬件运行的不安全操作程序,如用户认证、统一的软件安装程序和硬件维护计划等,也会因意外的损坏而带来威胁。

### 10.3.2 数据库安全设施级别

为了保护数据库,防止故意的破坏,可以在从低到高的 5 个级别上设置各种安全措施。

(1) 物理控制:计算机系统的机房和设备应加以保护,通过加锁或专门监护等防止场地被非法进入,从而进行物理破坏。

(2) 法律保护:通过立法、规章制度防止授权用户以非法的形式将其访问数据库的权限转授给非法者。

(3) 操作系统(OS)支持:无论数据库系统多么安全,操作系统的安全弱点均可能成为入侵数据库的手段,应防止未经授权的用户从操作系统处着手访问数据库。

(4) 网络管理:由于大多数数据库管理系统都允许用户通过网络进行远程访问,所以网络软件内部的安全性是很重要的。

(5) 数据库管理系统实现:数据库管理系统的安全机制的职责是检查用户的身份是否合法及使用数据库的权限是否正确。

## 10.4 数据库安全性控制

在计算机领域中,安全性问题不是数据库系统才有的,很多系统都存在安全性问题。但是,数据库系统针对不同层次的安全性问题给予不同的控制办法:对于有意的非法活动可采用加密存取数据的方法进行控制,而对于有意的非法操作可使用用户身份验证、限制权限来控制,对于无意的损坏可以提高系统的可靠性以及数据备份等方法来控制。

在一般计算机系统中,安全措施是层层设置的。

(1) 当用户进入计算机系统时,系统首先根据输入的用户标识(例如用户名)进行身份的鉴定,只有合法的用户才准许进入计算机系统。

(2) 对已进入计算机系统的用户,数据库管理系统还要进行存取控制,只允许用户在所授予的权限之内进行合法操作。

(3) 数据库管理系统是建立在操作系统之上的,操作系统应能保证数据库中的数据必须由数据库管理系统访问,而不允许用户越过数据库管理系统,直接通过操作系统或其他方式访问。

(4) 数据最后通过加密的方式存储到数据库中,即便非法者得到了已加密的数据,也无法识别数据内容。

本书对于操作系统这一级的安全措施不进行讨论,只介绍数据库基础控制操作,包括用户标识与识别、存取控制策略、自主存取控制和强制存取控制等安全技术。

### 10.4.1 用户标识与识别

实现数据库的安全性最外层的安全保护措施就是对用户的标识与识别,即用什么来标识一个用户,又怎样去识别他;通过了外层的保护措施之后才是授权及其验证,即每个用户对各种数据对象的存取权力的表示和检查。

识别一个用户的常用方法有以下3种。

(1) 用户的个人特征识别,例如用户的声音、指纹,签名等。

(2) 用户的特有东西识别,例如用户的磁卡、钥匙等。

(3) 用户的自定义识别,例如用户设置口令、密码和一组预定的问答等。

### 10.4.2 存取控制策略

数据库安全的关键就是确保只授权给有资格的用户访问数据库的权限,同时使所有未被授权的人员无法接近数据。这需要通过数据库系统的存取控制策略来实现。

存取控制策略主要包括以下两部分。

#### 1. 定义用户权限

用户对某个数据对象的操作权力称为权限,某个用户应该具有何种权限是个管理问题和政策问题,而不是技术问题。数据库管理系统的功能就是保证这些权限的执行。为此数据库管理系统必须提供适当的语句来定义用户权限,这些定义经过编译后存放在数据字典中,被称为安全规则或授权规则。

#### 2. 合法权限检查

每当用户发出存取数据操作请求后,数据库管理系统便查找数据字典,根据安全规则进行合法权限检查,若用户的操作请求超出了定义的权限,系统将拒绝执行此操作。用户权限定义和合法权限检查策略一起组成了数据库管理系统的安全子系统。

大型数据库管理系统一般采用“自主”(Discretionary)和“强制”(Mandatory)两种存

取控制方法来解决安全性问题。在自主存取控制方法中,每个用户对各个数据对象被授予不同的存取权力(Authority)或特权(Privilege),哪些用户对哪些数据对象有哪些存取权力都按存取控制方案执行,但并不完全固定。而在强制存取控制方法中,所有的数据对象被标定一个密级,所有的用户也被授予一个许可证级别。对于任一个数据对象,凡具备相应许可证级别的用户就可以存取,否则不能。

### 10.4.3 自主存取控制

自主存取控制是通过授权和取消来实现的。用户对于不同的数据库对象有不同的存取权限,不同的用户对同一对象也有不同的权限,而且用户还可将其拥有的存取权限转授给其他用户。自主存取控制的权限类型,包括角色( Role)权限、数据库对象权限及各自的授权和取消方法。

在关系数据库系统中,存取控制的对象可以是数据本身,也可以是数据库模式。自主存取控制能够通过授权机制来有效控制对敏感数据的存取,但由于用户对数据的存取是"自主"的,因此,用户可以自由地决定将数据的存取权限授予何人、决定是否将"授权"权限授予其他人。因此可以发现,自主存取控制非常自由灵活,但在这种授权机制下,仍可能存在数据的"无意泄露"。

例如,用户 T1 将自己权限范围内的某些数据存取权限转授给了用户 T2,T1 的意图是只允许 T2 本人操作这些数据。但 T1 的这种安全性要求并不能得到保证,因为 T2 一旦获得对数据的访问权限,就可以获得自己权限内的数据的副本,然后在不征得 T1 同意的情况下传播数据副本。造成这一问题的根本原因在于:这种机制仅仅通过对数据的存取权限来进行安全控制,而数据本身并没有安全性标记。要解决这个问题,就需要对系统控制下的所有主、客体实施强制存取控制策略。

### 10.4.4 强制存取控制

强制存取控制是对数据本身进行密级标记,无论数据如何被复制,标记与数据是一个不可分的整体。只有符合密级标记要求的用户才能操作数据,从而提供了更高级别的安全性。具体做法是:给每一个数据库对象标以一定的密级,每一个用户也授予某一个级别的许可证。对于任意一个数据库对象,只有具有合法许可证的用户才可以存取。因此,强制存取控制相对自主存取控制而言更严格。

在强制存取控制中,数据库管理系统将全部实体划分为主体和客体两大类。主体是系统中的活动实体,既包括数据库管理系统管理的实际用户,也包括代表用户的各个进程。客体是系统中的被动实体,是受主体操纵的,包括文件、基本表、索引、视图等。对于主体和客体,数据库管理系统为它们的每个实例指派一个敏感度标记(Label)。

敏感度标记被分为若干级别,如绝密(Top Secrete,TS)、秘密(Secrete,S)、信任(Confidential,C)和公开(Public,U)等。主体的敏感度标记被称为许可证级别(Clearance Level),客体的敏感度标记被称为密级(Classification Level)。强制存取控制机制就是对比主体的 Label 和客体的 Label,最终确定主体是否能够存取客体。通过禁止拥有高许可证级别的主体更新低密级的数据对象,从而防止了敏感数据的泄露。

较高安全性级别提供的安全保护要保护较低级别的所有保护。因此,在实现强制存取控制时首先要实现自主存取控制,即自主存取控制与强制存取控制共同构成了数据库管理系统的安全机制。系统首先对要进行的数据操作进行自主存取控制检查,通过后再对要存取的数据库对象进行强制存取控制检查,只有通过了强制存取控制检查的数据库对象方可存取。强制安全模式本质上是分层次的,它与自主安全模式相比更严格,它强调自主访问控制机制的核心。

## 10.5 MySQL 数据库的权限设置

通过对数据库安全及控制的学习会发现,权限控制是数据库安全的一个重要问题。在数据库系统创建用户账户后,就需要为用户分配适当的访问权限,新创建的账户没有访问权限,只能登录 MySQL 服务器,不能执行任何数据库操作。本节主要介绍 MySQL 数据库的权限以及其常用操作。

### 10.5.1 权限

MySQL 权限系统的主要功能是认证连接到一台给定主机的用户,并且赋予该用户在数据库上的 SELECT、INSERT、UPDATE 和 DELETE 权限。权限管理主要是针对登录了 MySQL 的用户进行权限验证。数据库管理员要对所有用户的权限进行合理规划管理。

账户权限信息被存储在 MySQL 数据库的相应表中,如表 10.2 所示。在 MySQL 启动时,服务器将这些数据表中权限信息的内容读入内存。

表 10.2 与用户权限管理相关的表格

| 表 名 | 权限说明 |
| --- | --- |
| user | 用户账户、全局权限和其他非权限列 |
| db | 数据库级权限 |
| tables_priv | 表级权限 |
| columns_priv | 列级权限 |
| procs_priv | 存储过程和功能权限 |
| proxies_priv | 代理用户权限 |

其中一些常见的权限说明如下。

(1) CREATE 和 DROP 权限,可以创建新的数据库和表,或删除(移掉)已有的数据库和表。如果将 MySQL 数据库中的 DROP 权限授予某用户,用户就可以删除被授权的数据库对象。

(2) SELECT、INSERT、UPDATE 和 DELETE 权限允许在一个数据库现有的表上实施操作。

(3) SELECT 权限只有在它们真正从一个表中检索行时才被用到。

(4) INDEX 权限允许创建或删除索引，INDEX 适用于已有的表。如果具有某个表 CREATE 权限，就可以在 CREATE TABLE 语句中包括索引定义。

(5) ALTER 权限可以使用 ALTER TABLE 来更改表的结构和重新命名表。

### 10.5.2 数据库对象权限的设置

数据库对象的权限设置主要包括授权、查看和收回这 3 类命令。

#### 1. 授予权限

授予权限简称授权，合理的授权可以保证数据库的安全。授予的权限可以分为多个层级：全局层级、数据库层级、表层级、列层级、子程序层级。全局权限适用于一个给定服务器中的所有数据库。所有这些权限都存储在 MySQL 表中，采用 GRANT 语句为用户授予权限。

#### 2. 查看权限

想知道指定用户的权限信息可以使用 SHOW GRANTS 语句来查看，基本语法格式如下：

```
SHOW GRANTS FOR 'user'@'host';
```

其中，user 表示账户的名称，host 表示登录的主机名称或者 IP 地址。在使用该语句时，要确保指定的用户名和主机名都要用单引号引起来，并使用@符号将两个名字分隔开。

#### 3. 收回权限

收回权限就是取消已经赋予用户的某些权限，这样做可以在一定程度上保证系统的安全性。MySQL 中使用 REVOKE 语句取消用户的某些权限。使用 REVOKE 收回权限之后，用户账户的记录将从表 10.2 中的 db、host、tablespriv 和 columns priv 表中删除，但是用户账户记录仍然在 user 表中保存。当需要撤销一个用户的权限，而又不希望将该用户从系统 user 表中删除时，可以使用 REVOKE 语句来实现。

## 10.6 数据库的备份与恢复

数据库的
备份与恢复

尽管数据库采取了一些控制来保证数据库的安全，但是，仍不能避免数据库意外的发生，所以，一个重要措施就是对数据库进行定期备份。如果数据库中数据丢失或者出现错误，就可以用备份的数据库对数据进行恢复，这样就能够尽量降低意外原因导致的损失。

MySQL 数据库的备份方法有很多，可采用不同的备份工具。第一种是采用 mysqldump 这个自身的数据库备份工具，可以备份单个数据库的所有表，也可以备份指定表，或者可以备份多个数据库。第二种可以直接复制整个数据库的目录以及文件进行备份，该方法简单、快速、有效。除此之外还可以采用MySQLhotcopy工具快速备份，该工具是由Perl脚本编写的，可以快速备份数据库，但是缺点就是只能运行在数据库所在的机器上且只能备份指定类型的表。

使用数据库的备份可以在某种情况下对数据进行恢复。同样，可以根据前面数据库备份的方法有对应的数据恢复方法。

(1) 采用MySQL命令进行数据恢复。

(2) 针对通过直接复制的数据库备份方法进行数据恢复时，必须确保备份数据的数据库和待恢复的数据库服务器主版本号相同。

(3) 采用MySQLhotcopy工具备份的数据库还通过该工具将数据库备份复制到指定位置，然后重启即可。

## 知识点小结

数据库需要为多用户提供数据共享的服务，在数据共享的过程中，为了保证数据库前后状态的一致性，采用事务及并发控制机制来确保多用户同时操作数据时不会产生不一致。事务作为数据库基本操作单元，具有ACID特性。在实际操作过程中，事务的顺序执行以及交叉并行，就会出现并发的情况。数据库针对并发控制常出现的错误，通过封锁、时间戳、乐观控制、多并发版本等方法来解决。

本章还介绍了数据库安全的重要性、数据库安全问题的来源、安全设施级别，并介绍了数据库安全控制的主要方法，包括用户标识、存取控制策略、自主存取控制、强制存取控制等安全技术，数据库的权限设置以及数据库的备份与恢复等。

## 习　题

1. 简述MySQL库中事务的ACID属性。
2. 简述事务并发控制的主要实现方法，其优点和缺点是什么？
3. 说出MySQL数据库权限设置的3类命令分别是什么。
4. 举例说出一种数据库安全控制的方法。
5. MySQL库数据库如何备份？列举数据库备份与恢复的方法。

第11章

# Python 操作 MySQL 数据库

前面学习了数据库的基本原理和常见操作。目前这些操作都是基于DBMS的界面来进行的，通过直接使用DBMS的界面来完成数据库的操作。但是在实际应用中，数据库和应用程序客户端往往分布在不同的物理位置，它们之间大部分都是通过网络来连接的。也就是说，应用程序对数据库的操作通常都是通过网络的远程调用来实现的。数据库的远程调用可以通过DBMS连接远程数据库实现，这样在DBMS中操作起来就像在本地操作一样。但更常见的方式是使用编程语言开发应用程序来进行远程数据库的操作。本章就介绍使用Python语言编写程序连接远程的MySQL数据库实现基本的数据库操作。

## 11.1 Python 操作 MySQL 数据库概述

Python语言是近年来发展非常迅速的编程语言。由于其简洁方便、易学易用和具有丰富的库等特点，Python编程语言逐渐成为高校诸多专业都会开设的一门程序设计基础课程，使用Python语言来操作数据库要有一定的课程基础。从另一个角度来说，Python也具备很强的开发能力，很多知名网站和软件，如YouTube、Facebook、豆瓣、知乎、新浪、阿里等，都广泛使用Python来开发。随着大数据和人工智能的迅速发展，Python语言以其在大数据和人工智能开发方面的优势，发展得越来越好。因此，本书介绍使用Python作为MySQL数据库操作的语言。值得一提的是，实际上不只是Python语言可以开发远程调用数据库的应用程序，几乎所有主流语言都可以承担这个任务。

### 11.1.1 Python 操作 MySQL 数据库简介

不同的编程语言如果需要连接数据库，需要有相应的数据库驱动程序和接口。数据库驱动程序和接口相当于编程语言与数据库之间的桥梁，进行数据库的连接、操作命令转换、数据返回格式规范化等操作。传统的数据库驱动程序有ODBC(Open DataBase Connectivity)、JDBC(Java DataBase Connectivity)、ADO(ActiveX Data Objects)等。这些数据库驱动程序或接口都提供了一整套的数据库连接、操作的规范和应用程序接口(Application Programming Interface，API)，能够在应用程序和不同的数据库之间建立连接，利用SQL命令完成大部分的数据库操作,但是在不同平台间的可移植性不强。

Python 2.0 及以前的版本操作 MySQL 数据库的常用接口为 MySQLdb。MySQLdb 是 Python 用于连接 MySQL 数据库的接口,它实现了 Python 数据库 API 规范 V2.0,是一套用 C 语言编写的 API 库。由于是基于 C 语言开发的,因此效率比较高。但是在 Python 3.0 之后的版本不再支持 MySQLdb 接口,如果是用 Python3 开发的数据库应用程序,可以使用 PyMySQL 接口。

PyMySQL 是纯 Python 开发的数据库接口,同时支持 Python2 和 Python3 的版本,实现了 Python 数据库 API 规范 V2.0(PEP 249)。相比于 MySQLdb,PyMySQL 的效率可能低一些,不过大部分情况下差异不大。本章主要使用 PyMySQL 来进行 MySQL 数据库的连接和操作。应用程序、PyMySQL 和数据库的关系如图 11.1 所示。其中 PyMySQL 是应用程序和数据库之间的桥梁,负责对应用程序的调用进行转换和解释,同时把数据库返回的结果组织为规范的形式返回给应用程序。

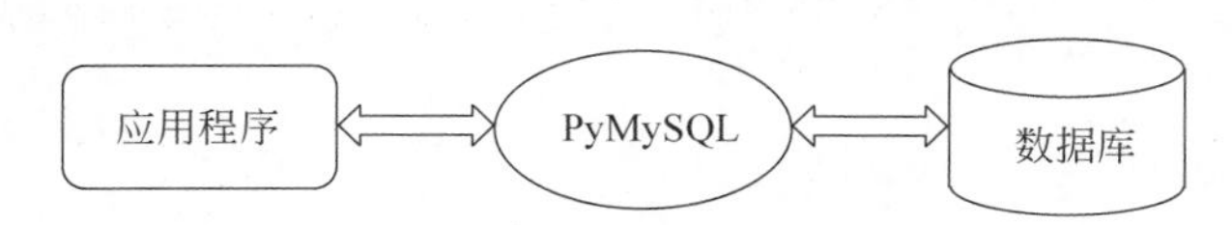


**图 11.1　PyMySQL 和数据库的关系**

使用 PyMySQL 操作 MySQL 数据库基本有 4 大步骤。

(1) 导入 API 模块,此处即导入 PyMySQL。

(2) 连接数据库。

(3) 执行 SQL 语句或存储过程来操作数据库。

(4) 关闭数据库连接。

事实上,绝大多数的数据库驱动程序或数据库接口在应用时都遵循以上步骤。在连接数据库成功之后,会获得数据库的连接对象,所有的数据库操作都通过这个数据库连接对象来实现。大部分数据库驱动程序还会利用游标(Cursor)来规范在数据库表的各个记录间移动的情况。使用完毕后,记得要关闭这些创建的游标和连接对象。

除了上面提到的这些 Python 访问数据库的 API 接口外,还有很多其他的数据库操作接口,如 mypysql、pyodbc、PyPyODBC、mysqlclient、SQLAlchemy 等。每种 API 的特点和应用范围都有不同,但是操作方式大体相似。在实际应用中,可以根据系统的特点和需求进行选择。

## 11.1.2　开发环境搭建

**Python 开发环境搭建**

Python 是一个非常流行的编程语言,它的开发环境非常丰富,例如在 Windows 系统下安装 Python 开发环境后自带的 IDLE 环境、教学上应用较多的 Anaconda 环境、工程上应用广泛的 PyCharm 环境等;另外,像 Sublime、微软公司的 VSCode 等软件也都可以通过安装插件来开发 Python 的应用。本节选取比较有代表性的 3 种,即 IDLE、Anaconda 和 PyCharm,来分别介绍各种环境下搭建 MySQL 数据库调用系统的方法,用户可以在这 3 种开发环境中任选一种来使用。

### 1. Windows下Python默认IDLE开发环境的搭建

在Windows下安装Python后,会随带一个称为IDLE的简易开发环境。因为是自带环境,不需要额外地安装和配置,所以初学者应用较多,本节就先介绍该环境的安装和配置情况。

如果还没有安装,那么首先需要下载并安装Python环境。本章以从Python的官方网站下载安装包为例来说明。在浏览器中输入www.python.org,按Enter键后打开Python的官方网站,在网站首页的菜单栏中单击Downloads按钮,打开下载页面;单击Download Python 3.x按钮下载安装包,如图11.2所示。

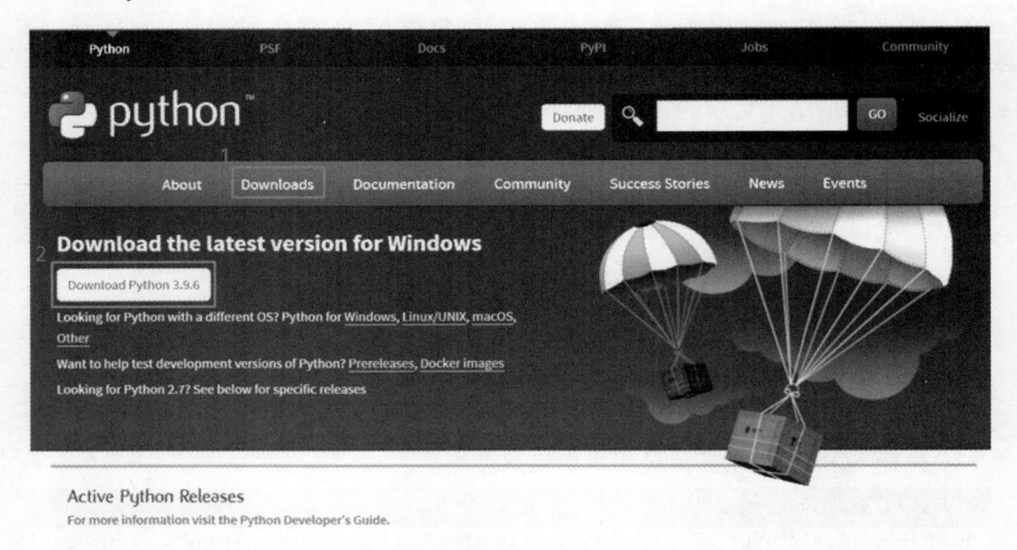


图11.2 下载Python安装包

因为Python官方经常会更新不同版本的软件包,所以版本号可能与图11.2不完全一样,不过下载安装的方式是类似的。如果系统没有自动开始下载即可,可以在下载页面中找到类似图11.3的安装文件下载列表,选择适合自己操作系统的文件下载。一般说来,大部分Windows系统都是使用图中矩形框标记的64位安装文件。

由于需要调用的PyMySQL库不是Python自带的标准库,因此还需要单独安装。按住Windows+R键,调出"运行"对话框,在对话框中输入cmd,单击"确定"按钮,打开命令行提示符界面(也可以直接从Windows的"开始"菜单的"所有程序"下"附件"中打开"命令行提示符"窗口)。在窗口的命令行中输入pip3 install pymysql,如果计算机是联网的,回车后系统会自动安装PyMySQL库,如图11.4所示。

下载完成后双击该安装包,按照提示一步步安装即可。如果自己对安装没有特别要求,可以直接选用第一项Install Now来安装,如果想自己设置安装路径等选项,可以选择第二项Customize installation来定制安装,如图11.4所示。安装时建议选上Add Python 3.8 to PATH复选框,这样就把Python的安装路径加入到系统的环境变量中,以后开发时比较方便,系统就不会找不到Python的安装路径了。

## Files

| Version | Operating System | Description | MD5 Sum | File Size | GPG |
|---|---|---|---|---|---|
| Gzipped source tarball | Source release | | 798b9d3e866e1906f6e32203c4c560fa | 25640094 | SIG |
| XZ compressed source tarball | Source release | | ecc29a7688f86e550d29dba2ee66cf80 | 19051972 | SIG |
| macOS 64-bit Intel installer | macOS | for macOS 10.9 and later | d714923985e0303b9e9b037e5f7af815 | 29950653 | SIG |
| macOS 64-bit universal2 installer | macOS | for macOS 10.9 and later, including macOS 11 Big Sur on Apple Silicon (experimental) | 93a29856f5863d1b9c1a45c8823e034d | 38033506 | SIG |
| Windows embeddable package (32-bit) | Windows | | 5b9693f74979e86a9d463cf73bf0c2ab | 7599619 | SIG |
| Windows embeddable package (64-bit) | Windows | | 89980d3e54160c10554b01f2b9f0a03b | 8448277 | SIG |
| Windows help file | Windows | | 91482c82390caa62accfdacbcaabf618 | 6501645 | SIG |
| Windows installer (32-bit) | Windows | | 90987973d91d4e2cddb86c4e0a54ba7e | 24931328 | SIG |
| Windows installer (64-bit) | Windows | Recommended | ac25cf79f710bf31601ed067ccd07deb | 26037888 | SIG |

图 11.3　不同系统的安装文件下载列表

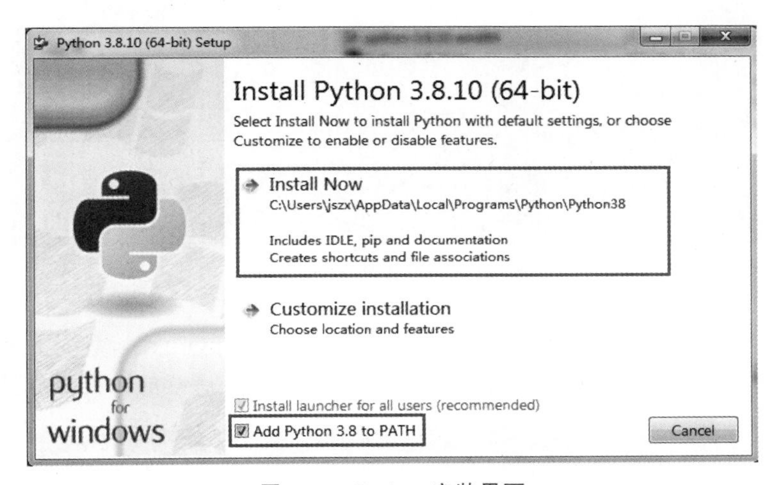


图 11.4　Python 安装界面

安装完成后，从“开始”菜单，打开“所有程序”，就可以看到 Python 的菜单项，单击 IDLE 子菜单项，即可打开 IDLE 界面，如图 11.5 所示。

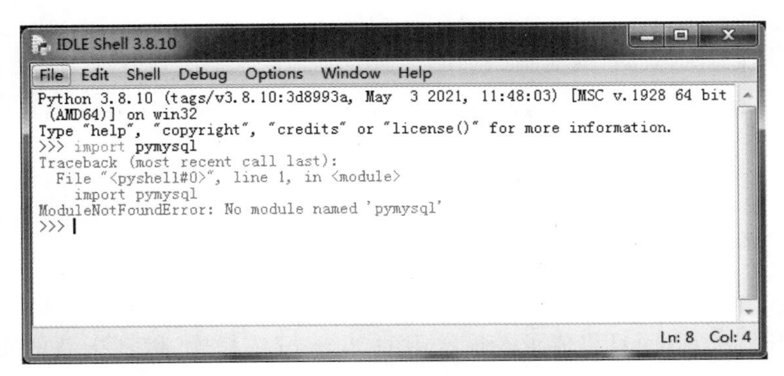


图 11.5　IDLE 界面

在 IDLE 的提示符“>>>”下输入 Python 命令 import pymysql 来导入 PyMySQL 库，系统会提示“ModuleNotFoundError: No module named 'pymysql'”(见图 11.5)，说明这时系统还没有安装 PyMySQL，需要单独安装该库。

在键盘上同时按下 Windows＋R 键，打开“运行”对话框，在打开的对话框中输入 cmd，单击“确定”按钮，打开命令行提示符窗口(也可以直接从“开始”菜单中“所有程序”的“附件”子菜单中选择“命令行提示符”)。在提示符下输入 pip3 install pymysql，如果计算机是联网的，那么系统会自动在因特网上找到相应的库程序包来安装，如图 11.6 所示。若系统提示 Successfully installed pymysql，则表明 PyMySQL 库已成功安装。

```
C:\Windows\system32\cmd.exe
Microsoft Windows [版本 6.1.7601]
版权所有 (c) 2009 Microsoft Corporation。保留所有权利。

C:\Users\jszx>pip3 install pymysql
Collecting pymysql
  Downloading PyMySQL-1.0.2-py3-none-any.whl (43 kB)
     |████████████████████             | 20 kB 660 kB/s eta 0:00:0
     |████████████████████████████     | 30 kB 653 kB/s et
     |██████████████████████████████   | 40 kB 871
     |████████████████████████████████| 43 kB 15
7 kB/s
Installing collected packages: pymysql
Successfully installed pymysql-1.0.2
WARNING: You are using pip version 21.1.1; however, version 21.2.4 is available.

You should consider upgrading via the 'c:\users\jszx\appdata\local\programs\pyth
on\python38\python.exe -m pip install --upgrade pip' command.

C:\Users\jszx>
```

图 11.6　安装 PyMySQL 库

安装完 PyMySQL 库后，再次在 IDLE 中输入 import pymysql，系统不再出现错误提示(见图 11.7)，说明 PyMySQL 库已经正常导入，可以进行后续的数据库连接和操作。

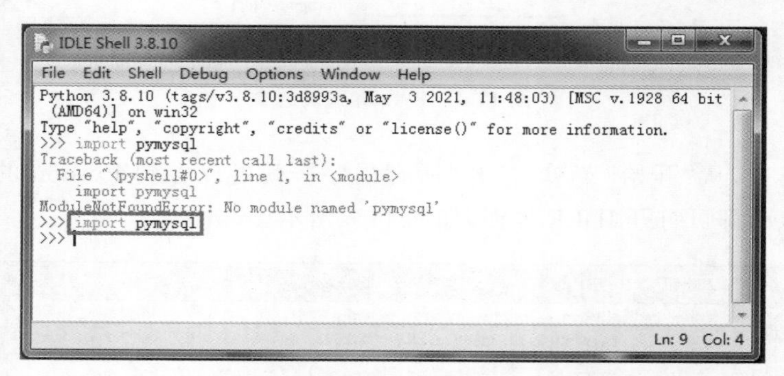


图 11.7　搭建完成后的 IDLE 环境

### 2. Anaconda 下开发环境的搭建

Anaconda 是 Continuum Analytics 公司研发的一个 Python 集成开发环境，其中不但提供了许多开发工具，而且集成了大量常用的 Python 依赖库，因此下载的文件也比较大(约 500MB)。Anaconda 自带一个 Python 解释器，可以独立于本机的 Python 环境进行开发,也就是说,不论本机之前是否已经安装 Python 环境,都不会影响 Anaconda 的使用。Anaconda 还提供了一个 conda 包管理软件,可以使用 conda 命令下载安装、更新、删除各种 Python 库,使用起来和 pip 及 pip3 包管理软件类似,也是比较方便的。另外,Anaconda 有很方便的虚拟开发环境管理,可以在同一个计算机上创建多个虚拟环境,每个虚拟环境都可以安装不同的 Python 版本,相互之间不会有影响,这对于需要多种 Python 版本或多种不同开发环境切换是非常方便的。对于操作很熟练的用户,Anaconda 提供命令行界面来操作,效率很高。而对于初学者,Anaconda 又提供图形化界面,直观又简洁。本节对于 Anaconda 下进行数据库的操作主要以图形化界面介绍为主,关于命令行方式的操作,用户可以参考 Anaconda 的官方文档或相关资料。

首先进行 Anaconda 的下载和安装。Anaconda 有多个版本(个人版、商业版、团队版、企业版等),其中个人版(Individual Edition)是开源的,不收取费用,用户可以从官网自由下载,该版本对于普通用户的日常应用来说已经足够。

在浏览器的地址栏输入 www.anaconda.com,按 Enter 键打开 Anaconda 的官方网站,从网站首页的顶部菜单栏中选择 Products,在弹出的下拉菜单中选择 Individual Edition,如图 11.8 所示。网站会自动检测用户的系统,显示适合用户操作系统的 Anaconda 版本,如图 11.9 所示,单击 Download 按钮下载安装包。

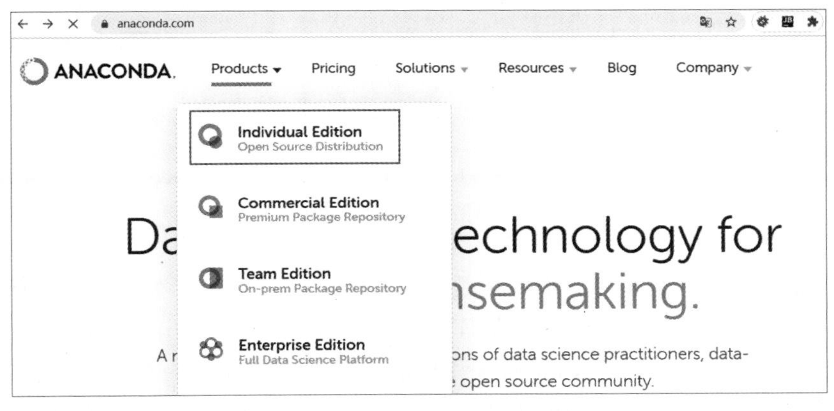


图 11.8　Anaconda 官网首页

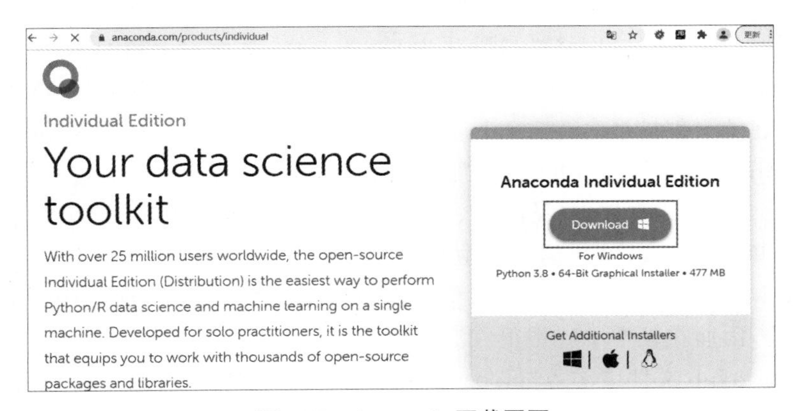


图 11.9　Anaconda 下载页面

下载完成后,双击安装文件,按照提示一步步进行,绝大部分步骤都可以直接使用Next按钮接受默认选项。安装完毕后,打开Anaconda,界面如图11.10所示。

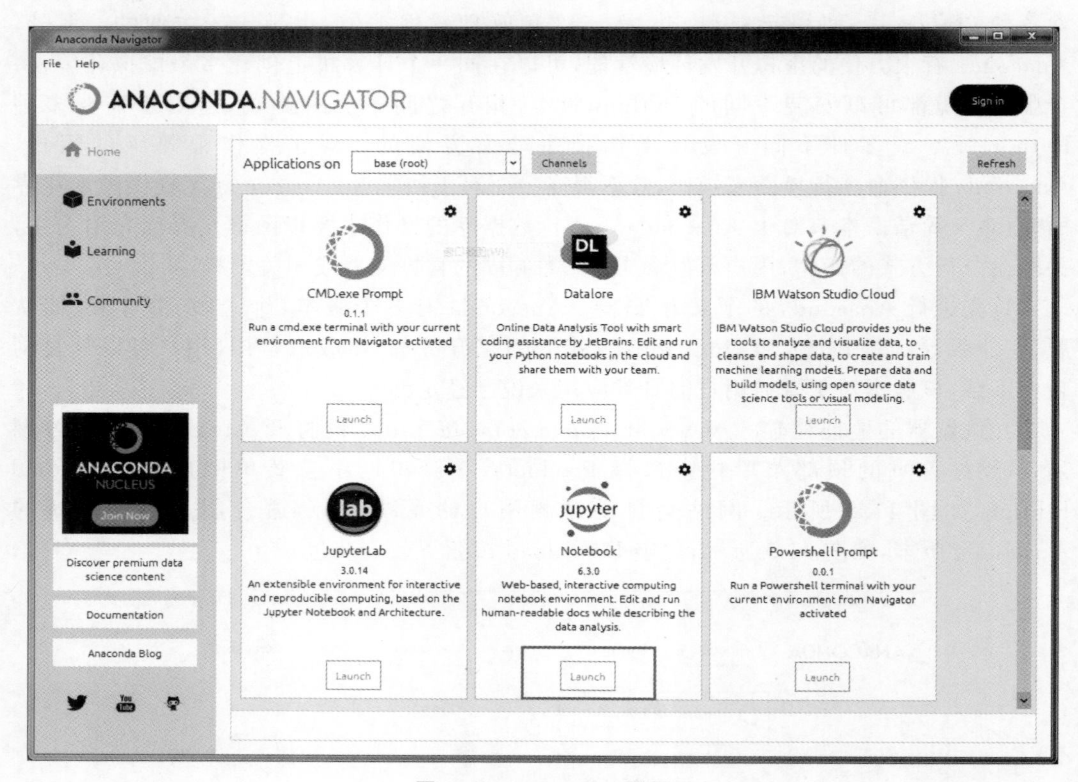


图11.10 Anaconda界面

在图11.10所示的界面中,可以看到Anaconda包含很多开发工具,本章主要使用Jupyter Notebook来进行MySQL数据库的连接和操作。Jupyter Notebook使用浏览器界面进行Python的编辑和运行,其操作和日常的浏览器操作是一样的,因此使用起来非常方便。单击如图11.10所示界面中矩形方框内的Launch按钮,通过默认浏览器打开,进入如图11.11所示的界面。可以看到,浏览器的地址栏中显示localhost:8888,说明浏览器打开的是本机的地址,网络端口默认为8888。单击页面右上角的New按钮,会弹出新建子菜单,选择Python3,新建一个Jupyter Notebook文件(按钮在图11.11矩形方框中标识)。新建的文件扩展名为ipynb,是IPython Notebook(Jupyter Notebook的前身)的缩写。ipynb格式的文件都可以通过Jupyter Notebook打开。

新建的ipynb格式文件中(见图11.12),Python命令都是以一个一个的单元格(Cell)存在的,每个单元格可以单独运行。值得一提的是,单元格中不仅可以输入Python命令,还可以用Markdown方式输入文本信息作为程序的说明部分,使得Jupyter Notebook非常便于交流,因而在教学中应用很广泛。

在新建的ipynb文件中输入import pymysql来导入PyMySQL库,单击页面上部菜单栏中的Cell子菜单的Run Cells命令项,运行该单元格。会发现单元格下面显示的运

图 11.11 Jupyter Notebook 打开的浏览器界面

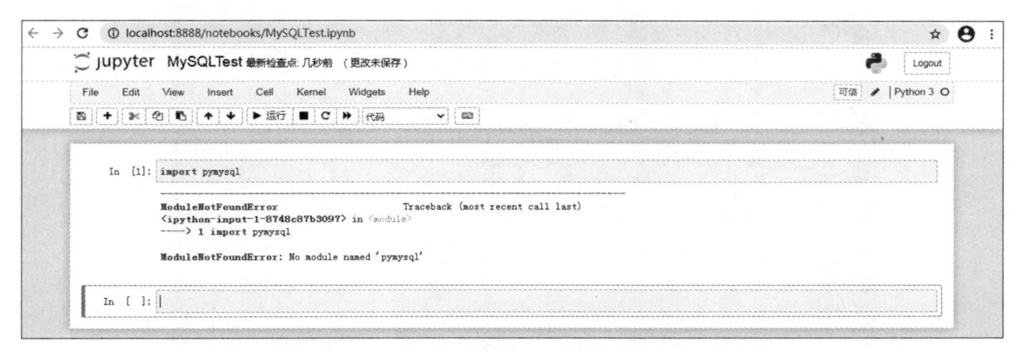


图 11.12 Jupyter Notebook 打开的 ipynb 文件界面

行结果为“ModuleNotFoundError: No module named 'pymysql'”，说明 PyMySQL 库没有安装。

有两种方式可以在 Anaconda 中安装 PyMySQL 库。

(1) 命令行方式安装。

在 Anaconda 界面的左侧边栏中选择 Environments，然后在右侧弹出的界面中选择 base(这个是默认的虚拟环境，如果已经建立了其他虚拟环境，请选择对应的环境项)右侧的小三角上单击，在弹出菜单中选择 Open Terminal(见图 11.13)，打开命令行提升符窗口(见图 11.14)，输入 conda install pymysql，按 Enter 键后，会看到系统自动在因特网上搜索安装包和依赖包，输入 y 并按 Enter 键来安装，如果网络连接正常的话，很快就会安装完成。

(2) 图形化方式安装。

图形化方式安装也很方便。在 Anaconda 界面的左侧边栏上单击 Environments，选择右侧弹出的虚拟环境项 base(见图 11.15)，在右侧就会显示出所有已安装的库。在图 11.15 中矩形框 1 所示的位置处单击下拉菜单，选择 All，把所有可用的库都显示出来。

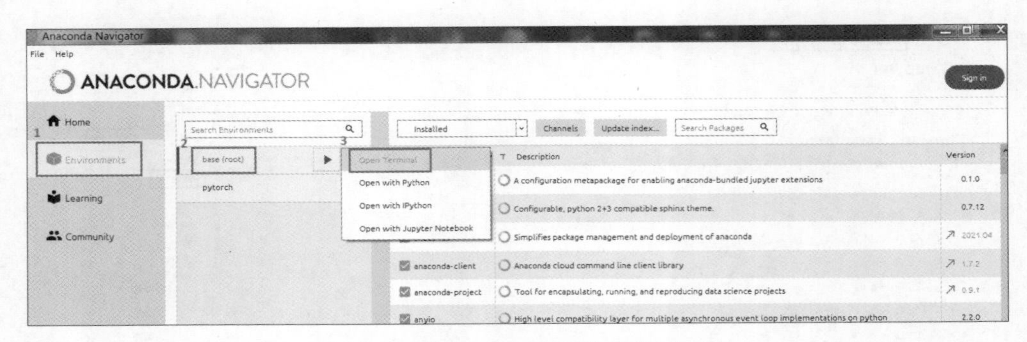


图 11.13 打开 Anaconda 的命令行窗口

管理员: C:\Windows\system32\cmd.exe

```
(base) C:\Users\hhb>conda install pymysql
Collecting package metadata (current_repodata.json): done
Solving environment: done

## Package Plan ##

  environment location: C:\ProgramData\Anaconda3

  added / updated specs:
    - pymysql


The following packages will be downloaded:

    package                    |            build
    ---------------------------|-----------------
    pymysql-1.0.2              |   py38haa95532_1          77 KB  defaults
    ------------------------------------------------------------
                                           Total:          77 KB

The following NEW packages will be INSTALLED:

  pymysql            anaconda/pkgs/main/win-64::pymysql-1.0.2-py38haa95532_1


Proceed ([y]/n)? y


Downloading and Extracting Packages
pymysql-1.0.2        | 77 KB     | ###################################### | 100%
Preparing transaction: done
Verifying transaction: done
Executing transaction: done

(base) C:\Users\hhb>
```

图 11.14 命令行方式安装 PyMySQL 库

如果显示不完整,可单击图中矩形框 2 所示的"Update index…"按钮更新一下。然后在图中矩形框 3 所示的文本框中输入 pymysql,下方的界面中应该就会出现可用的 pymysql 库,选中,然后在图中矩形框 4 所示的按钮 Apply 上单击,系统就可以自动安装该库。

以上两种安装库的方式可以任选一种。实际上,用户以后如果要自己安装其他库,方式也都类似,可以选择命令行方式或图形化方式来安装。

PyMySQL 库安装完成后,再进入 Jupyter Notebook 的浏览器界面中,运行 import pymysql,系统不再提示错误,说明 PyMySQL 库已正确安装,并且导入成功,可以进行后续的开发了(见图 11.16)。

图 11.15　图形化方式安装 PyMySQL 库

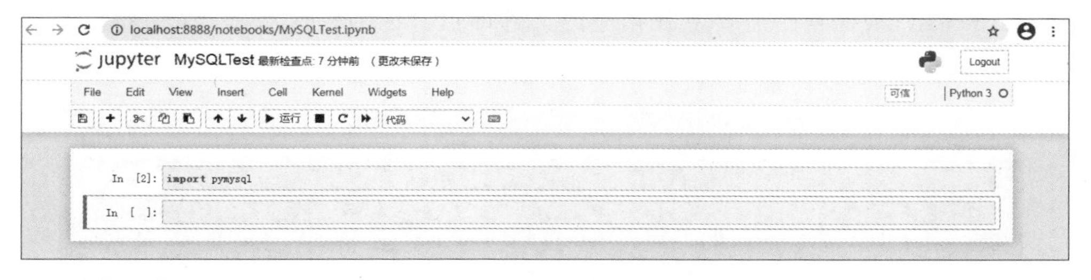


图 11.16　安装 PyMySQL 完成后的 Jupyter Notebook

### 3. PyCharm 下开发环境的搭建

PyCharm 是 JetBrains 公司旗下一系列开发工具之一，用于 Python 的开发。JetBrains 公司提供多种语言的集成开发环境和工具，由于它们推出的工具软件具有跨平台、风格统一、操作简洁方便、功能强大等特点，在工业界有很好的口碑。很多工程上 Python 语言的开发都是使用 PyCharm 来进行的。PyCharm 可以支持 Windows、macOS 和 Linux 等不同的操作系统，每个系统都可以选择对应的软件下载。PyCharm 有专业版(Professional)和社区版(Community)两个版本。专业版是收费的(可以试用一个月)，社区版是免费的。如果是教育系统的用户，可以通过教育系统的电子邮箱申请专业版的免费使用权限。不过，对于普通用户的日常应用来说，社区版已经足够了。本节就基于 PyCharm 社区版的使用来进行说明。

在浏览器地址栏输入 www.jetbrains.com,按 Enter 键后打开 JetBrains 官方网站,在菜单栏中选择 Developer Tools,然后在弹出的页面中选择 PyCharm,如图 11.17 所示。

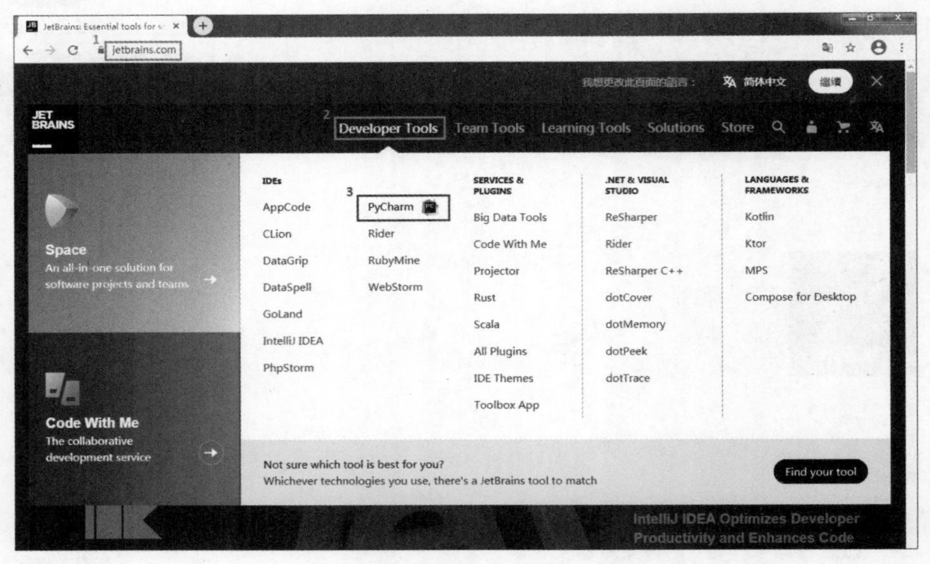


图 11.17　PyCharm 的下载页面

在打开的页面中可以看到专业版(Professional)和社区版(Community)的下载链接,如图 11.18 所示,根据自己需要下载相应的文件即可。因为社区版已经能够满足大多数需要,此处就以下载社区版为例。

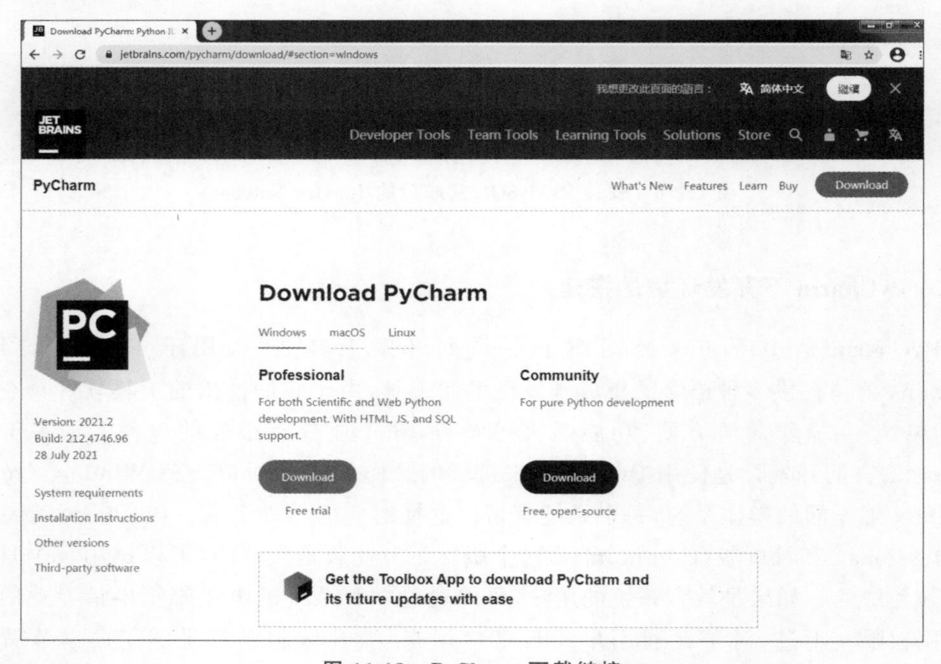


图 11.18　PyCharm 下载链接

下载完成后，双击下载的 exe 文件即可安装。基本上接受默认设置就可以，一直单击 Next 按钮，安装就完成了。

打开 PyCharm 后，关掉一些不太关心的提示信息(tips)，可以看到 PyCharm 新建工程的界面(见图 11.19)。因为 PyCharm 主要面向工业界，所以它把开发组织成工程(Project)来管理，工程下面会包含各个 Python 文件和相关的资源。

在图 11.19 所示的新建界面中分别单击 Projects 菜单和 New Project 按钮，弹出图 11.20。在矩形框 1 所示的位置输入新工程的名称，在矩形框 2 处选择 PyCharm 使用的 Python 解释器环境，然后单击 Create 按钮即可新建工程。

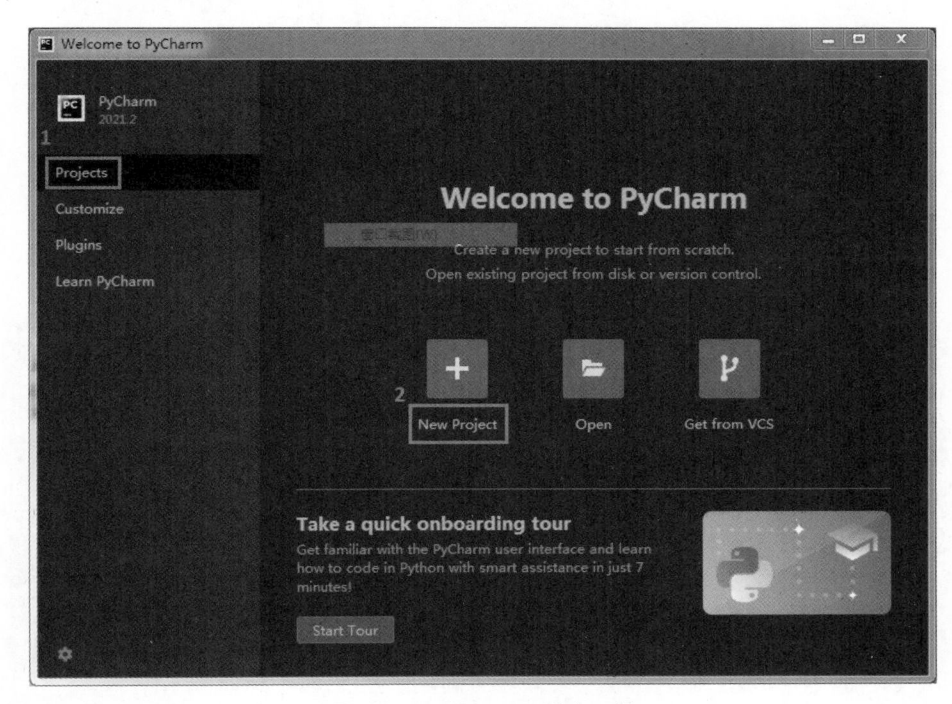


图 11.19　PyCharm 新建工程

PyCharm 新工程中已经默认含有一个 main.py 文件，用户可以在菜单栏中选择 Run 下的 Run main 来运行该文件，以检查 Python 解释器是否可以正常工作。用工具栏中的小三角按钮▶来运行程序会更为方便。

由于我们要测试用 PyMySQL 库来连接数据库，所以需要编写代码。把 main.py 文件中的所有代码删除，改为导入库的代码：import pymysql。这一行代码就可以测试 PyMySQL 库是否可以正常导入。单击▶运行代码，如果系统没有错误提示，说明 PyMySQL 库已经正确安装，如果系统提示错误“ModuleNotFoundError：No module named 'pymysql'”说明该库还没有正确安装(见图 11.21)。

如果 PyMySQL 库还没有正确安装，可以用以下方式来安装该库。在主界面上选择菜单栏的 File 菜单，在下拉菜单项中选择 Settings 打开设置对话框，如图 11.22 所示。

在设置对话框中，选择左侧边栏中的 Project 选项，然后选择 Python Interpreter 菜

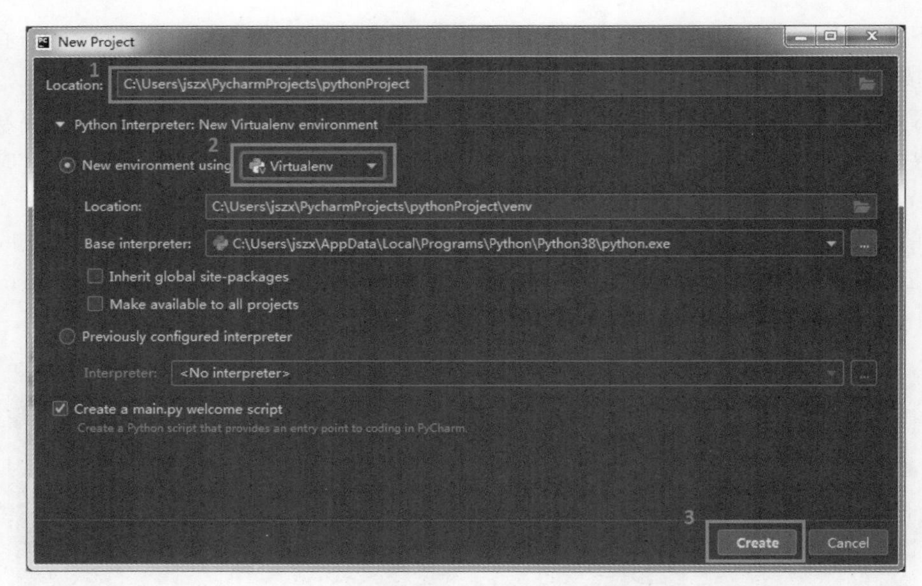


图 11.20 PyCharm 新建工程的选项

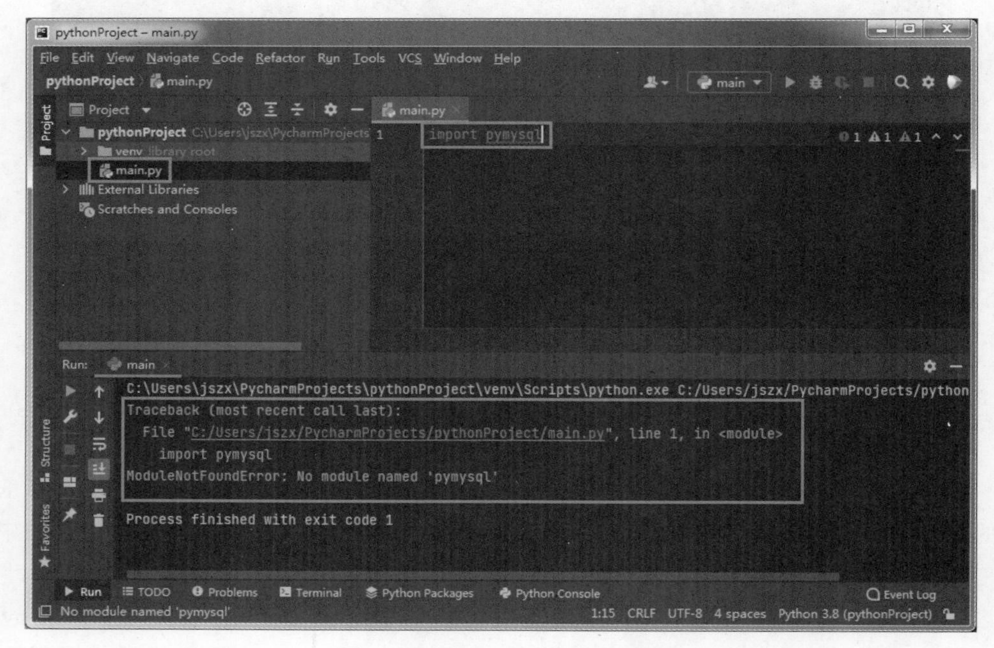


图 11.21 PyCharm 运行主界面

单。这时右侧会显示当前的解释器,以及该解释器环境中已安装的库。在图 11.22 中,可以看到确实没有 pymysql 库。单击库列表上面的"+",弹出可用的库列表,如图 11.23 所示。在上方的搜索框中输入 pymysql,可以查到 PyMySQL 库,选中该库,然后单击下方的 Install Package 按钮,如果出现"Package 'PyMySQL' installed successfully"则表示该库已经成功安装。

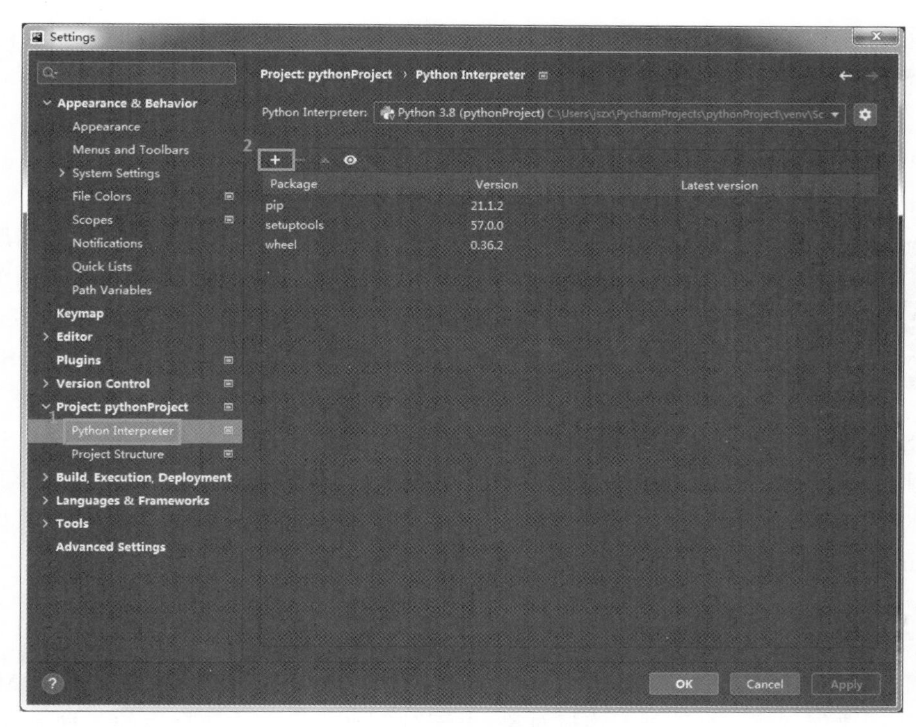


图 11.22　PyCharm 设置对话框

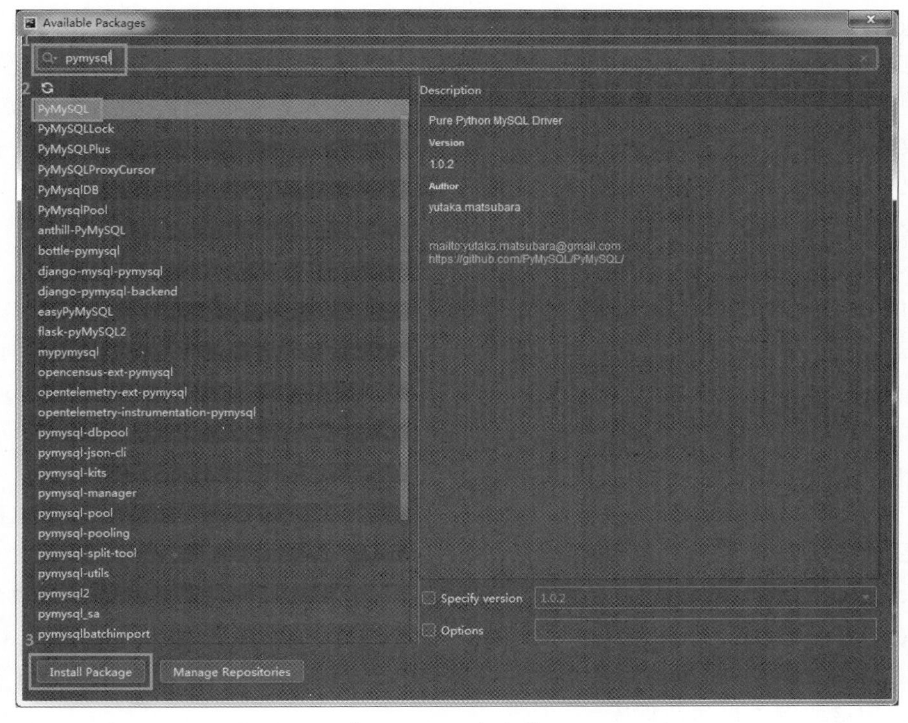


图 11.23　在 PyCharm 中安装 PyMySQL 库

返回到 PyCharm 主界面,再次运行 main.py,若系统不再有错误提示,则说明 PyMySQL 库已经正确安装并导入到 main.py 文件中了。

## 11.2 PyMySQL 数据库操作

PyMySQL
数据库操作

用 Python 操作 MySQL 数据库主要是靠在 Python 中执行数据库命令来实现的,大部分数据库命令都是 SQL 语句,这些语句和前面章节所学习的内容是一致的,只不过现在是放在 Python 程序中通过网络来执行而已。

如 11.1 节所述,在 Python 程序中使用 PyMySQL 库来操作 MySQL 数据库基本需要连接数据库、执行数据库命令、关闭连接几个主要阶段。由于 PyMySQL 库是一个面向对象编程实现的库,因此,在各个阶段的操作中,PyMySQL 库都是通过创建不同的对象实例来实现的。在数据库连接阶段,会创建一个连接对象;在执行具体数据库命令阶段,会创建一个游标对象。接下来就通过具体实例来说明如何在 Python 程序中完成这些操作。

### 11.2.1 数据库连接

在进行数据库实际操作前,首先要连接数据库。使用 PyMySQL 库来操作 MySQL 数据库,需要先创建一个数据库连接对象,由该对象执行发送给数据库的各种命令,并返回相应的结果。该连接对象是 pymysql.connections.Connection 类的一个实例,代表应用程序和数据库服务器之间的一个网络连接。

可以使用 PyMySQL 库的 connect()方法来创建连接对象。该方法可以接受很多参数,这些参数可以对数据库连接进行非常细致的设置。大多数情况下,仅需要设置几个常用参数就可以了。常用参数包括以下几个。

(1) host:要连接的数据库服务器主机 IP 地址。

(2) user:登录数据库的用户。

(3) password:登录数据库用户的密码。

(4) database:要连接服务器上的数据库名称。

(5) port:连接数据库的网络端口,连接 MySQL 数据库的端口一般都是 3306。

(6) charset:数据库的编码字符集,如果使用了汉字,可以使用 utf8 或 utf8mb4。

其他参数的详细说明可以查看 PyMySQL 的文档(参见 https://pymysql.readthedocs.io/en/latest/modules/connections.html)。

一般说来,host、user、password、database 这几个参数都是需要设置的,其他参数则看需要,初学者直接使用默认值就可以了。值得一提的是,为了方便起见,开发人员为 password 和 database 分别设置了别名 passwd 和 db,也就是说,使用后两个参数名来传递参数效果是一样的。

如果数据库连接成功,则系统会返回一个 pymysql.connections.Connection 类的实例,可以用该实例来操作数据库。

下面通过一个具体实例来说明数据库连接的用法。这里假定数据库已经创建好,并且存在本地机器上,由于本机的 IP 地址是 127.0.0.1,可以向 host 参数传递该值。如果用域名 localhost,效果也是一样,都代表本机。

这里就用前面章节介绍的数据库网络购物系统 online_sales_system 来进行连接和操作。登录该数据库的用户为 root,密码为 123456,数据库字符集是 utf8mb4。用 PyMySQL 连接 MySQL 数据库的源程序如下所示。

源代码 11.1　数据库连接

```
import pymysql                              #导入 PyMySQL 库

#连接数据库
host='127.0.0.1'                            #数据库服务器的 IP 地址
user='root'                                 #连接数据库的用户名
password='123456'                           #连接数据库的用户密码
database='online_sales_system'              #要连接的数据库名称

try:
    db=pymysql.connect(                     #执行数据库连接
        host=host,
        user=user,
        passwd=password,
        db=database )

    if db:
        print(type(db))
    else:
        print('数据库连接错误。')
except:                                     #连接数据库出现异常时进行处理
    print('Error: 数据库连接出现错误,请检查网络连接和数据库访问设置。')

db.close()                                  #关闭数据库连接
```

在数据库连接语句 pymysql.connect()执行时,源代码中把它放在了一个异常捕获和处理语句 try-except 中,这是为了捕获数据库连接常见的异常并进行适当处理。这里的常见异常主要包括网络连接故障、数据库用户名或密码错、数据库不存在等。

数据库连接正常的话,就会返回一个连接对象,可以使用该对象对数据库进行操作。

## 11.2.2　数据库查询

数据库操作中最常用的方法就是查询。使用 PyMySQL 进行 MySQL 数据库查询需要通过游标对象来实现。游标(Cursor)是在数据库中检索数据记录的一种机制,可以对执行的 SQL 语句返回的记录集进行遍历。虽然返回的记录集可能有多条记录,但是游标每次只能指向一条记录,而且是按顺序移动的,直到指向记录集的末尾。可以把游标理解为指向一条条记录的一个指针,每次按顺序移动一条记录。

数据库连接完成后,可以通过 pymysql.connections.Connection.cursor()方法获取对应连接的游标对象。进行数据库查询时,要先写好数据库查询的 SQL 语句,然后调用游标对象的 execute()方法来执行 SQL 语句。也可以通过调用游标对象的 callproc()方法来执行数据库存储过程(Procedure)。execute()方法有两个参数:第一个参数 query 就是查询的 SQL 命令字符串;另一个可选参数 args 用于传递 SQL 查询命令的参数,如果使用 args 参数,query 中相应的位置处用"%s"做占位符。execute()方法的返回值是查询后得到的结果记录数量,是一个整型值。

执行数据库查询的 SQL 命令后,可以使用游标对象的 fetchall()方法、fetchmany(size)或 fetchone()方法来获取查询结果集。fetchone()一次返回一条记录的结果集,fetchall()一次返回所有的行,而 fetchmany(size)可以根据参数返回指定数量的结果集。

下面的例子用于查询 online_sales_system 数据库中 Customers 表的所有记录。

**源代码 11.2　数据库查询**

```
import pymysql                          #导入 PyMySQL 库

#连接数据库
host='127.0.0.1'                        #数据库服务器的 IP 地址
user='root'                             #连接数据库的用户名
password='root'                         #连接数据库的用户密码
database='online_sales_system'          #要连接的数据库名称

try:
    db=pymysql.connect(                 #执行数据库连接
    host=host,
    user=user,
    passwd=password,
    db=database)

    if db:
        print('连接类型为: ',type(db))
    else:
        print('数据库连接错误。')
except:                                 #连接数据库出现异常时进行处理
    print('Error: 数据库连接出现错误,请检查网络连接和数据库访问设置。')

#获取游标
cur=db.cursor()
print('游标类型为: ',type(cur))

sql='select * from customers'           #要执行的 SQL 语句字符串
```

```
try:
    cur.execute(sql)                                    #执行 SQL 语句
    results=cur.fetchall()                              #获取所有记录的列表

    for row in results:                                 #遍历结果集

        id=row[0]
        name=row[1]
        gender=row[2]
        registration_date=row[3]
        phone=row[4]

    #打印结果
        print(f'{id},{name},{gender},{registration_date},{phone}')
except:
    print('Error: 执行 SQL 语句出现错误。')

cur.close()                                             #关闭游标
db.close()                                              #关闭数据库连接
```

程序运行结果如图 11.24 所示。

```
连接类型为： <class 'pymysql.connections.Connection'>
游标类型为： <class 'pymysql.cursors.Cursor'>
101,薛为民,男,2012-12-27,16800001111
102,刘丽梅,女,2016-01-09,16811112222
103,Grace,女,2016-01-09,16822225555
104,赵文博,男,2017-06-08,16855556666
105,Adrian,男,2017-11-10,16866667777
106,孙丽娜,女,2017-11-10,16877778888
107,林琳,女,2020-05-17,16888889999
```

图 11.24 数据库查询运行结果

在实际应用中,数据库操作的网络 I/O(Input/Output)是比较耗时的,一般说来应该尽量减少通过网络连接执行 SQL 语句的次数。为了提高效率,PyMySQL 库的游标对象还提供 executemany(query,arge=None)方法,可以在一次操作中批量执行 SQL 命令,减少网络 I/O 的次数。例如,要查询几个 id 账号对应的用户姓名,可以使用如下语句:

```
sql='SELECT name FROM Customers WHERE id='%s''
cur.executemany(sql,[101,102,105])
```

不过,如果一次性传输的数量过大,也可能缓冲区容不下,造成缓冲区溢出。如何合理、高效地使用 executemany()方法,分批调用,需要在实践中尝试。

这里,我们特别提醒一下读者,编写数据库查询程序时,要防止一种"SQL注入"攻击。SQL注入攻击是指在通过编程语言开发的Web页面、表单等应用程序输入查询数据时,通过巧妙地输入特定的数据,经过字符串拼接后可以欺骗数据库,绕过数据库授权执行数据库命令。我们以一个具体的例子来说明。假定程序要查询id为101的用户信息,101用户是合法的授权用户,可以查询该信息,但不能查询其他id的信息。如果程序内部该查询命令是用如下方法编写的:"SELECT * FROM Customers WHERE id='%s'".format(id)。则当id='101'时,该命令被拼接为"SELECT * FROM Customers WHERE id='101'",这是正常的。若用户有意攻击数据库,可以构造一个id为"111' OR 1 OR '",那么字符串经过拼接之后就变成了"SELECT * FROM Customers WHERE id='111' OR 1 OR ''",这时查询条件变成了一个OR连接的复合条件,因为OR后面的1总是成立,因此即使111不是授权id该查询命令也会成功执行,从而绕过了数据库查询的条件检查。要避免这种攻击,对用户输入的数据进行检查并使用execute()方法的args来传递参数是一种有效的方法。

## 11.2.3 数据库修改

对数据库的修改也是经常进行的,例如新用户注册、商品入库、用户下订单等。因为数据库修改的操作涉及写数据库,为了保持数据的一致性,要求所有写的操作要么全做、要么全不做,这也是执行数据库修改时和数据库查询最大的不同。所以如果写数据库操作正常执行,要用连接对象执行commit()方法来提交这些操作,如果出现异常,要用rollback()方法来回滚到数据库上一个一致的状态。

数据库记录修改涉及的SQL命令主要有插入新记录、修改已有记录和删除记录3种。这里我们主要以插入新记录为例进行说明。修改已有记录和删除记录只需要写好相应的SQL语句即可,数据库操作的方式都相似。

插入新记录的SQL命令是INSET INTO命令,可以先写出SQL语句,以该语句字符串为参数执行游标对象的execute()方法。如果一次插入多条新记录,可以使用executemany()方法,效率会更高。

这里仍然通过实例来介绍,在online_sales_system数据库的customers表中插入3条新用户信息。数据库连接的操作和12.2.1节相同,为了保证数据库状态的一致性,正确的处理异常,我们把写数据库的具体操作放到try…except块中,如正常执行就提交所有写操作,否则,就回滚到操作之前的状态。

新插入的记录值用args参数来传递,该参数的实参values为一个列表,列表中的每一个元素都是一个元组,元组中的值就是每条记录要插入的各个字段的值。

变量values的值在实际应用中应该是用户通过表单等形式输入的,这里为了简单起见直接写在了程序源代码中。

插入新记录的具体代码如下。

源代码 11.3　插入新记录

```
import pymysql                                    #导入 PyMySQL 库

#连接数据库
try:
    db=ymysql.connect('127.0.0.1','root','123456','online_sales_system')

    if not db:
        print('数据库连接错误。')
except:                                           #连接数据库出现异常时进行处理
    print('Error: 数据库连接出现错误,请检查网络连接和数据库访问设置。')

#获取游标
cur=db.cursor()

sql='insert into customers values(%s,%s,%s,%s,%s)'         #要执行的 SQL 字符串
values=[('108','aaa','男','2021-08-22','11111111111'),
        ('109','bbb','男','2021-08-22','11122222222'),
        ('110','ccc','女','2021-08-22','11133333333')]      #插入数据库的值

try:
    count=cur.executemany(sql,values)             #执行 SQL 语句
    db.commit()                                   #提交数据库执行
    print(f'插入了{count}条记录。')
except:
    print('Error: 执行 SQL 语句出现错误。')
    db.rollback()                                 #发生错误时回滚

cur.close()                                       #关闭游标
db.close()                                        #关闭数据库连接
```

上面的源代码执行完毕后,可以通过 11.2.2 节的数据库查询源程序来查询新记录插入后 customers 表的信息。如果数据库就在本地,也可以直接用 SQL 命令来查询。查询结果如图 11.25 所示,说明新记录插入已顺利完成。

```
mysql> select * from customers;
+-------------+--------+--------+-------------------+-------------+
| customer_id | name   | gender | registration_date | phone       |
+-------------+--------+--------+-------------------+-------------+
| 101         | 薛为民 | 男     | 2012-12-27        | 16800001111 |
| 102         | 刘丽梅 | 女     | 2016-01-09        | 16811112222 |
| 103         | Grace  | 女     | 2016-01-09        | 16822225555 |
| 104         | 赵文博 | 男     | 2017-06-08        | 16855556666 |
| 105         | Adrian | 男     | 2017-11-10        | 16866667777 |
| 106         | 孙丽娜 | 女     | 2017-11-10        | 16877778888 |
| 107         | 林琳   | 女     | 2020-05-17        | 16888889999 |
| 108         | aaa    | 男     | 2021-08-22        | 11111111111 |
| 109         | bbb    | 男     | 2021-08-22        | 11122222222 |
| 110         | ccc    | 女     | 2021-08-22        | 11133333333 |
+-------------+--------+--------+-------------------+-------------+
10 rows in set (0.02 sec)
```

图 11.25　新记录插入后的 customers 表记录

## 知识点小结

本章主要介绍了使用 Python 语言进行 MySQL 数据库操作的主要方法,内容包括开发环境的安装与搭建、使用 PyMySQL 库操作数据库的基本方法等。读者对于本章的学习应以实践为主,重点掌握 PyMySQL 库操作数据库的基本步骤和主要接口函数调用方法等。理解通过网络用开发语言操作数据库的主要编程步骤以及出现异常后的处理方法,初步了解用开发语言连接网络数据库开发应用系统的基本操作。

## 习　题

1. 简述使用 PyMySQL 库操作 MySQL 数据库的 4 大基本步骤。

2. 你喜欢的用 Python 操作 MySQL 数据库的开发环境是什么?请说出你喜欢这个环境的理由。

3. 说出你用 PyMySQL 库创建 MySQL 数据库连接对象时经常用到的几个参数分别是什么含义。

4. 使用 PyMySQL 库的游标对象查询数据库时,fetchall()、fetchone() 和 fetchmany() 方法有什么不同?

5. PyMySQL 库的连接对象提供 commit()方法和 rollback()方法,请简述这两个方法主要起什么作用。

# 第12章 数据库课程实验

为了增强对前面章节所介绍内容的理解，提高数据库技术的实践和应用能力，本章设计了4个环节的实践任务，每个任务都包含了明确的实验目的和详细的实验内容。如果本章应用于实际的教学，可以分为4个不同学习阶段的实验，每个实验建议4学时，读者可以根据实际情况自行选择和安排。

本章要求创建职工工资管理系统的数据库，并进行一系列的数据管理与应用。数据库名称为salary_management_system，包括部门表tbl_departments、职级表tbl_rank_salary、职工信息表tbl_employees和工资表tbl_salary 4个表，具体的表结构和表内容见附录D。

## 12.1 数据库和表的创建与管理

### 12.1.1 实验目的

(1) 使用MySQL语句创建、修改、显示、使用和删除数据库。

(2) 使用MySQL语句创建、修改和删除表的结构。

(3) 使用MySQL语句对表进行插入、修改和删除数据的操作。

(4) 了解MySQL的常用数据类型。

### 12.1.2 实验内容

(1) 使用MySQL语句创建数据库salary_management_system。

(2) 使用MySQL语句选择salary_management_system为当前使用的数据库。

(3) 使用MySQL语句在salary_management_system数据库中创建数据表tbl_departments、tbl_rank_salary、tbl_employees、tbl_salary。

(4) 使用DESCRIBE语句显示4个表的结构。

(5) 使用MySQL语句ALTER TABLE为tbl_employees表的gender字段设置默认值“男”。

(6) 使用MySQL语句ALTER TABLE修改tbl_departments表的department(部门名称)列的数据类型，将原来的VARCHAR (20)改为VARCHAR (30)。

(7) 使用 MySQL 语句 INSERT 向 salary_management_system 数据库的 4 个表分别插入附录 D 中 4 个表的数据。

(8) 使用 MySQL 语句 ALTER TABLE 为 tbl_employees 表设置外键 department_id。

(9) 使用 MySQL 语句 ALTER TABLE 为 tbl_employees 表设置外键 rank_id。

(10) 使用 MySQL 语句 ALTER TABLE 为 tbl_salary 表设置外键 employee_id。

(11) 使用 MySQL 语句 ALTER TABLE 将 tbl_employees 表中的 gender 字段移动到 date_of_birth 后面。

(12) 使用 MySQL 语句创建数据库 salary_sys,并在此数据库中创建表 employeeb,该表的结构与职工信息表 tbl_employees 的表结构相同。

(13) 使用 MySQL 语句删除 employeeb 表中职工编号是 1001 的记录。

(14) 使用 MySQL 语句更新 employeeb 表中职工编号是 01002 的姓名为“刘海洋”。

(15) 使用 MySQL 语句删除 employeeb 表中 gender 字段。

(16) 删除 employeeb 表,使用“SHOW tables;”查看数据库 salary_sys 中的表。

(17) 删除 salary_sys 数据库,使用“SHOW databases;”查看所有数据库。

## 12.2 数据的基础查询

### 12.2.1 实验目的

(1) 理解查询的概念。

(2) 掌握使用 MySQL 的 SELECT 语句进行单表基本查询的方法。

(3) 掌握使用 MySQL 的 SELECT 语句进行条件查询的方法。

(4) 掌握在查询中正确使用数据处理函数。

(5) 掌握 SELECT 语句的 GROUP BY、ORDER BY 子句的使用方法。

### 12.2.2 实验内容

(1) 在 tbl_employees 表中查询职工编号、姓名和基本工资。

(2) 查询 tbl_employees 表中“赵志飞”的职工编号、性别、出生日期和联系电话。

(3) 在 tbl_employees 表中,查询 4 月份生日的职工的姓名、性别、出生日期和婚否。

(4) 查询 tbl_employees 表中所有 1980 年以后出生的女博士的姓名、婚否、出生日期和基本工资。

(5) 在 tbl_employees 表中查询基本工资在 6000～1000 的职工的姓名、性别、学历和基本工资,查询结果按基本工资从高到低排序。

(6) 按照部门编号在 tbl_employees 表中统计各部门的人数,结果包含部门编号和人数。

(7) 查询基本工资排在前 5 的职工的姓名、性别、年龄和基本工资。

(8) 在 tbl_employees 表中,按性别统计基本工资的平均值,结果包括性别和平均工资。

(9) 在 tbl_employees 表中,查询所有姓“王”的职工的姓名、性别、年龄和基本工资。

(10) 在 tbl_employees 表中,按学历和性别统计平均年龄,结果包括性别、学历和平均年龄。

(11) 统计博士和硕士的总人数。

(12) 在 tbl_employees 表中,查询每个职工的工作年限,结果包括姓名、性别、年龄、学历和工作年限。

(13) 在 tbl_employees 表中,查询近 5 年引进的博士的职工信息,结果包括姓名、性别、学历和工作年限。

(14) 在 tbl_employees 表中,查询男职工的人数。

(15) 在 tbl_employees 表中,统计已婚的男女职工各有多少人,结果包括性别和人数。

(16) 在 tbl_employees 表中,查询工作 20 年及以上的职工信息,结果包括职工编号、姓名、性别、出生日期和学历。

(17) 在 tbl_employees 表中查询基本工资最高和最低值。

(18) 在 tbl_employees 表中,按部门编号统计每个部门基本工资的最高价、最低价和平均值。

## 12.3 数据的进阶查询

### 12.3.1 实验目的

(1) 理解连接查询、嵌套查询、集合查询和派生查询的概念。

(2) 掌握嵌套查询的实现方法。

(3) 掌握多表连接查询的实现方法。

(4) 了解集合查询、派生查询的实现方法。

### 12.3.2 实验内容

(1) 查询职工的信息,包括职工编号、姓名、性别、部门名称和基本工资。

(2) 统计各部门的基本工资总额,结果包括部门名称和基本工资总额。

(3) 使用 INNER JOIN 连接方式查询“经管学院”的职工学历分布情况,包括学历和人数。

(4) 查询每个部门的最高基本工资的职工信息,结果包括部门名称、基本工资。

(5) 使用左连接查询各个职级的职工信息,结果包括职级名称、姓名、性别、基本工资、职级工资和职级绩效(职级工资表 tbl_rank_salary 作为左表)。

(6) 使用 INNER JOIN 连接方式查询所有已婚职工的信息,结果包括部门名称、姓名、职级名称、基本工资、职级工资和职级绩效。

(7) 在 tbl_employees 表中查询与“赵志飞”职级相同的所有职工的姓名、性别和年龄。

(8) 使用 IN 子查询查找所有副教授的姓名、性别、部门名称和学历。

(9) 使用 IN 子查询查找职级为"一级教授"和"二级教授"的职工的姓名、性别和工作年限。

(10) 查询年龄高于各自部门的平均年龄的职工信息,包括职工编号、姓名、性别、学历、所在部门、职级名称和年龄。

(11) 使用 ANY 子查询查找部门编号是 110002 的职工的基本工资比部门编号为 110001 的职工的最低基本工资低的职工编号、姓名和基本工资。

(12) 使用 UNION 谓词将 tbl_employees 表中姓"王"的职工的职工编号、姓名、性别与姓"李"的职工的职工编号、姓名、性别集合显示输出。

(13) 使用 UNION 谓词将讲师和所有 2010 年(含)以后参加工作的职工信息的集合显示输出。

(14) 删除工资表 tbl_salary 里的记录。

(15) 根据公式:应发合计=基本工资+职级工资+职级绩效。扣款合计=应发合计*0.085+应发合计*0.12+(应发合计-5000)*0.03,实发工资=应发合计-扣款合计。利用 INSERT INTO tbl_salary SELECT 计算每位职工的工资信息并添加到 tbl_salary 表中。

(16) 统计每个部门的应发工资的总额,包括部门名称和工资总额,将查询结果保存到一个数据表中,表名为 salary_bf。

(17) 查询每个部门的最高基本工资的职工信息,结果包括部门名称、职工编号、姓名、性别、和基本工资。

## 12.4 索引、视图和存储过程

### 12.4.1 实验目的

(1) 掌握使用 MySQL 语句创建、删除索引的方法。

(2) 掌握使用 MySQL 语句创建、修改、删除视图的方法。

(3)掌握视图的应用方法,包括利用视图创建查询、利用视图更新表中数据。

(4) 掌握存储过程的创建和调用方法。

### 12.4.2 实验内容

(1) 使用 CREATE INDEX 语句在部门表的部门名称字段上建立名称为 DEPINDEX 的索引。

(2) 使用 CREATE INDEX 语句在职工表中按姓名和职级名称字段创建名为 UNIONINDEX 的联合索引。

(3) 在职工表中创建名为 ViewWorkYear 的视图,查询工作年限>=20 年的职工信息,包括职工编号、姓名、性别、工作年限。

(4) 创建名为 ViewALL 的视图,查询职工编号、姓名、性别、出生日期、部门名称、职级名称。

(5) 在 ViewALL 视图中，按部门统计各部门人数及平均年龄，包括部门名称、人数和平均年龄。

(6) 已知有基于 tbl_rank_salary 的存储过程 rankbyid(IN irank_id CHAR(6),OUT orank VARCHAR(20)，现要求调用该存储过程，查询指定职级编号(irank_id)对应的职级名称(orank)。

**测试数据**：IN 类型参数为 zj0003，则 OUT 类型参数返回值为"三级教授"。

(7) 根据部门表 tbl_departments 创建存储过程 departmentbyid(IN idepartment_id CHAR(6), OUT odepartment VARCHAR(20))。其功能是，根据 IN 类型参数 idepartment_id，返回该编号对应的部门名称(odepartment )。

**测试数据**：IN 类型参数为 110002，则 OUT 类型参数的返回值为"经管学院"。

(8) 根据职工信息表 tbl_employees 创建存储过程 employeebyid(IN iemployee_id CHAR(10),OUT oname VARCHAR(15),OUT oyear INT)。其功能是，根据 IN 类型参数 iemployee_id，返回该编号对应的姓名(oname )、工龄(oyear，当前年份-参加工作的年份时间)。

**测试数据**：IN 类型参数为 0100 的信息，则 OUT 类型参数返回值分别为"杨子盈"、31。

(9) 根据职工信息表 tbl_employees、部门表 tbl_departments 和职级表 tbl_rank_salary 创建存储过程 employeerankbyid(IN iemployee_id CHAR(10), OUT oname VARCHAR(15),OUT odepartment VARCHAR(20),OUT orank VARCHAR(10))。其功能是，根据 IN 类型参数 iemployee_id，返回该编号对应的姓名(oname )、部门(odepartment)、职级名称(orank)。

**测试数据**：IN 类型参数为 01007，则 OUT 类型参数返回值分别为"杨子盈""经管学院""三级教授"。

(10) 已知工资计算公式为：工资=基本工资+职级工资+职级绩效。根据职工信息表 tbl_employees、部门表 tbl_departments 和职级表 tbl_rank_salary 创建存储过程 salarybydepartment(IN idepartment_id CHAR(6), OUT odepartment VARCHAR (20), OUT oavgsalary DECIMAL(10,2))。其功能是，根据 IN 类型参数 idepartment_id，返回该编号对应的部门名称(odepartment)和部门平均工资(ototalsalary)。

**测试数据**：IN 类型参数为 110002 的信息，则 OUT 类型参数返回值分别为"经管学院"、9500.00。

(11) 已知工资计算公式为：工资=基本工资+职级工资+职级绩效。根据职工信息表 tbl_employees、部门表 tbl_departments 和职级表 tbl_rank_salary 使用游标创建存储过程 employeesalary()。该存储过程目的是生成职工工资表 emsalary 并填充数据，包括职工编号(employee_id)、部门名称(department)、姓名(name)、职级名称(rank_title)、工资(salary)5 个字段的信息。

附录A

# 常用 SQL 语句

## A.1 数据库

### 1. 创建数据库

```
CREATE DATABASE < 数据库名称> ;
```

### 2. 打开数据库\切换数据库

```
USE < 数据库名称>
```

## A.2 数据表

### 1. 创建数据表

```
CREATE TABLE < 表名>
(字段名 1  数据类型 [约束条件] [默认值],
字段名 2  数据类型 [约束条件] [默认值],
⋮
字段名 n 数据类型 [约束条件] [默认值]
[,表级约束条件]);
```

### 2. 修改表结构

```
ALTER TABLE <表名>
{
[ADD <新字段名><数据类型>[<约束条件>] [FIRST|AFTER 已存在字段名]]
|[MODIFY <字段名 1><新数据类型>[<约束条件>][FIRST|AFTER 字段名 2]]
|[CHANGE <旧字段名><新字段名><新数据类型>]
|[DROP <字段名>| <完整性约束名>]
```

```
|[RENAME [TO]<新表名>]
|[ENGINE=<更改后的存储引擎名>]
};
```

### 3. 插入记录数据

```
INSERT INTO <表名>(字段列表) VALUES(值列表 1)[,(值列表 2)…[,(值列表 n)]];
```

### 4. 修改记录

```
UPDATE <表名>SET 字段 1=值 1,字段 2=值 2,…字段 n=值 n WHERE 条件表达式;
```

### 5. 删除记录

```
DELETE FROM <表名>[WHERE <条件表达式>];
```

### 6. 复制表结构

```
(1) CREATE TABLE[IF NOT EXISTS] LIKE 已存在表;
```

```
(2) CREATE TABLE <表名> [IF NOT EXISTS] AS SELECT *
FROM 已存在表 WHERE 1= 2;
```

### 7. 复制数据表(包括表结构和数据)

```
CREATE TABLE<表名>[IF NOT EXISTS] AS SELECT * |字段列表
FROM 已存在表 [WHERE <条件表达式>];
```

### 8. 复制数据

```
(1) INSERT INTO <表名> SELECT * FROM <已存在表> [WHERE <条件表达式>];
```

```
(2) INSERT INTO <表名>(字段列表) SELECT 字段列表
FROM <已存在表>[WHERE <条件表达式>];
```

### 9. 删除数据表

```
DROP TABLE [ IF EXISTS ]表名 1[,表名 2,…];
```

## A.3 查询

### 1. 单表查询

```
SELECT [ALL|DISTINCT] * |<列表达式 1>[AS <别名 1>][,<列表达式 2>[AS <别名 2>]
[,…]]
FROM<表名或者视图名>
[WHERE<条件表达式 1>]
[GROUP BY<分组字段列表>[HAVING <条件表达式 2>]]
[ORDER BY<排序字段 1>[ASC | DESC] [,<排序字段 2>[ASC | DESC]]…]
[UNION 运算符]
[LIMIT [M,]N]
```

### 2. 内连接查询

```
SELECT [ALL|DISTINCT] * |<列表达式 1>[AS <别名 1>][,<列表达式 2>[AS <别名 2>]
[,…]]
FROM <表名 1>[别名 1] INNER JOIN <表名 2>[别名 2] ON <连接条件表达式>
[WHERE <条件表达式>];
或者
SELECT [ALL|DISTINCT] * |<列表达式 1>[AS <别名 1>][,<列表达式 2>[AS <别名 2>]
[,…]]
FROM <表名 1>[别名 1],<表名 2>[别名 2][,…]
WHERE <连接条件表达式>[AND <条件表达式>];
```

### 3. 外连接查询

```
SELECT [ALL|DISTINCT] * |<列表达式 1>[AS <别名 1>][,<列表达式 2>[AS <别名 2>]
[,…]]
FROM <表名 1>LEFT|RIGHT [OUTER] JOIN <表名 2>
ON <表名 1.列 1>=<表名 2.列 2>;
```

### 4. 嵌套查询

```
SELECT <字段列表>FROM <表名>WHERE 表达式 操作符 (SELECT 子查询);
```

### 5. 集合查询

```
SELECT <列表达式 1>,[<列表达式 2>,…] FROM <表 1>WHERE <条件表达式>
UNION [ALL]
SELECT <列表达式 1>,[<列表达式 2>,…] FROM <表 1>WHERE <条件表达式>;
```

### 6. 基于派生表的查询

```
SELECT <字段列表>FROM <(SELECT 子查询) AS 派生表名称>
WHERE 条件表达式;
```

### 7. 子查询放在 SELECT 子句中的查询

```
SELECT <字段 1,字段 2,…,(SELECT 子查询)…>
FROM <表名 1,表名 2,…>WHERE <条件表达式>;
```

## A.4 索引

### 1. 查看索引

```
SHOW INDEX|KEY FROM < 表名> ;
```

### 2. 创建表结构的同时创建索引

```
CREATE TABLE [IF NOT EXISTS] <表名>
(
字段名 1 数据类型 [完整性约束][,字段名 2 数据类型 [完整性约束][,… ]],
[UNIQUE|FULLTEXT|SPATIAL] INDEX | KEY [索引名]
(字段名 1[(长度)][,字段名 2[(长度)]][,…] [ASC|DESC])
);
```

### 3. 为已存在的表创建索引

```
ALTER TABLE <表名>ADD INDEX|KEY [索引名] (字段名[(长度)][ASC|DESC]);
CREATE [UNIQUE|FULLTEXT|SPATIAL] INDEX [<索引名>]
ON <表名>(字段名 [,…]);
```

### 4. 删除索引

```
ALTER TABLE <表名>DROP INDEX <索引名>;
ALTER TABLE <表名>DROP PRIMARY KEY;
DROP INDEX <索引名>ON <表名>;
```

## A.5 视图

### 1.视图的创建

```
CREATE VIEW <视图名>[(<列名 1>[,<列名 2>]…)]
AS <子查询>
[WITH [CASCADED | LOCAL] CHECK OPTION];
```

### 2. 视图的修改

```
CREATE OR REPLACE VIEW<视图名>[(<列名 1>[,<列名 2>]…)]
AS <SELECT 子查询>
[WITH [CASCADED | LOCAL] CHECK OPTION];
ALTER VIEW <视图名>[(<列名 1>[,<列名 2>]…)]
AS <子查询>
[WITH [CASCADED | LOCAL] CHECK OPTION];
```

### 3. 视图的删除

```
DROP VIEW [IF EXISTS] <视图名 1>[,…,视图名 n];
```

## A.6 存储过程

### 1. SET 语句

```
SET @ var_name1=expr1 [,@ var_name2=expr2] …
```

### 2. DELIMITER 语句

```
DELIMITER 临时符号
```

### 3. BEGIN … END 语句

```
BEGIN
    [statement_list]
END;
```

### 4. DECLARE 语句

```
DECLAREvar_name [,var_name] … type [DEFAULT value]
```

### 5. SELECT…INTO 语句

```
SELECT … INTOvar_list;
```

### 6. IF 语句

```
IFsearch_condition THEN statement_list
    [ELSEIFsearch_condition THEN statement_list] …
[ELSEstatement_list]
END IF;
```

### 7. REPEAT 语句

```
REPEAT
    statement_list
UNTILsearch_condition
END REPEAT;
```

### 8. WHILE 语句

```
WHILEsearch_condition DO
    statement_list
END WHILE;
```

### 9. 存储过程的定义

```
CREATE
    [DEFINER=user]
    PROCEDUREsp_name ([proc_parameter[,…]])
    [characteristic …]routine_body
```

### 10. 存储过程的调用

```
CALLsp_name[()];
CALLsp_name([parameter[,…]]);
```

## 11. 删除存储过程

```
DROP PROCEDUREsp_name;
```

## 12. 查看存储过程

```
SHOW CREATE PROCEDUREsp_name;
SHOW PROCEDURE STATUS LIKE 'sp_name';
```

## 13. 条件处理

```
DECLAREhandler_action HANDLER
    FORcondition_value,[,condition_value]…
    statement;
```

## 14. 游标

```
DECLAREcursor_name CURSOR FOR select_statement;
OPENcursor_name;
FETCHcursor_name INTO var_name [,var_name]…;
CLOSEcursor_name;
```

附录B

# 常用函数一览表

聚合函数如表B.1所示。

表B.1 聚合函数

| 函　数 | 具体含义 | 适合类型 |
| --- | --- | --- |
| COUNT() | 统计非空记录的条数 | 数值类型 |
| SUM() | 计算字段的值的和 | 数值类型 |
| AVG() | 计算字段的值的平均值 | 数值类型 |
| MAX() | 查询字段的最大值 | 数值类型和字符类型 |
| MIN() | 查询字段的最小值 | 数值类型和字符类型 |

文本处理函数如表B.2所示。

表B.2 文本处理函数

| 函　数 | 具体含义 |
| --- | --- |
| ASCII(c) | 返回字符c的ASCII码值 |
| BIT_LENGTH(str) | 返回字符串str的比特长度 |
| CHAR_LENGTH(str) | 计算字符串字符数的函数,返回字符串str包含的字符个数,一个多字节字符算作一个单字符。注意:不同的字符集中的计算方式也不一样 |
| LENGTH(str) | 计算字符串长度函数,返回字符串str在内存中占的字节数,注意:汉字在不同的字符集中占用的字节数不同 |
| CONCAT(s1,s2,…) | 合并字符串函数,返回结果为连接参数产生的字符串,可以有一个或多个参数。若有任何一个参数为NULL,则返回值为NULL;若所有参数均为非二进制字符串,则结果为非二进制字符串;若参数中含有任一二进制字符串,则结果为一个二进制字符串 |
| CONCAT_WS(x,s1,s2,…) | 合并字符串函数,是CONCAT(s1,s2,…)的特殊形式。第一个参数x是其他参数的分隔符,分隔符放在要连接的两个字符串之间,分隔符可以是一个字符串,也可以是其他参数,若分隔符为NULL,则结果为NULL |

续表

| 函　　数 | 具体含义 |
| --- | --- |
| INSERT(s1,x,len,s2) | 替换字符串函数,将字符串 s1 中 x 位置开始长度为 len 的字符串用 s2 替换,若 x 超过字符串 s1 的长度,则返回为原始字符串 s1;若任何一个字符串为 NULL,则返回 NULL |
| LEFT(s,n) | 取子串函数,返回字符串 s 最左边的 $n$ 个字符 |
| RIGHT(s,n) | 取子串函数,返回字符串 s 最右边的 $n$ 个字符 |
| LPAD(s1,len,s2) | 填充字符串函数,如果 s1 的长度小于 len,则用 s2 在 s1 的左边填补,直到 s1 的长度达到 len,并返回 s1;如果 s1 的长度大于 len,则返回 s1 左边长度为 len 的字符串 |
| RPAD(s1,len,s2) | 填充字符串函数,如果 s1 的长度小于 len,则用 s2 在 s1 的右边填补,直到 s1 的长度达到 len,并返回 s1;如果 s1 的长度大于 len,则返回 s1 左边长度为 len 的字符串 |
| LTRIM(s) | 删除空格函数,返回删除左侧空格符的 s |
| RTRIM(s) | 删除空格函数,返回删除右侧空格符的 s |
| TRIM(s1 FROM s) | 删除子串函数,返回删除了字符串 s 左右两端的子字符串 s1 的字符串,s1 是可选项,若不选则删除空格。注意:不删除中间的子串 s1 |
| REPEAT(s,n) | 重复生成字符串函数,返回一个由 $n$ 个 s 构成的字符串。若 $n \leqslant 0$,则返回一个空字符串,若 s 或 $n$ 为 NULL,则返回 NULL |
| SPACE(n) | 空格函数,返回由 $n$ 个空格组成的字符串 |
| REPLACE(s,s1,s2) | 替换函数,使用字符串 s2 替换字符串 s 中所有的子串 s1 并返回替换后的字符串 |
| STRCMP(s1,s2) | 比较字符串大小函数,若 s1 和 s2 相等则返回 0,根据当前校验规则,如果 s1<s2 则返回 −1;若 s1>s2 则返回 1 |
| SUBSTRING(s,n,len)和 MID(s,n,len) | 获取子串的函数,从字符串 s 的第 $n$ 个字符开始取 len 个字符。$n$ 可以是负数,表示子字符串的位置起始于字符串 s 的结尾的第 $n$ 个字符。SUBSTRING(s,n,len)和 MID(s,n,len)的作用相同 |
| LOCATE(s1,s)<br>POSITION(s1 IN s)<br>INSTR(s1,s) | 查询子串开始位置的函数,返回子字符串 s1 在字符串 s 中的起始位置。LOCATE(s1,s)、POSITION(s1 IN s)和 INSTR(s1,s)的作用相同 |
| REVERSE(s) | 字符串逆序函数,返回的字符串的顺序与字符串 s 顺序相反 |
| ELT(N,s1,s2,s3,…,sn) | 返回指定位置的字符串函数,若 $N=1$,则返回 s1,若 $N=2$,则返回 s2,以此类推。若 $N$ 小于 1 或者大于 $n$,则返回 NULL |
| FIELD(s,s1,s2,…,sn) | 返回指定字符串位置的函数,返回字符串 s 在 s1,s2,…列表中第一次出现的位置,若 s 不在列表中,则返回 0;若 s 为 NULL,则返回 0 |
| FIND_IN_SET(s1,s2) | 返回子串位置的函数,返回字符串 s1 在字符串 s2 中出现的位置,s2 是由多个逗号“,”分隔开的字符串组成的列表。若 s1 不在 s2 中或者 s2 为空字符串,则返回 0;若任意一个参数为 NULL,则返回 NULL |

续表

| 函　　数 | 具 体 含 义 |
| --- | --- |
| MAKE_SET(x,s1,s2,…) | 选取字符串函数,按 x 的二进制数从 s1,s2,…的字符串序列中选取字符串 |
| LOWER(s)、LCASE(s) | 将 s 中的字母字符全部转换为小写字母 |
| UPPER(s)、UCASE(s) | 将 s 中的字母字符全部转换为大写字母 |
| QUOTE(s) | 用反斜杠转义字符串 s 中的单引号 |

数学函数如表 B.3 所示。

表 B.3　数学函数

| 函　数 | 具 体 含 义 | 函　数 | 具 体 含 义 |
| --- | --- | --- | --- |
| ABS(x) | 返回 $x$ 的绝对值 | MOD(x,y) | 返回 $x$ 被 $y$ 除后的余数 |
| RAND(x) | 返回一个随机值 | TAN(x) | 返回 $x$ 的正切值,其中 $x$ 是弧度值 |
| COS(x) | 返回 $x$ 的余弦,其中 $x$ 是弧度值 | PI() | 返回圆周率 |
| SIN(x) | 返回 $x$ 的正弦,其中 $x$ 是弧度值 | FLOOR(x) | 返回不大于 $x$ 的最大整数 |
| EXP(x) | 返回以 e 为底的 $x$ 次方 | POW(x,y) | 返回 $x$ 的 $y$ 次方 |
| SQRT(x) | 返回非负数 $x$ 的平方根 | ROUND(x) | 返回对 $x$ 进行四舍五入的整数 |

日期和时间函数如表 B.4 所示。

表 B.4　日期和时间函数

| 函　　数 | 具 体 含 义 |
| --- | --- |
| ADDDATE(date,expr) | 将 expr 值累加到 date,返回修改后的值,expr 是一个日期表达式 |
| ADDTIME(date,expr) | 将 expr 值累加到 date,返回修改后的值,expr 是一个时间表达式 |
| CURDATE() | 返回当前的日期 |
| CURTIME() | 返回当前的时间 |
| DATE(d) | 返回日期时间 d 的日期 |
| TIME(d) | 返回日期时间 d 的时间部分 |
| HOUR(time) | 返回一个时间 time 的小时 |
| MINUTE(time) | 返回一个时间 time 的分钟 |
| DECOND(time) | 返回一个时间 time 的秒 |
| DAYOFWEEK(d) | 返回日期 d 对应的星期几 |
| NOW() | 返回当前日期和时间 |
| YEAR(d) | 返回一个日期 d 的年份 |
| MONTH(d) | 返回一个日期 d 的月份 |
| DAYOFYEAR(d) | 返回一个日期 d 是一年中的第几天,范围为 1～366 |

续表

| 函　　数 | 具体含义 |
| --- | --- |
| DAYOFMONTH(d) | 返回一个日期 d 是一个月中的第几天,范围为 1～31 |
| DATEDIFF(d1,d2) | 计算两个日期 d1、d2 的差 |
| DATE_FORMAT() | 返回一个格式化的日期或时间串 |
| DAYNAME(d) | 返回一个日期 d 对应工作日的英文名称 |

系统函数如表 B.5 所示。

表 B.5　系统函数

| 函　　数 | 具体含义 |
| --- | --- |
| VERSION() | 返回服务器的版本号 |
| CONNECTION() | 返回 MySQL 服务器当前的连接次数 |
| DATABASE() | 返回当前数据库名称 |
| SCHEMA() | 返回当前数据库名称 |
| USER() | 返回当前账户的用户名及所连接的客户主机 |
| CHARSET(str) | 返回字符串 str 使用的字符集 |
| COLLATION(str) | 返回字符串 str 的排序方式 |
| LAST_INSERT_ID() | 返回最后一个自动生成的 ID 值 |

# 网络购物系统相关数据

## C.1 数据库名称

数据库名称：online_sales_system。

## C.2 数据表的名称及表结构

### 1. 商品表 items 的表结构(见表 C.1)

表 C.1 商品表 items 的表结构

| 字段名 | 说明 | 数据类型 | 是否允许 NULL | 主键 |
|---|---|---|---|---|
| item_id | 商品编号 | CHAR(4) | NOT NULL | 是 |
| item_name | 商品名称 | VARCHAR(45) | | |
| category | 类别 | VARCHAR(10) | | |
| cost | 成本价格 | DECIMAL(10,2) | | |
| price | 销售价格 | DECIMAL(10,2) | | |
| inventory | 库存 | INT | | |
| is_online | 是否上架 | TINYINT | | |

### 2. 客户表 customers 的表结构(见表 C.2)

表 C.2 客户表 customers 的表结构

| 字段名 | 说明 | 数据类型 | 是否允许 NULL | 主键 |
|---|---|---|---|---|
| customer_id | 客户编号 | CHAR(3) | NOT NULL | 是 |
| name | 姓名 | VARCHAR(20) | NOT NULL | |
| gender | 性别 | ENUM('男','女') | 默认值为'男' | |
| registration_date | 注册日期 | DATE | | |
| phone | 联系电话 | CHAR(11) | | |

### 3. 订单表 orders 的表结构(见表 C.3)

表 C.3 订单表 orders 的表结构

| 字段名 | 说明 | 数据类型 | 是否允许 NULL | 主键 |
| --- | --- | --- | --- | --- |
| order_id | 订单编号 | INT | NOT NULL | 是 |
| customer_id | 客户编号 | CHAR(3) | NOT NULL | |
| address | 配送地址 | VARCHAR(45) | | |
| city | 城市 | VARCHAR(10) | | |
| order_date | 订单时间 | DATETIME | | |
| shipping_date | 发货时间 | DATETIME | | |

### 4. 订单明细表 order_details 的表结构(见表 C.4)

表 C.4 订单明细表 order_details 的表结构

| 字段名 | 说明 | 数据类型 | 是否允许 NULL | 主键 |
| --- | --- | --- | --- | --- |
| order_id | 订单编号 | INT | NOT NULL | 是 |
| item_id | 商品编号 | CHAR(4) | | 是 |
| quantity | 数量 | INT | | |
| discount | 折扣 | DECIMAL(5,2) | | |

## C.3 4 个数据表的内容

### 1. 商品表 items 的内容(见表 C.5)

表 C.5 商品表 items 的内容

| item_id | item_name | category | cost | price | inventory | is_online |
| --- | --- | --- | --- | --- | --- | --- |
| b001 | 墨盒 | 办公类 | 169.00 | 229.00 | 500 | 1 |
| b002 | 硒鼓 | 办公类 | 610.00 | 699.00 | 600 | 1 |
| f001 | 休闲装 | 服饰类 | 199.00 | 268.00 | 800 | 1 |
| f002 | 春季风衣 | 服饰类 | 980.00 | 1470.00 | 300 | 1 |
| f003 | 春季衬衫 | 服饰类 | 600.00 | 900.00 | 350 | 1 |
| m001 | 口红 | 美容类 | 460.00 | 1056.00 | 100 | 1 |
| m002 | 石榴水 | 美容类 | 520.00 | 936.00 | 500 | NULL |
| m003 | 面霜 | 美容类 | 600.00 | 1176.00 | 10000 | 1 |
| m004 | 晚霜 | 美容类 | 550.00 | 1056.00 | 500 | NULL |
| s001 | 《数据库原理及应用》 | 书籍类 | 29.50 | 55.80 | 3000 | 1 |
| s002 | Head First Java(中文版) | 书籍类 | 51.80 | 89.00 | 2500 | 1 |
| s003 | 《鲁迅全集》 | 书籍类 | 460.00 | 690.00 | 800 | 1 |
| s004 | 《人间词话》 | 书籍类 | 40.50 | 68.80 | 900 | 1 |
| sm01 | 扫地机器人 | 数码类 | 1499.00 | 2580.00 | 100 | 1 |
| sm02 | 单反相机 | 数码类 | 22899.00 | 28999.00 | 50 | 1 |

## 2. 客户表 customers 的内容（见表 C.6）

表 C.6　客户表 customers 的内容

| customer_id | name | gender | registration_date | phone |
|---|---|---|---|---|
| 101 | 薛为民 | 男 | 2012-01-09 | 16800001111 |
| 102 | 刘丽梅 | 女 | 2016-01-09 | 16811112222 |
| 103 | Grace_Brown | 女 | 2016-01-09 | 16822225555 |
| 104 | 赵文博 | 男 | 2017-12-31 | 16811112222 |
| 105 | Adrian_Smith | 男 | 2017-11-10 | 16866667777 |
| 106 | 孙丽娜 | 女 | 2017-11-10 | 16877778888 |
| 107 | 林琳 | 女 | 2020-05-17 | 16888889999 |

## 3. 订单表 orders 的内容（见表 C.7）

表 C.7　订单表 orders 的内容

| order_id | customer_id | address | city | order_date | shipping_date |
|---|---|---|---|---|---|
| 1 | 105 | 海淀区西三旗幸福小区60号楼6单元606 | 北京市 | 2018-05-06 12:10:20 | 2018-05-07 10:29:35 |
| 2 | 105 | 海淀区西三旗幸福小区60号楼6单元606 | 北京市 | 2018-05-09 08:12:23 | NULL |
| 3 | 107 | 武清区流星花园6-6-66 | 天津市 | 2018-06-18 18:00:02 | 2018-06-19 16:40:26 |
| 4 | 106 | 道里区和谐家园66-66-666 | 哈尔滨市 | 2018-11-11 17:10:21 | 2018-11-13 16:20:20 |
| 5 | 103 | 市北区幸福北里88号院 | 青岛市 | 2019-02-01 17:51:01 | 2019-02-02 16:10:20 |
| 6 | 104 | 海淀区清河小营东路12号学9公寓 | 北京市 | 2019-06-18 19:01:32 | 2019-06-19 08:50:20 |
| 7 | 104 | 海淀区清河小营东路12号学9公寓 | 北京市 | 2019-11-11 18:45:23 | 2019-11-13 08:56:20 |
| 8 | 106 | 道里区和谐家园66-66-666 | 哈尔滨市 | 2019-12-10 19:40:26 | 2019-12-11 09:45:28 |
| 9 | 107 | 武清区流星花园6-6-66 | 天津市 | 2020-05-06 19:35:56 | 2020-05-07 08:50:28 |
| 10 | 106 | 洪山区爱康嘉园99号院 | 武汉市 | 2020-06-18 19:40:20 | 2020-06-19 08:55:20 |
| 11 | 107 | 武清区流星花园6-6-66 | 天津市 | 2020-11-11 09:12:08 | NULL |

## 4. 订单明细表 order_details 的内容（见表 C.8）

表 C.8　订单明细表 order_details 的内容

| order_id | item_id | quantity | discount |
|---|---|---|---|
| 1 | sm01 | 2 | 0.85 |
| 3 | b001 | 10 | 0.80 |
| 3 | b002 | 15 | 0.85 |
| 3 | sm01 | 1 | 0.90 |
| 4 | f001 | 2 | 0.80 |
| 4 | sm01 | 2 | 0.90 |
| 4 | sm02 | 2 | 0.90 |
| 5 | m001 | 10 | 0.90 |
| 5 | sm01 | 1 | 0.90 |
| 6 | s002 | 1 | 0.90 |
| 6 | s003 | 1 | 0.95 |
| 6 | sm01 | 5 | 0.85 |
| 6 | sm02 | 1 | 0.95 |
| 7 | sm01 | 1 | 1.00 |
| 8 | f001 | 2 | 0.90 |
| 8 | sm01 | 1 | 0.80 |
| 9 | f002 | 1 | 0.85 |
| 9 | sm01 | 1 | 0.95 |
| 9 | sm02 | 1 | 0.90 |
| 10 | m003 | 8 | 0.95 |
| 10 | sm01 | 1 | 0.85 |

附录D

# 工资管理系统相关数据

## D.1 数据库名称

数据库名称：salary_management_system。

## D.2 数据表的名称及表结构

### 1. 部门表 tbl_departments 的表结构(见表 D.1)

表 D.1 部门表 tbl_departments 的表结构

| 字段名 | 说明 | 数据类型 | 是否允许 NULL | 主键 |
| --- | --- | --- | --- | --- |
| department_id | 部门编号 | CHAR(6) | NOT NULL | 是 |
| department | 部门名称 | VARCHAR(20) | NOT NULL | |
| phone | 联系电话 | CHAR(11) | | |

### 2. 职级表 tbl_rank_salary 的表结构(见表 D.2)

表 D.2 职级表 tbl_rank_salary 的表结构

| 字段名 | 说明 | 数据类型 | 是否允许 NULL | 主键 |
| --- | --- | --- | --- | --- |
| rank_id | 职级编号 | CHAR(6) | NOT NULL | 是 |
| rank_title | 职级名称 | VARCHAR(10) | NOT NULL | |
| salary | 职级工资 | DECIMAL(10,2) | | |
| performance_pay | 绩效工资 | DECIMAL(10,2) | | |

### 3. 职工信息表 tbl_employees 的表结构(见表 D.3)

表 D.3　职工信息表 tbl_employees 的表结构

| 字段名 | 说　明 | 数据类型 | 是否允许 NULL | 主键 |
|---|---|---|---|---|
| employee_id | 职工编号 | CHAR(10) | NOT NULL | 是 |
| department_id | 部门编号 | CHAR(6) | NOT NULL | |
| name | 姓名 | VARCHAR(15) | | |
| gender | 性别 | ENUM('男','女') | | |
| date_of_birth | 出生日期 | DATE | | |
| starting_date | 入职日期 | DATE | | |
| rank_id | 职级编号 | CHAR(6) | | |
| marital_status | 婚否 | ENUM('已婚','未婚') | | |
| education | 学历 | CHAR(5) | | |
| base_salary | 基本工资 | DECIMAL(10,2) | | |
| phone | 联系电话 | CHAR(11) | | |

### 4. 工资表 tbl_salary 的表结构(见表 D.4)

表 D.4　工资表 tbl_salary 的表结构

| 字段名 | 说　明 | 数据类型 | 是否允许 NULL | 主键 |
|---|---|---|---|---|
| month | 月份 | DATE | NOT NULL | 是 |
| employee_id | 职工编号 | CHAR(10) | NOT NULL | 是 |
| gross_pay | 应发合计 | DECIMAL(10,2) | | |
| deductions | 扣款合计 | DECIMAL(10,2) | | |
| net_pay | 实发工资 | DECIMAL(10,2) | | |

## D.3　4 个数据表的内容

### 1. 部门表 tbl_departments 的表内容(见表 D.5)

表 D.5　部门表 tbl_departments 的表内容

| department_id | department | phone |
|---|---|---|
| 110001 | 计算机学院 | 12345678910 |
| 110002 | 经管学院 | 12345678911 |
| 110003 | 理学院 | 12345678912 |
| 110004 | 外国语学院 | 12345678913 |

### 2. 职级工资表 tbl_rank_salary 的表内容(见表 D.6)

表 D.6 职级工资表 tbl_rank_salary 的表内容

| rank_id | rank_title | salary | performance_pay |
|---|---|---|---|
| zj0001 | 一级教授 | 5000.00 | 6000.00 |
| zj0002 | 二级教授 | 4000.00 | 5000.00 |
| zj0003 | 三级教授 | 3000.00 | 4000.00 |
| zj0004 | 四级教授 | 2500.00 | 3800.00 |
| zj0005 | 五级副教授 | 2400.00 | 3500.00 |
| zj0006 | 六级副教授 | 2300.00 | 3300.00 |
| zj0007 | 七级副教授 | 2200.00 | 3200.00 |
| zj0008 | 八级讲师 | 2100.00 | 3000.00 |
| zj0009 | 九级讲师 | 2000.00 | 2800.00 |
| zj0010 | 十级讲师 | 1900.00 | 2700.00 |

### 3. 职工信息表 tbl_employees 的表内容(见表 D.7)

表 D.7 职工信息表 tbl_employees 的表内容

| employee_id | department_id | name | gender | date_of_birth | starting_date |
|---|---|---|---|---|---|
| 1001 | 110001 | 李丽 | 女 | 1978-04-02 | 2002-09-01 |
| 1002 | 110003 | 王刚 | 男 | 1972-04-01 | 1996-09-01 |
| 1003 | 110002 | 王媛媛 | 女 | 1986-09-12 | 2018-07-15 |
| 1004 | 110003 | 赵志飞 | 男 | 1976-07-05 | 2001-05-09 |
| 1005 | 110004 | 林天天 | 男 | 1982-12-25 | 2010-09-01 |
| 1007 | 110002 | 杨子盈 | 女 | 1969-04-06 | 1990-07-04 |
| 1106 | 110001 | 李晓飞 | 女 | 1978-05-04 | 2005-08-01 |

### 4. 工资表 tbl_salary 的表内容

工资表 tbl_salary 中的数据需要通过做实验计算得到,如表 D.8 所示。

表 D.8 工资表 tbl_salary 的表内容

| rank_id | marital_status | education | base_salary | phone |
|---|---|---|---|---|
| zj0001 | 已婚 | 硕士 | 4500.00 | 12345678915 |
| zj0007 | 已婚 | 学士 | 3000.00 | 12345678916 |
| zj0008 | 未婚 | 博士 | 2800.00 | 12345678917 |
| zj0005 | 已婚 | 博士 | 3300.00 | 12345678918 |
| zj0006 | 未婚 | 博士 | 3100.00 | 12345678919 |
| zj0003 | 已婚 | 硕士 | 4100.00 | 12345678921 |
| zj0005 | 已婚 | 硕士 | 3300.00 | 12345678920 |

# 参考答案

## 第1章

### 一、选择题

1～6　DCACAD

### 二、填空题

1. 文件系统阶段　数据库系统阶段
2. 数据库管理系统　数据库管理员
3. 外模式或子模式　内模式

### 三、简答题

略。

## 第2章

### 一、选择题

1～9　CCADCABCC

### 二、简答题

1. 实体集：学生(属性有学号、性别、姓名、出生日期等)，课程(属性有课程号、课程名、学时、学分、课程性质等)。学生与课程之间的联系为：学生选课(属性有学号、课程号)。

2. 略。

3. $R\cap S$。

| A | B | C |
|---|---|---|
| 3 | 7 | 9 |

$R\cup S$

| A | B | C |
|---|---|---|
| 2 | 6 | 9 |
| 3 | 7 | 9 |
| 5 | 5 | 5 |
| 2 | 3 | 5 |

$R-S$

| A | B | C |
|---|---|---|
| 2 | 6 | 9 |
| 5 | 5 | 5 |

$R\times S$

| A | B | C | A | B | C |
|---|---|---|---|---|---|
| 2 | 6 | 9 | 3 | 7 | 9 |
| 3 | 7 | 9 | 3 | 7 | 9 |
| 5 | 5 | 5 | 3 | 7 | 9 |
| 2 | 6 | 9 | 2 | 3 | 5 |
| 3 | 7 | 9 | 2 | 3 | 5 |
| 5 | 5 | 5 | 2 | 3 | 5 |

## 第 3 章

### 一、选择题

1～9 BBAAADAAB

### 二、简答题

1.(1)关键字:(部门编号,员工编号,项目编号),范式等级为 1NF。

(2) 部门(部门编号,部门名称),员工(员工编号,员工名称,部门编号),项目(项目编号,项目名称),参加项目(项目编号,员工编号,加入项目日期)。

2. 不符合 1NF。

应改为

| 考生编号 | 姓名 | 性别 | 考生学校 | 考场号 | 考场地点 | 考试成绩 | 平时成绩 |
| --- | --- | --- | --- | --- | --- | --- | --- |
| | | | | | | | |

3. 学生(学号,姓名,性别,出生日期);学生选课(学号,课程号,平时成绩,考试成绩);课程(课程号,课程名称,课程性质,学分)。

## 第 4 章

略。

## 第 5 章

### 一、选择题

1～5 ABADD 6～10 BDCAB 11～15 DCDAD 16～20 DCDBD

### 二、填空题

1. 整数、主键或主键的一部分
2. MODIFY ,ENUM('男','女') DEFAULT '男'
3. ADD FOREIGN KEY (customer_id)
4. SET name='刘林琳',customer_id='1001'
5. DROP FROM, customer_id='1001'
6. DROP TABLE cust1; DROP DATABASE aa;

### 三、操作题

1. CREATE DATABASE online_sales_system;
2. USE online_sales_system;

```
创建客户表 customers
CREATE TABLE customers (
    customer_id char(3) NOT NULL,
    name varchar(20) NOT NULL,
    gender enum('男','女') DEFAULT '男',
    registration_date date ,
    phone char(11) ,
    PRIMARY KEY ('customer_id')
);
创建商品表 items
  CREATE TABLE items  (
  item_id char(4) NOT NULL,
  item_name varchar(45) ,
  category varchar(10),
  cost decimal(10, 2),
  price decimal(10, 2),
  inventory int ,
  is_online tinyint,
  PRIMARY KEY ('item_id')
);
创建订单表 orders
  CREATE TABLE orders  (
    order_id int NOT NULL,
    customer_id char(3) NOT NULL,
    address varchar(45),
    city varchar(10),
    order_date datetime,
    shipping_date datetime,
    PRIMARY KEY ('order_id')
  );

创建订单表 order_details
CREATE TABLE order_details  (
  order_id int NOT NULL,
  item_id char(4) NOT NULL,
  quantity int,
  discount decimal(5, 2) ,
  PRIMARY KEY ('order_id', 'item_id')
  );
```

3. ALTER TABLE order

```
ADD CONSTRAINT fk_cust FOREIGN KEY (customer_id) REFERENCES customers
(customer_id);
```

4. ALTER TABLE order_details

```
ADD CONSTRAINT fk_items FOREIGN KEY (item_id) REFERENCES items(item_id);
```

5.

1) 客户表 customers 添加记录

```
INSERT INTO customers VALUES ('101', '薛为民', '男', '2012-01-09', '16800001111');
INSERT INTO customers VALUES ('102', '刘丽梅', '女', '2016-01-09', '16811112222');
INSERT INTO customers VALUES ('103', 'Grace_Brown', '女', '2016-01-09', 
'16822225555');
INSERT INTO customers VALUES ('104', '赵文博', '男', '2017-12-31', '16811112222');
INSERT INTO customers VALUES ('105', 'Adrian_Smith', '男', '2017-11-10', 
'16866667777');
INSERT INTO customers VALUES ('106', '孙丽娜', '女', '2017-11-10', '16877778888');
INSERT INTO customers VALUES ('107', '林琳', '女', '2020-05-17', '16888889999');
```

2) 商品表 items 添加记录

```
INSERT INTO items VALUES ('b001', '墨盒', '办公类', 169.00, 229.00, 500, 1);
INSERT INTO items VALUES ('b002', '硒鼓', '办公类', 610.00, 699.00, 600, 1);
INSERT INTO items VALUES ('f001', '休闲装', '服饰类', 199.00, 268.00, 800, 1);
INSERT INTO items VALUES ('f002', '春季风衣', '服饰类', 980.00, 1470.00, 300, 1);
INSERT INTO items VALUES ('f003', '春季衬衫', '服饰类', 600.00, 900.00, 350, 1);
INSERT INTO items VALUES ('m001', '口红', '美容类', 460.00, 1056.00, 100, 1);
INSERT INTO items VALUES ('m002', '石榴水', '美容类', 520.00, 936.00, 500, NULL);
INSERT INTO items VALUES ('m003', '面霜', '美容类', 600.00, 1176.00, 10000, 1);
INSERT INTO items VALUES ('m004', '晚霜', '美容类', 550.00, 1056.00, 500, NULL);
INSERT INTO items VALUES ('s001', '《数据库原理及应用》', '书籍类', 29.50, 55.80, 
3000, 1);
INSERT INTO items VALUES ('s002', 'Head First Java(中文版)', '书籍类', 51.80, 
89.00, 2500, 1);
INSERT INTO items VALUES ('s003', '《鲁迅全集》', '书籍类', 460.00, 690.00, 800, 1);
INSERT INTO items VALUES ('s004', '《人间词话》', '书籍类', 40.50, 68.80, 900, 1);
INSERT INTO items VALUES ('sm01', '扫地机器人', '数码类', 1499.00, 2580.00, 100, 1);
INSERT INTO items VALUES ('sm02', '单反相机', '数码类', 22899.00, 28999.00, 50, 1);
```

3) 订单表 orders 添加记录

```
INSERT INTO 'orders' VALUES (1, '105', '海淀区西三旗幸福小区 60 号楼 6 单元 606', 
'北京市', '2018-05-06 12:10:20', '2018-05-07 10:29:35');
INSERT INTO 'orders' VALUES (2, '105', '海淀区西三旗幸福小区 60 号楼 6 单元 606', 
'北京市', '2018-05-09 08:12:23', NULL);
```

```
INSERT INTO 'orders' VALUES (3, '107', '武清区流星花园 6-6-66', '天津市', '2018-06-18 18:00:02', '2018-06-19 16:40:26');
INSERT INTO 'orders' VALUES (4, '106', '道里区和谐家园 66-66-666', '哈尔滨市', '2018-11-11 17:10:21', '2018-11-13 16:20:20');
INSERT INTO 'orders' VALUES (5, '103', '市北区幸福北里 88 号院', '青岛市', '2019-02-01 17:51:01', '2019-02-02 16:10:20');
INSERT INTO 'orders' VALUES (6, '104', '海淀区清河小营东路 12 号学 9 公寓', '北京市', '2019-06-18 19:01:32', '2019-06-19 08:50:20');
INSERT INTO 'orders' VALUES (7, '104', '海淀区清河小营东路 12 号学 9 公寓', '北京市', '2019-11-11 18:45:23', '2019-11-13 08:56:20');
INSERT INTO 'orders' VALUES (8, '106', '道里区和谐家园 66-66-666', '哈尔滨市', '2019-12-10 19:40:26', '2019-12-11 09:45:28');
INSERT INTO 'orders' VALUES (9, '107', '武清区流星花园 6-6-66', '天津市', '2020-05-06 19:35:56', '2020-05-07 08:50:28');
INSERT INTO 'orders' VALUES (10, '106', '洪山区爱康嘉园 99 号院', '武汉市', '2020-06-18 19:40:20', '2020-06-19 08:55:20');
INSERT INTO 'orders' VALUES (11, '107', '武清区流星花园 6-6-66', '天津市', '2020-11-11 09:12:08', NULL);
```

4）订单明细表 order_details 添加记录

```
INSERT INTOorder_details VALUES (1, 'sm01', 2, 0.85);
INSERT INTOorder_details VALUES (3, 'b001', 10, 0.80);
INSERT INTOorder_details VALUES (3, 'b002', 15, 0.85);
INSERT INTOorder_details VALUES (3, 'sm01', 1, 0.90);
INSERT INTOorder_details VALUES (4, 'f001', 2, 0.80);
INSERT INTOorder_details VALUES (4, 'sm01', 2, 0.90);
INSERT INTOorder_details VALUES (4, 'sm02', 2, 0.90);
INSERT INTOorder_details VALUES (5, 'm001', 10, 0.90);
INSERT INTOorder_details VALUES (5, 'sm01', 1, 0.90);
INSERT INTOorder_details VALUES (6, 's002', 1, 0.90);
INSERT INTOorder_details VALUES (6, 's003', 1, 0.95);
INSERT INTOorder_details VALUES (6, 'sm01', 5, 0.85);
INSERT INTOorder_details VALUES (6, 'sm02', 1, 0.95);
INSERT INTOorder_details VALUES (7, 'sm01', 1, 1.00);
INSERT INTOorder_details VALUES (8, 'f001', 2, 0.90);
INSERT INTOorder_details VALUES (8, 'sm01', 1, 0.80);
INSERT INTOorder_details VALUES (9, 'f002', 1, 0.85);
INSERT INTOorder_details VALUES (9, 'sm01', 1, 0.95);
INSERT INTOorder_details VALUES (9, 'sm02', 1, 0.90);
INSERT INTOorder_details VALUES (10, 'm003', 8, 0.95);
INSERT INTOorder_details VALUES (10, 'sm01', 1, 0.85);
```

## 第 6 章

### 一、选择题

1～5　BCCAB　　6～10　DADDA　　11～15　BCACB

### 二、操作题

1. SELECT * FROM customers WHERE registration_date>'2010-1-1'

2. SELECT customer_id, name, YEAR(CURDATE())-YEAR(registration_date) FROM customers ORDER BY YEAR(CURDATE())-YEAR(registration_date) DESC;

3. SELECT city, COUNT(order_id) FROM orders GROUP BY city;

4. SELECT category, MAX(retail_price), MIN(retail_price) FROM items GROUP BY category;

5. SELECT item_name, inventory FROM items WHERE item_name LIKE '%机%';

6. SELECT item_id, item_name, retail_price-pricing FROM items ORDER BY retail_price-pricing DESC LIMIT 5;

7. SELECT category, count(*) FROM items GROUP BY category having count(*)>=3;

8. SELECT category, sum(inventory) FROM items GROUP BY category having sum(inventory)>5000 order by sum(inventory) DESC;

## 第 7 章

### 一、选择题

1～5　BDCDA　　6～8　DAA

### 二、操作题

1. SELECT A.name, B.order_id, B.order_date, C.item_name, D.quantity, B.address, B.city

```
FROM customers A, orders B, items C, order_details D
WHERE A.customer_id=B.customer_id AND B.order_id=D.order_id AND D.item_id=C.item_id AND A.name='林琳';
```

2. SELECT city 城市, category 商品类别, sum(quantity) 销售总数, SUM(quantity * discount * retail_price) 销售金额

```
FROM orders A, order_details B, items C
WHERE A.order_id=B.order_id AND B.item_id=C.item_id
GROUP BY city
ORDER BY 销售总数 DESC;
```

```
3. SELECT category,item_name
FROM items
WHERE item_id in
    (SELECT item_id
     FROM order_details
     GROUP BY item_id having count(item_id)>3
    );
4. SELECT A.item_id,B.item_name,A.category
FROM items A,items B
WHERE A.category=B.category AND A.item_name='单反相机' AND B.item_name<>'单反相机';
5. SELECT B.order_id,D.item_id,name, address, quantity
FROM customers A,orders B,order_details C,items D
WHERE A.customer_id=B.customer_id AND B.order_id=C.order_id AND C.item_id=D.item_id
AND D.item_name='面霜';
```

## 第 8 章

### 一、选择题

1～5　ABDBD　　6～10　ADCDC

### 二、简答题

略。

## 第 9 章

### 一、选择题

1～5　BADCB

### 二、代码补全题

1　① CHAR(3)
　② VARCHAR(20)
　③ CHAR(11)
　④ name,phone
　⑤ oname,ophone

附上 1 的存储过程及完整的测试语句：

```
DELIMITER $$
CREATE PROCEDURE findNameAndPhoneByCustomerID
(
    IN icustomer_id CHAR(3),
    OUT oname VARCHAR(20),
    OUT ophone CHAR(11)
)
BEGIN
SELECT name,phone INTO oname,ophone
FROM customers
WHERE customer_id= icustomer_id;
END;
$$
DELIMITER;
```

测试语句：

```
CALL findNameAndPhoneByCustomerID(101, @oname,@ophone);
SELECT @oname,@ophone;
```

2　① CALL
　② 10
　③ SELECT @ocity，@shipping_date;

附上 2 的存储过程及完整的测试语句：

```
DELIMITER $$
CREATE PROCEDURE findCityAndSPDateByOrderID
(
        IN iorder_id INT,
            OUTocity VARCHAR(10),
        OUT oshipping_date DATETIME
)
BEGIN
SELECT city,shipping_date INTO ocity, oshipping_date
    FROM orders
    WHERE order_id= iorder_id;
END;
$$
DELIMITER;
```

测试语句：

```
CALL findCityAndSPDateByOrderID(10, @ocity, @shipping_date);
SELECT @ocity, @shipping_date;
```

## 三、编程题

1.

```
DELIMITER $$
CREATE PROCEDURE findItemnameByItemID
(
        IN iitem_id CHAR(4),
        OUT oitem_name   VARCHAR(45)
)
BEGIN
SELECT item_name INTO oitem_name
    FROM items
    WHERE item_id= iitem_id;
END;
$$
DELIMITER;
```

附上 1 的测试语句：

```
CALL findItemnameByItemID('s001', @oitem_name);
SELECT @oitem_name;
```

2.

```
DELIMITER $$
CREATE PROCEDURE findOrderdatePriceAndQuantity
(
    IN iorder_id INT,
    IN iitem_id CHAR(4),
    OUT oorder_date DATETIME,
    OUT oprice DECIMAL(10,2),
    OUT oquantity INT
)
BEGIN

SELECT order_date INTO oorder_date
  FROM orders
  WHERE order_id= iorder_id;

SELECT price INTO oprice
  FROM items
  WHERE item_id= iitem_id;

SELECT quantity INTO oquantity
```

```
  FROM order_details
  WHERE item_id= iitem_id AND order_id= iorder_id;

END;
$$
DELIMITER;
```

附上 2 的测试语句：

```
CALL findOrderdatePriceAndQuantity (10,'m003', @odate,@price,@oquantity);
SELECT @odate,@price,@oquantity;
```

3.

```
DELIMITER $$
CREATE PROCEDURE findOrdersByName
(
IN iphone CHAR(11)
)
BEGIN
    DECLARE tableend VARCHAR(10) DEFAULT '';          /*临时变量*/
    DECLARE tcustomer_id_cu CHAR(3);                  /*临时变量*/
    DECLARE tcustomer_id_or CHAR(3);                  /*临时变量*/
    DECLARE tname VARCHAR(20);                        /*临时变量*/
    DECLARE torder_id INT;                            /*临时变量*/
    DECLARE torder_date DATETIME;                     /*临时变量*/
    DECLARE tshipping_date DATETIME;                  /*临时变量*/

    DECLARE ordercur CURSOR FOR SELECT order_id,customer_id,
        order_date, shipping_date
        FROM orders;                                  /*声明游标*/
    DECLARE CONTINUE HANDLER FOR SQLSTATE '02000' SET tableend= NULL;
                                            /*游标结束执行 CONTINUE HANDLER*/
    DROP TABLE IF EXISTS customerorders;
                                       /*由于表可能更新,所以先删除再创建新表*/
    CREATE TABLE customerorders(                      /*创建客户订单表*/
        name VARCHAR(20),
        order_id INT,
        order_date DATETIME,
        shipping_date DATETIME,
        PRIMARY KEY(order_id)                         /*主键*/
        );

    SELECT customer_id,name INTO tcustomer_id_cu,tname
```

```
        FROM customers       /* customers 表的客户编号存放在 tcustomer_id_cu 变量 */
    WHERE phone= iphone;

    OPEN ordercur;                              /* 打开游标 */
    WHILE (tableend IS NOT NULL) DO             /* 循环处理 */
    FETCH ordercur INTO torder_id,tcustomer_id_or,torder_date,tshipping_date;
                                                /* 游标检索出 orders 表的 4 个字段 */
    IF tcustomer_id_cu= tcustomer_id_or THEN    /* 从不同表得到的客户编号相同 */
    INSERT INTO customerorders(name,order_id, order_date, shipping_date)
      VALUES(tname, torder_id, torder_date, tshipping_date);    /* 插入数据 */
    END IF;
    END WHILE;
    CLOSE ordercur;                             /* 关闭游标 */
    SELECT * FROM customerorders;
END;
$$
DELIMITER;
```

附上 3 的测试语句：

```
CALL findOrdersByName('16877778888');
```

## 第 10 章

略。

## 第 11 章

略。

# 参考文献


[1] MySQL 8.0 官方文档. https://dev.mysql.com/doc/refman/8.0/en/.

[2] 王珊,萨师煊. 数据库系统概论[M]. 北京:高等教育出版社,2014.

[3] 胡同夫. MySQL 8 从零开始学[M]. 北京:清华大学出版社,2019.

[4] 李辉. 数据库系统原理及 MySQL 应用教程[M]. 北京:机械工业出版社,2019.

[5] 李月军,付良廷. 数据库原理及应用(MySQL 版)[M]. 北京:清华大学出版社,2019.

[6] 何玉洁. 数据库原理与应用[M]. 北京:机械工业出版社,2019.

[7] 谷葆春,崇美英,李颖. 数据库原理及应用 Access[M]. 北京:机械工业出版社,2015.